Politische Schriften

Von 1848 bis 1868

Von

Ludwig Bamberger

Berlin 1913
Verlag von Georg Reimer

Inhalts-Verzeichnis.

Die
Flitterwochen der Preßfreiheit.

Vorbemerkung.

Die hier folgenden neun Leitartikel sind einer Sammlung von deren siebenundzwanzig entnommen, welche ich im Mai 1848 unter dem Titel „Flitterwochen der Preßfreiheit" herausgab. Mein erster journalistischer Waffengang fiel mit der durch die französische Februar-Revolution in Deutschland hervorgerufenen Märzbewegung zusammen. Am 6. März hatte der Großherzog von Hessen, hauptsächlich auf das immer stürmischer gewordene Verlangen seiner rheinischen Provinz und deren Hauptstadt Mainz hin, sein altes Ministerium entlassen, seinen Sohn zum Mitregenten ernannt und die damals stereotypen freiheitlichen Forderungen bewilligt. Am 8. März feierte die Stadt Mainz diese „Revolution" in einem glänzenden öffentlichen Fest. Am folgenden Tage suchte ich den mir bis dahin unbekannten Verleger der „Mainzer Zeitung" auf und bot ihm meine Dienste an, die er sofort annahm, obwohl ich ihm auch ein gänzlich neuer Mensch war, natürlich bei meinen vierundzwanzig Jahren und meinem bis dahin völlig zurückgezogenen Studienleben. Am 10. März erschien mein erster Leitartikel. Es folgten noch einige andere, und da sie Aufmerksamkeit erregten, beschloß der Verleger das Format der Zeitung, die bis dahin in bescheidenem Quart erschienen war, zu einem für den damaligen Brauch sehr ansehnlichen Großfolio anwachsen zu lassen. Am 16. März traten wir in dieser neuen Gestalt auf, und an der Spitze des Blattes paradirte der Leitartikel „Das deutsche Parlament", welcher die erste Nummer der „Flitterwochen" bildet.*) Er ist auch als der erste in die hier folgende Auslese aufgenommen. Dem Aufsehen, das er erregte, kam ganz besonders zu statten, daß ihm sofort von der Residenz aus die Ehre einer lebhaften Abwehr zu Teil wurde. Dies verhielt sich so: der Verleger der Zeitung war ein Herr Theodor von Zabern, verheirathet mit der Tochter des Staatsraths Jaup. Letzterer, welcher zu den alten Liberalen in Darmstadt gehörte, war soeben von dem neu ernannten liberalen Minister Heinrich von Gagern an dessen Seite gerufen worden. Als er den Feuerbrand gewahrte, den ich in die bis dahin so friedliche Zeitung seines Schwiegersohns geworfen hatte, stiegen ihm, um dessen willen, sowie wegen der sehr aufgeregten Stimmung, die damals Rheinhessen beherrschte, schwere Bedenken auf. Er sandte also mit seiner Namensunterschrift einen Gegenartikel ein, in dem er vor den republikanischen Tendenzen und vor der Undankbarkeit gegen die deutschen Fürsten warnte, die aus meinem Artikel sehr unverblümt herausschauten. Natürlich ließ ich es an einer Replik nicht fehlen, die zwar respektvoll, aber doch sehr entschieden gehalten war. Diese beiden Stücke sind im folgenden nicht abgedruckt. Sie mußten jedoch erwähnt werden, weil sie den Keim zu den Schwierigkeiten legten, in deren Folge ich anfangs Mai die Redaktion niederlegte, allerdings, um sie in einer späteren Periode wieder aufzunehmen. Der Kampf, den ich bis dahin in der Mainzer Zeitung gegen die Partei Gagern weiter führte, war in dem Maße, als die politischen Gegensätze zwischen den deutschen Märzministern und der Demokratie sich verschärften, immer heftiger geworden, und meinem Verleger, einem vortrefflichen, aber etwas

*) Das kleine Buch, dem die hier folgende Auslese entnommen ist, erschien als die Sammlung aller bis dahin von mir verfaßten Leitartikel bei Joh. Wirth in Mainz unter dem Titel: Die Flitterwochen der Preßfreiheit. Ein politisches Mosaikbild aus leitenden Artikeln von Ludwig Bamberger, ehemaligem Redakteur der „Mainzer Zeitung". Die Vorrede ist vom 30. Mai 1848 datirt. (216 Seiten.)

behäbigen Manne, bereitete der Federkrieg zwischen seiner Zeitung und dem Vater seiner Frau soviel Mißbehagen, daß ich, um seiner Noth ein Ende zu machen, ihm selbst vorschlug, mich zu entlassen. Auch in der Stadt Mainz waren die Gegensätze sehr schroff geworden, und ein Theil der oberen Fünfhundert, namentlich Beamte und reichere Kaufleute, fand sich bewogen, ein gemäßigtes Organ, die „Rheinische Zeitung" (nicht zu verwechseln mit der kölnischen gleichen Namens) zu gründen.

In der Zeit zwischen jenen Erstlingsversuchen im März bis zu meinem Rücktritt im Mai schrieb ich beinahe einen Tag um den andern den Leitartikel abwechselnd mit dem älteren Redakteur Dr. Karl Bölsche, der später lange Jahre das Auswärtige in der „Kölnischen Zeitung" bearbeitet hat. Daneben besorgten wir zwei allein alles Uebrige der Redaktion.

Die im Folgenden ausgewählten Nummern geben ein Stimmungsbild jener Epoche des Vorparlaments und der ersten Tagungen der deutschen Nationalversammlung in der Paulskirche. Ich wohnte den Sitzungen derselben bei und berichtete darüber in meinem Blatt. Dreifacher Art sind die Elemente, die da zusammenfließen und sich abspiegeln. Zum ersten: die allgemeine demokratische Richtung; zum zweiten die besondere Art, die in den Rheinlanden vorherrschte, endlich das Zusammentreffen dieser beiden Elemente mit der individuellen Geistesverfassung des Schreibers. Es war eine erste stürmische Eruption, die plötzlich gegen alle Erwartung entfesselt, alles in der Stille angesammelte Material ausströmen ließ. Da drängte sich so Vieles und so Vielerlei zusammen, daß das Produziren mit wohlthuender Leichtigkeit von statten ging. Man brauchte nur den Zapfen auszustoßen, und es quoll lebendig sprudelnd heraus. Dabei die erste Lust, sich gedruckt zu sehen mit dem blitzschnellen Effekt auf die nächsten Kreise. Nach wenigen Tagen standen schon die Ungeduldigen sich drängend auf der Straße vor dem Bureau der Zeitung, lange ehe sie ausgegeben ward. Das mußte dem natürlichen Feuer noch mehr Nahrung zutragen.

Die politische Tendenz galt auch damals schon vor Allem der deutschen Einheit, allerdings nicht mit der preußischen Spitze, denn das Preußische war uns besonders antipathisch, und die Demokratie war großdeutsch. Die Einheit konnte ich mir nicht anders vorstellen, als mit Beseitigung der Fürsten. Der Bundestag, die Landesherren hatten Alles in sich personifizirt, was als Zerstückelung und Unterdrückung der deutschen Nation sich mit Haß beladen hatte. Daher erschien die Einheit kaum anders, als in republikanischer Form denkbar, wozu noch die im Kultus der französischen Revolution herangewachsene politische Sinnesweise das ihrige beitrug. Das tiefe Mißtrauen in die Aufrichtigkeit der im Handumdrehen zugestandenen „Bewilligungen" erklärt sich daraus von selbst und ward durch den späteren Verlauf nur zu sehr gerechtfertigt. Wie sich dieses finstere Mißtrauen gegen die regierenden Geschlechter und ihre Anhänger mit dem hell auflodernden Feuer der Begeisterung für die große Zeitbewegung mischt — das ist es, was meines Erachtens, diesen ersten politischen und publizistischen Versuchen ihr vorherrschendes Gepräge giebt. Der Nachklang philosophischer und ökonomischer Studien, zwar etwas doktrinär, aber durch die Frische der Jugend vor Trockenheit bewahrt, fügt dem Colorit eine eigenartige Schattirung bei, die, wenn ich mich nicht täusche, sich auch später nicht verloren hat. Die ökonomische Anschauungsweise, zwar vorzugsweise genährt aus den Werken der klassischen, individualistischen Schule, zeigt die Spuren der Einwirkung von Friedrich List und der sozialistischen Litteratur. Habe ich doch etwas später Proudhon's Banque du Peuple ins Deutsche übertragen und mit einer Vorrede herausgegeben. Alles in Allem wird die nachstehende Probe jugendlichen Beginnens wohl bestätigen, daß der Mensch im Laufe der Jahre sich zwar ändert, aber doch in Vielem derselbe bleibt.

Juli 1894. L. B.

Das deutsche Parlament.

Geständnis eines Staatsverbrechers.

Motto: Das Verbrechen des Hochverraths wird begangen durch Angriff oder Verschwörung . . . . 2) gegen die Selbständigkeit des Staates.
(Gr. hess. Strafgsetzb., Art. 129.

Den 16. März 1848.

Wir haben die Freiheit der Presse, das ist im scrupulösen Sinne des Wortes die Möglichkeit, durch den Druck jede Meinung auszusprechen, deren Veröffentlichung kein besonderes Gesetz verbietet. Aber wir haben noch mehr als das, wir haben die Freiheit des Moments! Zuckend liegt die alte Welt im Sterben, ein neu Geschlecht stürmt über ihre Leiche, und aus dem Schoß der ringsum bebenden Erde schlägt hoch zum Himmel auf der entfesselte Geist der Menschheit. Halb wach von ihrer Träume Lager aufgesprungen, stehen in dem wilden Schöpfungschaos verlegen zitternd die zwerghaften Gewalten, welche schlafend die scheintodte Welt hüteten. Jugend, deine Zeit ist da! die Zeit, von der du so lange gesprochen und gesungen, die Zeit, mit sieghafter Hand die Errungenschaft des Geistes, das Schlußwort der Erkenntnis als eine That in den Boden deines Landes einzupflanzen! Das ist nicht blos der Augenblick, die Freiheit nach dem Gesetze zu gebrauchen, es ist der Augenblick, die Gesetze der Freiheit zu machen. Nur aus dem Tod erblüht Leben, ewig ist nichts als die Veränderung! Auch die Gesetze müssen fallen, nur die Gesetzlichkeit muß bestehen; wenn stets das Alte gelten soll, wohin soll denn das Neue kommen? Niemand glaube ein Freund der guten Sache zu sein, weil er jetzt in den befriedigten Jubel einstimmt: das ist leicht, auf dem Grabe seines Feindes zu tanzen; wer ernstlich an die Freiheit glaubt, der hat den Mut, im Namen der Zukunft der Gegenwart trotzig ins Gesicht zu reden, der Gegenwart, welche das Gesetz für sich hat. Denn das Gesetz ist der Ausdruck des Bestehenden und der Feind des Werdenden. Das ewige Lied vom gesetzlichen Fortschritt muß verstummen vor dem ewigen Gesetz des Fortschritts. Alle Reformatoren waren Verbrecher!

Heraus ihr Schwerter der Justiz! ich will euch einen Hochverräter denuncieren. Über ihn, Männer der Gerechtigkeit! ich zeige ihn euch, ganz Deutschland heißt der Bösewicht! Ja, im Angesicht von achtunddreißig Gesetzbüchern stehen achtunddreißig Millionen Verbrecher. Ihr Losungswort heißt: Deutsches Parlament. Die Wächter des Gesetzes vernehmen es, und sie verstehen es nicht; die Verschworenen verstehen es und sagen es nicht. So will ich der Verräter sein.

Der einstimmige Ruf nach einem deutschen Parlament ist bloß der Ausfluß der allgemein und ohne Widerspruch anerkannten Wahrheit, daß nichts wünschenswerter sei, als Deutschland in einen einzigen Staat verwandelt zu sehen. In diesem Gedanken — ich habe darauf vorbereitet — liegt der Keim eines Hochverrates. Aber wenn die Freiheit der

Presse es möglich macht, ihn in die Welt hineinzuschicken, so muß die Freiheit des Momentes ihn vor der Verfolgung sichern. Der Augenblick, wo die ganze Welt aufsteht, im Namen der unverjährbaren Menschenrechte, ergreift alle Geister mit der Gewalt des sittlichen Ernstes und gießt über sie aus die Macht der erhabenen Wahrheit; und während der Zauber dieses heiligen Momentes alle Kräfte, sogar die des Gesetzes bannt, wollen wir hintreten und es aussprechen: Ja, alle Deutsche wünschen nichts sehnlicher, als daß Deutschland ein einziger Staat sei, und ihr Verlangen nach einem deutschen Parlament ist nichts als ein Vorbote oder eine Umschreibung für dies ihr wahres Begehren.

Stehe gegen diesen Ausspruch auf, wer behaupten will, daß er eine Lüge, oder die Wahrheit zu sagen eine Sünde sei. Aber mehr noch! Stehe auf, wer behaupten will, daß die Deutschen Unrecht haben, eine solche gänzliche Vereinigung zu wünschen! Beweise Einer, daß es besser sei für die deutsche Nation, in achtunddreißig Souveränetäten zerrissen, als ein einziger Staat zu sein! Wohlan! Vierunddreißig reiche Throne suchen einen Anwalt. Wahrhaftig sie werden keinen finden, der die eiserne Stirne hätte, sie zu verteidigen. Nie haben sich die abtötenden Wirkungen dieser sinnlosen Zersplitterung empfindlicher gezeigt, als in diesem Augenblick, wo die südwestdeutschen Staaten, nachdem sie so lange in politischer Dürftigkeit gedarbt haben, plötzlich das Erbe der Freiheit an sich rissen. Welche Verwirrung in den Begriffen des Volks, welcher Mangel an politischen Talenten bei den Regierungen! Wie schwer ist es überall, Männer zu finden, welche der Aufgabe gewachsen sind, rasch das Staatsgebäude nach den neuen Grundsätzen zu organisieren! Was ist in Baden, Hessen oder Nassau geschehen, diese kostbare Zeit durch Sicherung der notwendigsten Reformen in den Staats-Einrichtungen zu benützen? Gar Nichts! Was da ist, war die Frucht und das Werk des ersten Augenblicks. Die Schuld davon liegt einzig in dem Mangel an politischen Größen, die sich in den engen Verhältnissen eines Stäätleins nicht entwickeln können. Nicht blos die Raschheit des Blicks, welche durch die Überschauung umfassender Verhältnisse, nicht bloß die Gewandtheit, welche durch die Mannigfaltigkeit der Erfahrungen erlangt wird, mit Einem Wort, nicht bloß die Geschicklichkeit fehlt unsern Staatsmännern, sondern vielmehr noch der Mut, das Selbstvertrauen, welche aus der Bekanntschaft mit einem großartigen Betriebe erwachsen. Wie auch hätten sich alle diese Fähigkeiten bilden können durch die Teilnahme an einem kleinlichen Staatshaushalte, zu dessen Leitung der beschränkte Blick eines staatsexaminierten Schreibers ausreicht? — Größtenteils aus derselben Quelle entspringen aber auch die demütigenden Szenen, welche die errungenen Freiheitstriumphe entweihen. Diese kläglichen Vorstellungen von den eroberten politischen Gütern, welche das Volk zu vandalischen Thaten hinreißen, seine Freunde mit Trauer und seine Feinde mit Frohlocken erfüllen, diese blinde Wut gegen die unbedeutendsten Werkzeuge der obersten Gewalten und gegen die (politisch unschuldigen) häuslichen Frivolitäten der Fürsten, dieses gedankenfeindliche Ungestüm, welches nur zum Geschrei des Unwillens angeführt sein will, diese bornierten und barbarischen Judenverfolgungen endlich sind die Ausbrüche eines Geistes, dem die politische Richtung beinahe gänzlich abgeht. Diese Richtung, der selbständige Lebensgenuß, welcher in dem Bewußtsein liegt, thätiges Mitglied eines Verbandes zu sein, der die Aufgabe hat, nach Innen und Außen die Geschicke des Menschengeschlechts zu entwickeln, kann in einem kleinen Staate bei dem Denker nur als Wunsch, bei der Mehrzahl gar nicht aufkommen. Solche Vereinigungen fühlen sich in der Vergleichung zum großen Ganzen zu unbedeutend, als daß sie auf den Gedanken kommen könnten, wichtige Probleme zu lösen; jedwede Art von Kraft dazu fehlt ihnen außerdem; ihre Einwirkung auf die Weltverhältnisse ist gleich Null. Der ganze Staat ist nichts als ein erweiterter Haushalt, und es ist viel, wenn er nur im Wege der Nachahmung die Fortschritte glücklicherer Nationen auf sich anwenden kann. — So ist es gekommen, daß wir an staatsmännischen Talenten und allgemeiner politischer Gesinnung den empfindlichsten Mangel leiden. Hundert andere Übel, die aus derselben Quelle fließen, haben sich schon im Laufe der vergangenen Zeiten offenbart; sie sind in Aller Mund, und die Grundursache selbst, die Zerrissenheit Deutschlands, ist längst verurteilt. Dergestalt also stehen die Sachen. Fern von aller politischen Skandalsucht und Polterei sei es gesagt: Kein vernünftiges Bedenken, nur das Interesse der Fürsten steht der Vereinigung Deutschlands im Weg. Der Streit zwischen dem Heute und dem Morgen ist keine Controverse über die Vorzüge zweier politischen Prinzipien, sondern der Konflikt zwischen dem Fortschritt des allgemeinen Wohls und Privatrechten, die nach den bisherigen Gesetzen wohl begründet sind. Es kann nicht oft genug wiederholt werden: nicht in politischer Schmähsucht wenden wir uns an die Fürsten. Wer fühlte sich rein und uneigennützig genug, den Stein aufzuheben gegen die, deren Selbstverläugnung nicht bis zu dem bittern Opfer einer Thronentsagung geht? Ist es doch — weil die Einsicht so gewaltig von dem eignen Vorteile beherrscht wird — sogar denkbar, daß die deutschen Souveräne die Sonne selbst nicht sehen, die Notwendigkeit von Deutschlands gänzlicher Verschmelzung. Aber es bleibt darum nicht minder wahr, daß der Kampf der Dynastieen mit der Nation kein Kampf gleicher Elemente ist, sondern der Zusammenstoß des öffentlichen Wohls mit einem Eigentumsrechte. Denn, aus dem feudalen Untereigentum entsprungen, hat die Landeshoheit es zu keinem andern als einem privatrechtlichen Wert für den Besitzer gebracht, und zu Regensburg und Wien hat man sich nicht um das Recht der Menschheitsbeglückung gestritten. Wie dem immer sei, der stolze Geist, welcher im Vertrauen auf die Heilkraft der Zivilisation mitleidig, doch unerbittlich dahinschritt über die unglücklichen, durch verbesserte Produktionswerkzeuge brodlos gewordenen Proletarier, wird früh oder spät auch den Arbeitern an der deutschen Staatsmaschine verkünden, daß sie entlassen sind, weil das Werk durch eine neue Erfindung, die deutsche Einheit, vervollkommnet worden.

Und der Ruf nach einem deutschen Parlament ist nichts als das Resultat dieser Erkenntnis, das heimlich brennende Gelüste nach dieser verbotenen Frucht. Habe ich aus der Schule geplaudert, die wohlberechneten Pläne durchkreuzt? Lange genug haben die schlauen Politiker in superkluger Geduld die Stunden des tausendjährigen Reiches ausgerechnet. Versuchen wir es mit der Kraft der Wahrheit! Der Augenblick, da es möglich ist, sie ganz zu sagen, ist kostbar. Deutschland wird ein Parlament bekommen und wird dann einsehen, wie schwerfällig und untauglich dieses Werkzeug sei. Können sich doch sogar Föderativ-Republiken mit solchen Centralrepräsentationen vieler souveränen Provinzen nicht befriedigen, weil das Bewußtsein der politischen Größe in ihnen ein viel zu schwaches Mittel für seine Zwecke hat; und die Halbheit eines solchen Instituts offenbart sich stets in der Unmöglichkeit, seine Kompetenz mit Genauigkeit zu bestimmen. Nirgends bleibt die praktische Erfahrung bei solchen Staaten-Parlamenten stehen. In der Schweiz ist die Vernichtung der Kantonalsouveränetät so gut wie vollbracht; Nordamerika wird in der Aufhebung der provinziellen Selbständigkeit folgen. Der mexikanische Krieg ist der erste gewaltige Schritt dazu, die Übernahme einer gemeinsamen Schuld zu Lasten der Union ist der Anfang,

Steuern zum Besten der Union werden folgen, und in der Sklavenemanzipation wird sich zum erstenmale die Stimme der Majorität absolute Geltung verschaffen. Wo aber die Länder nicht über die Staaten-Parlamente hinausgehen, da weichen sie von ihnen zurück. Irland und Sizilien wollen ihre besondere Vertretung. Nun aber erst denke man nach über die Beschaffenheit eines Kongresses, welcher 38 souveräne Staaten, deren jeder selbst wieder in ein dynastisches und ein volkstümliches Interesse gespalten ist, im Ganzen 76 selbständige Gewalten, unter einen Hut bringen soll. Das Problem ist kaum geringer, als die Organisation der Arbeit in Frankreich, und bis jetzt weiß kein Mensch recht, was da kommen soll. Nur eines fühlen Alle, das deutsche Parlament soll der Anfang und der Ersatz für den deutschen Staat sein. Je mehr es die Souveränetät der Landesherren in sich verschlingt, desto vollkommener wird es seinem Begriffe entsprechen.

Sollte es nicht möglich sein, diesen Erfolg von vornherein zu sichern? In vielen deutschen Ländern bereits hat sich die Stimme des Volks um Aufhebung der ersten Kammer erhoben. Diese Stimme wird Gehör finden. Und warum will man bei dem deutschen Parlamente mit dem anfangen, was jeder daheim verwirft? Warum ein Zweikammersystem? Warum ein besonderes Kollegium der Fürsten? Hunderte der angesehensten Männer werden demnächst in Frankfurt zusammenkommen, über die Nationalrepräsentation zu beratschlagen. Wenn sie dann einstimmig aussprechen, daß dieser Kongreß rein aus Deputirten der Nation zusammengesetzt, daß ihm die Entscheidung über die wichtigsten Gesammtinteressen ausschließlich in die Hand gelegt werden müsse, wer wird dieser Stimme widerstehen? Vielleicht stehen wir am Vorabend einer zweiten friedlichen Revolution!

Am Tage vor Eröffnung des Vorparlaments.

Frankfurt, 30. März, 3 Uhr. Heiliger Himmel! — Geschrei! Gewehrfeuer! Frankfurt schwimmt in — Schwarz-Roth-Gold und hat einen provisorischen — Rausch! Sie überladen sich so mit Hoffnung und Triumphgefühlen, daß der Sieg zu einer Nebensache werden könnte. Es sieht hier aus, wie bei einem unschuldigen Pfingstfeste. Die Häuser bedeckt mit Laub, Teppichen und Fahnen, die Straßen voll von geputzten Leuten. Eleganz genug, aber entsetzlich wenig Volk. Deutsche aller Gegenden und Arten strömen zusammen, ehemals fortgejagte und künftig fortzujagende. Eines der ersten Gesichter, das mir aufstieß, war Moras,*) der die bekannte Schwimmprobe abgelegt hat und nun wieder auf dem Trocknen ist, während die preußischen Spione als begossene Hunde herumlaufen. Neben Republikanern mit abwärts hängenden Bärten und nach hinten gestrichenen Haaren gehen Kammerherrengesichter mit aufwärtsgedrehten Schnauzbärten und von hinten nach vorn gequälten Frisuren. Ehrsame Bürger in Hauskäppchen, von ihren bewundernden Frauen und Kindern umgeben, stehen vor ihren Thüren und schießen mit wichtigen Gesichtern in die Luft. An den Läden stehen die Alten und die Jungen mit klugen Mienen, auf denen geschrieben steht: „Es ist doch eine merkwürdige Zeit; was die Leute für närrische Köpfe haben! gewissermaßen auch amüsant, wenn sie nur keine tollen Streiche machen!“ Die betagte schwarze Judengasse ist herausgeputzt wie eine Groß-

*) Moras war wegen politischer Umtriebe vor Ausbruch der Bewegung auf Verlangen einer preußischen Behörde in Mainz arretiert worden und sollte mit dem Dampfboot rheinabwärts ausgeliefert werden; aber es gelang ihm, auf der Fahrt ins Wasser zu springen und mit Hülfe eines von Freunden bereit gehaltenen Kahnes zu entkommen. Er war ein junger Kaufmann, der später keine Rolle spielte.

mutter bei der Hochzeit ihres Enkels. Rührender, freudig-wehmütiger Anblick! Was hat sie nicht alles gesehen und erlebt, und auf einmal soll sie in ihrem hohen Alter mit zum Tanze gehen. Gutmüthig läßt sie sich schmücken, mitführen und bemüht sich, fröhlich auszusehen; aber es kam mir vor, als dächte sie im Stillen an die Leiden ihrer begrabenen Kinder und getraue sich nicht, ein Herz zu fassen. Eine Schaar Sachsenhäuser Schützen machte einen guten Eindruck; Leute in grünen Kitteln und grauen Filzhüten, aber nicht geleckt und gestriegelt, sondern bestaubt, gebräunt und bärtig. Auf den Schultern trugen sie sinnreiche Petitionen — jeder eine gute Doppelflinte. Vor einem Hause auf der Zeil hielten sie an und gaben eine Salve; ein kleiner, ältlicher Mann im schwarzen Gelehrtenhabit trat ans Fenster und redete sie an. Es war Jordan.*) Die ersten Worte konnte ich nicht verstehen. Der Rest lief darauf hinaus: sie möchten doch nur für die Ordnung Sorge tragen, damit die wichtige Versammlung in ihrem Geschäft nicht gestört werde. Die guten, lieben, alten Herren! Wenn sie nur nicht gar zu gut, zu lieb und zu alt wären. Bis heute Mittag waren 246 Deputierte eingeschrieben. Wenn es wahr ist, daß die ganze Hessen-Darmstädtische erste Kammer sich unter der Zahl befindet, so ist die deutsche Geschichte witziger und frivoler, als der liebe Heinrich Heine selber. Was von der Versammlung zu erwarten steht, weiß man hier noch nicht besser, als anderswo — gar zu viel Wohlwollende und gar zu wenig Wohlgemute. Eine vorbereitende Besprechung gestern Abend im Weidenbusch soll heftig gewesen sein, indem

*) Sylvester Jordan, geborener Tyroler, später Professor in Marburg, eines der unschuldigsten Opfer der niederträchtigen kurhessischen Regierung. Nach zwölfjähriger harter Gefangenschaft ward er in oberster Instanz frei gesprochen. Im Jahre 1848 gehörte er zu den zahmsten, schüchternsten alten Liberalen, gleich noch so manchem anderen vormaligen Märtyrer der alten deutschen Despotenlaune.

die Republikaner bereits hart aneinander gerieten mit den Konstitutionellen. Im fremden Publikum siehts übrigens republikanischer aus, als ich glaubte. Wenigstens sprechen die Republikaner laut, während die Anderen schweigen. In den Frankfurter Herzen sitzt viel Furcht. „Sind Sie auch für die Republik?" fragen sie mit bangen Gesichtern jeden Ankömmling, und es wird einem ordentlich wichtig zu Mut, mit so gespannter und ängstlicher Miene um seine Meinung konsultiert zu werden. Hinter den lustigen Fahnen pochen enge Herzen. „Kurse?" fragte am Tisch ein stattlicher Herr mit einem großen Schnurrbart, der mehr wie ein Eisen- als wie ein Goldfresser aussah. „Kurse?" — „Keine!" war die Antwort. Daß von allen Seiten kurzweilige Bemerkungen fallen, läßt sich denken: „Was soll man aber mit den Fürsten machen, wenn man sie absetzt?" fragte Einer. — „Ja, da sitzt der Knoten!" erwiderte ernst der Andre. „Historisch" und „Organisch" sind Trumpf; „wasch mir den Pelz und mach ihn nicht naß" ist der kurze Sinn aller schönen Reden und „die verfluchte französische Revolution!" der stille Gedanke vieler guter Seelen. Die Leute vom gesetzlichen Fortschritt wären der Meinung, man solle mit den Franzosen einen Vertrag schließen unter dem Vorbehalt, daß sie in zwanzig Jahren wieder eine Revolution machen, wo wir dann auf dem Wege des gesetzlichen Fortschritts weit genug gediehen wären, den letzten bequemen Sprung zu machen. Herr, erleuchte sie! Die Paulskirche ist ein herrliches Lokal. Ein Rondel, mit hellgelbem (Chamois-farbigem) Stuck bekleidet, mit dreifarbigen Draperien behängt, und Raum für 2500 Zuhörer. Amphitheatralisch geordnete Kirchenbänke füllen die Mitte für die Deputirten aus; dahinter und auf der Galerie ist das Publikum. Vor jenen Bänken steht die Rednerbühne und dahinter noch höher der Präsidentensitz, alles in den drei Farben prangend. Symbole genug! Nun, zu früh Lachen taugt nichts, aber zu früh Weinen auch nicht. Morgen den ersten Bericht.

Frankfurt, 30. März, spät am Abend. Ich bin jetzt im Stande, Ihnen bestimmtere Auskunft über den Stand der Dinge zu geben, als heute Mittag. Es sieht viel ernster aus, als damals. Im Saale des Weidenbusches und des Wolfsecks sind große Versammlungen abgehalten worden. Das Merkwürdigste von allem, was darin zu Tage kam, war, daß Projekte für die morgen beginnende Versammlung dem Bundestag zur Genehmigung vorgelegt worden sind! Daß diese Idee von den beiden Gagern ausgegangen, wie man mir sagt, bezweifle ich sehr. Von den vielfachen Meinungen, die auftreten, hat die, daß die Versammlung, als mit keinem genügenden Mandat versehen, nichts thun könne, als allgemeine Volkswahlen für eine konstituierende Nationalrepräsentation zu verlangen, die meiste Aussicht. Eine andere Schattirung ist die, daß der Augenblick zu drängend sei, um so formell gewissenhaft zu verfahren. Es müsse also das Notwendigste angeordnet werden und die Versammlung selbst oder ein Ausschuß sich permanent erklären, bis die Volkswahlen zum Ziele gediehen seien. Für diese Ansicht sprachen Raveaux aus Köln und Rob. Blum aus Leipzig im Wolfseck mit vielem Geiste und großem Erfolg. Gegen die Republik scheint eine große Majorität zu sein. Zwar erklärten fast alle Redner, daß die Republik der vollkommenste Freiheitszustand sei; Viele sogar bekannten sich laut als Republikaner — darunter namentlich die beiden erwähnten — aber fast Alle sagten, daß die Republik zu proklamieren nicht angehe, weil der Nordosten von Deutschland nicht reif und nicht gesinnt dazu sei; daher ein Bürgerkrieg die Folge der Republik sein müsse. Fast alle Redner aus dem Norden sagen aus, man habe bei ihnen daheim nur sehr wenige Sympathien für die Republik. Blum sagte unter anderem in seiner Rede: „Die Versammlung müsse einen Riegel den

Einfällen eines Hanswursten vorschieben, der seine bluttriefende Hand nach der deutschen Kaiserkrone ausstrecke." Dies wurde mit donnerndem Applaus approbiert. Raveaux replizierte: „Er könne nichts einwenden gegen Blum, aber er glaube, daß, wenn man die Sünden der anderen Fürsten aufzählen wolle, keine große Differenz herauskäme, sie hätten alle mehr oder weniger Schuld auf dem Haupte, und wenn man doch einmal Einen fortjage, so möge man lieber gleich die anderen 33 mitgehen lassen." (Endloses Bravo.) In der Versammlung im Weidenbusch (der ich nur kurze Zeit beiwohnte) trat Hecker entschieden republikanisch auf. Aber die enorme Mehrzahl waren Konstitutionelle, darunter viele Langweilige. „Einigkeit" wurde in ungemessenen Quantitäten als Knalleffekt verbraucht. Merkwürdige Exemplare von norddeutschen Magistern mit hohen Halskrägen und schweren Uhrgehängen bestiegen die Rednerbühne. Wenn diese erst mit gehörig einstudierten Reden in der Versammlung auftreten, mag's heiter werden. Zu einem republikanischen Resultat kommt das provisorische Parlament gewiß nicht. So etwa mögen die Ansichten gruppiert sein: Für augenblickliche Proklamierung der Republik sind in der Versammlung Wenige, diese Wenigen sind Badenser und Württemberger. Im anwesenden Publikum sind die meisten Frankfurter Bourgeois total konstitutionell, aber das Volk und sehr viele Fremde republikanisch. Während ich der Versammlung im Wolfseck beiwohnte, empfingen Hecker und Struve einen glänzenden Fackelzug. Ronge ist auch hier, desgleichen Venedey.

Die Nationalökonomie.

Ein Beitrag zur Reform des öffentlichen Unterrichts.

Den 9. April 1848.

Die Volkswirtschaftskunde ist ihrem Gegenstande nach der populärste, der Zahl ihrer Schüler und Verbreiter nach der unpopulärste Wissenszweig auf der Welt. Der Fehler liegt weniger an der Auffassungsweise ihrer Bearbeiter als an der Natur der Massen. Man hat den Nationalökonomen übertriebene Grübeleien, fruchtlose Distinktionen schon oft vorgeworfen, wie man es den Logikern noch hundertmal schlimmer angethan hat. Diese Unglücksverwandtschaft ist begreiflich: denn die Nationalökonomie des alten Stils ist und sollte sein nichts anderes, als die Logik des gesellschaftlichen Verkehrs, d. h. die Zerlegung der Thatsachen, aus denen dieser Verkehr sich zusammensetzt, in ihre einzelnen, unterscheidbaren Bestandteile und die Rückführung jeder Wirkung auf ihre wahre, mehr oder weniger dem Auge des plumpen Praktikers verborgene Ursache. Sie sollte geben im Wesentlichen die Fähigkeit, die Begriffe, mit denen man rechnen muß, zu kennen, nicht aber die Fähigkeit, bestimmte Resultate zu erzielen. Ebenso wie die Logik weder die Erziehungskunst noch Chemie lehrt, zur Erwerbung dieser Kenntnisse aber unentbehrlich ist, ebenso wenig lehrt die alte Nationalökonomie einen glücklichen Staat herstellen, ist aber die notwendige Voraussetzung zur Ergreifung dieser Aufgabe. Dieses Verhältnis, daß die Volkswirtschaftskunde nur eine Analysis, aber keine Synthesis, nur eine Erkenntnis des Vorhandenen aber zunächst keine Herrschaft über dasselbe sei, war den großen Theoretikern sehr wohl bekannt, und ist namentlich von dem mehr klaren als scharfen Jean Baptiste

Satz geradezu ausgesprochen worden. Diese Wahrheit verringert den Wert der Wissenschaft nur in den Augen derer, die sich aus Unkenntnis eine falsche, wie es gewöhnlich geht, übertriebene Vorstellung von den Resultaten derselben gebildet hatten; sie macht diese Resultate um kein Haar entbehrlicher. Unterscheiden ist Verstehen, verstehen aber muß man überall seinen Gegenstand, wo man ihn mit Erfolg behandeln soll. Wer in seinen Bestrebungen zur Verständigung und zum gemeinschaftlichen Handeln mit der Masse angewiesen ist, den hindert, beugt, verzehrt nichts so sehr, als deren Unbekanntschaft mit jeder Art von Logik, sei's der allgemeinen, sei's der besonderen im gesellschaftlichen Verkehr. Es ist eine aller Denker würdige Aufgabe, sich zu besinnen, ob nicht eine einfache, natürlich von scholastischem Wust gereinigte Logik in die notwendigsten Lehrgegenstände unserer Volksbildungsanstalten aufgenommen werden müsse, und es ist außer allem Zweifel, daß Belehrung über die Begriffe, welche im bürgerlichen Verkehre agiren, auf Jung und Alt ausgedehnt werden muß, wenn wir Verbesserungen in der Organisation der Gesellschaft herbeiführen und zeitweise plumpe Rückschritte verhüten wollen. Wende man seine Vorwürfe nicht gegen den Theoretiker, welcher, um einen verworrenen Knäul von Thatsachen auseinander zu lösen, seine Denkkraft schärfen und anstrengen mußte, wende man sie gegen den faulen, aufgeblasenen Praktiker, welcher beständig den „gesunden Menschenverstand" im Munde führt, d. h. die selbstgenügsame Verachtung jeder gewissenhaften Prüfung, jeder allgemeinen, von besonderen Standes- und Gewohnheits-Vorurteilen freien Auffassung, d. h. den Wahn, daß richtiges, zuverlässiges Denken — die schwierigste Sache von der Welt! — weniger besondere Übung und Benützung früherer Erfahrungen erheische, als die Fertigung eines Stiefels. Heute, wo die grausamen Mißdeutungen der Freiheit euch fast zur Verzweiflung an euch selber, weil an eurem

Volke, bringen, heute werdet ihr doch fühlen, daß alle eure Vorstellungen scheitern gerade an jenem „gesunden Menschenverstand", mit dessen Lobpreisung ihr so lange dem Volke geschmeichelt, mit dem ihr es in dem eigensinnigsten Glauben an die Unfehlbarkeit des ersten besten, vom beschränktesten, kurzsichtigsten Privatvorteil geleiteten Urteils, gesteift habt; daß eure Vorstellungen scheitern an der Geringschätzung, womit jeder Unterricht im höheren Denken gegen die Beibringung der praktischen Handgriffe zurückgesetzt worden ist. Nicht der Fleiß der Denker, die Faulheit der Pfuscher ist es, welche verhindert hat, daß eine so notwendige Kunde, wie die Volkswirtschaftslehre, bis jetzt eine Fremde unter uns war. Nicht einmal Mangel an populärer Schreibart kann man den Theoretikern vorwerfen. Der Begründer der neuesten Schule alten Stils, Adam Smith und sein Evangelist J. B. Say, haben so einfach, so lebendig und handgreiflich geschrieben, daß gerade diese ihre Schreibart zu den Hauptvorzügen ihrer Leistungen gehört, und der Letztere hat den Inhalt seiner größeren Werke eigens zum Zwecke der Volksbelehrung in einen „Katechismus der Volkswirtschaftslehre" zusammengefaßt, der wahrlich dem menschlichen Verstande näher steht und zugänglicher ist, als der Katechismus von Mysterien und Wundern, welcher dem Kinde fast von seiner Geburt an bis zu seinem Austritt aus der Schule eingetrichtert wird.

Es ist wahr, daß die Staatswirtschaftslehre, wie sie bisher studiert worden, keine Staatswohlfahrtslehre, aber es ist nicht minder wahr, daß sie der erste Teil der letzteren ist. Heute fallen die Praktiker des gedankenlosen Schlendrians, wie die Idealisten der noch unpraktischen Theorieen, von zwei Seiten über die guten Nationalökonomen her und werfen ihnen Unfruchtbarkeit für weltliche Zwecke vor. Es geht, wie gewöhnlich: jene haben nichts von ihnen lernen wollen, und diese vergessen, daß sie viel von ihnen gelernt haben.

Die Bewegung des gesellschaftlichen Verkehrs bietet eine Fülle von Phänomenen dar, die stündlich auf die plumpste Weise verkannt werden, deren plumpe Verkennung die abenteuerlichsten Forderungen und die abenteuerlichsten Maßregeln hervorgerufen hat. Die Nationalökonomie, indem sie die Natur dieser Phänomene zu ergründen sucht, will diese Mißgriffe verhindern. Wie weit ihr dies bis jetzt gelungen, ist eine untergeordnete Frage; genug, daß die Bemühung da ist. Wer so diese Wissenschaft auffaßt, der wird ihr große Leistungen nicht absprechen können. Ob sie praktische Probleme bis jetzt gelöst hat, ob sie solche überhaupt lösen kann, ist eine andere Frage. Es ist ein Anderes, die Erkenntnismethode für tatsächliche Verwicklungen an die Hand zu geben, ein Anderes, die Entscheidung der letzteren im Voraus zu berechnen. Der Fehler der Nationalökonomen lag vielleicht darin, daß sie sich mit zuviel Sicherheitsgefühl auf das letztere Feld begeben haben. Es ist fast unmöglich, den Ursachen und Wirkungen lebendiger Konstellationen ihre Bahn theoretisch auszurechnen. Die kleinste Abweichung in der Stellung der Thatsachen kann das ganze Gebäude umstoßen. Darum sind die Probleme über den Schutz der Industrie, über die Art der Besteuerung, über die Wahl der Zirkulationsmittel (des Geldes) noch immer offene Fragen, die nie auf dem Boden der Theorie allein ihre entschiedene Lösung finden werden. Aber, wer je um diese Theorie sich bemüht hat, der wird auch zugeben, daß es ihm nach den ersten Studien wie Schuppen von den Augen gefallen, daß er plötzlich gewahr geworden ist, wie roh und verworren die Kombinationen des bürgerlichen Geschäftsganges vor seinen Blicken gelegen hatten. Nicht die Kunst, die Welt der gesellschaftlichen Thätigkeit zu lenken, aber das Organ, das Sinneswerkzeug, ihre Elemente zu unterscheiden, wird durch die Nationalökonomie gegeben. Es ist klar, daß diese Lehre die Voraussetzung zur Beherrschung und Leitung der öffentlichen Wohlfahrt ist. Die Nationalökonomen haben nicht den Vorwurf verschuldet, daß sie, gleichgiltig gegen die wahre Beglückung des Menschengeschlechtes, sich mit dem alten Zustand der Dinge, mit dem Elend der Armen, mit dem Mißbrauch der Kräfte auf der einen, der Verwüstung der Kräfte auf der anderen Seite befriedigt erklärt hätten. Sie wollten die wahre Volkswohlfahrt herbeiführen helfen; aber daß sie mit ihrer Theorie allein deren Gesetze finden zu können glaubten, das war ihr Irrtum. Ihre Grundsätze von der Heilsamkeit der unbedingt freien Konkurrenz, von der unbedingten Rücksicht auf die Konsumenten waren zweifache Sünden, zum ersten in sich selber Rechnungsfehler, zum zweiten Entscheidungen, welche über die Grenze der bloßen Begriffslehre hinauslagen. Sie hätten bei ihrer eigentlichen Aufgabe, das Vorhandene zu analysiren, bleiben sollen. Aber daß die alten Zustände unvollkommen, und wohin sie zu führen seien, die Schwäche des alten formellen Rechtsbodens gegenüber den Lebensanforderungen der Menschheit, haben sie selber gefühlt und mit einer Klarheit und Überzeugungsstärke ausgesprochen, wie kaum einer der neuesten Sozialisten. Adam Smith, der bescheidene, angebetete, nüchterne Gelehrte, hat einen Satz niedergeschrieben, welcher zu terroristisch klingt, um ihn heute zu zitiren, und der im III. Band, 4. Buch, 5. Kap., 2. Teil seines Hauptwerkes nachzulesen ist;*) er hat ein andermal gelegentlich einen Gedanken hingeworfen, in dem er mit dem extremsten der Kommunisten, mit P. J. Proudhon, über die gleichen Anlagen, den gleichen Wert und die gleichen Ansprüche jedes Arbeiters zusammentrifft: „Die Abweichung der natürlichen Anlagen in verschiedenen

*) Ich habe dieses Kapitel im Ad. Smith wieder nachgelesen, ohne bestimmt sagen zu können, auf welche Stelle hier angespielt ist. Vielleicht dachte ich damals an den Schluß von III. S. 66 u. 67 der englischen Baseler Ausgabe von 1791. L. B.

Menschen ist in der That viel geringer, als wir merken, und die so ganz verschiedene Geistesfähigkeit, welche zwischen Menschen von verschiedenen Berufszweigen, nachdem sie einmal zur Reife herangewachsen sind, zu herrschen scheint, ist vielfach nicht sowohl die Ursache, als die Wirkung der Arbeitsteilung . . . . . . Wäre nicht die Aufforderung da, alle von den Einzelnen produzirten Dinge gegen einander auszutauschen, so müßte jeder Mensch sich selber alle Mittel zum Leben verschaffen. Nun aber ist es gerade diese notwendige Aufforderung, die Produkte gegenseitig umzutauschen und — als Voraussetzung dazu — sich in die Arbeit zu teilen, welche die zwischen Menschen von verschiedener Profession so auffallende Ungleichheit der geistigen Fähigkeiten erzeugt, und deshalb gerade sind diese Ungleichheiten, die ungleichen Beschäftigungen und Talente gleich nützlich." Say war ein durchsichtiger, aber kein kühn durchdringender Geist, wie Smith. In allen Dingen fühlt er das Rechte, oft ohne genaue Rechenschaft geben zu können. Im dritten Band seiner Staatswirtschaftslehre sagt er: „Die Notwendigkeit scheint mir durchaus unerwiesen, daß neun Zehntel der Bewohner der meisten Länder Eurapas in einem an die Barbarei grenzenden Zustande lungern."

Wir fühlen gar wohl, daß diese kurze Erläuterung nicht allgemein verständlich ist. Es liegt dies in der Natur ihres Vorsatzes. Das können wir nicht unternehmen, eine Wissenschaft auf diesem Wege unter das Volk zu bringen. Wir können nur auffordern, daß Anstalten dazu getroffen werden. Wir wollten versuchen, einen Teil, welcher noch nicht bis zur Würdigung der nationalökonomischen Wissenschaften gediehen, einen andern, welcher darüber hinausgegangen ist, dafür zu gewinnen, daß er bei der Reform des öffentlichen Unterrichts sich dieser Wissenschaft annehme; wir wollten zugleich dem Volke, welches dieselbe noch nicht einmal dem Namen nach kennt, einen Wink geben, der vielleicht trotz der Fremdheit des Gegenstandes nicht erfolglos sein wird; einmal, weil wir vielleicht es dahin gebracht haben, daß das Volk uns warme Teilnahme und Urteilsfähigkeit für seine Interessen zutraut, und zum Andern, weil es selber fühlen muß, wie sehr es über seine wichtigsten Angelegenheiten im Dunkeln tappt. Unser Wunsch geht dahin, daß, sobald es die Ruhe der Gemüter irgendwie erlauben wird, von Seiten der Regierungen und der Gemeinden Anstalt getroffen werde, die Jugend wie die Erwachsenen in den Elementen der Volkswirtschaftskunde zu belehren.

Aufregendes.

Den 11. April 1848.

Stolz und glücklich waren alle auf die hohe See des Freiheitskampfes hinausgesteuert, als der erste aus Frankreich kommende Wellenschlag das so lange auf dem Sand zurückgehaltene Staatsschiff wieder flott gemacht hatte. Ach, zu lange nur waren sie des großen, erhabenen, wilden Meeres entwöhnt! Der erste starke Wind, kaum ein Sturm zu nennen, bricht herein, und seekrank, zum Sterben seekrank liegt die halbe Mannschaft danieder. Fort ist alle Lebenslust, fort der letzte Mut, im Schwindel drehen sich die Köpfe, dunkel wird es vor den Augen, in blasser verzweifelter Todesangst wird, das nackte, das arme Leben zu retten, alles, alles, die kostbarste Habe, die erbeutete Freiheit selber über Bord geworfen: — o säßen wir nur wieder in Frieden auf dem Sande! — Habt Ihr darum an jenem großen Abend der Freiheit zugeschworen, daß ihr sie bei dem ersten Windstoß wieder im Stiche lasset? Habt Ihr gemeint, Ihr schwöret, der Freiheit treu zu bleiben bei Gläserklang und schönen Reden, und davon zu laufen beim ersten Wetterleuchten? Die ewigen Sterne droben, die auf Euch herunter sahen, zu denen damals Euer stolzer Schwur, jetzt Euer klägliches Geschrei emporgestiegen ist, sie lachen Euch ins Gesicht — und rückwärts dem Sande entgegen geht das Schiff am sichersten zu scheitern!

Ist denn gar nicht zu helfen? Ordnung! ruft Ihr, Ordnung um jeden Preis! und Ihr selber schafft den heillosesten Wirrwarr. Ihr selber seid in Auflösung begriffen! Auflösung, das ist der Zustand, der alles ergriffen hat, die Menschen wie die Verhältnisse, und Sammlung, Organisation, das ist es, was allenthalben Not thut. In Auflösung sind die alten Regierungsgewalten, in Auflösung ist die bürgerliche Thätigkeit, in Auflösung sind die politischen Bewegungen und Massen, welche der erste Freiheitstrieb ins Leben gerufen hat, in Auflösung endlich sind die Köpfe und die Gemüter selbst. „Polizeistaat!" Daß dieser — oft gedankenlos hingeworfene — Ausdruck die ganze Anstalt der öffentlichen Wohlfahrt im Grund ihres Wesens bezeichnete, das wird jetzt erst recht augenscheinlich: ein träges, steifes, seelenloses Uhrwerk, nicht von dem außer ihm liegenden Zweck, die Interessen der Gesellschaft zu fördern, belebt und bewegt, sondern einzig regiert von den mechanischen Gesetzen, nach denen es erbaut war, von den mechanischen Gesetzen, die auf nichts berechnet waren, als das Uhrwerk selbst zu erhalten; eine Erfindung, deren Absicht nicht das Regieren, sondern das Befehlen, nicht das Wohl des Ganzen, sondern das Ansehen der Herrschenden war, eine Maschine der Maschinisten wegen. Dieses Gesetz galt durch und durch. Die Diener der Obrigkeit, bis zum winzigsten herunter, betrachteten sich als den Zweck und den Bürger als das Mittel; der Bürger betrachtete sie als Feinde und sich selber als das Opfer. Kein Gedanke des wechselseitigen inneren Zusammenhangs von der einen Seite noch der anderen! Die Triebkraft der widersinnigen Maschine war die Furcht. Als mit der Furcht des Bürgers auf einmal die ganze Wohlfahrtsanstalt ins Nichts zerstob, da begann erst der Fluch jenes unsinnigen Wesens sich in seiner wahren Größe zu zeigen. Selbsterhaltung war der einzige Zweck, das einzige Bewußtsein der alten Staatsgewalten von oben bis unten, und als sie einsahen, daß es mit ihrer Herrschaft, mit der Furcht, zu Ende war, daß sie nichts mehr für sich selber zu hoffen hätten, da legten sie ruhig die Hände in den Schoß und sahen, sehen noch mit der gleichgiltigsten Miene der Not, der Angst der Gesellschaft zu. Nicht allein die Kraftlosigkeit, auch die perfide Selbstsucht ist es, welche jetzt die Thätigkeit der noch zum Scheine bestehenden Autoritäten gänzlich aufhebt. Sie allein sind noch einigermaßen organisiert, sie auch haben die Übung des Regierens und könnten noch manches leisten, wenn sie den Rest ihrer Geschicklichkeit und Kraft dem Bürger aufrichtig, rückhaltslos leihen wollten. Aber nicht der geringste Versuch wird gemacht. Mit der alten Tyrannei ists aus, was kümmert sie das Wohl des Staates, was hat es sie jemals gekümmert? Das ist die eine fluchwürdige Folge des Polizeistaates, diese ist heute noch eine Beschuldigung gegen die alten Gewalten; die andere Folge, gleichfalls derselben Unglücksquelle entsprungen, ist heute ihre Entschuldigung: das grenzenlose Mißtrauen gegen jede regierende Gewalt, die blinde Verwechselung der Sache mit den Personen, der Institutionen selbst mit den alten Mißbräuchen. Die Polizei — und Polizei war die ganze Regierung — ist in den Augen der Meisten nichts als eine feindliche Macht; keine Regierung will man, denn man kennt die Regierung nur als das böse Prinzip. So ist es gekommen, daß die früheren Autoritäten in sich selber gleichgiltig, vom Volke zurückgestoßen, völlig untauglich sind. Hinter uns ist völlige Auflösung. Das Natürlichste wäre, vorwärts zu organisieren, zu ordnen. Im ersten Augenblick war die Energie dazu vorhanden. Man improvisierte rasch einige leitende Kollegien. Das reichte aus für den

Moment der allgemeinen Energie, der übereinstimmenden, gutbeseelten Mitwirkung Aller. Aber jetzt ist die Auflösung der Behörden immer weiter gediehen. Zu der Auflösung der Behörden ist die Auflösung der Zustände, zu dieser endlich die Auflösung der Gemüter gekommen. Die Gewerbsthätigkeit zerfällt, und die Folge ist, daß die Meinungen zerfahren und verderben. Die erste improvisierte Organisation — wenn sie diesen Namen verdiente — ist jetzt zu schwach, Schaden abzuhalten, Gutes zu stiften. Organisation, Ordnung von Gewalten, eine geregelte Wechselwirkung, das ist es, was wir fordern. Aber wenn wir Ordnung rufen, so drehen die Leute die Köpfe rückwärts und sehen sich nach der alten Staatsordnung um! Du lieber Gott! Hinter Euch liegt die Ordnung nicht, vor Euch liegt die freie, selbstthätige Ordnung. Als wir nach den barbarischen Szenen, deren Schauplatz vorige Woche unsere Stadt gewesen,*) bittere Klagen erhoben, als wir zur kräftigen Gegenwirkung, zum Schutz des Eigentums und des Verkehrs aufforderten, da riefen Viele: „Seht! sie ziehen die Segel ein; seht! sie kehren um, sie fühlen, daß sie zu weit gegangen sind!" Dieser rief es triumphierend, jener wohlmeinend und beruhigt — es ist uns wohl zu Ohren gekommen. Gütiger Himmel, wie lächerlich! Welche Gimpel müßten wir sein, wenn wir so wenig wüßten, was wir wollen! Steinigen, nicht loben müßte man uns, wenn wir unsere Stimme in der Besprechung der großen Angelegenheiten der Gegenwart erhoben hätten und, durch die kleinste Wendung irre gemacht, vom eingeschlagenen Wege abgingen; verhöhnen müßte man uns, wenn wir so wenig auf eine solche Wendung gefaßt gewesen wären. Was da geschehen ist, hat uns gar nicht überrascht, wir haben es ja vorausgesagt, und — will man es doch wissen? —

---

*) Die Zerstörung der Taunus-Eisenbahn.

wir sagen noch Schlimmeres voraus, noch Schlimmeres namentlich, wenn man in dieser Schwebe zwischen dem Alten und Neuen länger noch verharrt. — Haben wir nicht schon vor drei Wochen gewarnt, daß, wenn nicht schnelle Hilfe kommt, allgemeine Auflösung und Verwilderung bevorsteht, haben wir nicht dringend gebeten, daß die Bürger selbst ihre Bewegung organisieren, die in ihren Angelegenheiten durch regelmäßige Diskussionen nnd durch bestimmte Vorschläge die Initiative ergreifen möchten? Ja, wir wollten aufregen, wir wollen es noch, politisch aufregen, die Kräfte in Aktion setzen, die Meinungen zum Ausspruch bringen, wir wollen aufregen zu einer allgemeinen Thätigkeit, die allein zur Ordnung führen kann. Denn die Zerfahrenheit, wie der Popanz, der ehemals regierte, sind gleich unheilvoll.

Die Vertrauenspolitik.

Den 12. April 1848.

Der deutsche Bund ist so sehr ein Bild des Jammers geworden, daß ein ordentlicher Mensch es nicht übers Herz bringen kann, auf ein so kläglich verendetes Wesen loszuschlagen. Diesen Bund, an den sich alle traurigen Erinnerungen der letzten dreiunddreißig Jahre knüpfen, diesen Bund aufrecht zu halten, ist man noch immer bemüht. Zu den wirksamsten Stichwörtern, mit welchen bis jetzt die Regierungen in Deutschland die mattherzigen Kammern gängelten, gehörte das „Vertrauen". Vertrauen war in aller Minister Mund, Vertrauen zwischen Fürst und Volk wurde bei allen Schlechtigkeiten verlangt, und das unentbehrliche Vertrauen mußte erhalten werden mit Verzicht auf alle anderen Rechte; Vertrauen zum Fürsten um jeden Preis, Vertrauen in Hannover, Vertrauen in Kassel, Vertrauen in Berlin; und wenn man in Oldenburg oder Hessen-Homburg eine Verfassung verlangte, so beschämten der Großherzog und der Landgraf ihre Unterthanen mit Vorwürfen über mangelndes Vertrauen. Während in dem Bundestag die Politik der gemeinsamen Verräterei an dem Volke und des gegenseitigen Neides und Mißtrauens der Fürsten saß, wurde die Nation durch die Politik der schönen Redensarten und der Rührung mißbraucht. Als der deutsche Bund, infolge der Anstrengung, die ihn das Preßgesetz vom 3. März gekostet hatte, in Ohnmacht fiel, griff er, sich zu stärken, nach der bewährten Vertrauensessenz und siehe da — es half! Er verlangte, daß man seinen Namen durch die Namen ehrlicher und freisinniger Männer rette, und die Regierungen schickten „Männer des Vertrauens" an den Bund. Die Regierungen wußten wohl, was sie thaten. Sie wußten, daß in Deutschland das politische Leben noch von der Vorstellungsweise des patriarchalischen Lebens beherrscht ist, daß die Pietät, der Respekt, die Dankbarkeit, die Bescheidenheit, überhaupt die sozialen und die familiären Tugenden in die Politik übertragen und immer die Rechte der Sache den Rechten der Person geopfert werden. Sie wußten also, daß ein Schrei des Unwillens sich erheben würde, wenn nur ein Zweifel verlauten wollte gegen Leute, wie Jordan, Uhland, Welcker, Bassermann u. A., die stets als redliche und freisinnige Männer sich bewährt und zum Teil dafür harte Verfolgungen erlitten hatten. Wenn sie sich in dieser Voraussicht nicht getäuscht haben, so ist es Pflicht der Presse, ihnen einen Strich durch die Rechnung zu machen. Glauben die, welche sich des freien Wortes bemächtigen, nicht, daß sie jetzt auf Rosen gebettet seien, seitdem sie die Zensur los sind, glauben sie nicht, daß sie nur der öffentlichen Meinung zu schmeicheln hätten! Nein, mit dem redlichen Wirken für das Allgemeine ist immer Märtyrerschaft verbunden, und der Mut, welcher ehedem gegen die Gewalt von Oben gebraucht wurde, ist jetzt noch zehnmal nötiger gegen das Vorurteil von Unten. Und wenn noch so sehr über Impietät und Ruchlosigkeit geschrieen wird, so darf sich die Presse nicht irre machen lassen, jene gefährliche Gutmütigkeit des blinden Vertrauens und der persönlichen Rücksichten zu bekämpfen. Rühmliche Vergangenheit, guter Charakter, das Alles soll seine Anerkennung finden; aber Taten der Gegenwart,

Taten in Sachen des allgemeinen Interesses dürfen nur nach sich selbst und nach weiter nichts beurteilt werden. Die bisherige Wirksamkeit der „Vertrauensmänner" entspricht den Forderungen des deutschen Volkes nicht, und das ist erklärlich. Diese Männer waren bis jetzt in den einzelnen Staaten in der Opposition gegen die Regierung; sie hatten das bestimmte Ziel, gewisse, durch die bisherigen Verfassungen erreichbaren Rechte durchzusetzen; sie haben an der Erreichung dieses Zieles Jahrzehnte mit großen Anstrengungen, mit großen Opfern gearbeitet; sie wurden von den Regierungen als Feinde betrachtet. Es ist sehr natürlich, daß sie in diesem Augenblick, wo ihre Meinung bereits vollständig gesiegt hat, wo sie selber von ihren bisherigen Feinden zu Hilfe gerufen werden, nach so langem, mühevollem Streben sich befriedigt fühlen. Volle Befriedigung mit dem, was schon erreicht ist, das ist der einfache Ausdruck für die Art, wie die Vertrauensmänner und ihre Gleichgesinnten seitdem, und namentlich bei der Frankfurter Versammlung, aufgetreten sind; Unwille, ärgerlicher Unwille gegen alle die, welche weiter gehen wollen als sie, und völlige Unbekanntschaft mit dem Unterschied zwischen den Forderungen, die das Volk ehemals und die es jetzt gestellt hat. Darum erscheinen sie immer mit solcher unerschütterlichen Zuversicht, darum nennen sie sich selber mit komischer Selbstgenügsamkeit einmal über das andere „Männer des Vertrauens" und nehmen nun für sich jene Resignation des Volkes auf seine eigene Kontrolle und jene politische Delikatesse in Anspruch, mit der sie selber so lange bekämpft wurden. Heute sind die bisherigen Verhandlungen dieser siebenzehn Männer veröffentlicht worden, die sich bereit zeigen, den Bund der Fürsten zu stärken, die des Verlangens nach einem freien deutschen Reiche, das sie so lange besungen und besprochen haben, nicht mehr zu gedenken scheinen, denen nicht einfällt, an dem abgeschmackten Flickwerk des Wiener Kongresses etwas zu ändern, die vielmehr jene unsinnige Landesvertretung zur Grundlage ihrer eigenen Beteiligung machen, indem sie die 38 Staaten (nach der bisherigen Abstimmungsordnung der Bundesverfassung für den engeren Rat) mit 17 Stimmen vertreten. Durch diese Veröffentlichung haben wir wenig Neues erfahren. Wir wußten bereits, daß das Grundgesetz für eine deutsche Nationalversammlung, welches der Bundestag noch schnell durch einen Beschluß vom 30. März dem auf den 31. zusammenberufenen Vorparlamente eskamotiren wollte, — dieses Grundgesetz, welches das Vorparlament selber zurückgewiesen und welches Preußen mit solchem Heißhunger durch einen Staatsstreich ins Werk zu setzen versucht hat, daß dieses Grundgesetz mit Fürstenwahl und Fürstenkammer und Aufrechthaltung der achtunddreißig Staaten unter Mitwirkung der Vertrauensmänner entstanden ist. Wir erfahren jetzt, daß dieser Rat der Siebenzehn in einer Sitzung vom 5. April eine Kommission zum Entwurf einer Bundesverfassung niedergesetzt hat, von der wir nach solchen Vorgängen nichts erwarten können. Nein, das sind die Leute nicht, welche Deutschland verjüngen können!

Vor den Wahlen.

An Freund und Feind.

„Raum Ihr Herr'n dem Flügelschlag
einer freien Seele."

Den 15. April 1848.

Die heilige Zeit, wo das deutsche Volk in den Bund der mündigen Nationen aufgenommen werden und zu dem ersten hohen Akte politischer Selbständigkeit herantreten soll, die Zeit der Wahlen zur Nationalversammlung, steht bevor. Sie kann nicht genug durch ernste Betrachtungen über den mächtigen Schritt, welchen wir bereits vorwärts gethan haben, über die notwendige Umgestaltung unseres öffentlichen Lebens, sie kann nicht weihevoll genug herangewacht werden. Sonderbar, wer bedenkt, daß kaum sechs Wochen verflossen, seitdem wir in einem an Exaltation grenzenden Zustande uns selber dies Recht der Mündigkeit erworben haben, den muß es billig wundern, daß heute schon eine Ermunterung, wie die oben ausgesprochene, für nötig erachtet werde. Und nötig ist sie; denn aus einem Zustand der Aufregung ist ein großer Teil in den der Erschlaffung, von kühnem Selbstgefühl in jämmerliche Kleinmütigkeit, von großherzigem Zusammenschließen in engherzige Absonderung übergegangen — mit einem Worte: es droht ein Rückfall, der immer gefährlicher ist, als der erste Krankheitszustand, es droht ein

Rückfall, weil unsere politische Natur noch nicht Kraft und Zähigkeit genug erlangt hat. Die Verhältnisse bilden den Menschen mehr, als der Mensch die Verhältnisse. In einer Staatsverfassung der gehudelten Untertänigkeit konnte kein aufgeweckter und mutiger Bürger heranwachsen. Luft und Licht braucht ein gesunder Keim, um mächtig auszuschlagen; Luft und Licht kann er nicht zu viel haben. Das ist's ja, was uns vor Allem kränkt, daß man das Unglück des Volkes mißbraucht als eine Waffe gegen sein Glück, daß man ihm sagt: werde erst vollkommen gut, ehe du vollkommen frei wirst; daß man das Unmögliche verlangt, um das Mögliche zu verweigern. Wir wissen so gut, als die altklugen Herren, daß weite Strecken unseres Vaterlandes noch lange kein Blütenanger republikanischer Tugenden sind, aber wir verachten die anmaßende Kunstgärtnerei, welche mit wetterprophetischer Nase ein Volk von dreiunddreißig Millionen in dreiunddreißig zierlichen, vor rauhen Winden schützenden konstitutionellen Treibhäuschen zur Freiheit und Mannesgröße aufziehen will. Wir überschätzen den Geist des Volkes nicht, wie er ist; aber wir glauben, daß er sich rasch entwickeln kann, wenn man ihm die Gelegenheit dazu giebt. Wenn ihr den Sklaven nicht eher frei machen wollet, bis er ein stolzer Mann geworden, so wird er an der Kette sterben. Große Verhältnisse aber bilden im Flug große Menschen, ehrende Stellung giebt Ehrgefühl, freie Bewegung Freiheit. Wie edel, wie rührend edel hat sich das Volk Frankreichs seit den Tagen der letzten Revolution entfaltet! Nicht blos pathetische Zeitungen, die nüchternsten Alltagsmenschen erzählen Wunder von Seelengröße, die sie an diesem „erhabenen Pöbel" erlebt haben. Wen stimmt es nicht bis zu Thränen, wenn er sieht, wie hunderttausende entblößter, sogenannter ungebildeter Menschen in der höchsten Aufregung sich durch das Wort eines geistreichen Mannes beschwichtigen lassen; wie der dürftige Arbeiter seinen Notpfennig auf den Altar des

Vaterlandes trägt mit einfachen Worten, vor denen die hochgestochenen Reden eurer Hofpoeten und Staatsdeklamatoren erblassen müssen. Nicht die Paragraphen der heuchlerischen Charte, nicht das Duchatel'sche Bestechungssystem haben dieses Volk erzogen, sondern die wenigen Tage wiedererlangter Menschenwürde und erhebender Selbstherrschaft. Und wenn der Keim dazu schon da lag, so war er zurückgeblieben von der Saat der neunziger Jahre und dem kurzen Sommer des dreißiger Juli. Eure Schullehrerweisheit, ihr gründlichen Professoren, wird kein freies Volk erziehen. Seht hin auf die kurze Zeit eures jungen Regiments, denn es ist wahr, daß seit mehreren Wochen eure doktrinäre Gewalt, eure gelahrte Staatsmethode am Ruder sitzt. Was habt ihr vollbracht? Ein Land, das in erhabenem Unwillen aufgestanden war, ist ein zerfahrener trostloser Wirrwarr geworden, in dem ihr freilich darum desto leichter euer Spiel treibt. Schlimm, wenn ihrs nicht wolltet, schlimmer noch, wenn es euch recht ist! Nicht begreifen können wir, wie gerade in diesen Zeiten viele edel, wahrhaft frei denkende Menschen es für Pflicht halten können, ihre entschiedenen Gesinnungen in sich zurückzudrängen. Auch wir machen uns keine übertriebenen Hoffnungen von der nächsten Zukunft, ja wir sind vielleicht gefaßt, aber nicht eingeschüchtert, in der Erwartung eines grausamen Rückschrittes. Doch, weit entfernt, darin eine Aufforderung zum Schweigen zu sehen, fühlen wir uns nur gestachelt, um so lauter zu reden. Nur die Freiheit erzieht freie Menschen, das ist unser Bekenntnis. Und eben weil die Freiheit der That entweicht, muß die Freiheit der Gesinnung um so mehr gebraucht werden. Ihr, die ihr im heimlichsten Winkel eures Hauses die Republik heranbeten wollet, euch begreifen wir nicht. Der schüchterne, der furchtsame Glaube gewinnt keine Anhänger: auf offenem Markte müßt ihr zusammenläuten, wenn ihr Proselyten machen wollet. Wir überlassen es Anderen, die Wahrheit mit dem

Arzneilöffel auszuteilen, wir kennen keine halben Wahrheiten, wir kennen nicht die schöne, vielbeliebte Erziehungstheorie, welche lehrt, daß man den kindlichen Gemütern erst Lügen beibringen müsse, um dieselben später wieder auszurotten, wenn sie die Wahrheit vertragen können. Gefährliches Experiment, gefährliches Spiel mit dem Höchsten, Heiligsten! Wir wiederholen das oft Gesagte: Unser Vertrauen hat Niemand, als die Wahrheit. Begreifen können wir nicht, wie ein überzeugter Mensch seinen starken Glauben beschneiden kann, um ihn verstümmelt herzugeben; uns treibt die Natur, ganz zu sagen, was wir denken. Akkomodation! Das Wort kennen wir nicht. Vielleicht fallen auch wir ihm zu, wenn wir erst alt und mürbe geworden sind, und wir bitten im Voraus unsere Nachkommen, alsdann derb auf uns loszuschlagen, wie wir es heute auf Andre thun.

Wir lassen den Professor, wir lassen den konstitutionsseligen Fanatiker in Ehren gelten, sie sind Diener ihrer eigenen Überzeugung; du aber teurer Freund, der Du uns zwischen vier Wänden gestehst, daß du ein heißer Republikaner seist, daß aber die Zeit nicht da sei, es zu sagen — verzeih es Freund! du bringst uns zum Lachen!

Wir haben wahrlich nicht unsre Freude daran, schwachen Seelen ein Ärgernis zu geben. Es ist nicht süß, verketzert zu werden. Gerne würden wir den Trotz unserer Meinung bändigen, wenn wir ihn nicht den Starken wie den Schwachen schuldig wären. Sterbende schickt man in die milden, umschlossenen Thäler, heranwachsende Jugend in die freie Bergluft. Diese lernet ertragen, ihr glaubtet denn, an einer auszehrenden und nicht an einer Entwicklungskrankheit zu leiden. Die Doktoren mögen Mixturen verschreiben, wir verschreiben rauhen Wind. Sturm zu blasen ist unser Geschäft, Sturm blasen wir heute zu nächsten Wahlen.

Unsere Staaten waren bis heute nichts als große Kinderstuben. Landesväter, Landesmütter und Landeskinder führten zusammen eine stille Wirtschaft, und die sauberen Landesvettern machen uns noch heute große Sorgen. Das war ein gemütliches Treiben von häuslichen Tugenden und häuslichen Lastern; brummige oder lockere Landesväter waren ein Schrecken oder ein Skandal; teutschen Ludwigs Landessöhne hielten es mit der Mutter, die Landestöchter mit dem Vater und die Landesbedienten mit beiden zugleich; Bescheidenheit und Verschämtheit war die Zierde der Buben und Mädchen; wenn sie Fleisch wollten, forderten sie Salz und bekamen — Prügel; wenn Einer brav war, so durfte er es nicht wissen, bis er vom Präzeptor mit einer Prämie überrascht wurde. Das Erziehungssystem war das aus der guten alten Schule, jedes Selbstgefühl zu unterdrücken und die Gefahren des Lebens dem Bevormundeten zu verschweigen. So haben wir jetzt ein blödes, empfindliches, schüchternes Bürgertum, das der freien, politischen Bewegung und namentlich der freien Presse einen schweren Stand bereitet; das sich seiner besten Gefühle und Bestrebungen schämt und bei der geringsten Anklage jämmerlich heult. Lasse man doch endlich im öffentlichen Leben diese Prüderie fahren, dieses Verschämtthun mit seinem Verlangen, welches in die Pensionen gehört! Diese Aufforderung geht an die Einzelnen, wie an die Massen, namentlich für das Geschäft der herannahenden Wahlen. Wer sich fähig und gedrungen fühlt, vom Volke zum Vertreter ernannt zu werden, der warte nicht bis ein zuvorkommender Freund ihn wieder seinen Freunden zum Weitergeben in die Ohren flüstert, der trete frei heraus und sage; „Ich bin euer Mann, mich müsset ihr wählen! das kann ich euch leisten, das sind meine Beweise, das versprech' ich euch zu verfechten!“ Warum sich schämen seines guten Eifers, oder selbst seiner Ambition? Es ist kein Geheimnis: wir sind Alle mehr oder weniger eitel, und Jedem wird, Jedem soll es schmeicheln, vom Volke mit Vertrauen beehrt zu werden. Also weg mit falscher Uneigennützigkeit, weg mit erlogener

Bescheidenheit! weg auch mit unzeitigem Ärgernis über Anmaßung und Eigenlob! Für die Parteien gilt dasselbe. Was ihr wollet, das lasset auf den Straßen ausrufen! Konspirirt und koalisirt unter freiem Himmel, werbet so viel ihr könnt! Errötet weder vor Lob noch vor Tadel!

Und weil wir an diesem Kapitel einmal halten, schließlich ein Wort für die Presse. Kaum ist sie frei, kaum bedient sie sich ihres Rechtes, einmal selber zu zensieren, statt zensiert zu werden, da erhebt sich ein allgemeines Wimmern und Schelten. Jeden Augenblick kommt Einer, der sich persönlich verletzt fühlt. — In das Privatleben dringt unser Auge nicht; wer sich aber in die Öffentlichkeit begiebt, der hört auf, eine Person zu sein, der wird eine Sache. Nicht Personen greifen wir an, sondern Sachen und Zustände! Nicht die Personen mögen sich verteidigen, sondern die Sachen. Wie albern, auf Anklagen der Presse mit Injurienklagen zu antworten! Wahrhaftig, liebe empfindliche Leute, eure Erziehung ist schwer genug, ihr müsset sie uns nicht durch Prozeßkosten vertheuern. Die Presse klagt vor dem Publikum. Wer sich gegen sie vor den Gerichten verteidigt, sich hinter die Schliche und Formen des Rechtes zurückzieht, statt die Jury seiner Mitbürger anzurufen, der — merke man es! — der giebt seine Sache verloren!

Die intolerante Toleranz.

Den 30. April 1848.

Je weniger öffentliches Leben, desto mehr Verschiedenheit in der Denkungsart einzelner Teile der Gesellschaft. Still, wie wir bisher in Deutschland lebten, schöpfte Jeder nur aus seinem eignen Selbst, seiner Beschäftigung und Umgebung das Maß seines Urteils. Kein größerer Kontrast kann gedacht werden, als der, welcher zwischen den Ansichten des behäbigen Mittelstandes und den Resultaten der denkenden Kritik herrschte, die, gewissermaßen auf einem archimedischen Punkt außer der Erde stehend, das ganze alte Weltgebäude im Geiste aus den Angeln gehoben hatte. In der Harmlosigkeit eines Lebens, das kaum mehr als den Raum zu einer Existenz hergab, bewegten sich diese Kontraste friedlich neben einander: von der einen Seite beschränkte Selbstzuversicht, die Nichts außer dem Bereich ihrer eigenen Sinnesart kannte, von der anderen höfliche Schonung und Resignation. Kaum daß einmal bei den religiösen Kämpfen ein Vorposten der Kritik, oder — wenn man es gar so nennen will — der Negation mit den Anschauungen der Masse ins Gefecht kam. Da schlägt plötzlich eine Krise herein, eine Krise, so mächtig, daß die ungeheuersten Ergebnisse daraus hervorgehen können. Die, welche in Gedanken weit über die jetzige Weltgestaltung hinausgegangen waren, hatten nicht blos das Ziel, sie hatten auch die Methode großer Revolutionen zu erwägen Zeit gehabt und sich durchdrungen von der Überzeugung, daß entschlossenes Ergreifen des unwiederbringlichen Moments die Grundwahrheit aller mächtigen Verbesserungen sei.

So ist es gekommen, daß auf einmal lange verhaltene, bisher fremde Ideen hervorbrechen und mit Ungeduld, mit rücksichtslosem Vordrängen sich geltend machen. Man wirft ihnen Heftigkeit und Schonungslosigkeit vor, weil sie unduldsam, ungestüm auftreten. Auch dieser Vorwurf rührt aus der alten Zeit blasser Gleichgültigkeit her. Wo nichts zu erreichen war, steckten die Meinungen kaum den Kopf aus dem Fenster und wünschten sich einen freundnachbarlichen Guten Morgen. Jetzt auf einmal die Entscheidung auf der Straße! Aus den Häusern stürzen die Meinungen hervor, die höflichen Nachbarn fahren mit den Köpfen aneinander, sie sind — Parteien! Wie kindisch, Wehe zu schreien über diese Spaltungen, Bekriegungen, welche den „schönen“ Frieden stören. So lange Keiner was wollte, waren wir höfliche, einige Leute, jetzt zum erstenmal giebts einmal Etwas zu gewinnen, jetzt ist der Sieg der einen Überzeugung die Niederlage der andern — und Ihr klagt, daß die höfliche Verträglichkeit der Nachbarn, die „Einigkeit der Bürgerschaft“ gestört ist. Ihr klagt, wenn eine Zeitung rücksichtslos Partei ergreift, weil Ihr gewöhnt wart, nur solche zu lesen, die gar nichts wollten; Ihr klagt über die Heftigkeit der Meinungen, weil Ihr nichts kanntet, als Dispute beim Wein oder Thee. Was verfocht, was konnte denn früher eine Zeitung verfechten? Man deklamirte zur Unterhaltung, nicht zur Überzeugung — denn das war nicht nötig — von Preßfreiheit und deutscher Flotte, höchstens stritt man, mit Söldlingen auf beiden Seiten, um Zollsysteme. In der Politik wie in der Religion stolzirte eine vergnügte Halbheit als Fortschritt und Aufklärung unwidersprochen einher. Derselbe unwidersprochene Kampf, wie um Preßfreiheit und Münzgleichheit, wurde, fast ohne Gegner, wider Buchstaben- und Wunderglauben geführt. Daß eine Meinung da sei, welcher dies lange nicht genug ist, wußte man kaum. Was Wunder, daß man sich auf einmal skandalisirt, da sie herausbricht, weil sie glaubt, daß die Zeit einen Sprung zu machen im Begriffe und seit dreißig Jahren nur zurückgegangen ist, um einen bessern Anlauf zu haben? — Vielleicht verziehe man noch die grelle Farbe der Meinung, aber die Heftigkeit ihres Auftretens wird durchaus verdammt. Abermals, weil man der Kämpfe aus heiliger Überzeugung entwöhnt ist. „Nichts erbitterter, als Religionskriege" ist ein gangbares Wort. Aber woher denn diese Erbitterung? Ganz einfach, weil die Religion immer eine Sache der vollsten, ernstesten Überzeugung war und kein Paradegaul für „Fortschreitende" und „Aufgeklärte." Darum sind Religionskämpfe erbittert, und darum sind es alle Kämpfe, die in einem heiligen, ganzen Glauben geführt werden. Verächtlich ist die Religion, welche nicht Proselyten machen will, verächtlich die nicht fanatische Religion, welche ihr Größtes und Wichtigstes als eine Nebensache hinstellt und nicht die äußerste Kraft anwendet, es Allen beizubringen. Es ist unhaltbar, vom religiösen Standpunkt aus dem Fanatiker zuzurufen: Störe nicht den sanften Frieden der Bürger und Familien um der Religion halber. Er hat Recht: die Religion, an die er glaubt, steht über all dem und ist für Alle mehr wert, als jene Güter. Die, welche ihm wehren wollen, haben keine Religion. Das sollen sie zugeben, daß sie ihm Schweigen auferlegen wollen im Namen der Irreligiosität; das ließe sich hören; aber ein ernster, braver Mensch kann nie zu frieden sein, einen nach seiner Meinung beseligenden Glauben in der Tasche herumzutragen. Die Religion unserer Zeit heißt: Politik und unser Bekenntnis: Freiheit! Und wir können uns nicht denken, wie ein Freiheitsgläubiger den — seiner Ansicht nach — freiheitsfeindlichen Systemen sachte und schonend entgegentreten kann. Wer uns verübelt, daß wir pochen und stürmen, der hat keinen politischen, wie der „Tolerante“ keinen religiösen Glauben, der ist ein Gleichgültiger, und nur der Gleichgültige, dem der häusliche und städtische Friede des Essens und Spazierengehens über Alles geht, kann sich über uns skandalisiren. Wir gestehen es: wir sind politische Fanatiker! und ehren auch den konsequenten religiösen Fanatiker mehr, als den wässerigen „toleranten“ Halbaufgeklärten. Der Mittelstand, die „Bourgoisie“, welche bis jetzt die Hauptrolle in der Gesellschaft spielte, war dieser Stand der Mitte, der unbewegliche Indifferenzpunkt in allen Dingen. Nun, da auf einmal die kritische Entschiedenheit losbricht, schließt sich das Volk dieser an. Natürlich auch! Der Gegenstand ihrer Betrachtung war das Volk, und das Volk ist entschieden, heißblütig, fanatisch, wie sie. So werden die Leute aus dem Reiche unserer chinesischen Mitte von vorn gezogen und von hinten gestoßen mit grellen Ideen und heftigen Methoden, von denen sie bisher keine Ahnung hatten. Und darum klagt man Unser Einen an als Unbesonnenen und Volksverführer. — Wem ist es recht, geschmäht und verketzert zu werden? oder Andern ein Ärgernis zu sein? Könnte man es über sich gewinnen, die Ursachen und die Unvermeidlichkeit der Parteiverhältnisse zu begreifen, so würde auf beiden Seiten nichts vom Ernst des Kampfes eingebüßt, aber viel Herzeleid erspart werden. — Vielleicht ist diese Rechtfertiguug verlorene Mühe. Was kann man aber mehr thun als sich erklären? Wenn auch nur Einer bekehrt würde zur Vorurteilslosigkeit, würden wir die Mühe für nicht verloren ansehen. Hundert Jahre Abstand waren zwischen der Gesinnung der Bourgoisie auf der einen und zwischen dem Bedürfnisse des Volks und der Erkenntnis der Kritik auf der anderen Seite. Die hundert Jahre donnern auf einmal zusammen herein. Möglich, daß die vordersten Glieder noch an dem Widerstand des Alten zermalmt werden. Wir könnten begreifen, daß wir zum Notfall aufgerieben werden müßten, um den Nachdrängenden desto sicherer Bahn zu machen; aber wie man zurückgehen, wie man die Meinung in die Tasche stecken kann, das begreifen wir nicht. Die Zeit, eine kurze Zeit wird uns rechtfertigen. Lasset die ungewohnten Kämpfe und unbekannten Parteien nur eine kurze Periode über im neuen öffentlichen Leben agiren, und Alles, was Euch jetzt unwillig und grimmig und ungerecht macht, wird Euch so nötig werden, wie das tägliche Brot.

An die Leser der Mainzer- und an die Redaktion der Rheinischen Zeitung.

Den 5. Mai 1848.

Im Begriffe, einen Entschluß auszusprechen und zu motiviren, der — vermöge meiner bisherigen Beteiligung an der Redaktion der „Mainzer Zeitung“ und vermöge der eigentümlichen Weise, wie in den letztverflossenen Wochen das Publikum sein Urteil über die Denk- und Redeweise dieses Blattes an meine besondere Persönlichkeit geknüpft hat — auch dem allgemeinen Interesse angehört, im Begriffe meinen Entschluß, heute die Redaktion der M. Z. niederzulegen, mitzuteilen und zu motiviren, glaube ich nicht unbescheiden oder geschmacklos zu handeln, wenn ich selber in diesem Abschiedsworte mit meiner Individualität heraustrete. Sollte ich nicht vermeiden können, eine oder die andere Erklärung zu Gunsten meines persönlichen Verhaltens niederzulegen, so werde ich dabei zu Werke gehen in dem deutlichen Bewußtsein, daß Nichts lächerlicher ist, als mit eigener Hand ein kokettes Bild seiner Seele zu entwerfen. Zu den oben angegebenen Beweggründen kommt noch, daß die heutige Nummer der „Rheinischen Zeitung“, mit der ich erst eine duellfähige Opposition ins Leben getreten sehe, so geradezu an und gegen mich gewendet ist, daß auch bei dem Willkomm und Abschied, den ich heute dieser Opposition zu geben in der Lage bin, ich mich zu persönlichem Auftreten herausgefordert fühle.

Endlich ist noch ein dritter Umstand vorhanden, der dazu nötigt, daß sozusagen meine eigene Naturgeschichte zu der jüngsten Lebensgeschichte der „Mainzer Zeitung" ins Spiel gesetzt werde. Die Intervention einer Gegenpartei, über die ich früher Bericht erstattet habe, konnte durch meinen heutigen Schritt dem Publikum ins Gedächtnis zurückgerufen und mit diesem Schritt in irgend einen Zusammenhang gebracht werden. Ein solcher Zusammenhang existirt aber nicht im Geringsten, und auch um von einer falschen Auffassung dieser Art abzuhalten, muß ich mein persönliches Verhalten zu dem Gang der Zeitung bis zu meinem heutigen Rücktritt in ein deutliches Licht setzen.

Es sind noch nicht volle zwei Monate, daß ich, zum ersten Mal in meinem Leben, in den Besitz des Marschallstabes, den jeder Deutsche bei seinem Abzug von der Universität im Tornister mit forträgt, daß ich in den Besitz des leicht zugänglichen Glücks gekommen bin, mich gedruckt zu sehen. Ich hatte — seit drei Jahren von der Hochschule zurückgekehrt — so viel es immer die Erlernung des juristischen Handwerkes erlaubte, den größten Teil meiner Zeit und den einzigen Ernst meines Strebens darauf verwendet, das Universitätsleben fortzusetzen, d. h. ohne Rücksicht auf eine zu erringende praktische Stellung, einige Wissenszweige zu verfolgen. Überdem brach die welterschütternde Begebenheit des 24. Februar herein, und, wie Viele, riß auch mich die dadurch aufgejagte Wirbelbewegung aus der Geduld einer langsam voranschreitenden Thätigkeit und in die Lust, im Sturmleben der politischen Elementargestaltung wirkend mitzureisen. Man möge immer sagen, daß meine Handlungsweise um deswillen den Vorwurf verdiene, sie sei von dem Bedürfnisse nach einer persönlichen Aktion ausgegangen. Hundert Andere würden sich darüber vielleicht dem Kitzel einer Selbsttäuschung hingeben und sich den leicht zu erringenden Glauben an ein rein objektives Streben erwerben. Ich gebe gern zu, daß teilweise ein Bedürfnis meines Naturells mich in meiner Handlungsweise treibt, ich weiß aber auch, daß die Begierde nach Erkenntnis der menschlichen Dinge sowohl, als viel mehr noch die Lust, das Erkannte verwirklicht zu sehen, ein individueller Trieb ist, welcher nur in dem gänzlich untrennbaren Zusammenhang der einzelnen Persönlichkeit mit der Totalität alles Seienden wurzeln kann. Die oft besprochene Frage über die Wirkung und den Wert des sogenannten Egoismus löst sich in die oft gegebene Entscheidung auf: daß in dem ganzen Bereich unserer Welt die Erreichung der einzelnen und der Gesamtzwecke durch die innerste gegenseitige Verwebung gesichert, daß es ebenso thöricht ist, jenen Egoismus der persönlichen Befriedigung bei einer Wirksamkeit fürs Allgemeine verleugnen zu wollen, als es Unrecht ist, bei einer solchen Wirksamkeit mit der Sonde nach subjektiven Bestimmungsgründen zu suchen. Das Wesen des wirklichen und darum human genannten Menschen ist eben, persönliche Befriedigung aus seiner thätigen Verbindung mit dem Allgemeinen zu schöpfen. — Ich habe vor zwei Monaten das lebhafte Bedürfnis gefühlt, an der politischen und sozialen Aktion Teil zu nehmen, weil die Natur des Menschen und die Entwicklung der menschlichen Gesellschaft der Gegenstand meines überwiegenden Interesses sind, und ich glaube, daß, indem ich dieses gestehe, ich mich nur durch die Aufrichtigkeit von denen unterscheide, die angeblich mit gänzlicher Selbstverleugnung in die Öffentlichkeit treten. Dieses Bedürfnis war es, welches am Tage, wo die Preßfreiheit verkündet wurde, mich bestimmte, dem Verleger der „Mainzer Zeitung“ meine Dienste anzubieten, die von ihm wie von dem damals einzigen Redakteur, meinem seitherigen

Kollegen, mit Zuvorkommenheit angenommen wurden. Es war damals gerade der erste Erfolg errungen worden, und Befriedigung für den Augenblick, wie Hoffnung für die Zukunft beherrschten die Stimmung der Herzen, namentlich auch gegen die Männer, deren Zeit mit jenem Augenblicke gekommen schien. Was die „Rheinische Zeitung" heute als ihr Ziel nennt, was aber in ihrem Munde, weil sie sich mit dem bisherigen Gang der Dinge einverstanden erklärt und mehr als gutmütiger Weise noch keine Reaktion sieht, ein purer Schall ist — die Vereinigung Deutschlands war das, was ich als die Frucht jenes blütenreichen Augenblicks erwartete und jenen Männern als aufrichtigen Vorsatz zutraute. Ich erinnere an den ersten Artikel aus meiner Feder und fordere auf, darin etwas Anderes als jenes Verlangen ausgesprochen zu finden. Möglich, daß eine republikanische Überzeugung darin zu finden gewesen, aber bis zu dem Grade einer Forderung habe ich damals nie diese Überzeugung ausgedehnt. Ich war ebenso entschieden der Ansicht, daß der Herbeiführung der thatsächlichen, nicht blos deklamirten Einheit, jede andere Begehrnis weichen müßte, als ich fest vertraute, daß die wirkliche Konstituirung der deutschen Einheit die Konstituirung der Republik mit sich führen oder wenigstens gewaltig vorbereiten würde. Die Siebenzehner selbst haben im Vorworte zu ihrem Projekt den — ihnen gefährlich scheinenden — Zusammenhang dieser beiden Eventualitäten eingestanden.

Von den ersten Tagen des März bis zu der Versammlung des Vorparlaments verliefen vier Wochen, während deren man vergeblich nach einem deutlichen Hervortreten wahrhafter Einheits- und Freiheitsbestrebungen von jenen ans Ruder gekommenen alten Liberalen spähen konnte; und, wie vieler Anderer, war auch mein Glauben an deren Absichten schwankend geworden; ich habe dies deutlich in jener Zeit ausgesprochen und bin, ohne jedoch noch ein Wort von

Republik geäußert zu haben, mit banger Erwartung nach Frankfurt gegangen. Ich bin den dortigen Verhandlungen mit unausgesetzter Aufmerksamkeit von Anfang bis zu Ende gefolgt; ich habe nicht blos die Redner von der Tribüne gehört, sondern alle Parteien in ihrem Treiben unter sich aus der unmittelbaren Anschauung kennen gelernt — und habe dort mit der Überzeugung abgeschlossen, daß die angebliche Vermittlungspartei der alten Liberalen mit Leib und Seele den fürstlichen Interessen angehört, von denen sie benützt und von denen ihnen so viele liberale Grundsätze gelassen werden, als vor der Hand zur Erhaltung des noch nicht ganz entbehrlichen Kredits in der öffentlichen Meinung nötig sind. Von diesem Augenblick, nachdem man zum hundertsten Mal erfahren, daß in der Nähe der Throne auch ehrliche Leute dem Throne mehr als dem Volke ergeben werden, von dem Augenblicke an, als ich sah, daß von der Partei, welche durch die neue Verbindung mit den Dynastieen und durch die früher erworbene Autorität im Volke für die nächste Zeit das Übergewicht erlangen mußte, nichts zu erwarten war, kam ich zu dem Resultat, daß nur gleichzeitig mit dem Verschwinden der Dynastieen Deutschlands Einheit und Freiheit geboren werden könne. Es gehört wirklich eine gute Portion polternder Gedankenlosigkeit dazu, nach Art der „Rheinischen Zeitung“, noch keine Reaktion zu sehen in Kabinetten, welche — die ersten acht Tage ihrer Existenz ausgenommen — noch gar nichts gethan haben, als geheime Truppenmärsche anzuordnen, in Kabinetten, deren Generalissimus Matthy in Baden à la Nikolaus wirtschaftet, und deren Spiritus familiaris Gagern in seiner offiziellen Zeitung jenes famose Projekt für Deutschlands Zukunft veröffentlichen ließ, wogegen das der Siebenzehner noch Demagogie ist; keine Reaktion endlich zu sehen in Kabinetten, welche ihre Bundes-Vertrauensmänner nicht augenblicklich zurückberufen, nachdem sie einen Verfassungsentwurf ausgeheckt haben, der Einen nicht zur Entscheidung kommen läßt, ob er kolossaler ist durch Lächerlichkeit oder durch Unverschämtheit, und den die „Rheinische Zeitung“ selber zu bekämpfen verspricht. Die Reaktion ist da, die Schwäche des Vorparlaments hat ihr auf die Beine geholfen, und es ist die größte Wahrscheinlichkeit vorhanden, daß sie noch eine Zeitlang herrschen wird. Diese Entwicklung der Dinge habe ich schon in Frankfurt kommen sehen, und von jenem Zeitpunkt an bin ich rückhaltslos gegen die ganze Vertrauenssippschaft und für die republikanische Staatsform aufgetreten.

Dieser Wendepunkt hatte eine eigentümliche Wirkung auf meine Stellung gegenüber dem Eigentümer der „Mainzer Zeitung“. Als ich ihm meine Dienste anbot, hatte ich ihm natürlich kein Glaubensbekenntnis in einem Dutzend Artikeln abgelegt, sondern wir waren übereingekommen, daß er aus meinen ersten Arbeiten meine Gesinnungen entnehmen möge. Aus dem oben Mitgeteilten erhellt, wie damals noch Mancher mit mir übereinstimmen konnte, der jetzt mir gegenüber steht, und so war es auch zwischen uns der Fall. Nachdem diese Meinungsverschiedenheit unzweifelhaft geworden war, gestanden wir uns auch gegenseitig zu, daß das Verfahren des Einen mit der Mißbilligung des Andern, immer unleidlicher für Beide werden müßte und faßten den Entschluß, uns zu trennen. Dies fiel aber gerade in jene Zeit, wo eine Anzahl von Beamten und Kaufleuten hier an der „Mainzer Zeitung“ mit Privatmitteln versuchen wollten, was der Minister Matthy viel klüger mit Bajonetten gegen die „Deutsche Volkszeitung“ ausgeführt hat. Der ehrenwerte Charakter des Verlegers — möge er mir es nicht als Anmaßung auslegen, daß ich ihm öffentlich meine Hochachtung auszusprechen wage — sträubte sich natürlich nicht nur gegen die thatsächliche Nachgiebigkeit gegen eine so unwürdige Zumutung, sondern auch gegen den Schein derselben, und jene Intervention allein war schuld, daß der Schritt, welchen ich heute thue, nicht schon vor vierzehn Tagen erfolgte. Wir warteten nur auf den vollendeten Rückzug jener Angreifer, um jenen Entschluß auszuführen, und einer dieser Tage, nachdem durch das Erscheinen der „Rheinischen Zeitung" bestätigt war, daß keinerlei Verständigung zwischen dem Eigentümer der Zeitung und meinen Gegnern stattgefunden, war dazu anberaumt. In der heutigen Nummer der Rh. Ztg. fordert mich die neue Redaktion zu einem fortgesetzten Kampfe heraus. Nach dem Beschlusse, welcher feststand, konnte ich diesen Kampf nicht mehr annehmen, ich konnte auch nicht noch mehrere Tage ohne Erwiderung vorübergehen lassen. So wurde ich denn plötzlich heute Morgen zu der Entscheidung getrieben, sogleich in Vollzug zu setzen, was erst im Laufe der folgenden Woche geschehen sollte. Ich bin dadurch gezwungen, ein Aktenstück, wie das, welches ich gegenwärtig niederlege, ohne die gehörige Muße und Ueberlegung binnen weniger Stunden, und dazu noch überraschter Weise auszuarbeiten. Dem, was ich in der Eile bisher zusammengestellt habe, will ich nur noch eine kurze Antwort auf den Prinzipienstreit, welchen die neue Redaktion der Rh. Z. eröffnet hat, folgen lassen.

Was zuerst die streitige Materie angeht, so ist es vor allen Dingen merkwürdig, wie hartnäckig die konstitutionelle Partei immer auf dasselbe Argument zurückkommt und den Schein voranstellt, als wäre es nie widerlegt worden. Dieses Argument besteht darin, daß sie uns den Inhalt ihrer Forderungen, die Freiheiten, welche sie verlangt, entgegenhält und fragt, ob diese Freiheiten einem Volke nicht genügen könnten? Und weil auch die Redaktion der Rh. Z. mit dieser Frage zum tausendsten Male kommt, so müssen wir ihr zum tausendsten Male antworten: daß wir dieselben Freiheiten verlangen, zugleich aber auch eine Garantie für ihre Erhaltung, welche in der Monarchie nicht liegt. Darum ist es schief, sich als großer Geist über Formpedanterien hinaussetzen zu wollen, wo die Form so wesentlich ist. Wenn wir beide Wein wollen, ist es denn gleichgiltig, ob wir ihn in einen Krug oder in ein Sieb fassen wollen? Wir glauben auch, daß die Diktatur des Ehrgeizes lange nicht so schwer zu verhindern ist, als die Übergriffe einer Dynastie, und wo es den Dynastieen an Stärke fehlt, da treibt der Ehrgeiz bald diktatorische Minister ans Ruder.

Die Meinung, welcher die Rh. Ztg. ergeben ist, unterscheidet sich, abgesehen von jener Prinzipienfrage, von der Meinung der Partei, welcher ich angehöre, namentlich dadurch, daß sie glaubt, es handle sich um einen kleinen Schritt vorwärts, an den sich im Laufe der Jahre andere Schritte anknüpfen ließen. Unsere Meinung ist, daß es sich um eine Revolution handelt. Die Gegner leugnen die Notwendigkeit der Revolutionen, wir sind durchdrungen davon. Wenn lange Perioden hindurch erkannte Mißbräuche geherrscht haben, wenn zwischen den bestehenden Zuständen und dem Bedürfnisse der Völker sowie den Resultaten der Erkenntnis ein krasser Zwiespalt existiert, dann sind Revolutionen unvermeidlich. So war es am Ende des vorigen Jahrhunderts, so ist es jetzt, nachdem das gegenwärtige Jahrhundert hinter die erste Revolution zurückgegangen ist. Wir sagen es offen, wir wollen einen Bruch mit der Vergangenheit, weil das Bedürfnis der jetzigen Weltlage und der denkende Geist ebenfalls entschieden mit der Vergangenheit brechen müssen. Wenn ich sage, daß dieser Bruch, daß eine Revolution trotz aller „Entwicklung von innen heraus“ kommen wird, so stütze ich mich dabei nicht auf die hellsehende Kraft, welche in die Eingeweide des Weltgeistes hinein schaut, und darinnen findet, daß „die konstitutionelle Monarchie die für das neunzehnte Jahrundert zubereitete Staatsform“ ist, sondern auf den praktischen Gang aller Entwicklung, welche sich von der Erreichung eines wohldurchdachten Endzweckes durch nichts abhalten läßt. Ich bin nicht von denen, welche — um dem lieben Herrgott durch ihr Zutrauen zu schmeicheln — ausrufen, daß das Gute in der Welt siegen müsse; die Welt war nicht immer auf Rosen gebettet; aber meiner Ansicht nach wächst die Einsicht des Volkes in die gänzliche Unbrauchbarkeit unserer Vergangenheit so sehr, daß die Revolution sicher kommt, heute — morgen — übermorgen. Meine Ansicht greift man mit Gründen an; meine Methode glaubt man der Verdammnis anheimzugeben dadurch allein, daß man sie charakterisiert. Leidenschaft! ruft man aus, Wühlerei! Richtig; ich gebe Beides zu. Revolution befördern, heißt in der Pharisäersprache „Wühlen“, und mit Begeisterung streben: „Leidenschaft“. Nie ist eine Revolution gemacht worden ohne heftigen Angriff auf das Bestehende, nie ohne Leidenschaft. Die Leute, welche denken, wie die Redaktion der Rhein. Ztg., hätten keine der drei französischen Revolutionen gemacht. Ich will damit nicht zu dem Witze Anlaß geben, als meinte ich, daß es Leute von meinem Schlage gewesen; sie waren nur ebenfalls leidenschaftlich und ungeduldig, und in der Erstrebung dessen, was sie als Ziel erkannt hatten, durch keine Bedächtigkeit aufzuhalten. Die Redaktion der Rh. Ztg. meint aber gewiß nicht, daß sie sich nicht den Dank des Menschengeschlechts verdient hätten. Ja, wer Revolutionen will, der liebt die Freiheit brünstig, wie ein Jüngling, und nicht zufrieden, wie ein Mann. Aber die Rh. Ztg. glaubt, wir kämen ohne Revolution durch, die Redaktion, welche, so gut wie ich, im Verstande mit der Vergangenheit gebrochen hat, will die Ruinen von Jahrhunderten in Staub zerfeilen. Es ist aber nicht blos zur Herbeiführung des Neuen, daß die ganze naturalistische Empörung der Menschheit nötig ist, sondern zur Einschüchterung des Alten. „Wehe dem, der wagt, unserer Freiheit zu nahen! Tod und Verderben!“ ruft Ihr aus mit wütender Bärbeißigkeit. Gute Redaktion, sie sind schon genaht, und Ihr fresset ihnen noch aus der Hand; gute Redaktion! weder Du, noch viel weniger Deine Aktionäre werden den Freiheitsräubern Furcht einjagen, nicht einmal das klein bischen Furcht, das sie unzweifelhaft vor uns Leidenschaftlichen hatten, ehe sie ihrer Soldaten wieder sicher waren. Im Gegentheil, Ihr besonnenen, auf Eure Unnahbarkeit trauenden „Männer" (par excellence) allein habt der Reaktion das Heft in die Hände gegeben.

Man wird mir einwerfen, daß ja doch meine Methode zu keinem Ziele geführt. Für den Augenblick allerdings nicht; aber das wußte ich gar deutlich voraus. Ich wußte, daß noch ein Rückschlag erfolgen würde, ich wollte nur den Augenblick für die Saat der Zukunft benützen. Ich erinnere an das erste Wort, mit dem ich mein Auftreten in diesem Blatte bezeichnet habe. Ich sagte damals, daß ich mich der Freiheit des Momentes nach Kräften bedienen wollte, der kurzen Epoche, wo, wenn nicht nach dem Buchstaben des Gesetzes, doch nach der Natur der Sache, Jedem die Freiheit der Äußerung in Vorschlägen für Deutschlands Konstituirung vergönnt werden müßte, den Vertrauensmännern so gut wie den Republikanern. Dieser Moment geht jetzt rasch zu Ende. In Baden wird er bereits rückwärts verleugnet; wer weiß, was anderswo geschieht. Ich bin zufrieden, daß der Eigentümer der „Mainzer Zeitung" mir Zeit gelassen hat, ihn der Hauptsache nach zu benutzen. In diesen zwei Monaten, wo kein Wort zu kühn war, das nicht in die Köpfe geschleudert wurde, ist Enormes gewonnen worden, hat die Vergangenheit mehr in der Masse des Volkes verloren, als ihr durch die Leichtgläubigkeit der Vertrauenden gelassen wird. Nicht bloß hat das Volk durch diese Bewegung bereits viel gelernt, sondern den Anstoß zu weiterem Lernen erhalten. Ein politisch nicht durchgebildetes Volk wird nicht durch Ausbildung zur Begeisterung, sondern durch Begeisterung zur Ausbildung angetrieben.

Die Leidenschaft, die aufgewirbelt worden, hat die Köpfe mit der Lust entzündet, Einsicht in politische Dinge zu gewinnen, und wird damit mehr fördern, als hundert besonnene Ermahnungen. Ob die Taktik der Nüchternen uns zum Ziele führt, ob die Agitation der Heißen einen fruchtbaren Keim gelegt, das wird die Zukunft ausweisen. Genug, daß ich zeigte, wie ich nicht planlos zu Werke gegangen, weil ich glühend bin. Die, welche seit zwei Monaten mit mir mündlich oder schriftlich in vertrauliche Berührung gekommen sind, werden mir das Zeugnis geben, daß ich mich über die heute feststehende erste Entwicklung der Dinge keinen Augenblick täuschte, daß ich diese Niederlage der Freiheit mit der größten Sicherheit erwartete. Ich habe trotz all dem weiter gehandelt, weil ich nur wollte, was ich eben aufzeigte. Ich bereue dies keinen Augenblick, und werde, so wie ich immer kann, so weiter wirken, getrieben durch die Konsequenz der Logik und meinetwegen durch die Hitze der Leidenschaft. Was ich von mir abwälzen wollte, war vor allem der Vorwurf, daß ich, bewußt oder unbewußt, mit dem Werkzeuge der Öffentlichkeit gespielt habe, wie es die „Rheinische Zeitung" andeutet. Diese dünkelhafte Altklugheit, welche auf ihrer Seite nichts als „ernste männliche Fassung, Besänftigung, Selbstbeherrschung, Wärme, heiliges Feuer, Begeisterung, Kraft, Mut, Männlichkeit u. dgl. m." sieht, auf der anderen aber nur „Ueberflutung der Leidenschaft, Krankhaftigkeit, traurige Opfer, Sklaven, schmähliche Dupes, giftige Gereiztheit, u. s. w.," diese dünkelhafte Altklugheit, sage ich, überrascht mich nicht, ich weiß, daß sie zeitweise die Redaktion, meine alte Freundin, befällt. Glaube sie mir nur, daß, wenn ich auf die Karrikatur, die sie von mir entworfen hat, hätte antworten wollen, mir weder der Stoff noch die Gabe gefehlt hätte, ein Bild nach der Natur zu zeichnen, das mich revanchieren sollte. Aber mir geht es nicht so, daß ich erst, nachdem ich mich weidlich der Lust der

Verkleinerung hingegeben habe, mich schließlich erinnere, daß die Achtung, welche ich aus einem langen Umgang für einen Charakter geschöpft und welche ich ihm durch denselben bewiesen habe, nicht durch den Witz des Schicksals, das uns gegeneinanderführt, vernichtet werden kann. Darum habe ich mich von vorn herein schon bemüht, als ehrlicher alter Freund mit Respekt aufzutreten; darum aber auch läßt mich ein versöhnlicher Schluß nach vehementen Angriffen völlig kalt; ich weiß, wenn ich anfange, wie ich enden will, und vergesse, wenn ich am Ende bin, den Anfang nicht. Es ist mir leid, daß ich meine Kampffähigkeit einem von mir hochgeachteten Gegner gegenüber nicht erproben kann; es ist mir leid, daß ich von der Ehrlichkeit, mit der er mir gegenüber aufzutreten erklärt, nichts sehe als ein Versprechen für die Zukunft, welches mit der jüngsten Gegenwart kontrastiert. Doch es wird der Redaktion darum noch Gelegenheit genug bleiben, ihre Ehrlichkeit zu beweisen. Ihre Aktionäre und Reaktionäre werden nicht säumen, sie auf die Probe zu setzen.

Ich habe mir in der kurzen Zeit meiner Wirksamkeit bei diesem Blatte warme Freunde und bittere Feinde erworben, jedenfalls in beiden aufmerksame Leser. Ich weiß, daß ich dies mehr der Gunst der heftigen Ereignisse als meiner Fähigkeit verdanke. Jedenfalls ist es mir süß, daß ich es dazu gebracht habe. Ich glaube nicht ohne Einwirkung auf die Lebendigkeit unserer politischen Bewegung geblieben zu sein, und das ist, was ich wollte. Jene Freundschaft hoffe ich von dieser Thätigkeit auf immer erübrigt zu haben, von dieser politischen Bewegung erwarte ich mir spätere Früchte. Ich nehme das Bewußtsein mit mir, nicht nur nach bestem Wissen und Willen, sondern auch nach einem festen, übersichtlichen Plan gehandelt zu haben. Wer sich die Mühe nehmen will, meine Arbeiten rückwärts zu überschauen, der wird, was ich heute erläutere, darin bestätigt finden. Ich nehme Abschied mit Dank für die Aufmerksamkeit, die meinen Leistungen zu Teil geworden. Getrost, wie ich mich durch die Ereignisse treiben lasse, weiß ich noch nicht, ob ich auf eine andere Weise wieder in die Öffentlichkeit treten werde. Ich mag heftig und leidenschaftlich geschrieben haben. Unwürdiges habe ich mir nicht zu Schulden kommen lassen. Auch schroff zu sein, ist meine Natur und ich lasse sie so agiren, wo ich glaube, daß Schroffheit taugt.

Unseren Lesern ein herzliches Lebewohl.

Mainz, 5. Mai 1848.

Ludwig Bamberger.

Erlebnisse aus der Pfälzer Erhebung

im Mai und Juni 1849.

Vorwort.

Der und Jener, welchem ich das nachfolgende Schriftchen ganz oder bruchstückweise mitgetheilt habe, ehe ich es dem Drucke übergab, hat mir von der Veröffentlichung desselben abgerathen: der Eine, weil er es überhaupt für zweckwidrig hielt, die Blößen, welche sich die eigne Partei gab, rückhaltlos aufzudecken; der Andere, weil er nur befürchtete, daß der größte Theil des Publikums jener Ansicht sein und mir meine Offenheit hoch verübeln werde. Mich selber haben diese Einwürfe nicht einmal zu ernstem Nachdenken bringen können. Uns bis auf's Kleinste klar zu machen, an welchen Mängeln und Fehlern wir zu Grunde gegangen sind, scheint mir eine so einfache Forderung des Menschenverstandes, daß mein Ohr für jeden Disput darüber taub ist. Daß wir nicht von der eigenen Partei reden können, ohne zugleich von der gegnerischen vernommen zu werden, mag unangenehm, mag nachtheilig sein; doch ist es ein größeres Uebel, seine eignen Unvollkommenheiten nicht zu kennen, als sie dem Gegner zu verrathen. Zudem, was ist denn hier Unbekanntes aufzudecken? Da doch die Thatsache offenkundig ist, daß wir unterlegen sind, so kann es kein Geheimniß sein, daß unsere Leistungen ungenügend waren. Wenn die Niederlage die Verrätherin unserer Schwäche ist, so ist das einzige Mittel, diesen Schaden auszubessern, sie auch zur Lehrerin zu machen. In allen Dingen gilt es sonst als Regel, daß man, um eine Aufgabe zu lösen, ihre Schwierigkeiten kennen muß. Im Revolutioniren allein, der schwierigsten aller Unternehmungen, huldigt man hier und da der Ansicht, daß es gelte, sich und seinen Genossen die Schwierigkeiten, welche zu besiegen sind, zu verheimlichen. Das ist allerdings das beste Mittel, um revolutionäre Versuche hervorzurufen, aber das schlechteste sie durchzuführen. Eine mißlungene Erhebung ist immer ein großes Unglück. Der Satz, daß es recht schlecht kommen müsse, um besser zu werden, ist mir viel zu problematisch, um mich für die positiven Uebel einer Niederlage zu entschädigen. Wäre er mehr als ein armseliger Trost, so müßte man ja absichtlich dem Gegner in die Hände arbeiten, was doch Keiner zu thun den Muth hat. Möge man sich in Deutschland daran gewöhnen, den Schwierigkeiten einer Revolution in's Auge zu sehen und sich von seinen Kräften Rechenschaft zu geben. Fürchtet Einer, solche verständige Vorsicht möchte die Revolution ein für allemal unmöglich machen? Nun, dann fürchtet er auch, daß die Revolution ein für allemal unmöglich *sei*, und dann müßten wir nach seiner Meinung darauf verzichten. Wenn es ein *Verdienst* wäre, an den künftigen Sieg der Demokratie zu glauben (man hört nämlich oft aus diesem Glauben eine Tugend und einen Stolz machen, wie in der katholischen Kirche), so wäre es verdienstvoller, zu glauben, daß dieser Sieg mit Umsicht und mit offnen Augen, als daß er bloß mit blindem und tollem Wagen zu erringen sei. Will man den *Zufall* mit in Rechnung bringen — gut, so überlasse man auch dem Zufall, der den Erfolg bereiten soll, die Revolution hervorzurufen. — Die Deutschen haben ihren Ruf der praktischen Untauglichkeit diesmal in einem schrecklichen Grade bewahrheitet, und obgleich namentlich die Niederlage der badischen Sache von der allgemeinen Stimme mehr der prinzipiellen Schwäche der Brentano'schen Partei in die Schuhe geschoben wird, so kann ich mich doch nicht von dem Gedanken los machen, daß das Gelingen vielmehr an das Auftreten praktischer Talente geknüpft war. Es heißt Brentano viel zu sehr als eine staatsmännische Größe hinstellen, wenn man behauptet, er habe die Kraft, welche retten konnte, nicht aufkommen lassen. Wer die unordentliche und gehaltlose Herrschaft Brentano's*) nicht stürzen konnte, der konnte noch weniger den europäischen Absolutismus stürzen, und die Partei Struve**) hätte wohl gesiegt, wenn in ihr selber und im Volk ebenso viel Glaube an

---

*) Brentano, Advokat in Karlsruhe, stand während des Aufstandes an der Spitze der improvisirten, aus dem Landesausschuß hervorgegangenen, Regierung und übte einige Wochen hindurch eine Art diktatorischer Gewalt aus, namentlich, als unter Struwe eine ungestüm zu größeren Wagnissen drängende Bewegung gegen die provisorische Regierung ausbrach. Brentano ging nach der Niederlage der Revolution nach Nord-Amerika, erlebte das Jahr 1870, kehrte vorübergehend nach Deutschland zurück, und starb am 19. August 1891 in Chicago.

**) Struwe, Gustav, in München geboren, trat als junger Mann in die diplomatischen Dienste des Großherzogs von Oldenburg, der ihn in Frankfurt verwendete. Er verließ jedoch bald diese Laufbahn und lebte seit Anfang der vierziger Jahre in Mannheim, wo er sowohl der Politik als dem Studium nachging. Unter anderen trieb er Phrenologie und machte für den Vegetarianismus Propaganda, redigirte auch eine radikale Zeitung. Im Frühling 1848 stellte er sich mit Hecker an die Spitze der ersten badischen Erhebung, welche mit der Niederlage bei Kandern endete. Er flüchtete in die Schweiz. Von da aus (Rheinfelden) machte er abermals im September einen bewaffneten Vorstoß gegen Baden, wurde dabei zugleich mit Karl

die Tüchtigkeit ihrer individuellen Kräfte, wie an die Richtigkeit ihrer allgemeinen Grundsätze gewesen wäre. In der Pfalz gar waren die Sachen so, daß ich lachen müßte über denjenigen, welcher behaupten wollte: er hätte es viel besser gemacht, wenn er an's Ruder gekommen wäre. Die Pfälzer Regierung ließ sich selber nicht nur gern von Jedem regieren, sondern hätte sich, glaube ich, auch mit Freuden von jedem revolutionären Usurpator stürzen lassen. Weil ich mir dies nicht verhehle, nehme ich mir auch die Erlaubniß, unverhalten zu tadeln; oder wo mich die Lust anwandelt — zu persifliren.

Im Munde des Hochmuths klingt ein scharfes Urtheil widerwärtig und ungerecht. Ich glaube demüthig genug aus der letzten Revolution gekommen zu sein, um mich sogar über meine Nebenmenschen lustig machen zu dürfen.

Im Juli 1849.

L. B.

Blind verhaftet aber bei Ausbruch der Erhebung von 1849 wieder in Freiheit gesetzt. Nun übernahm er die Führung eines Korps und bewährte sich als ein tapferer, wenn auch nicht kriegskundiger Mann. Nach der Niederlage ging er nach Amerika, kehrte 1863 nach Deutschland zurück und ließ sich in Coburg nieder, wo er seine „Weltgeschichte" schrieb. Von da zog er zuerst nach Stuttgart, dann nach Heßlach in der Nähe von Stuttgart und schließlich nach Wien. Allda starb er im Jahre 1870. Er hatte durchaus den Charakter eines Schwärmers, hingebend und etwas excentrisch. Seine Frau, eine geborene Französin, betheiligte sich lebhaft an seinem Wirken und begleitete ihn auch auf seinem Feldzuge.

Mit Mühe entsinne ich mich, wie die Sache bei uns anging. Nach zwei Monaten herber Erfahrungen und nach der gänzlichen Niederlage des Volkes wird es mir fast unmöglich, mich in die Stimmung der Tage zurückzuversetzen, wo wir — zwar durchschnittlich mit schwerem Herzen — doch immerhin mit einer Art von Schwung dem Ausbruch der Bewegung entgegengingen. Seitdem die Reichsverfassung den Anstoß zu einem endlichen offenen Kampf zwischen den deutschen Großmächten und der Nationalversammlung herbeiführen zu wollen schien, dachte man in Deutschland wieder an eine handgreifliche Revolution. Es wurden auch bei uns, in Rheinhessen, im Stillen Vorbereitungen getroffen, und wie das geht, die Vorbereitungen steigerten die Lust nach der Ausführung. Es wurde Munition angekauft, nach Waffendepots gekundschaftet und dergleichen Dinge mehr getrieben, welche die Gemüther in Spannung setzen und als ahnungsgrauendes Geheimniß die Reihen entlang von Einem dem Andern in's Ohr geflüstert werden. Die ersten Demonstrationen in Württemberg, so miserabel sie nach herkömmlicher Weise verpfuscht wurden, fachten die Volksstimmung noch mehr an. Jedes Gesicht auf der Straße sah Einen, je nach der Gesinnung des Inhabers, argwöhnisch oder erwartungsfreudig an, mit der stillen Frage: geht's los?

und mehr als einmal riefen mir Leute aus dem Volke dies auf offener Straße laut nach. In den öffentlichen Zusammenkünften des demokratischen Vereins wurde es verübelt, wenn man von irgend etwas Anderem als von dem bevorstehenden Kampf sprach. Am buntesten gar ging es auf dem Redaktionsbüreau der Mainzer Zeitung zu. Dort summte von früh bis spät der ganze Schwarm der Ungeduldigen, Neugierigen, Berichterstatter ab und zu; es war nicht mehr möglich, drei Worte im Zusammenhang zu schreiben, und nachdem alles Einriegeln und Hinauswerfen sich als unzureichende Maßregel erwiesen, mußte feierlich beschlossen werden: in Anbetracht der sturm- und drangvollen Zeiten keine leitenden Artikel mehr zu schreiben.

Und an dem Allen war merkwürdiger Weise die ehrsame deutsche Reichsverfassung schuld. Was hatte aus dem zahmen Machwerk plötzlich einen Revolutionshebel gemacht? Es war nicht das Vertrauen auf die Bundesgenossenschaft mit dem Reichsphilisterium, welches die Demokratie in Bewegung setzte. Wer wäre so dumm gewesen zu glauben, daß der Philister für sein lange besungenes einiges Deutschland in den Kampf gehen werde? Wenn eine Bevölkerung in Konstitutionelle und Republikaner zerfällt, so zerfällt sie deßhalb nicht auch in solche, welche sich für die Konstitution und solche, welche sich für die Republik schlagen. Da giebt es nur zweierlei Rassen, solche, die sich überhaupt und solche, die sich gar nicht schlagen. Zu der letztgenannten Sorte gehörte eben die deutsche Reichspartei. Denn es war Keinem ein Geheimniß, daß der ganze Troß der Nationalversammlung, der Einheit, kurz der ganzen hochtönenden Reichsposaune eigentlich nichts wollte, als — Nichts, wofür er sich, so lange es anging, wohlklingender Phrasen bediente. Trotzdem der Philister in den ersten Wochen des Verfassungskonfliktes eine wüthige Miene annahm und wieder einmal, wie vor Zeiten für Schleswig-Holstein, Gut und Blut verpfändete, wußten wir Alle, daß nicht ein Haar breit auf ihn zu rechnen sei.

Man hat seit dem Anbeginn der letzten Bewegung bis auf diesen Moment die Demokratie mit dem Vorwurf verfolgt, daß es ihr mit dem Verfassungsstichwort nicht ernst gewesen sei. So hart es mir aukommt, der gesinnungslosen Bourgeoisie gegenüber, welche das namenlose Unglück Deutschlands zu verantworten hat, die redlichen Absichten der demokratischen Partei zu vertheidigen, so halte ich es doch für nothwendig, über diesen Punkt ein Geständniß niederzulegen. Denn mit dieser Anklage, daß die Demokratie etwas Anderes als die Verfassung im Schilde geführt habe, wird die Bourgeoisie ihre Theilnahmlosigkeit an einer Bewegung entschuldigen, welche um ihrer Prinzipien willen vor sich ging, und mit derselben Anklage werden die königlichen und herzoglichen Gerichte die erwünschten Hochverrathsuntersuchungen gegen die Theilnehmer bemänteln. Die demokratische Partei — das ist wahr — dachte aus einem Siege in dem Verfassungskampf mehr Früchte ziehen zu können, als das Pfuschwerk der von allen Parteien der Nationalversammlung zusammengeflickten Charte. Allein sie rechnete dabei nicht so sehr auf eine Uebertölpelung derjenigen Kampfgenossen, welche nur die Verfassung wollten, als an die Nothwendigkeit, welche aus dem hartnäckigen Widerstande der Verfassungsgegner von selbst hervorgehen mußte. Es war voraus zu sehen, daß die deutschen Fürsten Alles aufbieten würden, die Erhebung zu bemeistern, und daß ein Sieg der letzteren daher nur in einer Beseitigung der ersteren bestehen konnte, ein Resultat, welches dann alle diejenigen wollen mußten, welchen es in Wahrheit um die Garantie der in der Verfassung enthaltenen Grundsätze zu thun war, ein Resultat, welches aufzuhalten in der Hand eben der deutschen Fürsten jeden Augenblick lag. Wenn die demokratische Partei aus einem Siege der Verfassungskämpfer auf den Sturz der Dynastieen rechnete, so geschah es, weil sie erwartete, daß diese sich selber stürzen würden. Ich sage das nicht, um die Demokratie von hochverrätherischen Gedanken gegen die Monarchen rein zu waschen, was eine Lächerlichkeit wäre, sondern um zu zeigen, wie sie in dem der Bourgeoisie angebotenen Bündniß nicht an eine unredliche Uebervortheilung dachte. — So viel ist gewiß: ein großer Theil der demokratischen Partei hielt, abgesehen von allen weiteren möglichen Entwickelungen, den in der Reichsverfassung gesicherten Zustand werth, daß er dem herandrohenden schrankenlosen Absolutismus gegenüber mit allen Opfern eines offenen Kampfes vertheidigt werde. Die Demokratie mochte mehr erstreben als die Verfassung, allein sie wurde bestimmt loszuschlagen, weil selbst dieser äußerst nothdürftige Halt einer künftigen Existenz angegriffen wurde, und sie wäre zu selbiger Zeit nicht auf den Gedanken einer Erhebung gekommen, wenn nicht eben in der Verfassung der letzte Rest der deutschen Freiheit gefährdet gewesen wäre. Selbst ein preußisches Kaiserthum, nach den Beschlüssen der Nationalversammlung eingesetzt, hätte nicht den geringsten Empörungsversuch erfahren.

Mit der Verfassungsfrage schien endlich derjenige glückliche Umstand eingetreten, dessen Abwesenheit seit dreißig Jahren alle deutschen Volksbewegungen zum Scheitern gebracht hatte. Die Ausbrüche in einzelnen Staaten waren bisher stets an ihrer Vereinzelung zu Grunde gegangen, und solche, die für alle Theile Deutschlands zugleich vorbereitet wurden, gingen eben daran zu Grunde, daß sie als Komplotte lebensunfähig waren.

Eine Volkserhebung konnte in Deutschland nur gelingen, wenn am politischen Himmel ein Zeichen erschien, das von selbst, durch seine bloße Erscheinung, allen Stämmen mit gleichem Erfolg zurief: „Jetzt ist es Zeit!" — Ein solches Zeichen mußte, wenn je Etwas, das offene Fehdewort der Fürsten gegen die Nationalversammlung und die Aufforderung der letzteren an das Volk sein. Das war die große Frage: Wird ganz Deutschland sich erheben? Das war es, was den Bedenklichsten, den zähesten Zweifler voranschieben mußte. Ich erinnere mich von allen Seelenzuständen jener verhängnißvollen Tage noch am deutlichsten der peinlichen Verlegenheit, welche jene Frage, von deren Beantwortung Alles abhing, in uns erzeugte. Ich war stets der Meinung und habe bei vielen Gelegenheiten danach gehandelt, daß nichts bedächtiger erwogen sein wolle, als der Entschluß, das Signal zu einer Erhebung zu geben. Das Volk ist gleich bereit, seine Haut zu Markt zu tragen, und im Nu sind Tausende dem Elende, der Verfolgung oder dem Exil verfallen. Außerdem bringt natürlich jede Niederlage noch hinter den Zustand zurück, der selber schon als unerträglich zur Erhebung aufgefordert hatte. — Ich habe mir viele, viele Male seit dem trostlosen Ausgang dieser letzten Bewegung die Frage vorgelegt: War es vor der Lage der Dinge gerechtfertigt, daß damals das Zeichen zur Betheiligung an der Erhebung in Rheinhessen gegeben wurde? Und dann suchte ich mir, so gut es heut noch geht, die Stimmung jener Tage zu vergegenwärtigen. Es war nicht Hoffnung, es war nicht Ekstase, überhaupt kein leidenschaftlicher Zustand, in dem wir uns befanden. Mit einem Herzen voll Unruhe, aber mit dem klaren Bewußtsein eines unvermeidlichen „Muß" entschlossen wir uns zum äußersten Schritt. Dem letzten spärlichen Rest der sogenannten Revolutionserrungenschaften war der offne Krieg angekündigt, die höchste Gefahr war leibhaftig da. Es fragte sich: hat das Wagniß eines Kampfes Aussicht auf Gelingen? und die Antwort lautete: Ja, wenn ganz Deutschland sich betheiligt. — Und wird es sich betheiligen? das war die inhaltschwere Frage. Wir hatten unsere großen Zweifel. Allein die Antwort auf alle Bedenklichkeiten lag so nahe, war so unabweisbar kategorisch, daß man nicht anders konnte, als sich zu fügen. Diese Antwort lautete: Wenn Jeder so fragen und zweifeln will, dann ist nie eine deutsche Revolution möglich. In Sachsen schwankte damals der Kampf noch unentschieden; es war ungewiß, ob Berlin sich zu der preußischen Intervention abermals passiv verhalten werde. Am Niederrhein war Alles in Gährung, Düsseldorf, Elberfeld, Iserlohn in offener Erhebung; da kam die Bewegung in Rheinbaiern, die Aufforderung zur Hülfe von dort, das Volk war Feuer und Flamme, und — es war nicht länger zu zaudern — im Vertrauen, daß man überall in Deutschland im selben Moment denselben tausendfach gebotenen Entschluß fassen werde, mußte das verhängnißvolle Wort über die Lippen.

Es war am 9. Mai, einem Mittwoch, als Einer der Unserigen aus Rheinbaiern mit der Botschaft zurückkehrte, daß dort dreißigtausend Männer schlagfertig und entschlossen bereit stünden; daß ein preußisches Detachement auf dem Wege nach Landau aufgehalten und zur Umkehr gezwungen worden sei; und endlich daß man dort fest auf Unterstützung von Rheinhessen aus rechne. Zur selben Stunde brachten die Zeitungen die offizielle, vom Landesvertheidigungsausschuß in Kaiserslautern ergangene Bitte um Zuzug aus Hessen und Baden. Schnell wurde berathen und beschlossen. Zitz, ich und ein Dritter*), denen schon vorher die allgemein vorbereitenden Maßregeln übertragen worden waren, erließen sofort eine „Marschordre", in welcher sämmtliche mit Waffen versehene Bewohner Rheinhessens aufgefordert wurden, sich mit Kleidungsstücken und mit Lebensmitteln auf drei Tage ausgerüstet, in Wörrstadt, einem grade in der Mitte der Provinz gelegenen Flecken, zu sammeln. Wir schickten gleichzeitig einen Abgesandten an den pfälzischen Landesvertheidigungsausschuß, der ihn von den getroffenen Maßregeln in Kenntniß setzen, weitere Dispositionen über die zu bildende Schaar von ihm einholen und namentlich auch die Erklärung abgeben sollte, daß wir, ohne eigentlichen militärischen Führer ankommend, sogleich an der Grenze das Korps einem durch den Landesausschuß zu bezeichnenden Offizier übergeben müßten. Der Zufall hatte mich kurz vorher mit einem Manne bekannt gemacht, der uns tauglich schien und sich bereit erklärte, die ersten Anordnungen und die Führung bis zu jenem Moment zu übernehmen. Es war Carl Häusner, ein geborner Pfälzer, der in der bairischen Armee gedient, die polytechnische Schule durchgemacht und später auf dem Gebiete des Freischaarenkrieges praktische Erfahrungen gesammelt hatte. Der gänzliche Mangel an Offizieren, an welchem zum Theil die Pfalz und an dem allein Baden zu Grunde gegangen ist, brachte es hernach mit sich, daß Häusner bis wenige Tage vor unserem Rückzuge Kommandant des Korps blieb. Einige Stunden, ehe wir die Marschordre ausfertigten, brachten ihn einige gemeinsame

---

*) Heute ist mir nicht mehr bestimmt gegenwärtig, wer dieser Dritte war. Offenbar war er in Mainz geblieben und ich wollte ihn, als ich die Schrift veröffentlichte, nicht schädigen. Ueber Zitz giebt meine Autobiographie näheren Aufschluß.

Bekannte auf die Redaktion. Er theilte mir mit, daß er im Begriff sei, nach der Pfalz zu gehen. Eine kurze, überaus kräftige Gestalt, ein offenes Gesicht, einfaches Wesen und mehrere praktische Bemerkungen über den Volkskrieg flößten mir Vertrauen ein, und als es sich gleich hernach um Auffindung eines provisorischen Anführers handelte, bot ich ihm in Ermangelung jeder Auswahl diese Stelle an. Er erklärte sich mit einigen ungezwungenen bescheidenen Verwahrungen bereit. — Von Mittags 1 bis 4 Uhr wurden Marschordres geschrieben, Boten expedirt, Maßregeln berathen. Wir betrieben die ganze Unternehmung mit ungeheurer Hast, denn wir glaubten, die Entscheidung sei nur um einige Tage von uns entfernt. Als endlich im buntesten Wirrwarr, in athemlosen Hin- und Herlaufen das Nöthigste geordnet war, ging ich nach Hause und packte mir in eine Serviette ein ganz kleines Bündel mit dem Allernöthigsten auf wenige Tage. Wenige Wochen vorher hatte ich mich in einem Garten vor der Stadt eingerichtet, um allda einen idyllischen Sommer zu verbringen. Ich sah den heiteren Rhein, die blauen Berge, die grüne Umgebung noch einmal lange an. Es war mir, ganz im Innersten meiner zweiflerischen Brust, vollständig klar, daß ich auf lange oder gar auf immer Abschied nahm. — Jeder Fleck, auf welchen damals mein Auge fiel, jedes Wort, das gesprochen wurde, hat sich mir in der Schärfe eingeprägt, mit welcher wir in Momenten der höchsten Spannung aus Rathlosigkeit die unbedeutendsten Einzelheiten der Umgebung, eine Blume in der Tapete oder eine Spalte im Fußboden, zu beobachten pflegen. Die Pflicht gebot, zu einem glücklichen Zusammentreffen das Seinige beizutragen, der Verstand sagte mir, daß es ein verlorenes Spiel sei. Zitz, Häusner und ich fuhren nach Wörrstadt, kamen spät dort an, trommelten noch die Wirthsleute aus den Betten, ließen uns mit dem Bedeuten, daß es jetzt los gehe, Schreibzeug geben und fertigten abermals bis tief in die Nacht Marschordres für die umliegenden Kantone aus. Des andern Morgens um 4 Uhr wurden wir schon durch die Schritte einer unter unseren Fenstern aufmarschirenden Kolonne geweckt. Es war eine Abtheilung Feuerarbeiter von Mainz, die den Tag über Sensen schmieden sollten. Alsbald erdröhnten alle Schmiede- und Schlosserwerkstätten von Wörrstadt von den Hämmern unserer braven Sensenmacher; was an gedienten Soldaten im Orte war, wurde zusammengesucht, um Patronen zu fabriziren. Alles war voll Eifer, die ganze Einwohnerschaft natürlich auf der Straße und in der größten Aufregung. So weit ging Alles lustig und ohne Anstoß von Statten, und als ich die geschäftige Bewegung, den guten Willen um mich her so rasch entwickelt sah, hob sich mein Muth. Doch die Freude war kurz. Nach wenigen Stunden sollten wir einen Vorgeschmack dessen bekommen, was es heißen wolle, eine Freischaar leiten, ein Geschäft, von dessen Schwierigkeiten und Widerwärtigkeiten — wie ich offen gestehen muß — weder Zitz noch ich eine Ahnung gehabt hatten. Gegen drei Uhr zeigte man an, daß die Mainzer einrückten. Wir gingen hinaus ihnen entgegen. Es waren die Turner, wohl bewaffnete und equipirte Leute, ein Theil des Arbeitervereins, zwar ohne Waffen, aber aus entschlossenen und intelligenten Menschen bestehend, denen wir die ersten anzuschaffenden Gewehre bestimmt hatten, und endlich ein Anhang von etwa hundert Bassermannischen Gestalten*), wie sie der ehrenwerthe Reichs-

*) Bassermann'sche Gestalten. So nannte man mit einem damals geläufigen Ausdruck wild und verwildert aussehende Leute, wie sie bei entfesselten Volksbewegungen, namentlich in großen Städten aus dem Boden aufzuschießen scheinen. Der badische Abgeordnete Basser-

kommissarius wohl kaum so schrecklich auf der gefährlichsten seiner nächtlichen Wanderungen gesehen hat. Das Rheinufer*) hatte den Kern der Abtheilung geliefert, welcher rasch durch wahlverwandte Elemente angewachsen war. Sogar unterwegs hatte sich die Gesellschaft noch mit vielen Kameraden aus allen Weltgegenden, Handwerksburschen, die in allen Dialekten sprachen, und sogar mit einem Polen verstärkt. Ich muß gestehen, daß mir bei dem Anblick dieser Verfassungskämpfer etwas bassermännisch zu Muth wurde. Vor Allem der erbsündliche demokratische Geldmangel war es, der uns bei dem Anblick dieser furchtbar entblößten und unbewaffneten Schaar erschrecken ließ. Wie konnten wir es verantworten, solche Leute, denen erst das Hemd auf den Leib gegeben werden mußte, so lange, bis ihnen Bedeckung und Bewaffnung angeschafft war, einer Provinz zuzuführen, welche sie ernähren mußte und welcher es wohl auch nicht sowohl an Menschen als an Bewaffneten fehlte? Endlich flößte auch der Mangel an organisirenden militärischen Kräften gerechte Besorgnisse wegen der Disziplinirung dieser rohen Masse ein. Zitz und ich faßten den Entschluß, die Unbewaffneten zurückzuschicken. Alsbald wurde diese Absicht, wiewohl noch

---

mann, der im Lauf der Begebenheiten zu einer Art Typus des sehr gemäßigten Liberalismus wurde, hatte im Frankfurter Parlament, von einer Reise nach Berlin zurückkehrend, in seiner Rede den schrecklichen Eindruck geschildert, den ihm die unheimlich bewegte Stadt gemacht hatte, und bei den besonders pathetisch betonten Worten: „Ich habe Gestalten gesehen!“ brach die Linke in ironisches Gelächter aus. Das Wort Bassermann'sche Gestalten blieb noch lange nach 1848 sprichwörtlich.

*) Die Tagelöhnerbevölkerung, welche am Rhein beim Löschen und Laden der Schiffe und ähnlichen Beschäftigungen, ihren Lebensunterhalt fand, galt von Alters her für ein besonders tumultuarisches und undisziplinirbares Element.

nicht verkündet, ruchbar; dumpfes Murren, Drohungen, Anklagen gingen durch die Menge. Wir ließen Alles, was da war, zu einem Kreise zusammentreten und legten ihnen unsere Aufforderungen mit allen möglichen Gründen und Beschwörungen vor. Da war Gelegenheit zu sehen, wie sich Volksszenen entwickeln. Im ersten Augenblick schien man sich fügen zu wollen, denn die übergroße Mehrzahl, vielleicht neun Zehntheile, sah die Vernünftigkeit der Sache ein. Aber alsbald übernahm es ein Schreier, einige Worte heraufzurufen. Es war ein kleiner Kerl mit trotziger Miene, der einen feuerrothen Federbusch auf seinem Freischärlerhute und eine Trompete an einer rothen Schnur an der Seite trug. Er begleitete seine Worte mit einem Stoß aus seinem Instrument. Ein zweiter schloß sich an. Es war ein Mann schon stark in den Vierzigen, in zerrissener aber seriöser Philistertracht, einem langen Rock und einem ungeheuren nach oben ausgeschweiften Cylinderhut, einem wahren Prachtstück von Chapeau tromblon, unter dem ein furchtbar verschlagenes und unheimliches, unrasirtes Gesicht herausguckte. Nun griff es um sich, geballte Fäuste erhoben sich in die Luft, es bildeten sich Gruppen, und bald war die Zuhörerschaft in einen streitenden, tobenden Haufen verwandelt. Je mehr die Vernünftigen uns zu unterstützen suchten, desto wilder wurden die Andern. Das Hauptargument war: sie müßten sich schämen, zurückzukehren, nachdem sie vor wenigen Stunden auf Leben und Tod Abschied genommen hätten; auch habe man ihnen versprochen, daß sie in Wörrstadt Waffen die Masse finden sollten (wovon natürlich nichts geschehen war). Bald mischten sich in diese Entgegnungen Flüche, Anklagen des Verraths, Drohungen. Unterdessen fuhren wir fort, den Einzelnen zuzureden und die Rücksendung einzuleiten. Es gelang, mehrere Züge aufzustellen und, nachdem dem Anführer das Zehrgeld für den Rückweg ausgehändigt war, sie zum Abmarsch zu bewegen. Aber nach wenigen Schritten löste sich die Schaar wieder auf, weil sie sah, daß die Anderen nicht folgten. Es war eben unmöglich, die große Mehrzahl von der Stelle zu bringen; die, welche sich zum Fortgehen bewegen ließen, waren eben die, welche wir zu behalten wünschten, und die, welche wir am liebsten losgewesen wären, blieben am gewissesten da. Ich war von Reden, Umherlaufen und Aufregung furchtbar erschöpft; der Vorfall zeigte mir, welche Leiden die Zukunft bringen werde. Ich war einen Augenblick entschlossen, von dem ganzen Unternehmen abzustehen, und erklärte den Umstehenden: Mit Leuten, die schon im ersten Augenblick so widerspenstig seien, wage ich nicht gegen einen wohldisziplinirten Feind zu gehen. Einer der Unsrigen, der mit an der Spitze stand, fuhr heftig auf, faßte mich am Arme und schrie mir zu: „Du hast die Sache unternommen und mußt sie ausführen, aber nicht vor der ersten Schwierigkeit zurückweichen, die Du überschätzest!“ Der Einwurf leuchtete mir ein. Ich gab nach. Der energische Mensch aber entfernte sich am dritten Tag von seinem Posten, ging nach Haus an sein bürgerliches Gewerbe und ließ nichts mehr von sich sehen und hören.

Im Laufe des Nachmittags und des Abends langten noch fortwährend Zuzüge aus der Provinz an. Die Theilnehmer waren alle mit Schießwaffen versehen und flößten uns bei dem ersten Anblick das Zutrauen ein, daß es mit dem Verhältniß der Bewaffneten zu den Unbewaffneten doch nicht so schlecht aussehe. Eine neue Täuschung, eine neue Erfahrung im Gebiete des Landsturmkrieges. Als wir die Waffen näher besichtigten, sahen wir, was es bedeutet, wenn der Bauer sagt, daß er ein Gewehr besitze.

Gering angeschlagen waren unter zwanzig Flinten im Durchschnitt neunzehn unbrauchbare — daß die brauchbaren selbst wieder von den verschiedensten Sorten, aus den Armeen aller Zeiten und Nationen zusammengestoppelt, daher für Munitionirung und Exercitium gar nicht zu vereinigen waren, vervollständigte die Tröstlichkeit dieser Bewaffnung. Wir beruhigten uns mit den im Gang befindlichen Geldsammlungen und Waffenankäufen und mit der eisernen Nothwendigkeit. Der Ort war über und übervoll mit Zuzüglern, an allen Ecken wurde nach Herzenslust getrommelt, geschossen, musizirt, geschimpft, gejubelt. Alle Strapazen der folgenden zwei Monate, die in dieser Beziehung Großes aufzuweisen hatten, waren Nichts gegen den Eindruck dieses Chaos, aus dem unsere künftige militärische Welt hervorgehen sollte. Endlich, tief in der Dunkelheit, war es uns gelungen, die Leute in den Häusern und Scheunen, übel genug, unterzubringen. Nun mußten noch die nöthigsten Anordnungen getroffen werden. Wir hielten eine Zusammenkunft mit den provisorischen Führern, um die wichtigsten Chargen zu besetzen. Namentlich erinnere ich mich, daß wir uns große Mühe gaben, für die vier als unentbehrlich erklärten Adjutanten gute Reiter ausfindig zu machen. Wir haben später noch oft über jene Anstrengung gelacht, denn im Laufe des ganzen Feldzugs war es uns auch nicht möglich, nur ein einziges vierfüßiges Thier für den Oberkommandanten aufzutreiben. Endlich, lange nach Mitternacht, kauerten wir uns zu zehn bis zwölf in ein Zimmer zusammen. Am Morgen, als sich Einer nach dem Andern aus dem Stroh, den Decken, Mänteln und anderen kriegerischen Schlafanstalten entwickelte, zählte ich noch ein Dutzend mehr, welche sich über Nacht eingefunden hatten. Wir stellten die Leute auf in den Abtheilungen, wie sie gekommen waren, präsentirten ihnen den provisorischen Oberkommandanten und beköstigten sie mit Brod und Käse nebst scharfen Ermahnungen zur Disziplin. Unser Kommandant hat im Laufe der späteren Zeit gezeigt, daß ihm sehr viel zu einem militärischen Führer fehle, aber ein großes Geheimniß hatte er von vornherein los, das ich gleich am zweiten Tage probat fand und von ihm ablernte, nämlich ein gut Stück undemokratischer Grobheit im Dienste. Es giebt eine Sorte von Leuten, bei denen Gründe angeben so viel heißt, als sich entschuldigen, und mit denen man auf räsonable Weise daher nie fertig wird, während ihnen eine Derbheit imponirt. Ich selber war auch hierin Neuling und glaubte Anfangs mit den Leuten auf dem Tone unterhandeln zu können, wie ich es aus dem Saale der Freiheit, Gleichheit und Brüderlichkeit gewöhnt war. Allein ich habe nach der Hand tagtäglich so schlagende Beweise von der verderblichen Wirkung der Höflichkeit und der vortrefflichen der Grobheit erlebt, daß ich mich mit einem Theil der Mißbräuche des stehenden Heeres ausgesöhnt habe.

Unserer Gestaltenlegion also wurde eine derbe Lektion gemacht, die sie mit großer Fügsamkeit hinnahm. Sodann wurden achtundvierzig von der widerspenstigsten Miene zu einem eigenthümlichen Geschäfte ausgesucht. Mehrere Bürger aus * * * *) hatten zu dem Zuge vier kleine eiserne Kanonen, sogenannte Katzenköpfe, geliefert. Diesen „Geschützen" also wurden je zwölf zugetheilt, um sie abwechselnd sechs und sechs zu ziehen. Diese Bespannungsmannschaft erhielt den Titel „Artilleristen", welchen sie mit Stolz führte, so lange sie zu diesem Dienste verwendet wurde.

Endlich also brachen wir mit unserer gesammten Macht,

---

*) Auch dieser, damals aus Diskretion verschwiegene Ort ist mir heute nicht mehr bestimmt erinnerlich.

dem Generalstab, der Artillerie und dem Train gen Alzei auf, wo sich noch eine große, dort gesammelte Abtheilung mit uns vereinigen sollte. In Alzei große Begeisterung, die sich anstrengte, über das ungehobelte Aussehen unseres Zuges die Augen zuzudrücken. Es wurde Mittag gemacht und Alles auf's Gastfreundlichste bewirthet. Ich hörte einen Mann in folgenden Worten sich beschweren: „So oft Preußen hier waren, hab' ich Einquartirung bekommen, heut aber haben sie mir keine gegeben."

Von Alzei zog also jetzt das ganze rheinhessische Korps in einer Stärke von beiläufig 1500 Mann nach Pfeddersheim und den umliegenden kleineren Dörfern, wo Nacht gemacht wurde. Ein Detachement wurde auf dem Landsitze des Herrn von Gagern bei Monsheim einquartiert und hat die ihnen zu Theil gewordene Bewirthung nicht genug rühmen können.

Wir waren erst zwölf Stunden unterwegs und hatten bis dahin noch nicht das pfälzische Gebiet betreten, als wir schon die erste Probe der Konfusion zu schmecken bekamen, wodurch sich überhaupt das pfälzische Kommando fast in allen seinen Phasen auszeichnete. Ein erster uns durch einen Boten nach Wörrstadt überbrachter Befehl war von dem provisorischen Oberkommandanten Fenner v. Fenneberg*) erlassen und dirigirte uns nach Dürkheim an der Haardt, von wo wir uns bis Neustadt ausdehnen und die von der westlichen Ebene in's Gebirge führenden Pässe besetzen sollten. Um zehn Uhr Abends kam ein reitender Bote nach Pfeddersheim, welcher uns von dem Landesvertheidigungsausschuß

*) Fenner von Fenneberg, ehemaliger österreichischer Offizier, der in den Dienst der Pfälzer Revolution getreten war. Er ging später auch aus der Schweiz nach Amerika, wo er starb. Er hat Memoiren über seinen Antheil an der Wiener Oktober-Revolution veröffentlicht.

die Ordre brachte, nach Kirchheimbolanden, also an die nordwestliche Grenze der Pfalz zu marschiren, von wo aus wir zur Vertheidigung der nördlichen Gebirgspässe gegen die Nahe und die preußische Grenze zu im Alsenzthal verwendet werden sollten.

Angesichts dieser sonderbaren Widersprüche — jede der beiden Ordres war offenbar in Unkenntniß der andern gegeben, — mußte also der erste Kriegsrath gehalten werden, der sich nach sehr heftigen Debatten für Befolgung des letzterhaltenen Befehls entschied. Jedoch wurde aus Vorsicht zugleich mir der Auftrag gegeben, dem Korps voraus und nach Kaiserslautern zu reisen, um dort bestimmte Dispositionen entgegenzunehmen. Ich kam des Abends zwischen sechs und sieben in Kaiserslautern an, begab mich in die Fruchthalle, wo der Landesausschuß seinen Sitz hatte, und fand dort dessen Mitglieder mit Ausnahme von Fries,*) auch den noch als Reichskommissär anwesenden Eisenstuck,**) ferner d'Ester***) und Martiny.†) Hier erfuhr ich, daß der Rückmarsch der 800 Mann Preußen aus der Pfalz nicht sowohl in Folge eines unüberwind-

*) Fries, pfälzischer Jurist.

**) Eisenstuck, sächsisches Mitglied des Frankfurter Parlaments, Reichskommissär, zur Beruhigung in die aufgeregte Pfalz geschickt.

***) D'Ester, junger Kölnischer Advokat, Mitglied der Berliner Nationalversammlung, einer der feurigsten und radikalsten Deutschen jener Zeit, mit Karl Marx an der Rheinischen Zeitung betheiligt, starb in der Schweiz.

†) Martiny aus Westpreußen, Jurist, Mitglied des Frankfurter Parlaments, einer der entschiedensten Anhänger der äußersten Linken außerordentlich liebenswürdiger Lebemann, blieb nach dem Scheitern der Bewegung in Deutschland, wurde verhaftet und nach wechselvollen Schicksalen zu Gefängniß verurtheilt, in dem er mehrere Jahre verbrachte. Nach seiner Befreiung ließ er sich als Anwalt in Danzig nieder, wo er noch heute allgemein geehrt und beliebt

lichen Widerstandes, als auf Befehl des Reichskommissärs geschehen war, welchem die Truppen, als von der Zentralgewalt beordert, Gehorsam geleistet hatten. Zwar hatten die Bürger von Speier sich geweigert, die Preußen einzulassen, und dieselben in die Lage gebracht, eine Nacht hindurch im Walde bei gräulichem Regenwetter zu kampiren. Allein, wie ich später die pfälzischen Truppen und Vertheidigungsanstalten und den Geist der Pfälzer kennen lernte, glaube ich nicht, daß die Preußen ohne die Intervention Eisenstucks erfolglos linksum gemacht hätten. Eben jener Rückzug aber, welcher uns in Mainz als eine gezwungene strategische Operation geschildert worden war, hatte uns, wie schon bemerkt, großes Zutrauen in den Willen und die Kraft der Pfälzer eingeflößt. Nach meinen Erfahrungen konnten damals noch 800 Preußen siegreich durch die ganze Pfalz ziehen. Eisenstuck hatte auch den auf der Volksversammlung zu Kaiserslautern erwählten Landesvertheidigungsausschuß als eine zur Durchführung der Reichsverfassung eingesetzte Behörde von Reichswegen bestätigt und ihm dadurch bei dem ängstlicheren Theil der Bevölkerung eine bedeutende Stütze gegeben. — Der Zweck meiner Reise war, wie gesagt, zunächst eine Aufklärung über die sich widersprechenden Befehle zu erlangen. Ich stellte in Abwesenheit Fenners den Umstand dem Landesausschuß vor, sah aber aus dessen Antwort alsbald, daß wir die Sache viel zu ernst genommen hatten. Wir glaubten, daß bestimmte Dispositionen mit genau gefaßten Plänen

---

wohnt und seiner Gesinnung treu geblieben ist. In der Konfliktszeit (1862—63) wurde er in Memel zweimal in das Abgeordnetenhaus gewählt, legte am 7. Februar 1863 sein Mandat nieder, weil er mit einem Antrag, die Sitzungen bis zur Anerkennung des Steuerbewilligungsrechtes auszusetzen, keinen Anklang fand.

vorlägen, und fürchteten durch unsere eigene Entscheidung diese möglicher Weise auf eine gefahrbringende Art durchkreuzt zu haben. Welche Unschuld! Man hörte meinen Bericht an, als ob ich sagte, daß ich nicht wüßte, in welchem von zwei Gasthäusern ich absteigen sollte. Auch fragte ich gar nicht weiter, was zu thun sei, sondern nahm stillschweigend an, daß es bei dem Quartier in und um Kirchheimbolanden, welches sehr gut war, vor der Hand sein Bewenden haben solle. Wir kamen alsbald auf allgemeinere Diskussionen über den Stand der Dinge. Von bestimmten Waffenankäufen, von Engagements höherer Offiziere, von Verbindungen mit anderen Provinzen war noch nichts geschehen und so beiläufig die Rede, wie von Dingen, die man mit aller Muße betreiben könne. Man gab sich noch den neu angekommenen Absagebrief Dufours*) herum, über dessen Entscheidung man unbegreiflicher Weise bis zu jenem Augenblick noch gezweifelt hatte, während man in ganz Deutschland über das ihm gemachte Angebot gelacht und in der Schweiz es für eine Ironie gehalten hatte. Selbigen Tags sollte jedoch noch ein Mitglied des Ausschusses nach Paris gehen, um Offiziere zu werben. Ich ging gegen Abend, nachdem man noch lange mehr geplaudert als berathen hatte, mit d'Ester und Martiny nach Hause. Sie klagten mir, als wir allein waren, auf's Heftigste über die Langsamkeit und Unentschiedenheit des Ausschusses. Der Anschein gab ihnen damals in meinen Augen vollständig Recht. Doch habe ich mich während der ganzen Entwicklung der Dinge überzeugt, daß diese

*) Dufour, General der Schweizer Eidgenossenschaft, welcher im Sonderbundskrieg die siegreiche Armee befehligt hatte. Er hatte schon in dem Napoleonischen Heer gedient und galt für einen bedeutenden Militär.

Unentschiedenheit, diese Zögerung und Schonung, welche dem Ausschuß und der späteren Regierung zumeist vorgeworfen wurden und wahrscheinlich in künftigen Schilderungen der Pfälzer Insurrektion eine große Rolle spielen werden, in allen gegebenen Voraussetzungen so tief wurzelten, daß sie trotz anerkannter Schädlichkeit nicht zu vermeiden waren, daß sie die Revolution ruiniren mußten, weil diese von vornherein nicht durchzuführen war, und wenn nicht an der Unentschiedenheit, am Gegentheil zu Grunde gehen mußte. Diese Behauptung führt mich dazu — von dem chronologischen Bericht der Vorgänge abweichend — zu der Schilderung einiger allgemeinen Zustände überzugehen, welche sich besser in ein Bild zusammenfassen lassen. Ich nehme zuerst:

Die politischen Kulturzustände der Pfalz.

Die Rheinbayern standen von den dreißiger Jahren her in dem Rufe einer sehr erregbaren und freiheitsliebenden Bevölkerung. Sie hatten damals die erste Rolle in Deutschland gespielt. Im Laufe der mit dem März 1848 begonnenen Bewegung hatte man zwar auffallend wenig von dieser Provinz gehört, doch hatte sie ihre Abgeordneten nach Frankfurt sowohl als nach München immer aus der radikalen Partei gewählt, und die Vorgänge, welche der ganzen letzten Insurrektion den Impuls gaben, die Volksversammlung von Kaiserslautern und ihre Folgen, weckten den alten Glauben wieder auf. Ich habe Gelegenheit gehabt, viele Theile von Deutschland aus eigener Anschauung, andere aus getreuen Schilderungen unter diesem Gesichtspunkt kennen zu lernen. Nach meinem zweimonatlichen Aufenthalt in der Pfalz, wobei ich stets in die Kreuz und Quere das Land durchreiste, kann ich behaupten, daß ich nur einzelne nördliche und südliche Theile von Deutschland für weniger demokratisirt halte, als diesen Landstrich. In der Weise, wie bei uns in Rheinhessen, wie in Rheinpreußen, in Franken, Thüringen, Sachsen, wie selbst in Hessen-Darmstadt, Kurhessen, Nassau, war dort während des ganzen vorausgegangenen Jahres durchaus nicht gewirkt worden. Von einer über das Land verbreiteten, wohlorganisirten Demokratie konnte gar keine Rede sein. Hier und da bestand so Etwas, wie ein demokratischer Verein; an eine gemeinsame, permanente, rührige Leitung der Agitation, an eine systematische Propaganda war nicht zu denken. Es fehlte, sei es als Folge, sei es Ursache dieser Zustände, durchaus an agitatorischen Talenten. Als die Einzigen, welche einigermaßen auf diesen Namen Anspruch machen könnten, wurden mir zuweilen zwei Bürger aus Neustadt an der Hardt genannt, welche jedoch durchaus kein allgemeines Ansehen genossen, daher auch wohl nicht vom rechten Zeuge waren. Was ich kennen lernte, war für die eben bezeichnete Aufgabe durchaus unbedeutend. Eine gehörig durchgebildete demokratische Bevölkerung fand ich nirgends, ebenso wenig glühende Begeisterung. Der Anblick des Landes, das ich in den ersten Tagen einer von Erfolgen begleiteten Revolution betrat, war durch und durch matt. Ich reiste von Kirchheim nach Kaiserslautern, von da nach Neustadt, Ludwigshafen, Frankenthal, Grünstadt durch den Theil des Landes, der für den besten galt, ohne in der Bevölkerung auch nur die Spur einer Aufregung zu sehen; hier und da eine freisinnige Aeußerung, ein Wirthshausgespräch, — Enthusiasmus nirgends. Natürlich konnte man, wie von jeher, Altbayern nicht leiden und zog gegen die Preußen los. Doch habe ich in allen diesen Wuthäußerungen gegen die Preußen, die ich so oft unter den Bürgern, den übergetretenen Soldaten und der Volkswehr vernahm, immer mehr den Ausdruck der Furcht als den des kampflustigen Hasses wahrgenommen. Der Terrorismus von Dresden hatte seine guten Wirkungen gethan und viel Verdienst um die Siege der Preußen in der Pfalz.

Die Gräuel von Wien haben im November Berlin eingeschüchtert, und die Grausamkeiten von Dresden haben in der Pfalz und vielleicht in ganz Süddeutschland einen Schrecken verbreitet, der überall schon vor den Kanonen siegte. — Namentlich war es das Landvolk, auf welches die demokratische Propaganda in dem übrigen Deutschland so viel Sorgfalt verwendet hatte, und welches sich in der Pfalz in einem Zustand vollständiger Gleichgültigkeit befand. — Die Pfalz ist ein üppiges, reiches, prächtiges Land. Die provisorische Regierung war bis auf die letzten Tage stets in den armseligsten, man kann sagen: in den lächerlichsten Finanzverhältnissen. Was freiwillig hergegeben wurde, war kaum der Rede werth und rührte meist von einzelnen noblen Leuten her. Das Zwangsanlehen mußte zu zwei Drittel durch Exekution eingetrieben werden. Und wenn man nun bedenkt, was dazu gehört, daß ein Volk und gar eine Zahl von nur 800000 Menschen dem Kolosse königlicher Gewalten widerstehe, welche Opfer seiner Zeit in Polen, welche in Ungarn gebracht werden mußten, um einen nennenswerthen Widerstand möglich zu machen, Opfer, zu welchen nur die höchste Ekstase, die wildeste Freiheitsbegeisterung hinreißen können — wenn man dies bedenkt und sich dagegen den Anblick einer vollkommen nüchternen, hier und da gelind liberalen, aber eben so oft entschieden reaktionären, im Ganzen mit gewohnter Ruhe ihren gewohnten Geschäften nachgehenden Bevölkerung vergegenwärtigt — so wird man allerdings es erklärlich finden, daß die provisorische Regierung auf einen solchen Boden keine grosartige Revolutionspolitik zu pflanzen wagte. Mag man noch so sehr die Nothwendigkeit kühner, durchgreifender Schritte abstrakter Weise darthun; mit revolutionärem Handeln richtet man nichts aus ohne eine revolutionäre Masse. Ein Terrorist an der Spitze lederner, philiströser Bürger gleicht einem Kavalier mit hohen Reiterstiefeln, großen Sporen und langer Peitsche auf einem elenden Klepper. Er macht eine lächerliche Figur und kann das Thier blutig stacheln, aber nicht beflügeln. Die Pfalz war durch radikale Maßregeln nicht zu retten. Und ich müßte mich sehr täuschen, wenn nicht diese Ueberzeugung den Männern der provisorischen Regierung eben jene Scheu vor großen Gewaltsschritten eingeflößt hätte. Waren sie auch nichts weniger als genial an Geist oder Charakter, so war ihr Verstand doch hinreichend und ihre Lage verzweifelt genug, um sie zu entschiedenen Maßregeln zu bringen, wenn diese nützen konnten. Aber ihr Glaube an den Sieg war zu schwach, als daß sie vor ihrem eigenen Gewissen ein starr revolutionäres Handeln hätten verantworten mögen. — Allein wenn dem so ist — wird man fragen — warum gaben sie die Sache nicht auf? Die Antwort lautet: weil sie angefangen war. Den Rest erfrage man bei der menschlichen Natur. Ich selber fand Alles, was ich während meines Aufenthaltes sah, wie man stets von einer Konsequenz zur anderen vorangetrieben wurde, dabei dennoch wiederum vor ganz entschiedenem Handeln schauderte, stets verzweifelte und stets hoffte, — das Alles finde ich sehr natürlich, aber das Einzige, was ich nicht begreife, ist der Theil der Revolution, den ich nicht mit erlebt habe: ihren Anfang. Wie man bei einem solchen politischen Kulturzustande, den doch die Inländer kennen mußten, das va banque ausrufen konnte, ist mir ein bis auf diese Stunde unaufgeklärtes Räthsel. Für uns Andere, die wir die Pfalz nicht so genau kannten, lag gerade in diesem selbstvertrauensvollen Anfang der

Revolution die entscheidende Täuschung über die Kraft des Landes.

Ob wohl andere deutsche Länder, in denen die theoretische Agitation mit mehr Fleiß und Talent betrieben worden ist, die Feuerprobe der praktischen Revolution besser bestanden hätten? Es ist zu weit von der Einsicht bis zum Dreinschlagen, als daß ich das behaupten möchte. Insurrektionen ganzer Länderstriche haben wir eben außer Baden und der Pfalz nicht gehabt. Schlesien, das so gewaltig bearbeitet und so oft als ein wahrer Vulkan geschildert wurde, Thüringen, so rührig und so durchaus demokratisirt, haben sich stets ruhig verhalten. Unsre bisherigen Erfahrungen haben uns nur in den großen Städten die Elemente und Mittel eines Kampfes offenbart. Das flache Land, namentlich wo es nicht einmal große Hauptstädte umfängt, wird sich schwerlich irgendwo bewähren.

Die pfälzischen Revolutionsmänner.

Sie paßten zu einer pfälzischen Revolution. Sie wären vielleicht unter besseren Konstellationen entschiedener gewesen, aber es war gut, daß sie es nicht zu sein brauchten. Revolutionäre Charaktere waren sie nicht, Fries von Frankenthal, starr genug, um zu terrorisiren, war zu wenig seriös dazu, Schmitt von Kaiserslautern, in höherem Grade seriös, war zu weichmüthig. Die anderen, Greiner von Pirmasenz, Reichard von Speyer, Hepp von Neustadt, waren nicht mehr und nicht weniger als liberale Deputirte. Von diesen fünf sind vier Juristen, Hepp ist Arzt. Mehr als das, was man einen verständigen Mann nennt, ist Keiner von ihnen, Einer oder der Andere vielleicht weniger.

Sie hatten sich nicht an die Spitze der Bewegung mit Kraftanstrengungen, durch Ehrgeiz oder Feuergeist hinangeschwungen. Sie waren mit den kleinsten Mitteln, die in Verhältnissen, wie ich sie oben beschrieben habe, ausreichen, zu der gangbaren demokratischen Landes-Münze geworden, wurden demgemäß in den Landesausschuß gewählt und mußten sich bald darauf, wenn sie die Sache nicht aufgeben wollten, zur provisorischen Regierung machen lassen. Sie meinten es redlich und herzlich mit der Revolution wie mit ihrem ehelichen Weib, aber eine blinde, sprühende Jugendliebe trugen sie nicht in der Brust. Um so mehr sind ihre Opfer anzuerkennen. — Denn merke man wohl — sie wußten Alle, beinahe von Anfang an, wie schlecht die Sachen standen, und blieben dabei, weil sie das für ihre Schuldigkeit hielten. Was sie aber gar nicht verstanden, das war das Regieren. Ein patriarchalischeres Treiben als bei dem Landesvertheidigungsausschuß und der provisorischen Regierung habe ich mein Lebtag nicht gesehen. Da saßen die fünf oder sechs Männer beisammen von Morgens bis Abends und beriethen durcheinander und miteinander Alles, was vorkam, vom Höchsten bis zum Geringsten. Jeder hatte dabei Zutritt, wer irgend ein Geschäft abmachen, eine Erkundigung einziehen, eine Nachricht bringen wollte; wer ein bischen Reputation oder auch nur gute Manieren hatte, konnte gelegentlich, so lange er Lust zu bleiben hatte, sich aktiv an der Berathung der gerade vorliegenden Gegenstände betheiligen. Ueberaus gern nahm man guten Rath an, wie denn überhaupt den zweimonatlichen Regenten der Pfalz nichts weniger nachgeredet werden kann, als irgend eine Spur von Hochnäsigkeit. In Baden sah man nicht viel mehr oder größere Talente, aber schon bedeutend gewichtigere Mienen.

Von einer Regelung der Geschäfte nach Zeitabschnitten

und Personen war keine Rede. So lange der Landesausschuß bestand, war nicht einmal der Form nach eine Ordnung eingeführt. Die provisorische Regierung vertheilte allerdings die Geschäfte untereinander nach Departements. Reichard erhielt die Präsidentschaft und den Krieg, Schmidt das Innere, Greiner das Aeußere, Fries die Justiz und Hepp die Finanzen. Doch bestand dies Alles nur dem Namen nach. In Wahrheit saß man nach wie vor von früh bis spät beisammen und nahm Alles durcheinander und gemeinschaftlich vor. Dazu kam aber noch, daß Jeder in seinem Departement auch die geringsten Schreiber- und Laufburschendienste that, und weil er selbst nie aus der Plenarversammlung zu bringen war, auch die abgeschmacktesten Lumpereien in einem Athem mit den wichtigsten Maßregeln von der Gesammtregierung verhandelt wurden. Man saß über der Berathung eines Bündnisses mit Baden. Es klopft. Herein tritt der Stockhausverwalter, um sich bei dem Justizminister über die Auslagen für die Atzung von drei eingebrachten Gefangenen aufzuklären. Eine Viertelstunde lang bildete die Stockhausatzung die Tagesordnung des Ministerrathes. So kamen tausend Dinge vor. Dabei liefen die einzelnen Regierungsmitglieder jeden Augenblick weg, um irgend ein kleines Geschäft, das in ihr Departement schlug, außerhalb zu besorgen. Ich und viele Andere haben sie hundertmal angefleht, sie möchten doch jeder in einem besonderen Kabinet arbeiten und nur ein- oder zweimal des Tages sich versammeln, um über die wichtigsten Angelegenheiten gemeinschaftlich zu beschließen, und ebenso, sie möchten nicht selber alle Dienstverrichtungen vollziehen, sondern sich Bureaus etabliren. Man gab uns stets Recht und ließ es stets beim Alten. Der Finanzminister akkordirte die Kutschen und kaufte drei Ellen schwarz-roth-goldenes Baumwollenzeug. Der Konseilpräsident sprang während der wichtigsten Berathung, die vielleicht in den zwei Monaten vorkam, drei Treppen hinunter auf die Straße, wo sich zwei Leute balgten, um nach einer halben Stunde, binnen deren es ihm gelang, die Streitenden zu beruhigen, die Debatte wieder aufzunehmen. Welcher enorme Zeitverlust und welche Unordnung aus einer solchen Geschäftsführung hervorging, läßt sich denken und zum Theil daraus erklären, warum im Laufe zweier Monate so unendlich wenig geschah.

Ein anderes Uebel, welches hauptsächlich lähmend auf die Leitung der Angelegenheiten einwirkte, war der Mangel an tauglichen Leuten. Zu den höchsten wie zu den niedrigsten Chargen fehlte es an Menschen, theils weil überhaupt Mangel an Fähigkeiten aller Art war, theils weil die Beamten, die noch allein zu verwenden waren, nicht anbeißen mochten. So mußten sehr oft Leute ohne Fähigkeit oder ohne Ansehen in den wichtigsten Posten angestellt oder — was beinahe eben so schlimm war — es mußte zu Nichtpfälzern gegriffen werden. Trotz aller deutschen Einheit waren doch solche Fremde bei Vielen mehr oder weniger anstößig und mußten es oft auch werden, weil sie, namentlich wenn aus entfernteren Gegenden, nicht mit den Verhältnissen des Landes, der Art und Weise der Bewohner vertraut waren. Man hatte nicht einmal Pfälzer genug, um die zwölf Civilkommissariate — Posten, die noch wichtiger waren, als die der Regierung selber — zu besetzen. Um die Agitation zu unterhalten, mußten einzig auswärtige Apostel verwendet werden, und wer Süddeutschland kennt, der weiß, welchen Eindruck es machen kann, wenn Jemand im westfälischen oder schlesischen Dialekt vor Pfälzer Bauern eine Volksrede hält.

Dies waren — abgesehen von der ungünstigen Disposition des Landes überhaupt, die das Grundübel bildete —

die beiden Hauptmängel der gesammten Zustände. Die oberste Leitung war schlecht, oder richtiger gar nicht organisirt, und was sie leistete, wurde auf's Unvollkommenste ausgeführt, weil sie im Lande schlecht bedient wurde. Daran schloß sich also das Mißlingen oder Versäumen der einzelnen wichtigsten Maßregeln. Vor Allem schlecht bestellt war die erste Existenzbedingung der ganzen Revolution, die Finanzwirthschaft. Man fing mit Nichts an. Daß im Voraus, wie wohl sonst bei Umwälzung brütenden Parteien, Geldmittel bereit gehalten worden wären, davon konnte gar keine Rede sein. Der Landesvertheidigungsausschuß beschloß (oder gar nur drohte), unmittelbar nach seiner Konstituirung die hochtönende aber wirkungslose Maßregel der Steuerverweigerung zu verhängen, anstatt die Kassen unter Beschlag zu legen. Man behalf sich mit freiwilligen Beiträgen, die im Ganzen, wenn ich's hoch anschlage, 10000 fl. einbrachten. Damit sollte eine Revolution geleitet, sollten Offiziere engagirt, Truppen besoldet, Waffen angekauft, Ausrüstungen aller Art bestritten, — kurz damit sollte regiert werden. Durch diesen Geldmangel allein mußte es schon an allen Ecken und Enden stocken und ein wahres Krähwinklerregiment entstehen. Oft waren in der Regierungskasse nur 40 oder 60 fl. Endlich, als der Landesausschuß provisorische Regierung geworden war, erlaubte ihm sein juristisch-skrupulöses Gewissen erst, Hand an die Kassen zu legen. Trop tard! Sie waren alle längst wohlweislich nach Germersheim oder Altbaiern gebracht worden. In der Centralkreiskasse zu Speier, welche zu Zeiten der Kaiserslauterner Volksversammlung achtzigtausend Gulden enthielt, fand man bei der Beschlagnahme einen Kreuzer, sage: Einen Kreuzer! In einzelnen Kantonen wurden noch einige Hundert Gulden zusammengekratzt, aber im Ganzen war der Erfolg im Verhältniß zu den Geldbedürfnissen gleich Null. Endlich, etwa vierzehn Tage vor dem Ende, griff man zum Zwangsanlehen. Nach der Veranschlagung hätte es mehrere Millionen eingetragen und dies wohl für den ersten Anlauf genügt. Es wurde dabei über die Maßen vorsichtig zu Werke gegangen, daß in dem überwiegenden Theil der Bevölkerung kein Mißmuth entstehen könne, denn nur die, welche über 40 000 fl. reich waren, sollten beitragen. Die Maßregel kam zu spät und wurde, wie alle, zu langsam und schlecht ausgeführt. Die Civilkommissäre wußten zum Theil gar nicht, wie sie die Sache anfassen sollten. Es fehlte ihnen dazu an Geschäftsgewandtheit, an Muth und an Unterstützung. Sie sollten sich fünf Taxatoren an die Seite setzen, und kein Mensch wollte sich dazu hergeben. Während in fünf Tagen mindestens zwei Drittel der ganzen Summe zusammengebracht sein konnte, sind während der ganzen vierzehn Tage bis zum Rückzug nach meiner Veranschlagung höchstens 50—60 000 fl. eingegangen. Neben dem Anlehen suchte man noch aus dem Verkauf der in den Holz- und Salzmagazinen liegenden Vorräthe Geld zu gewinnen. Statt aber vor Allem auf schnelle Versilberung zu sehen und zu versteigern, bot man nur den Verkauf an, und selbst dieser wurde nicht einmal in auswärtigen Blättern angekündigt, während begreiflicher Weise im Inland nicht Viele zugreifen mochten. Bedenkt man, was es heißt: ein Heer ausrüsten, eine Provinz verwalten, ein Anlehen ausarbeiten und eintreiben, die besagten Verkäufe anordnen und überwachen, die rückständigen und laufenden Steuern einziehen und dabei noch stets darüber her sein, neue Finanzquellen aufzuspüren, so wird man lachen — wie ich selber lachte — zu hören, daß die Gesammtfinanzverwaltung des Landes auf einem einzigen Gehülfen beruhte, der auf dem Büreau von Hepp arbeitete, während dieser selbst auf die oben beschriebene Weise entweder in der Plenarsitzung tagte oder Lappalien besorgte. Als ich ihm einmal sagte, er müsse wenigstens zwanzig Leute beschäftigen, sah er mich an, gleich als hielte er mich für plötzlich toll geworden. Warum gerade Hepp zum Finanzier ausersehen wurde, habe ich mir nie klar machen können.

In Folge der grundschlechten Finanzverwaltung aber blieben nicht nur die substantiellen Kräfte aus, womit die Vertheidigungsmittel beschafft werden sollten, sondern die Hebel selber, welche zur allgemeinen und insbesondere zur finanziellen Verwaltung angesetzt werden mußten, standen still, so lange es am Nöthigsten fehlte, mit andern Worten: so lange der Revolutionszustand dauerte. Mit Hülfe von Beamten sollte das Land verwaltet, sollten alle eben besagten Finanzmaßregeln ausgeführt werden; diese selbst waren neu anzustellen, aber sie konnten mit keinem Kreuzer besoldet werden! Suche sich Einer Beamte, die ihren Kopf riskiren, indem sie einer revolutionären Regierung dienen, einzig aus der Klasse, welche Vermögen genug besitzt, um unentgeltlich arbeiten zu können! Und wenn sie sich gefunden hatten, so waren sie erst wieder gelähmt, denn sie konnten doch das nothwendige Subalternpersonal nicht aus ihrer Tasche bezahlen. So wiederholte sich denn in den obersten Verwaltungsstellen, beispielsweise bei den Civilkommissären, auf denen fast Alles lastete, dasselbe Schauspiel wie bei der Regierung. Sie mußten alle Verrichtungen persönlich besorgen, was eine Unmöglichkeit war. Ich kannte Civilkommissäre, die nicht das Geld hatten, um die Schreibmaterialien ihres Büreaus anzuschaffen, aber einen Geschäftskreis, zu dem mindestens zehn Menschen nöthig gewesen wären. — Wenn es zur Neubesetzung der wichtichsten Justiz- und Verwaltungsposten an Leuten fehlte, so war jedenfalls diese Aussicht auf unentgeltliche Dienste ein Hauptgrund dazu.

Daß es unter so bewandten Umständen an allen kleineren Hülfsmitteln fehlte, deren eine revolutionäre Gewalt bedarf, versteht sich von selbst. Die Presse mangelte in des Wortes buchstäblicher Bedeutung. In Kaiserslautern, am Sitz der Regierung, war nur eine armselige Handpresse, auf welcher das einzige im Dienste der Regierung geschriebene, unansehnliche und ganz lokale Blättchen, der „Bote für Stadt und Land" gedruckt wurde. Dieselbe Presse mußte für das Amtsblatt und die Proklamationen verwendet werden. Dadurch wurde die Publikation aller Regierungsmaßregeln durchschnittlich um mehrere Tage verspätet. Das so wichtige Anlehen laborirte zwei oder drei Tage, nachdem Alles ausgearbeitet war, noch an der Schwerfälligkeit dieses Preßzustandes. Ueberhaupt war es für die ganze Existenzweise der Regierung ungünstig, daß sie in Kaiserslautern saß; Kaiserslautern ist eigentlich nicht mehr, als ein sehr großes Dorf. Es wird immer von Einfluß auf eine Regierung sein, wenn sie an einem Platze residirt, wo die Hälfte der Leute barfuß über die Straße geht und abwechselnd der Kuh- und der Schweinehirt seine Pflegebefohlenen zusammenruft. (So fehlte es beispielsweise in Kaiserslautern an Räumlichkeiten für die einzelnen Ministerialbüreaus.) Außerdem war seit jeher der Centralpunkt der Landesverwaltung nicht in Kaiserslautern, sondern in Speyer gewesen; es mußte also durch diese Veränderung eine bedeutende Störung entstehen. Wirklich verlegte der Landesausschuß nach seiner Konstituirung als provisorische Regierung seine Residenz von Kaiserslautern nach Speyer. Aber schon am folgenden Tag kehrte er an den erstgenannten Ort zurück. Er war — so erzählt man allgemein — in der Nacht durch einen ganz geringfügigen Umstand alarmirt und zu dem Glauben verführt worden, daß sich ein feindliches Heer nähere. Einer hatte dem Andern den Schrecken mitgetheilt, und noch in selbiger Nacht oder am folgenden Tage ging man nach Lautern zurück. — Außer dem genannten Blättchen hatte die Regierung kein Agitationsmittel. Auf das deutsche Ausland, auch nur die nächsten Nachbarprovinzen zu wirken, war kein Instrument vorhanden. Ein Westphale und ein Sachse bereisten einige Gegenden, um Volksversammlungen zu halten; was ihre Wirksamkeit hemmen mußte, habe ich schon oben erwähnt. Außerdem wurde später auch eine Studentenlegion kreirt, deren Mitglieder die Aufgabe hatten, überall durch Wort und That die Regierung zu unterstützen. Es ist möglich, daß Einzelne gute Dienste gethan haben. In das Civilkommissariat, wo ich mich aufhielt, wurden drei Erlanger Theologen, bewehrt mit großen, rostigen Chevauxlegers-Säbeln, gesendet, das Ungeleckteste und Ungeschickteste von der Welt. Wo sie auftraten, liefen sie Gefahr, durchgeprügelt zu werden. — Daß dieser Mangel an guten Agitationsmitteln noch den letzten Rest der Schwungkraft des Volkes untergehen, die theilweise Begeisterung des ersten Momentes verfliegen ließ, war, wenn Etwas, geeignet, der Revolution ihre einzige Lebenskraft zu entziehen. Außerdem greift auch dieser Mangel, wie die andern, in das Gebiet der allseitigen Wechselwirkung, worin die Räder eines Staatsgetriebes zu einander stehen, störend ein. Man publizirte eine Gemeindeordnung, nach deren Vorschrift namentlich neue Wahlen stattzufinden hatten. Aber da in dem Volk selbst weder von Natur noch durch politische Erziehung Neigung zu einem erregten Treiben vorhanden war und auch nicht einmal agitirt wurde, so ging die Hauptabsicht des Gesetzes verloren. Die Wahl wurde unter demselben Schlendrian, wie zu guten alten Zeiten abgehalten, und fast überall gingen die alten Beamten wieder aus den Wahlen hervor. — Wie mit der Propagirung der Revolution innerhalb und außerhalb des Landes, so ging es umgekehrt, oder eigentlich noch viel schlechter mit der Ermittelung dessen, was diesseits und jenseits der Grenzen vorging. Kaum, daß in der Pfalz selber eine geregelte Nachrichtenverbindung der einzelnen Theile zu der provisorischen Regierung und von ihr zurück etablirt war. Keine Rede davon, daß diese eine von einem Ende des Landes empfangene Nachricht den obersten Beamten am andern Ende ex officio mitgetheilt hätte. Ueber die Grenze hinaus aber sah es ganz gräulich aus. Sollte man es glauben, daß die Regierung der Pfalz am Sitze ihres eigentlichen Gegners in München, nicht einen einzigen Berichterstatter, geschweige denn einen Auskundschafter hatte, durch den ihr Mittheilungen über die Absichten der baierischen Regierung geworden wären? Vom ersten bis zum letzten Tag war sie in der totalsten Unwissenheit über das, was von München zu erwarten stünde. Mit den aufgeregten Theilen von Baiern, namentlich mit Franken, auf dessen Anschluß die Pfalz zunächst angewiesen war, wurde nicht eine einzige Botschaft, nicht ein Brief gewechselt. Man kannte gar Niemanden dort. Auch daraus ist zu ersehen, wie im vorausgegangenen Jahr so gar nichts für eine Organisation der demokratischen Bestrebungen geschehen war. Mit Württemberg, ja mit Baden selbst ging es die letzte Zeit ebenso. Kam man auf die provisorische Regierung, gespannt, Aufschlüsse über die Vorgänge in dem verbündeten Revolutionslande zu hören, so wurde man schon beim Eintritt enttäuscht durch die Frage, ob man nichts Neues mitbringe? — So fehlte es an allen Ecken und Enden, und jede der unzähligen Mangelhaftigkeiten wirkte letzlich am nachtheiligsten auf das Gebiet, auf dem die Entscheidung bereitet werden sollte, das Gebiet des Krieges. — Indem ich hier mit der Schilderung der Revolutionsregierung im Allgemeinen abschließe, werde ich nun den Faden der Ereignisse an der Entwickelung der militärischen Zustände fortführen. Das bis hierher Berichtete wird hingereicht haben, um die trostlosen Bilder, die sich nun aufrollen, vollständig zu erklären.*)

Ich reiste noch am selben Abend, an dem ich gekommen war, wieder von Kaiserslautern nach Kirchheimbolanden zurück, wo wir die ersten Organisationsgeschäfte in unserem Korps vornahmen. Zwei Tage darauf kam an das Rheinhessische Provinzialkomitee ein Schreiben von dem Landesausschuß, wodurch derselbe erklärte, mit dem Demokratenverband der Rheinhessen in Vernehmen treten zu wollen, und das Komitee aufforderte, mich als Kommissar für diese Angelegenheiten an den Ausschuß zu schicken. Am Dienstag, 15. Mai, reiste ich demzufolge wieder nach Kaiserslautern. Fenner von Fenneberg war damals provisorischer Oberkommandant. Es war offenbar eine Riesenaufgabe, aus dem unordentlichen Nichts, das ihm geboten war, haltbare Rüstungen hervorzuzaubern. Daß er es nicht vermochte, war nicht zu verwundern. Etwas mehr wäre einer geeigneten Person wohl gelungen. Aber Fenner hatte gerade die Gaben nicht, welche hier nöthig waren, um aus dem chaotischen, unerquicklichen Treiben irgend Etwas zu

*) Ich habe nur die Männer aufgeführt, die einen thätigen Antheil an der Revolution nahmen. Dem Namen nach waren noch hineinverwickelt: Schüler von Zweibrücken und Kolb von Speier, welche, in die provisorische Regierung gewählt, in München blieben, ohne eine Erklärung abzugeben, bis gegen Ende, wo sie ablehnten Kulmann war eine Zeit lang ebenfalls Mitglied der Regierung, trug jedoch stets die Spuren offenbarer Unlust im Gesicht und benutzte endlich die Gelegenheit, da man ihn als Gesandten nach Paris schickte, wegzugehen und von Frankfurt aus seine Demission zu schicken.

gestalten. Dazu fehlte ihm Ueberblick, Ruhe und Nüchternheit. Seine militärischen Fähigkeiten zu erproben, habe ich keine Gelegenheit gehabt. Hier hatte er seiner Aufgabe nach mehr die Rolle eines Kriegsministers auszufüllen. Und diesen administrativ-büreaukratischen Theil verstand er, nach meiner Wahrnehmung, ebensowenig, als die Mitglieder des Landesausschusses. Er ließ sich vollständig in die Unordnung hineinreißen. Auch er hatte den größten Theil des Tages Lappalien zu versehen, fertigte Stundenlang Unteroffizierspatente aus, ernannte, indem er über den Gang schritt, einen eben Angekommenen zum Offizier, lief dann einmal wieder hinüber zum Landesausschuß, war über die Dispositionen im Lande selbst schlecht unterrichtet, und — was noch schlimmer — schien sich gern in mehr Beruhigung einzuwiegen, als die Zustände boten. Wenigstens nannte er mir einige Linien gesichert, von denen ich — abgesehen davon, daß ja Alles in elendem Zustande war — die Ueberzeugung hatte, daß sie selbst im Verhältniß zu den wirklichen Mitteln vernachlässigt waren. Ich sah viel kommandiren, aber keinen bestimmten Plan. Gleichzeitig mit Fenner und — sonderbarer Weise — als ebenso selbständiger Kommandant, hatte der Pole Raquillier einen Theil der Vertheidigung, namentlich an der Nordgrenze, zu leiten. Wenn Fenner für einen Organisator zu oberflächlich und unstät war, so hatte sein Kollege den entgegengesetzten Fehler. Er organisirte en miniature. Raquillier war ein bejahrter Mann, der, wahrscheinlich in der Langweile des Exils, einige Erfindungen gemacht haben wollte, auf die er sich Alles zu Gute that, unpraktische Geschichten, die bei ihm zu wahren Marotten geworden waren. Tragbare spanische Reiter, an denen jeder Infanterist zehn Pfund Eisen zu schleppen hätte, Bomben mit Federdruck, welche in die Erde eingegraben werden sollten, Hundeposten und dergleichen mehr konnten wenig nützen, wo man eine Armee aus der Erde stampfen sollte. Raquillier mag, nach dem Eindruck, den er machte, früher ein braver Subalternoffizier gewesen sein und viel durchgemacht haben. Aber er war schon das, was man altersschwach nennen kann. Außerdem war ein solches Doppelkommando ein Unsinn, beruhte aber freilich darauf, daß der Landesausschuß weder in den Einen noch in den Anderen Vertrauen hatte.

An jenem selben Dienstag kam durch einen Privatbrief die dunkele Nachricht von einer Erhebung in Baden nach Kaiserslautern. Man berichtete nur von einem Ausschuß, der in Mannheim eingesetzt worden sei. Ich wurde beauftragt, dorthin zu gehen, um im Namen der Pfalz mit Baden die Verbindungen einzuleiten. Es war aber auch gemeldet worden, daß ein Angriff auf Mannheim oder von Mannheim aus auf Ludwigshafen bevorstehe und die Badenser — man wußte noch nicht von dem Uebertritt des Militärs — dort ohne Widerstandskraft seien. Einige Stunden zuvor war Anneke angekommen und engagirt worden. Wir beriethen also -- Fenner, Anneke*) und ich (ich weiß noch nicht, wie ich dazu kam, aber Fenner zog mich zu) — was zu thun sei. Es wurde beschlossen, die Hälfte des in Kaiserslautern anwesenden regulären Militärs und eine neugebildete Compagnie Freiwilliger nach Ludwigshafen zu führen, wohin Fenner und Anneke sich begeben wollten. Zugleich wurde bestimmt, daß ein Theil unserer Leute in's

---

*) Anneke war Lieutenant der preußischen Artillerie gewesen, ein Mann von höherer Bildung und aus innerer, feuriger Ueberzeugung aus der Armee in den Dienst der Bewegung getreten. Er kommandirte sowohl in der Pfalz als später in Baden ein Corps und hat sich stets tapfer gehalten. Er lebte als Flüchtling eine Zeitlang in London, war Oberst im 34. Regimente der Wisconsin Volunteers im Secessionskriege und blieb in Amerika.

Alsenzthal abgehen, ein anderer aber ebenfalls nach Ludwigshafen maschiren, zum Ersatz dafür aber reguläre Truppen zu den unsrigen in's Alsenzthal geschickt werden sollten. Am anderen Morgen fuhren wir ab, ohne daß ein Mann des regulären Militärs*) nach Ludwigshafen beordert worden wäre. Die, welche in's Alsenzthal geschickt waren, wurden am zweiten Tag wieder abberufen; wieder eine Probe von Anordnungen, die entweder nicht ausgeführt oder widerrufen wurden. Wir fuhren nach Neustadt. Dort kommandirte Strasser, ein Maler aus Tyrol, Flüchtling von den Wiener Oktobertagen her. Derselbe Wirrwarr, dasselbe Getöse wie in Kaiserslautern. Ich wüßte nicht, daß während Fenners mehrstündiger Anwesenheit von irgend einer allgemeinen Anordnung die Rede gewesen wäre. In Ludwigshafen, wo Blenker**) kommandirte, den Löhr***) und andere intelligente Leute um-

*) Es war ein großer Theil der in Rheinbayern liegenden Garnison sowohl Infanterie als Kavallerie zu den Insurgenten übergetreten, jedoch keine Offiziere.

**) Blenker, ein geborener Wormser, war eine abenteuerliebende Natur. Er hatte früher in Griechischen Diensten als Lieutenant der Kavallerie gestanden, und trat nun in den Dienst der Pfalz. Zu dieser Zeit betrieb er in Worms ein Weingeschäft und lebte in guten Verhältnissen. Er hatte eine hübsche Frau, die sich wie Frau Struve und Frau Anneke, an den revolutionären Bestrebungen mit betheiligte und, wie auch Frau Anneke, eine interessante Amazonengestalt im Feldzuge abgab. Blenker zeichnete sich später im amerikanischen Sezessionskrieg als höherer Offizier sehr aus und kam während dieses Krieges auf elende Weise ums Leben, indem einer seiner Soldaten durch eine unvorsichtige Bewegung ihn den Hals mit seinem Bajonett durchbohrte. Blenker war eine stattliche, martialische Erscheinung, ein echter Typus rheinischer Jovialität.

***) Löhr war der Sohn des berühmten Gießener Pandektisten, des zahmsten Professors rabiater Sohn, selbst Jurist. Er ging später nach San Francisco, wo er noch eine politische Rolle spielte und starb.

gaben, ging es schon etwas geordneter her. Natürlich sah man auch genug abenteuerliche Renommage und untaugliche Waffen. Auf dem Kommando beschäftigte man sich stark mit Landau; doch war Alles nur unbestimmtes Gerede. Auf dies Kapitel komme ich noch einmal ausführlicher zurück. In Ludwigshafen erfuhr ich denn den genaueren Hergang der Dinge in Baden, namentlich auch, daß der Landesausschuß bereits als Regierung in Karlsruhe sitze, weßhalb ich meinen Auftrag dort anzubringen hatte. In Mannheim sah es aus wie alle Tage. Abgesehen davon, daß die Brückenwache halb und halb mit Bürgergarde und Militär besetzt war, merkte man von einer noch nicht verrauchten Revolution nicht die Spur. Die Straßen und Menschen sahen nicht bloß so nüchtern aus wie gewöhnlich, man hörte auch, wie das doch sonst in aufgeregten Zeiten der Fall ist, beim Vorübergehen nie Bruchstücke eines Gesprächs, welches sich um die neueste Politik drehte. Truppen sah man gar nicht. Dieser Zustand fiel mir schwer auf's Herz. Ich äußerte mein Bedenken darüber einem Bekannten, der einen bedeutenden revolutionären Posten in Mannheim versah und mir zufällig im Bahnhof aufstieß.*) Das badische Volk, meinte er, sei eben nicht so radikal. — Die Leute hier herum, erwiderte ich, sehen allerdings aus, als wüßten sie nicht, was sie aus der Revolution machen sollten. Ihr seid wohl gar in Verlegenheit, daß Ihr eine gemacht habt? — Der Andere zuckte halb bejahend mit den Achseln. — Auf der

*) Dieser Bekannte war, wie ich mich noch heute deutlich entsinne, Florian Mördes, ein Studiengenosse, Sohn des Advokaten Mördes, welcher die fürstlich Fürstenbergischen Güter verwaltete. Er betheiligte sich am badischen Aufstand, ging dann nach Amerika und heirathete da eine Gräfin Armannsperg aus München, die nach seinem Tode sich mit Julius Fröbel vermählte.

Eisenbahn sollte mir's nicht besser gehen. Um mich herum saßen Bürger und badische Soldaten.*) Man sprach — vom Großherzog, daß er ein braver Mann und daß es gut sei, wenn er „bewillige". Nicht ein Mensch, der Opposition machte! Ein einziger Mann — dem Aussehen nach mochte er Kaufmann sein — nahm keinen Theil am Gespräch. Das schien mir ein gutes Zeichen, ich wandte mich an ihn und fragte ihn, ob er auch die Rückkehr des Großherzogs wünsche? — Ja, meinte er, eine Monarchie mit einer Konstitution ist doch immer das Beste. — Nun fing ich an, meinen guten Freund **) und seine Verlegenheit zu begreifen. In Karlsruhe — abgesehen von dem munteren Treiben der Freischaaren — natürlich dasselbe Bild wie in Mannheim. Ich ging noch spät am Abend, unmittelbar nach meiner Ankunft, in das Sitzungslokal des Landesausschusses, fand dort Struve, Steinmetz, Hoff, Blind***) und drei oder vier andere mir unbekannte Gesichter. Die meisten schienen mir verdrießlich. Nur Struve war glücklich und zuversichtlich. Der Zwiespalt, der sich durch die ganze Bewegungspartei zog, hatte sich natürlich gleich von vornherein geltend gemacht. Die Obengenannten klagten mir über gänzliche Unentschiedenheit, ja über kontrerevolutionäre

---

*) Von der badischen Armee war ein großer Theil auf Seite der revolutionären Regierung getreten.

**) Mördes.

***) Steinmetz war mein Universitätskamerad, von dessen Schicksalen nicht viel zu melden ist. Hoff war Journalist, Blind, Karl, noch heute in London lebend, war als ganz junger Mann in Mannheim in die Bewegung als einer der feurigsten Demokraten eingetreten, hatte an allen bewaffneten Erhebungen seit dem ersten Aufstand unter Hecker sich betheiligt. Bei einem zweiten Aufstand wurde er in Gemeinschaft mit Struve nach dem Waffenstillstand von Malmoe in Stauffen besiegt und zu langjähriger Zuchthausstrafe verurtheilt. Die Erhebung von 1849 befreite ihn aus dem Gefängniß

Velleitäten in der Fraktion Brentano. Ich bin nicht genug in die badischen Verhältnisse eingedrungen, um in der großen Kontroverse, die sich an jene Meinungsverschiedenheit anknüpfen wird, ein Urtheil abgeben zu können. Meine Sache ist einzig, das Benehmen Badens gegenüber der Pfalz zu schildern, und allerdings hier fällt der Partei Brentano, die doch das Regiment in den Händen behielt, mehr als Unentschiedenheit zur Last. Nur das muß ich noch zur Steuer der Wahrheit hinzufügen, daß ich im Oberlande, schon von Karlsruhe aufwärts, selbst nach den ersten Niederlagen der Sache der Revolution, den Geist des Volkes ganz vortrefflich fand und daraus den Schluß ziehen muß, daß die Halbheit nicht auf das Fundament des Landes gegründet war, wie in der Pfalz. Am nächsten Morgen begab ich mich zur Erfüllung meiner Mission in den Landesausschuß. Ich trat ein und — welch' Erstaunen — fand eine Regierung von mehr als zwanzig Menschen versammelt. Ich stattete meinen Bericht ab und knüpfte daran den Vorschlag, sofort Baden und die Pfalz für ein einziges Land zu erklären, alle

von Bruchsal. Er schloß sich der Partei Struve an, welche gegen Brentano als zu gemäßigt Opposition machte, dieser schickte ihn als Agenten nach Paris. Nach den Junitagen ließ ihn General Cavaignac verhaften. Im August darauf wurde er freigelassen aber des Landes verwiesen und ging nach Brüssel, von wo er 1852 abermals ausgewiesen nach London übersiedelte. Er hatte schon während der Revolution die geschiedene Frau des Bankiers Cohn in Mannheim, eine enthusiastische und gebildete Dame, geheirathet. Ihr Sohn nahm den Namen Blind an und machte das Attentat auf Bismarck im Jahre 1866, nach dessen Mißlingen er sich tödtete. Blind selbst hat zu allen Zeiten im Ausland die Sache Deutschlands mit feurigem Patriotismus vertreten, sich auch auf verschiedenen wissenschaftlichen Gebieten, historischem und linguistischem, als Forscher und unermüdlicher Schriftsteller einen ehrenvollen Ruf erworben.

Grenzmarken zu vernichten und überhaupt die Vereinigung in allen Punkten durchzuführen. Der Vorschlag rief bei dem größeren Theil schiefe Gesichter hervor. Das sei vor der Hand nicht nöthig, meinte man, sei späteren Zeiten vorzubehalten und dergleichen mehr; man wolle nur ein militärisches Schutz- und Trutzbündniß abschließen. Dabei blieb es denn auch. Als den Anfang einer Ausführung ersuchte ich nun den Kriegsminister Eichfeld, mir gegen Bezahlung eine Anzahl Waffen für die Pfalz zu überlassen, erhielt aber auch als Anfang der abgeschmackten Politik, welche von badischer Seite durchaus gegen die Pfalz verfolgt wurde, den Bescheid, daß ich kein Stück erhalten könne. In Baden waren gleichwohl große Vorräthe, und wenn es auch wahr ist, daß man unter solchen Umständen nie zu viel und fast nie genug Waffen haben kann, so war bei dem furchtbaren Mangel, der in der Pfalz herrschte, bei einem so riesenhaft ungleichen Verhältniß, die Weigerung dennoch höchst ungegründet und unvernünftig. Ich wollte dem Minister die Lage der ganzen militärischen Dispositionen ausführlich schildern, allein er mochte mich nicht anhören, entschuldigte sich mit Geschäften und trieb sich in den paar Stunden, wo ich mich noch in den umgebenden Zimmern des Sitzungssaales aufhielt, in lauter kleinen Geschäften, in Zwiegesprächen mit Unteroffizieren oder Neuangeworbenen umher, Dem ein paar Schuhe, Jenem eine Flinte anweisend, kurz in denselben kleinen Wirrwarr eingewickelt, auf welchen man eben allenthalben stieß, wo die Menschen zu unbedeutend für die Verhältnisse waren.

Verstimmt und überdies körperlich leidend reiste ich von Karlsruhe ab und kam, nachdem ich noch 1½ Tage in Mannheim im Bette zugebracht und von da meine untröstlichen Berichte nach Kaiserslautern abgeschickt hatte, wieder nach Kirchheimbolanden zurück. Unterwegs begegnete mir eine Abtheilung unseres Korps, etwa 200 Mann vortrefflich bewaffneter Schützen und Tirailleurs, die noch in Folge der ersten von Fenner gegebenen Ordre nach Ludwigshafen dirigirt waren. Während meiner Abwesenheit war endlich der Pfälzer Landesvertheidigungsausschuß zur provisorischen Regierung geworden, ein Termin, bis zu welchem er jede eigentliche Regierungshandlung, namentlich die Entfernung der bewegungsfeindlichen Beamten, die Ernennung der Civilkommissare, Finanzmaßregeln und dergleichen verschoben hatte. Vergebens hatten ich und Andere ihm vorher auf das Dringendste vorgestellt, daß er unmittelbar zu allen diesen Dingen schreiten müsse. Stets anworteten die Juristen, daß man, ohne Regierung zu sein, dazu kein Recht habe, und wenn man ihnen darauf entgegnete, sie sollten sich zur Regierung machen, so erwiderten sie, das könne nur von den auf einen bestimmten Tag einberufenen Volksvertretern ausgehen. Dieselben Rechtsbedenklichkeiten haben auch in Baden eine große Rolle gespielt — das beste Zeichen, daß die Dirigenten eigentlich keine Revolutionärs waren. Denn wer in Wahrheit eine Revolution macht und will, der muß in der unmittelbaren Ueberzeugung handeln, daß er Recht, hat und wenn er in der Hälfte stehen bleiben und an irgend eine Autorität appelliren will mit der Frage, ob er weiter gehen dürfe? — so fragt er zu spät oder zu früh.

Da nun jedoch Etwas mehr für die Entwicklung der Dinge zu hoffen war, so machte ich mich zum dritten Male auf den Weg, wie immer hauptsächlich in der Absicht, Abhülfe für die zahlreichen Mängel, an denen unser Korps litt (ich werde darauf noch kommen) zu erwirken. Diesmal ging meine Reise nach Speyer, wohin der Sitz der Regierung verlegt worden war. Doch erfuhr ich unterwegs in

Ludwigshafen bereits die Rückversetzung nach Kaiserslautern, ebenso, daß Fenner seine Demission gegeben habe und daß die pfälzischen und badischen Streitkräfte förmlich unter dem Oberbefehl des badischen Generalkommandos vereinigt worden seien, welches damals nicht mehr in Eichfelds,*) sondern in Sigels**) Händen lag. Sigel hatte gerade einen Plan entworfen, der auch den Anstoß zu den Vorgängen im Odenwald, namentlich bei Oberlaudenbach gab. Aber es scheint, daß die badischen Moderados nachträglich die Dispositionen Sigels, der es gewiß kühn und aufrichtig gemeint hatte, verpfuschten. Die Sache wurde so gedreht, daß die Badenser weit hinten zuwarteten, wie sich die

---

*) Eichfeld, früher badischer Oberstlieutenant, war von den badischen Truppen aus dem Festungsarrest befreit worden, wurde Kriegsminister und dann für einige Zeit Höchstcommandirender.

**) Sigel, Franz, Schüler der badischen Kriegsschule, hatte bis zum Lieutenant gedient, als er 1847 aus politischer Ueberzeugung den Abschied nahm. Beim Ausbruch der Bewegung des Jahres 1848 schloß er sich Hecker an und machte mit einem ziemlich starken Corps eine Diversion auf Freiburg, die mißlang. Er lebte in der Schweiz als die Erhebung des Jahres 1849 ausbrach und die provisorische Regierung ihn zur Uebernahme eines Kommandos herbeirief. Er folgte diesem Ruf, bewährte sich im Lauf der Begebenheiten als ein tüchtiger und tapferer Militär und war zuletzt Obergeneral des vereinten Badisch-Pfälzischen Insurgenten-Heeres. Nach der Niederlage zog er sich mit demselben auf Schweizergebiet zurück. Ueber England begab er sich Anfang der fünfziger Jahre nach Nord-Amerika, lebte eine Zeit lang in New York und St. Louis und bildete beim Ausbruch des Sezessionkriegs zwei Regimenter. Von da ab bis zum Jahre 1865 diente er mit Auszeichnung in der Armee des Nordens, befehligte in vielen größeren und kleineren Treffen und war zuletzt General-Major. Wo immer er auftrat, in Baden wie in Amerika, erwarb er sich das Vertrauen seiner Truppen und den Ruhm eines sehr tüchtigen, tapferen und humanen Führers. Er lebt noch jetzt in engen Verhältnissen in New-York.

Sachen entwickeln würden, um nach einer entschieden günstigen Wirkung die gebratenen Kastanien zu verzehren. Mir wurde aufgetragen, unserem Korps Ordres zu überbringen, wodurch auch diesem eine Theilnahme an jenen Operationen von den badischen Disponenten angewiesen wurde. Doch schien mir der ganze Entwurf sowohl als die uns übertragene Spezialität so bedenklich, daß ich erklärte, erst eine Berathung mit unserem Kriegsrathe in Kirchheim halten zu müssen. Dieser fand dann auch die Sache politisch und militärisch so unausführbar, daß wir die Befolgung der Ordre unterließen, indem wir irgend einen formellen Grund dazu auffanden. Der Erfolg bewies natürlich, daß wir zu jener Vorsicht berechtigt waren. — Es war zum Theil diese Angelegenheit, die mich wieder einmal nach Kaiserslautern zur provisorischen Regierung führte. Denn es war uns inzwischen von dort der Befehl zugekommen, uns den badischen Dispositionen zu fügen, welche eben jene erste unselige Verpuffung der Operationen gegen Darmstadt zur Folge hatten, und ich wollte daher persönlich unsere allerdings vom strikt militärischen Gesichtspunkte aus sündliche Weigerung rechtfertigen. An die Stelle Fenners war eine Militärkommission getreten, welche aus fünf Mitgliedern, Techow,*) Beust,**) Anneke,

*) Techow, gleich Anneke ehemaliger preußischer Artillerielieutenant, der aus politischer Ueberzeugung zur Revolution übertrat. Techows Name wurde noch ein Mal häufig in Deutschland genannt, als er unter der kurzen Regierung Kaiser Friedrichs in Europa landete und an den Kaiser die Bitte richtete, daß man ihm erlaube, seine hochbetagte Mutter zu besuchen. Kaiser Friedrich wollte es natürlich gewähren. Aber das Ministerium erklärte, daß ein fahnenflüchtiger Offizier unter keinen Umständen, auch nach so langer Zeit und selbst für wenige Tage ungestraft zurückkehren dürfe. So mußte Techow, nachdem er die lange Reise, selbst im hohen Alter, eigens in dieser Hoffnung gemacht hatte, unverrichteter Dinge nach Australien zurückkehren.

**) Beust war, wenn ich nicht irre, aus Sachsen.

Schlinke*) und — wenn ich nicht irre — Kuchenbecker**) bestand. Als ich nach Lautern kam, war der Ausgang der Odenwalder Affaire noch nicht bekannt, und Anneke, den der Umstand persönlich berührte, fuhr mich gewaltig über unsere Weigerung an. Ich vertröstete ihn ruhig auf den Erfolg. Am Abend traf die Nachricht von dem kläglichen Ende der Sache ein. Diese Operation, so unbedeutend sie anfing, gab durch ihr Resultat der ganzen badischen Kriegführung vielleicht den entscheidensten Stoß. Der Odenwald war ein für allemal entmuthigt und die bei einem Revolutionskrieg nöthige Voraussetzung der Mitwirkung der Bewohner auf und hinter dem Kriegsschauplatze gebrochen. Das Alles war leicht vorauszusehen. Wir haben, ehe uns der Ausgang bekannt war, alle Folgen, wie sie eingetreten sind, in dem der Militärkommission übergebenen Schreiben auseinandergesetzt. Anneke aber hatte den Plan gebilligt. Dies ist die einzige Spezialität, nach der ich seine Kapazität beurtheilen kann und die allerdings nicht zu seinen Gunsten spricht. Im Uebrigen war bei der Militärkommission, die schon am folgenden Tage durch Sznaide ersetzt wurde, wenigstens mehr äußere Ordnung als bei Fenner, und ein Ansatz zu planmäßigem Fortschreiten. Im Ganzen natürlich hatte sich während ihrer kurzen Funktionen wenig verändert und konnte sich wenig verändert haben. Endlich kam der lang und schmerzlich ersehnte Obergeneral an.

Ich kann mir keine Erscheinung denken, welche weiter von dem Bilde entfernt wäre, das man sich von einem politischen Insurrektionschef macht, als die des Generals

---

*) Schlinke, früher Handlungsdiener, begleitete die Aufständischen nach der Schweiz.

**) Kuchenbecker war ehemaliger österreichischer Offizier.

Sznaide.*) Auch war Jeder verblüfft, der ihn zum ersten Male sah. Er hatte auf's Allervollständigste das Aeußere eines pensionirten österreichischen Oberoffiziers: kleine, breite Statur, dicken Bauch, kurze Beine, lederschlaffe Wangen, kurzen grauen Schnurr- und Backenbart, trug dazu eine hohe schwarze Kravatte mit Vatermördern, lange Manchetten und zwei Ordensbänder auf dem Civilrock. Sznaide war ehedem General der Kavallerie gewesen und hatte seit langer Zeit in sehr beschränkten Verhältnissen in Paris gelebt. Auch war es gut, daß er nicht verwöhnt war. Die dem pfälzischen Général en chef angewiesene Wohnung zu Kaiserslautern war eine armselige Spelunke, die zugleich Schlaf-, Arbeits- und Empfangszimmer abgab. An demokratischer Bescheidenheit und Einfachheit hat es in der Pfalz nicht gefehlt. Sznaide bewegte sich dennoch in diesen ärmlichen Verhältnissen mit guter Art. Er ist ein sehr manierlicher und gescheuter Herr, möchte ich sagen. Sznaide soll in seiner Muttersprache ein guter Redner sein, ist ein Mann von umsichtigem und durchdringendem Urtheil, wie ich selber zu erproben Gelegenheit hatte, ist sogar ein Mann von Geist. Im Vorbeigehen eine kleine Anekdote zum Beleg. Ich sprach mit Sznaide von Sigel. „Es mag sein," sagte er, „daß Sigel ein theoretisch durchgebildeter und talentvoller Offizier ist, aber zum Praktischen fehlt ihm noch was Bedeutendes; als ich mit ihm einen Plan berieth, zuckten seine Gesichtsmuskeln, ging er mit großen Schritten unruhig auf und ab. So darf kein Militär sein." — Für die ihm übertragene Aufgabe war er ebenso wenig gemacht, wie seine Vorgänger. Dazu

*) Sznaide war ein Pole, der in der Revolution des Jahres 1830 gedient hatte. Mein oben geschilderter persönlicher Eindruck trifft mit dem zusammen, welchen Corvin in seinen Denkwürdigkeiten von der Persönlichkeit giebt.

fehlte ihm wohl zumeist die Jugend: nicht bloß um rasch und gewagt zu handeln, sondern auch um sich in so ungewöhnliche und mangelhafte Verhältnisse hineinzuarbeiten. Auch war es ihm gar unbehaglich darin zu Muthe. Gleich am zweiten Tage nach seiner Ankunft sagte er zu mir in einem vertraulichen Gespräch: wenn er gewußt hätte, daß es so aussähe, wäre er nicht um Alles in der Welt herzubringen gewesen, und ich glaub' es ihm gern. „Il ne restera qu'à me faire tuer," setzte er zum Schluß hinzu. — Wie ich schon sagte: er war zu alt und phlegmatisch, um sich in die ungewöhnlichen Verhältnisse zu schicken, und kam deßhalb auf den verkehrten Gedanken, die Verhältnisse nach sich selber, d. h. zu gewöhnlichen und regelmäßigen umgestalten zu wollen. Im Laufe eines Jahres hätte er vielleicht einen anständigen Militäretat auf die Beine gebracht. Innerhalb drei bis vier Wochen schuf er eben deßhalb gar nichts, d. h. lauter unbedeutende Anfänge. Er wollte drei große Lager im Lande bilden, um dort die Mannschaften zu vereinigen und einzuüben, allein er bedachte nicht, daß die Preußen ihm dazu keine Zeit lassen würden. Ein anderer Plan, oder auch nur ein Vorbehalt für die nächstliegenden Eventualitäten war nicht vorhanden. Auf alle Fragen erhielt man die drei Lager zur Antwort. Als die Preußen die an unsere Kantonnements stoßenden rheinhessischen Grenzlinien besetzten, von wo aus sie jeden Augenblick in anderthalb Stunden nach unserem Hauptquartier spazieren konnten, ging ich nach Kaiserslautern, um für den Fall eines Angriffs Instruktionen zu holen. „Voyez vous" — antwortete mir der General auf eine Reihe von Fragen, indem er langsam aufstand und nach der an der Wand hängenden Karte schritt, „je formerai trois camps, l'un à Hombourg, l'autre à Kaiserslautern et le troisième à . . . chose

. . . . à Mutterstadt.“ Mehr vermochte ich nicht aus ihm herauszubringen. So trafen ihn denn auch die Schläge, welche mit einem Male der ganzen Sache ein Ende machten, durchaus unvorbereitet und ohne alle Fassung, noch irgend einen dem Moment entsprechenden Gedanken zu konzipiren. Und bei der Mangelhaftigkeit der vorhandenen Mittel, bei der Schwerfälligkeit, womit die Rüstungen voranschritten, lag doch gerade die ganze Aufgabe der militärischen Oberleitung nicht sowohl darin, wie man die unvollkommenen und wirren Kräfte, die da waren, langsam herausbilden, als wie man sie so gut als möglich in den unvermeidlichen Nothfällen verwenden könnte.

Mit Sznaides Eintritt wurde die Bildung einer Volkswehr durch Aushebung, eine schon unter Fenner eingeleitete, aber bis dahin nie recht in Form gebrachte Maßregel, endlich regelrecht in Angriff genommen, wie denn überhaupt etwas Manier in das ganze Treiben kam. Es erschienen Tagesbefehle, wurden regelmäßige Berichte eingefordert, Einleitungen zur Herstellung eines Verpflegungs- und Medizinalwesens getroffen und dergleichen mehr. Nach dem Rekrutirungsgesetz sollten alle Leute vom 18. bis zum 30. Jahre marschiren, die verheiratheten ausgenommen. Der größte Theil mußte mit den Haaren herbeigezogen werden. Jeder hatte eine Entschuldigung. Das war ein Laufen und Rennen den ganzen Tag; der war zu schwach, jener zu arm, ein Dritter hatte wieder einen kranken Vater, der Vierte war in der Wirthschaft unentbehrlich. Ich wohnte im Hause des Kantonsarztes, welcher den lieben langen Tag von angeblichen Gebrechlichen belagert war. Leute, die vor zwanzig Jahren an irgend einem Schaden behandelt worden, verlangten darüber eine Bescheinigung, um daraufhin ihre Söhne loszumachen. Oft verweigerte die gesammte Mannschaft aller Orte eines Kantons einzurücken. Es mußte Exekution angeordnet werden, aber wenn es schon charakteristisch war, daß die Leute gezwungen werden mußten, so war die Art, wie dieser Zwang beschaffen war, noch viel charakteristischer. Abtheilungen unseres Korps wurden in den Kantonen Obermoschel und Rockenhausen vielfach als Exekutionstruppen verwendet. Die Art der Ausführung war dann regelmäßig folgende: In den renitenten Ort wurden zwei Mann, sage: zwei Mann geschickt. Diese marschirten mit Pomp vor dem Hause des Bürgermeisters auf und luden da feierlich ihre Gewehre. Auf diese gefährliche Demonstration hin fügte sich jedes Mal die waffenfähige Jugend des ganzen Dorfes. „Nicht wahr," rief Einer dem Andern zu, „ich habe immer gesagt, wir müssen marschiren?" — Und so kamen denn viele Male 50 bis 70 Mann, eskortirt von zwei Bewaffneten, im Lager an. Man kann sich nun einen Begriff von dieser zusammengetriebenen und so zusammengetriebenen Volkswehr machen. Waren nun aber die Leute mit Mühe zusammengebracht, so hatten sie erst noch keine Waffen. Der Mangel an diesem Allernothwendigsten war fabelhaft. Ich glaube, daß nicht 8000 vollkommen gute Schießwaffen in der ganzen Pfälzer Armee waren. Bedenkt man, daß Baden deren mehr als 100,000 hatte, so wird man darnach die thörichte Engherzigkeit der Regierung bemessen können, welche nicht zur Ueberlassung eines einzigen Stücks zu bringen war. Mit der Bewaffnung ging es in der Pfalz noch schlechter als mit den Finanzen, und das will gewiß viel sagen. Es lag nämlich trotz aller Armuth noch einiges Geld für Gewehre da, die nicht aufzutreiben waren. Die Ungeschicklichkeit der Agenten der Regierung und der Mangel an Kraftaufwand in diesem Punkte sind unbeschreiblich. In

Frankreich war allerdings die Ausfuhr und direkte Durchfuhr nach Deutschland von jeher verboten. Aber im Laufe von acht Wochen wurde auch nicht eine Flinte für die Pfälzische Regierung herübergeschmuggelt. Die Durchfuhr von Waffen nach der Schweiz war gestattet, man benutzte dieses Auskunftsmittel lange Zeit nicht. Endlich fiel man darauf. Am selben Tag kam die Nachricht, daß Frankreich auch die Durchfuhr nach der Schweiz verboten habe. So gesellte sich überall Mißgeschick zu den linkischen Anstalten. Fünf Minuten vor der pfälzischen Grenze wurden 70 Zentner Pulver von den Preußen abgefaßt. Endlich setzten die nach Belgien geschickten Agenten dem ganzen Bewaffnungsgeschäfte die Krone auf. Sie waren mit 20 000 fl. nach Lüttich gereist, um Gewehre zu kaufen, sauer erworbenen 20 000 fl. Was thun sie? Sie schließen einen Kauf ab, zahlen schnell im Hochgefühl ihrer Solidität das Geld dafür an die Fabrikanten aus und thun hernach erst die Augen auf nach einem Weg, die Gewehre in die Pfalz zu bringen. Aber da gab es keinen mehr, selbst nicht durch Frankreich nach der Schweiz, und nun kamen die Trefflichen mit langen Gesichtern nach Hause, ohne Geld und ohne Waffen und mit dem Trost, daß die provisorische Regierung für 20 000 fl. schöne Flinten in Lüttich habe. Durch solcherlei Hantierungen geschah es, daß der Totalbestand dessen, was die Pfälzer Regierung von Anfang bis zu Ende an Gewehren acquirirte, die Zahl von 60 Stück, sage sechzig Stück, nicht überschritt! Von Kanonen war lange die Rede. Herr v. Ginand, Besitzer eines großen Hüttenwerks in Winnweiler, ein glorreicher Reaktionär, sollte deren gießen. So oft ich nach Kaiserslautern kam, hörte ich davon sprechen. In den letzten vierzehn Tagen kamen endlich ein paar zweipfündige Böller zum Vorschein. Man hatte sich auch an Baden gewendet. Nach langem Flehen, nach unzähligen Grobheiten, denen sich die pfälzischen Abgesandten ausgesetzt sahen, verstand man sich endlich dazu, gegen Bezahlung sechs Sechspfünder und zwei Haubitzen zu überlassen, und zwar hat man nicht vergessen, anfänglich schön kaufmännisch zu überfordern. Endlich war der Handel abgemacht. Da man in der Pfalz jeden Augenblick einen Angriff zu gewärtigen hatte, so verlangten die, welche die Kanonen holten, einen Extrazug von Karlsruhe nach Mannheim auf der Eisenbahn. Allein Herr Brentano mochte sich nicht dazu verstehen. Der Bahndirektor habe ihm gesagt, wenn das so fortgehe mit Extrazügen, sei die Bahn in acht Tagen ruinirt! Die Kanonen sollten im Lauf zweier Tage gelegentlich mitgefuhrwerkt werden. Glücklicher Weise kam Jemand auf den Einfall, zu bemerken: wenn man mit der Ausführung so lange zögere, so könnte der Feind von dem Transport Wind bekommen und das Geschütz abfassen. Das Mittel zog; nun wurde ein Extrazug gegeben. In dieser Weise drehte sich stets der Pfalz gegenüber die Brentanosche Regierung in den engherzigsten und abgeschmacktesten Geldberechnungen herum. Ein Anlehen von 25 000 fl., welches die pfälzische Regierung in ihrer bittersten Noth bei Baden machen wollte, ward hartnäckig verweigert, und doch lagen dort viele Hunderttausende. — Einige Zeit, nachdem ich in Karlsruhe mit dem Anerbieten einer Vereinigung abgewiesen worden war, wurde von dem badischen Kriegsausschuß, Sigel, Werner,*) Goegg,**) ein Gesandter nach der Pfalz ge-

---

*) Werner war vor dem Aufstand Advokat in Oberkirch, spielte dann eine große Rolle als Agitator, war Mitglied der Regierung und stand schließlich auch im Felde.

**) Goegg, Amandus, früher Cameralpraktikant, das ist eine erste Stufe des Finanzbeamten, war Finanzminister der provisorischen Regierung, zog sich später nach der Schweiz zurück und lebte theils

schickt, mit unbedingter Vollmacht, die Vereinigungsbestrebungen beider Provinzen zu realisiren. Brentano selbst unterzeichnete die Vollmacht. Der Gesandte schloß eine förmliche Unionsakte ab. Als er mit der von der pfälzischen Regierung unterzeichneten Urkunde zurückkam, wurde er von Brentano geradezu desavouirt. Das sei ja eine reine Tollheit, meinte dieser, so mir nichts, dir nichts eine Vereinigung auszusprechen; da müsse erst eine Inventarisirung der gegenseitigen Vermögenszustände vorgenommen werden, man müsse feststellen, was die Pfalz und was Baden besitze u. dergl. m. Der Gesandte trat, wie natürlich, aus dem badischen Dienste aus. So wurde die Pfalz, welche für Baden fast noch wichtiger war, als das eigene Gebiet, stets behandelt wie eine arme Verwandte von einer reichen, lumpige Protektion mit saurer Miene gespendet. Nun hatte also die Pfalz zum Widerstand gegen das preußisch-baierische Heer ein volles halbes Dutzend Kanonen, aber — noch keine Pferde zur Bespannung. Jetzt also erst, d. h. in den letzten vierzehn Tagen, erschien ein Dekret, welches Requisition von Pferden anordnete. Bei der Ausführung wiederholte sich dieselbe Erscheinung wie bei dem Zwangsanlehen und der Rekrutirung. Im Innern des Landes wurden vielfache Schleichhändel abgeschlossen und in den Grenzkantonen gar die Pferde auf das fremde Gebiet hinübergebracht. So war in allen Stücken die Opferfähigkeit des Mittelstandes beschaffen, der vorzugsweise den Pfälzer Liberalismus vertrat. Als die Preußen einbrachen, war kaum die Pferdesammlung in Gang gekommen.

---

daselbst, theils in Südamerika, als Schriftsteller. Er kehrte schließlich zurück und gründete in Offenburg eine Glasfabrik, die aber zu Grunde ging. Goegg war ein etwas exaltirter, aber charakterfester Mann, der allzeit seiner Gesinnung treu blieb.

Also keine Waffen, keine Pferde, keine Munition, kein Geld, keine Equipirung, gepreßte Volkswehr, mangelhaftes Oberkommando — und dennoch war dies Alles zusammen noch nicht das größte Uebel. Aus allen diesen geringen Mitteln war Geringes, aber doch Etwas für die Vertheidigung des Landes zu machen. Daß sie gar Nichts leisteten, war die Folge dessen, daß gar keine Offiziere in der Pfalz waren. Mir ist nicht ein einziger Bataillonskommandant — Willich*) vielleicht ausgenommen — bekannt, der sein Geschäft aus dem Grunde verstanden hätte. Die meisten waren total unfähig. Offiziere mit gewöhnlichen Lieutenantskenntnissen waren eine Seltenheit und das Höchste, was vorkam. Natürlich war deßhalb das Avancement fabelhaft. Ich kenne allein drei ehrenwerthe Männer, die mir einige Wochen zuvor, als man schon an eine Erhebung dachte, auf mein Befragen, ob sie sich im Stande fühlten, eine größere Abtheilung anzuführen, mit dem entschiedensten Nein antworteten, und die Alle nach der Hand in der Pfalz so stolz und selbstzuverlässig wie Einer an der Spitze eines Bataillons einherzogen und durchschnittlich sich in der Lage befinden mußten, Feldherrndienste zu leisten. So süß und unwiderstehlich ist der Reiz des Befehlens. Und solche Leute waren noch die besten. Wenn ich erst an die komplet Unfähigen denke und an die Art, wie sie ernannt wurden, schwindelt mir der Kopf. Ein Beispiel von vielen. Acht Tage vor dem Ende meldete sich bei uns ein Mann mit einer preußischen Militärmütze, mit einer dito Physiognomie und Halsbinde, ein älterer Mann in übrigens ärmlicher

*) Willich, ehemaliger Offizier, ein kühner etwas romantischer Corpsführer, der seine Schaar mit großer Tapferkeit durch alle Schwierigkeiten des Rückzugs bis nach der Schweiz brachte. Er war Oberst und nachträglich Brigadegeneral im Secessionskrieg.

Tracht. Ich ersah aus seinen Papieren, daß er preußischer Unteroffizier und später Lieutenant in Schleswig-Holstein gewesen, und nach seiner Entlassung bis auf die letzte Zeit vergeblich bei Sr. Majestät dem König allerunterthänigst um eine Civilanstellung eingekommen war. Er flößte uns kein Vertrauen ein, ich schlug deßhalb vor, ihn mitzunehmen nach Kaiserslautern, wo ich gerade zu thun hatte, damit er dort Verwendung nachsuche. In einer halben Stunde nach unserer Ankunft daselbst sah ich ihn wieder. Er war als Major und Bataillonskommandant nach Göllheim dirigirt. Zwei Tage später sah ich ihn in Kirchheim. Er sollte die von den Preußen besetzte rheinhessische Grenze inspiziren, war aber so besoffen, daß er überall Händel bekommen hatte, und als er nach Göllheim zurückritt, mußten wir zu seiner Begleitung noch einen Mann mitschicken, der ihn unterwegs ein halb Dutzendmal wieder auf's Pferd zu bugsiren hatte. — So wurde in der Pfalz Carrière gemacht. Mit den Subalternoffizieren ging es gerade so. Ich habe später oft darüber klagen hören, daß die Erwählung der Offiziere durch die Korps selbst viel Schuld trüge an der schlechten Unterleitung, daß diese Art der Ernennung zwar ein demokratisch richtiges Prinzip enthielte, aber praktisch untauglich sei. Ich bestreite das durchaus. Kein Mensch kann die Ernennung des Offiziers gewissenhafter und vorsichtiger behandeln, als der Soldat selbst, denn sein ganzes Sicherheitsgefühl, sein wohlerkanntes eigenstes Interesse ruht auf der Tüchtigkeit der Offiziere. Auch ist es sonderbar, zu sagen, es sei Etwas grundsätzlich richtig, aber praktisch falsch. Wer das sagt, muß einen sonderbaren Begriff von Grundsätzen haben. Wenn der Grundsatz der Ernennung durch Wahl zu den höchsten Stellen der Staatsverwaltung richtig sein soll, so kann derselbe Grundsatz wohl nicht unrichtig sein, wo der Mann sich einen Vorgesetzten in seinem besonderen Fach auswählen soll. In Wirklichkeit lag bei dem vorliegenden Fall der Fehler nur in einer schlechten Ausführung. Wenn eine Truppe aus Leuten gebildet wird, die zum größten Theil noch kaum eine Waffe in der Hand gehabt, die durchaus kein Urtheil in militärischen Sachen haben, die eben erst aus allen Ecken und Enden zusammenkommen und darum sich gegenseitig nicht beurtheilen können, wenn dennoch die Wahlen sogleich und ohne alle die Vorbereitungen und Formen vorgenommen werden, welche bei sonstiger Anwendung dieses Modus für unentbehrlich gelten, dann ist es allerdings nicht zum Verwundern, wenn ein schlecht angewendeter Grundsatz für unanwendbar befunden wird. Wo so hastig und formlos gehandelt werden muß, wie dies im Augenblick der Gefahr hier geboten war, da taugt allerdings die Wahl nicht. Lasse man aber eine Truppe eine einzige Erfahrung machen und dann geordneter Weise wählen, — der Grundsatz wird sich vortrefflich bewähren; es wird auch den Offizieren nicht, wie man behauptet hat, an Autorität fehlen. Der Soldat fügt sich, respektirt, thut Alles, sowie er Vertrauen hat in die Führung. Wenn sich diesmal z. B. die pfälzischen Truppen unter selbstgewählten Offizieren nicht bewährt haben, so liegt darin gerade ein Beweis für den Grundsatz der Wahl, für den Satz, daß die Soldaten die Fähigkeit ihrer Offiziere zu beurtheilen wohl verstehen. Die Truppen zeigten nicht viel Bravour, weil sie die Unfähigkeit der Offiziere verstanden. Ich habe in den paar Tagen und bei den nichtssagenden Gelegenheiten gewiß unbedeutende militärische Erfahrungen gesammelt, aber die Ueberzeugung glaube ich doch als unumstößliche Lehre erübrigt zu haben, daß der Geist der Truppen unbedingt von der Fähigkeit der Offiziere abhängt. Das macht muthig und feig je nach Umständen. Auf die

Gefahr von Schuß und Stich ist Jeder vorbereitet, wenn's hinausgeht, aber die Nachtheile einer schlechten Führung trägt Keiner mit Seelenruhe. Ich habe nie die Leute klagen hören, daß eine Ueberzahl gegenüber stehe, aber wenn es den Anschein hatte, als würden sie auch nur von drei Mann umgangen, da war der Teufel los. Die Muthigsten verloren die Haltung, sobald es hieß: Wir werden umgangen, abgeschnitten, im Rücken angegriffen — und es hieß jeden Augenblick so, wo ein Offizier führte, der kein Zutrauen einflößte, und wo daher das Gefühl der Unsicherheit stets Gespenster vorführte und Alles selbst kommandiren wollte, d. h. Unordnung stiftete. Und dieses ungeheure Uebel passirte fast in allen Heeresabtheilungen der pfälzischen Streitkräfte. Es hat nicht einzig und allein die Pfalz gestürzt, aber es hätte einzig und allein genügt, sie zu stürzen. In Baden war ich nur kurze Zeit, aber ich war lange genug dort und kannte auch Persönlichkeiten genug, um überzeugt zu sein, daß derselbe Uebelstand jedenfalls viel zum Falle auch dieses sonst stark gerüsteten und gut disponirten Landes beitrug. Die Demokratie, wenn sie hausväterlich für die Zukunft sorgen will, möge von den zahlreichen Erfahrungen, welche die jüngsten Ereignisse bieten, hauptsächlich diese beherzigen. Die Kriegskunst ist eine der schwersten von der Welt, und wo nicht das Genie dazwischen kommt, da will sie nicht minder gelernt sein, als die Schusterei, in der man doch drei Jahre und länger Lehrling sein muß.*)

*) Ich bin natürlich weit entfernt, alles oben gesagte noch heute zu unterschreiben. Ich bezweifle, ob es für jene Zeiten und Zustände zutreffende Wahrheit enthielt, aber natürlich kann es auf die heutige Gestaltung des Heerwesens am allerwenigsten Anwendung finden. Auch gilt der Satz, daß es nur auf die Offiziere ankomme, gewiß nicht unbedingt. Junge, ungeübte oder ermüdete Truppen haben oft den besten Führern versagt.

Mit solchen Mittel sollte die Defensive eines auf fünf Hauptpunkten bedrohten Landes gehalten werden, ohne daß man bei der Schwäche des Heeres sich durch die Offensive helfen gekonnt hätte. Wie in allen Stücken war man obendrein auch in militärischen und strategischen Dingen durchaus nicht unterrichtet über die Absichten und Bewegungen des Feindes. Ich möchte mich fast dafür verbürgen, daß die ganze Armee nicht einen einzigen Kundschafter hatte, der zu regelmäßigem Dienste verpflichtet gewesen wäre. Zufällige Erkundigungen wurden hie und da durch die Sorgfalt Einzelner aufgebracht. Die Avertirungen, die von dem Kommando aus kamen, beruhten auf den vagsten Gerüchten und haben sich alle als falsch bewährt. Dagegen wird allgemein angenommen, daß von der anderen Seite stark spionirt wurde, obgleich mit wenig Erfolg (weil die Spione gern für ihren Lohn Dinge melden, die nicht existiren), und obgleich auch bei den Unsrigen erschrecklich auf alles Verdächtige vigilirt wurde. Die Spionenriecherei wurde mit dem Ernst getrieben, den die Korps in müßigen Tagen zum Bewußtsein ihrer Wichtigkeit brauchten, und wie das immer geht, die Unschuldigen wurden untersucht, die Schuldigen kamen wahrscheinlich durch, wenigstens weiß ich nur von einem wirklichen Spione, der abgefaßt wurde, einem Grafen Johner. Dagegen war ein ewiges Vorführen und Examiniren gleichgültiger Leute und oft der höchsten Beauftragten der Regierung selbst. Einmal kam folgender Spaß vor. G., der in einer Mission der provisorischen Regierung reiste, wurde festgehalten und sollte, weil er sich nicht legitimiren konnte, vor den Civilkommissar, der ein paar Stunden vom Schauplatz saß, gebracht werden. Man giebt ihm also zwei Begleiter in den Wagen. Unterwegs werden die Drei von einem Vierten angehalten, und weil sie sich wieder ihrerseits nicht legitimiren konnten, Arrestant und Eskorte, arretirt und zusammen vor den Civilkommissar gebracht, der — es war erst Tagesanbruch — noch im Bette lag und lachend in allen drei Parteien gute Freunde erkannte. — Ein Mitglied der provisorischen Regierung reiste mit seiner Frau durch H. Letztere, vor einigen Monaten von einem Nervenfieber genesen, trug das Haar kurz abgeschoren und erschien den Bürgern der Wache als nicht mehr und nicht weniger denn ein verkleideter Offizier der feindlichen Armee. Ohnerachtet aller Protestationen ihres Mannes entging sie der Arrestation nicht, und die Häscher waren ihres Fanges so sicher und vergnügt, daß sie es verschmähten, sich durch eine Untersuchung von dem Geschlecht des Arrestanten überzeugen zu lassen. Nach einigen Stunden kam der Kommandant M., um das Ehepaar zu vereinigen.

Wenn man der Entwickelung der Dinge bis hierher gefolgt ist, wird man kaum mehr einer Erklärung bedürfen, wie es sich gemacht hat, daß die feindliche Armee recht eigentlich ohne Schwertstreich die Pfalz erobern konnte. Aber man wird sich wenigstens noch darüber aufhalten, wie zwei in der Pfalz selbst gelegene Festungen, Landau und Germersheim, die von so unendlicher Wichtigkeit für alle Theile der Vertheidigung waren, ringsumgeben von einem revolutionären Land, sechs, sieben Wochen lang sich mit einer wankelmüthigen Besatzung und einer der Revolution zugethanen Bürgerschaft halten konnten. Dieses bildet in der That ein eigenthümliches Kapitel der pfälzischen Operationsweise. Landau und Germersheim waren bis zu dem Augenblick des Einmarsches der Preußen mit Recht das ewige Augenmerk und das ewige Stichwort aller Theilnehmer der Bewegung vom untersten Wehrmann bis zum Präsidenten der Regierung. Dort lagen die so nothwendigen

Waffenvorräthe aller Art, nebst Munition, dort waren Truppen, die nach dem Uebergang des Platzes selbst in die Revolutionsarmee eintraten, dort endlich waren strategische Stützpunkte ebenso nützlich in der eignen, als gefährlich in feindlicher Hand. Der Landesausschuß war durch den Uebertritt des Militärs allzu sicher geworden. In der That war die Haltung der baierischen Soldaten die merkwürdigste und erfreulichste Erscheinung, welche in der ganzen Bewegung auftauchte und in einem starken Widerspruche zu dem Geist der Bevölkerung im Allgemeinen stand. Zwar leistete auch die große Mehrzahl der Beamten der provisorischen Regierung den Eid des Gehorsams. Doch liegen zwischen diesem und jenem Akt der Ergebenheit noch viele mächtige Unterschiede. Während bis dahin die deutschen Soldaten sich stets auf das Stupideste zu allen Angriffen auf's Volk hatten gebrauchen lassen, war eine unabhängige Gesinnung unter den Beamten und namentlich in deren unteren Kategorieen durchaus nichts Seltenes. Namentlich waren es die durch Pfaffen- und Büreaukratenherrschaft seit ewigen Zeiten gehetzten Lehrer, welche in der Pfalz, wie fast überall, freisinnig, bei der Beeidigung durch ihr massenhaftes Beispiel einen bedeutenden Impuls gaben. Dann auch ist es an und für sich schon etwas viel Gelinderes, als Beamter der in den faktischen Besitz getretenen Regierung sich unterwerfen, denn als Soldat aus der Reihe und zum Volk überzutreten, und endlich wurde den Beamten durch die Androhung der Absetzung ein Zwang auferlegt, dem allein auch die meisten wichen, während man dem zum Volk hinneigenden Soldaten nicht im Geringsten entgegenkam, sondern beinahe vermied, sie in Versuchung zu führen. Ich erinnere mich zweier Fälle der Art, in denen mir der Verstand still stehen wollte über die Art, wie diese Sache von den Ausschußmitgliedern behandelt wurde. Der erste Fall kam an einem Abend vor, wo Reichard von Speier zurückkam und die dort garnisonirende Jägerkompagnie, welche sich zum Uebertritt bereit erklärt, beeidigt und abgeholt hatte. — „Ich hätte," setzte er so beiläufig seiner Erzählung vom Hergang der Dinge hinzu, „ich hätte auch die Chevauxlegers mitbringen können; man sagte mir, sie seien versammelt und in Berathung, und es bedürfe nur dessen, daß ich zu ihnen hingehe . . . ." — Ich wartete auf das gewichtige „aber", welches nun kommen sollte, und wartete vergebens. — „Aber?" fragte ich endlich. — „Ja, wart' ich werde dahin gehen und mich am Ende dem aussetzen, daß sie mich abfahren lassen," antwortete Reichard, als wenn sich diese Erklärung von selbst verstünde. „Die kommen von selbst," setzte ein Anderer hinzu. Ich mochte entzweigehen vor Ungeduld. Aber sie hatten Recht, die Chevauxlegers kamen nach einigen Tagen von selbst. — Der andere Vorgang war noch krasser. Das in Kaiserslautern liegende Militär war übergegangen bis auf dreißig Mann mit einem Lieutenant, welche die Wache im Arresthaus hatten und ganz unangefochten ihren Dienst als volksfeindliche Truppen weiter versahen. Eines Morgens kam der Lieutenant, beschwerte sich, daß die Leute keine Disziplin mehr hätten, und bat, daß doch einer der Herren vom Ausschuß hinübergehen möge, den Soldaten Vorstellungen zu machen. Anfangs hatte man sogar nicht übel Lust, dem Lieutenant den Gefallen zu thun und die Soldaten zum Gehorsam gegen einen Offizier zu ermahnen, welcher sich weigerte, die Verfassung zu beschwören! Das Arresthaus müsse allerdings sicher sein, meinte man, und das gehe nicht, daß die Soldaten keine Disziplin mehr befolgten, ja man designirte schon einen, wenn ich nicht irre Schmidt, um mit ihnen zu reden, als ein Ausschußmitglied auf den Gedanken kam, daß solch ein Verfahren doch mehr als zu loyal sei, und zu dem Lieutenant sagte: er könne sich eben leicht aus der ganzen Verlegenheit helfen, wenn er die Truppen auf die Verfassung schwören ließe; dann träten sie in den Dienst des Ausschusses, der für Ordnung sorgen würde. Die Wendung war zu schlagend, als daß nicht die Anderen das Komische ihrer vorhergegangenen Einwilligung hätten fühlen müssen. Alle gingen sogleich auf diesen Ton ein. Mein Lieutenant, der sich schon auf dem Trockenen geglaubt hatte, schnitt ein saures Gesicht und machte allerhand bescheidene Einwendungen, aber schon stark genug, um die Loyalität der Ausschußmänner wieder heraufzubeschwören. — Allerdings — hieß es — ist es eine Sache, zu der wir Sie nicht überreden wollen; Sie müssen sich das überlegen, wir begreifen Ihr Bedenken, und dergleichen mehr. Der Offizier entfernte sich höflich bekomplimentirt. Vergleiche man dies Verfahren und das gegen den Spion Graf Johner, welcher in Begleitung zweier Freischärler spazieren und in die Wirthshäuser gehen durfte, mit der Behandlung, welche die fürstlichen Heere, die Stützen des Gesetzes und der Ordnung, dem Gefangenen, ja nur dem Bewohner des insurgirten Landes angedeihen lassen. Die dreißig Mann gingen trotz all dem doch am folgenden Tag über und der Offizier ungehindert, wohin er Lust hatte. Diese Leichtigkeit, womit die Soldaten gewonnen wurden oder eigentlich sich anboten, bestärkte eben den Ausschuß in seiner Passivität, mit der er nun auch noch Landau und Germersheim zu erwerben gedachte. So oft man fragte: Wie steht's mit Landau? gaben die Ausschußleute mit behäbigem Lächeln zur Antwort: Das kommt von selbst. Uns Andern schien das doch etwas problematisch, und ebenso glaubten wir, daß nicht viel Zeit zu verlieren sei.

Fast alle einzelnen Korps gingen mit dem Gedanken

um., auf eigene Faust Landau zu nehmen. Germersheim ist fester und konnte erst durch die Nachwirkung eines Falls von Landau gewonnen werden. Namentlich im Blenker-schen Korps beschäftigte man sich am meisten damit. Der leichte Erfolg bei Ludwigshafen, wo einige hundert Mann Baiern, ohne einen Schuß zu wechseln, auf eine bloße Demonstration hin übergegangen waren, hatte das Korps mit Zutrauen erfüllt, und man dachte sich auch die Einnahme jener Festung so spaßhaft. Am Tag meiner ersten Anwesenheit in Ludwigshafen stand ich im Gespräch mit Blenker in der Hausflur, als einer von seinen Hauptleuten (kein Militär von Fach) herantrat und militärisch salutirend sagte: Herr Oberst, erlauben Sie mir Landau zu nehmen? Blenker stutzte einen Augenblick und sagte dann, auf den Ton eingehend: Sie haben die Erlaubniß. — Ich danke Ihnen, erwiderte der Hauptmann kalt, als wenn ihm Einer einen guten Appetit gewünscht hätte, und entfernte sich salutirend. Von den Folgen dieser Erlaubniß habe ich nichts mehr gehört. Indessen machten diese Umstände Blenker selbst Lust, es mit Landau zu versuchen. Allerhand übertriebene Gerüchte ließen die Sache gar leicht erscheinen. Es seien nur noch 300 Mann in der Festung, hieß es, und die Offiziere müßten selber Wachtdienst thun, Geld und Lebensmittel seien im Ausgehen. Die Regierung, wie immer, hatte nicht eine einzige Verbindung mit der Stadt zu einem gemeinsamen Handeln oder auch nur zur Ermittelung des Thatbestandes. — Als die, ursprünglich in der Absicht Mannheim zu besetzen, von Fenner nach Ludwigshafen dirigirten Mannschaften, ein Studentenkorps und die rheinhessischen Scharfschützen, dort eintrafen, faßte Blenker den Entschluß, Landau durch Ueberrumpelung zu nehmen, und ordnete in der Nacht vom 19. auf den 20. Mai eine Bewegung seiner sämmtlichen disponiblen

Truppen gegen Landau hin an. Er dachte im Allgemeinen an eine Cernirung, ohne sich über besondere Maßregeln klar zu sein. Es waren in den unmittelbar vorhergegangenen Tagen noch so viele Soldaten mit Sack und Pack unter den Augen der Kommandanten aus der Festung abgezogen, daß man darauf rechnete, der Platz würde Einem geradezu in die Arme fallen. Aber der Gouverneur, welcher die wankenden Soldaten ziehen ließ, war klüger als die, welche sich freuten, daß ihre Bundesgenossen herausgingen und sich im Lande zerstreuten.

Am Morgen des 20. Mai hatte sich auf der sogenannten deutschen Seite von Landau eine der Zahl nach nicht unbedeutende, aber was Ordnung, Führung und Bewaffnung betrifft, armselige Schaar aufgestellt. Etwa 300 Mann vom regulären Militär, vertheilt unter 1500 Bürgerwehrmänner und Freischärler, außerdem etwa ebenso viele als Landsturm aufgebotene, mit Heugabeln bewaffnete Bauern hielten die Anhöhe vor Nußdorf die Ebene herunter, mit dem linken Flügel an die Chaussee oberhalb Landau gelehnt, besetzt. Die französische Seite, d. h. die südliche, war vollkommen unbesetzt. Die hessischen Scharfschützen und andere Abtheilungen standen gänzlich außer dem Kampfgebiet in Nußdorf. Etwas vor 6 Uhr ritt Blenker, begleitet von etwa 30 bis 40 baierischen Soldaten, an das äußere oder Barrikaden-Thor von Landau — die Festungsthore sollten um 6 Uhr geöffnet werden — und er glaubte ohne Widerstand eindringen zu können. Einige Sapeurs hieben das Pallisadenthor nieder, er drang über die Brücke in den ersten von den äußeren Wällen eingeschlossenen Festungsraum, gefolgt von keiner andern Macht als den 40 Soldaten und einem preußischen Landwehr-Offizier S. Blenker rief auf den Wall hinauf: „Brüder, schießt nicht!“ Die Wache gab gleichwohl Feuer.

Einige Kartätschenschüsse folgten; S. trat an das zweite Pallisadenthor, riß mit den Händen zwei Pallisaden weg und rief: „Folgt mir, Landau ist unser!“ Aber auf die ersten Schüsse hin hatte sich die außerhalb der Thore aufgestellte Masse rasch zurückgezogen. — Blenker sah sich mit seinen paar Soldaten verlassen und mußte nun aus dieser Position, die beinahe schon Alles entschieden hatte, sich ebenfalls zurückziehen; er selber trug einen Prellschuß an der Hand, zwei seiner Begleiter trugen ernstere Wunden davon, der Paletot von S. war von fünf Kugeln durchlöchert.

Die weiter zurückstehenden Abtheilungen, wobei unsere Scharfschützen waren, hatten, als Blenker vorging, Ordre erhalten, nachzurücken, um — so sicher war er des Erfolges — die fliehenden Offiziere aufzufangen. So wie sie in das Bereich des Geschützes kamen, ward ein anhaltendes Feuer von Kartätschen und Sechspfündern auf sie gerichtet. Unkundig der unseligen Wendung, welche die Sache inzwischen an den Thoren der Festung genommen hatte, rückten sie mitten in diesem Feuer muthig vor, bis Blenker selbst ihnen entgegenkam und mit den Worten: „Die Sache ist verloren“ den Rückzug anordnete.

Wie leicht es war, Landau zu nehmen, muß gerade aus diesem mißglückten Versuche in die Augen springen. Wo es möglich war, so im Spiele bis zu einem Punkte vorzurücken, den eine Sturmkolonne sonst wohl als das Unterpfand des Sieges hätte am härtesten erkämpfen müssen, da durfte wahrlich der Angriff nicht mißlingen. Und er konnte es auch nicht, wenn man nicht so gräulich improvisirt hätte, sondern irgend ein vorbedachter Zusammenhang, eine gleichzeitige Bewegung aller aufgestellten Mannschaft und ein Scheinangriff auf die entgegengesetzte Seite der Festung angeordnet worden wäre. Letztere war so wenig vertheidigt, daß noch nach dem Rückzuge eine Anzahl Freischärler unter Anführung eines baierischen Unteroffiziers von daher in das Innere der Festungswerke drang und einige Flintenschüsse mit der Besatzung wechselte. Die Zustände im Innern des Platzes selbst waren mehr als günstig. Die Angaben über die Höhe der Besatzung schwankten zwischen 500 und 1500 Mann. Jedenfalls war die Hälfte zum Uebergehen geneigt. Der Dienst war hart, Mangel aller Art griff um sich, und endlich hielten die Vertheidiger selbst die Festung für unhaltbar. Unter diesen Umständen war ein Angriff, berechnet auf ein vorhergetroffenes Einverständniß mit Bürgern und Soldaten, wirklich nur ein Spiel. Man hatte an dieses letzte Hülfsmittel gedacht, und es — wie immer — zur Hälfte in Anwendung gebracht. Am Tag vor dem Angriff war ein Agent aus dem Blenker'schen Lager nach Landau hineingegangen und hatte dort am Abend im demokratischen Verein (!) von einer bedeutenden Anzahl Unteroffiziere die Zusage der Mitwirkung erhalten, aber weitere gemeinschaftliche Handlungen zwischen den Gleichgesinnten in und außerhalb der Stadt waren daraus nicht hervorgegangen.

Ich habe diese Operation so ausführlich hier berichtet, einmal weil die Gewinnung der beiden Festungen die wichtigste Aufgabe zur Selbsterhaltung der Revolution bildete, zum Andern, weil in diesem erfolglosen Streben bei so überaus günstigen Umständen das Urtheil über die Fähigkeit der in der Pfalz beschäftigten Militärs am entschiedensten ausgesprochen ist.

Auch blieben die Wirkungen einer so kompromittirenden Ungeschicklichkeit nicht aus. Wie in Landau, so war in Germersheim die Besatzung zum Uebertritt geneigt gewesen; ein ganzes Regiment im Wanken, mehrere Kompagnieen waren ausgezogen und kampirten in Lingenfeld. Als sie vom Ende der Landauer Expedition hörten, marschirten sie wieder nach Germersheim hinein. Kein Soldat ging von da an mehr über. — Die badische Oberleitung benahm sich hier, wie in allen Punkten gegen die Pfalz, zu ihrem eigenen Nachtheil. Hatten die Pfälzer ohne Geschütz und mit wenig regulären Truppen noch irgend welche ungünstige Chance zu laufen, so war mit Hülfe Badens, das beide Mängel ersetzen konnte, die Einnahme von Landau und in Folge derselben auch die von Germersheim gewiß. An dem Tag, wo die Preußen in Kaiserslautern eingerückt waren, entschloß man sich in Baden, zwei Bataillone und einige Artillerie zu den damals vor Landau liegenden Pfälzern zu schicken, die natürlich am Tag darauf wieder über den Rhein zurückkamen. Von Germersheim aus empfing Baden den Todesstoß.

Das Mißlingen der Operation von Landau gab den äußeren Anlaß zum Rücktritt Fenners. Dieselbe war ohne sein Vorwissen unternommen worden, aber mit Billigung der provisorischen Regierung. Der Grund war, daß die Regierung kein Vertrauen zu Fenner hatte. Es kam zu einer heftigen Szene, und Fenner verlangte und erhielt seinen Abschied. Einige Worte, die er in der Hitze hinwarf, zogen ihm eine kurze Haft zu. Er trat hernach als einfacher Wehrmann ein, gab's aber natürlich bald wieder auf und zog sich vom Schauplatz zurück.

Aus der Abwicklung aneinanderhängender und auseinanderfolgender Vorgänge, wie ich sie im Auge hatte, ist mir unter der Hand nur ein Rundgemälde von Zuständen geworden. Es ist nicht meine, es ist die Schuld der Thatsachen. Es ging eben weder von selbst, noch durch Berechnung irgend Etwas zusammenhängend vorwärts; es gab nur Zustände und Episoden. Man wartete, pfuschte, keuchte, tastete, hoffte, — es marschirte nichts als die Zeit.

Die Nothwendigkeit dieser Darstellungsweise einer fast zweimonatlichen Revolution könnte selbstredend als ein Verdammungsurtheil dienen. Materielle Mittel waren nicht da, man hatte nichts als das bischen Spiritus des ersten Moments. Statt einzusehen, daß dies die einzige greifbare Waffe war, tüftelte man an Präparativen, die zu nichts wurden, und der lange hinausgeschobene Moment der Entscheidung fand einen vollständig verflogenen Spiritus und zwerghafte Vorbereitungen. Die Zustände unseres Korps boten ein treues Abbild dieser Verkehrtheit. Als wir auszogen, herrschte durchschnittlich die Anschauung unter allen Theilnehmern: In Rheinbaiern einrücken und in den Kampf kommen, sei Eins; die Meisten mochten außerdem dazu nur einen kurzen Kampf vor Augen haben, eine Revolution, wie man sie sich von Paris her vorzustellen gewöhnt war. In den ersten Tagen, als wir anfingen zu merken, woran es fehle, sagten wir oft zu einander: Es ist doch gut, daß die Leute nicht gleich in den Kampf geführt werden mußten; jetzt aber, wo ich übersehen kann, was mit allen diesen kleinen Präparativen geleistet wurde, habe ich die feste Ueberzeugung, daß dieselben Leute am ersten Tage mehr geleistet hätten, als nach sechswöchentlichen Rüstungen.

Die Geldnoth bildete natürlich den Mittelpunkt aller unserer wirklich unsäglichen Drangsale. Während wir selbst natürlich Tag und Nacht in Sorge waren über die Ausrüstung des Korps, wendeten alle Einzelnen sich an uns mit Klagen, Vorwürfen, Schmähungen in's Unendliche. Die Noth dieser sechswöchentlichen Freischaaren-Vaterschaft ist wahrhaft unbeschreiblich gewesen. Die Leute waren durchschnittlich von den ersten Tagen an mißvergnügt. Sie waren eben der großen Mehrzahl nach Männer, die aus reiner Sympathie für die Sache von ihrem geordneten Geschäft, vom Pflug, aus der Werkstätte, vom Schreibtische weggegangen waren und nun, ohne daß sie darauf gefaßt gewesen wären, nicht bloß auf voraussichtlich lange Zeit das Leben eines Soldaten, sondern auch noch eines gänzlich vernachlässigten und müßigen Soldaten führen sollten. In der That entfernten sich auch im Laufe der ersten Woche dreihundert, um in ihre Heimath zurückzukehren. Bei all dem verstand man bei unserem Korps unter den gegebenen Umständen bei Weitem noch am besten zu wirthschaften. Unser Kommandant hatte in dem Theil der Organisation, welche die Ausrüstung betraf, ein wahres Spezialtalent. Im Nu waren die Werkstätten für die wichtigsten Bedürfnisse in bewundernswerther Ordnung und Regsamkeit hergestellt. Schuster, Schneider, Sattler, Büchsenmacher arbeiteten vom dritten Tag an unter einer gemeinsamen Direktion, gleich als wenn Alles seit ewigen Zeiten von einem vielbedienten Kriegsministerium etablirt worden wäre. Unser Korps, das in den ersten Wochen aus etwa 1200 Leuten bestand, beschäftigte damals etwa 25 Schuhmacher und ebenso viele Schneider. Außerdem erhielten wir fertige Schuhe, Hemden und Blousen auch in beträchtlicher Anzahl von Mainz und Alzey. Aber Alles zusammen lieferte nur einen Tropfen in's Meer. Fortwährend herrschte der größte Mangel am Allernöthigsten. In Ordnung und Büreaukratie lieferten wir das vollkommene Gegentheil der Zentralbehörden der Pfalz. Wir hatten unsere genaue Buchführung in allen Punkten und die mannigfaltigste Geschäftstheilung: Kassenwesen, Werkstättendirektion, Rekrutirungsamt, Feldzeugamt, und sogar eine Feldpost. Der Eifer und die Anstrengung der Einzelnen, welche alle diese Dienste versahen, waren wirklich groß. Die langweiligsten und schwierigsten Posten wurden von Leuten, die nicht einen Kreuzer Sold bezogen, mit wunderbarem Fleiß besorgt.

Wir hatten anfangs selbst einige Fonds mitgebracht,

die aber bald aufgezehrt waren, und mußten dann von der pfälzischen Regierung alimentirt werden. Wie es damit aussah kann man sich aus dem Frühern denken. Wir lebten beständig zwischen Nahrungssorgen und Meuterei. Jeden Augenblick reiste Einer von uns nach Kaiserslautern, um einige Tropfen auf den heißen Stein herbeizuschleppen. Dort jagte unsre bloße Erscheinung dem Finanzminister Schrecken ein, und man wehklagte über unsere Unersättlichkeit. Im Laufe von sechs Wochen, wo die Zahl der Mannschaft zwischen 1000 und 1500 differirte, erhielten wir Alles in Allem 7000 fl. Damit sollten wir Kleidungsstücke, Patrontaschen, tausenderlei kleinere Bewaffnungsstücke, Munition, Sold, ewige Märsche bestreiten! Wir brachten es nie dazu, alle Mannschaft auf den Sohlen zu haben, ein Theil wanderte stets auf der bloßen deutschen Erde. Der Mangel an Verpflegung dieser Art trug überhaupt keine unbedeutende Mitschuld an unserer Niederlage. Vor Allem erzeugte er ewige Verstimmung. Stündlich fielen unangenehme Szenen vor, die ihren Ursprung nur in den Klagen der Leute hatten. Außerdem aber wirkten die Mängel natürlich auf die Kampffähigkeit. Erhielt eine Compagnie Marschordre, so erklärte der Hauptmann, er könne nicht von der Stelle, weil ein Drittel der Leute ohne Schuhe sei. Regnete es unterwegs, so ging die Munition aus Mangel an Patrontaschen zu Grunde. Mußte bivouakirt werden, so litten die Leute, welche nichts als eine Blouse trugen, von der Feuchtigkeit und Kälte der Nacht und konnten nichts Warmes essen, weil keine Feldkochapparate da waren. So kam es stets, daß im Augenblick der Gefahr die Mannschaft durch die vorausgegangenen Strapazen beinahe kampfunfähig war. Dazu gesellte sich nun noch die Mangelhaftigkeit der militärischen Organisation im engeren Sinne. Vor Allem fehlten die Waffen. Außerdem konnte das Exercitium nie dahin gebracht werden, wo es allein von Nutzen war, nämlich zur Erlernung der Bewegung in Massen. Ewig in kleine Plätze zerstreut, die höchstens 200 Mann Einquartirung vertrugen, außerdem durch Ordres und Kontreordres hin und her geworfen, und zugleich in zwei, drei Gegenden vertheilt weil zu zwei und dreierlei Zwecken bestimmt, konnte das Korps nie zusammengebracht und zur Bewegung im Bataillon vereinigt werden. Endlich fehlte die militärische Oberleitung, denn nicht nur wir, sondern jeder einzelne Wehrmann begriff, daß unser Kommandant dem Posten lange nicht gewachsen sei. Auch das trug viel zum Mißmuth der Leute bei. Eine gute Waffe in der Hand und einen Führer an der Spitze, hätten sie alle Leiden gern ertragen. An Aufopferungsfähigkeit hat es wahrlich nicht gefehlt. Die Mannschaft ertrug ohne Ausnahme die fabelhaften Strapazen, Hunger, Nässe, Ermüdung ohne viel Aufhebens, und es waren doch größten Theils Leute, welche zu Hause an die Bequemlichkeiten eines bürgerlichen Lebens gewohnt waren, welche Geschäft und Familie auf so lange im Stich ließen, um sich diesen Leiden zu unterziehen. Aber je mehr wir die Tüchtigkeit dieser Männer anerkennen und bewundern mußten, desto schwerer lastete auf unserem Herzen die Voraussicht, daß der Keim des Verderbens unrettbar in dem Grund aller dieser Anstalten liege. Alle Plagen und Quälereien jener dornenvollen Verwaltung waren Nichts gegen die Pein des inneren Kampfes, welcher sich feindlich zwischen unserer Einsicht in die kommenden Dinge und dem fait accompli dieser Betheiligung erneuerte. Die ewige Geldnoth steigerte die Unbehaglichkeit. Der Gedanke, das Korps aufzulösen, schwebte als eine beständige Versuchung um uns herum. Endlich erklärte sich Zitz entschieden dafür, daß wir als oberleitendes Komitee zurücktreten, dem Korps die offizielle Eigenschaft einer besonderen rheinhessischen Legion entziehen und den Einzelnen und dem Ganzen es überlassen sollten, direkt in pfälzische Dienste zu treten. Ich sah ein, daß Zitz Recht hatte und bekämpfte dennoch den Vorschlag; denn, daß eine Auflösung des Korps daraus folgen, daß diese Maßregel um so schlimmer auf die ganze Pfalz wirken würde, als man gerade auf uns das Hauptgewicht legte, das war gewiß. Und wiewohl ich ihm zugestehen mußte, daß die Sache auch bei Unterlassung dieser Maßregel verloren wäre, sträubte ich mich dennoch gegen die Mission, ihr den ersten Stoß zu geben. Aber die Geldverlegenheiten und die Unzufriedenheit im Korps wurden immer größer. Zu uns kam Jeder, der Etwas wollte; man konnte keinen Schritt gehen, ohne angehalten zu werden: Sehen Sie, Bürger, das Schloß an meiner Flinte taugt nicht, wie soll man damit im Felde stehen? — Sehen Sie, ich gehe seit drei Tagen auf den nackten Füßen. — Sehen Sie, ich habe kein Hemd, — ich habe keine Patrontasche, — ich habe in 14 Tagen keinen Sold bekommen — mir wackelt das Bajonnet — und so in's Unendliche. Während so Jeder von uns verlangte und im Weigerungsfalle uns mit Anklagen und Vorwürfen überhäufte, als seien wir Disponenten über eine Staatskasse, mußten wir jeden Kreuzer in Kaiserslautern erbetteln. Dies machte die weitere Dauer der eigenen Verantwortlichkeit wirklich zu einer förmlichen Unmöglichkeit und gab zugleich eine mildere Einkleidung für die ganze Operation an Handen. Ich gab also nach und ging wieder einmal nach Kaiserslautern. Es war dies am 2. Juni, 12 Tage vor dem Angriff der Preußen. Ich stellte der provisorischen Regierung die Sache so erträglich als möglich vor und sah zu meinem Erstaunen, daß sie mit Leichtigkeit darauf einging. Reichard begleitete mich zum General Sznaide, um auch mit diesem die nöthigen Verabredungen zu treffen. Der aber merkte gleich bei den ersten drei Worten, welche

Bedenklichkeiten hier vorlägen, und einmal auf diese Richtung gebracht, schloß sich Reichard natürlich vollkommen an. Nun kam ich in die Verlegenheit, mir alles das als Entgegnung vorhalten zu hören, was ich selber Zitz vorgehalten hatte, ich sollte gewissermaßen meine eigenen Gründe widerlegen. Es blieb mir eine Alternative: ich mußte mich fügen und unseren Antrag zurücknehmen, oder es über mich nehmen, gegen die Ansicht und den Willen der Regierung einen eklatanten Schritt zu thun, welchem wahrscheinlich hernach als dem ersten Anstoß der ganze Ruin der Pfalz zugeschrieben worden wäre. Ich wählte das Erstere und gab nach. Es mag eine Schwäche gewesen sein, daß ich aus Furcht vor ungerechten Anklagen Etwas unterließ, was mir meine Ueberzeugung durchaus zu verantworten gestattete. Die Zeit hat bewiesen, daß wir nichts verdorben hätten, wenn in Folge unseres Schrittes wirklich die Pfalz 14 Tage früher sich selbst aufgegeben hätte. Aber man wird begreifen, daß es dennoch kein kleiner Entschluß war, es über sich zu nehmen, einer Bewegung, auf die ganz Deutschland als seine letzte Lebenshoffnung hinsah, den Gnadenstoß zu geben und das Verdikt einer solchen Schuld mit dem Troste, daß man sich unschuldig fühle, zu tragen. Gewiß war die Befürchtung, später mit der Verantwortlichkeit für das Scheitern der ganzen Erhebung von allen Seiten belastet zu werden, nicht übertrieben. Die gegenseitigen Anklagen, welche jedesmal unter den Gliedern einer gefallenen Partei aufstehen, sind wahrlich diesmal nicht ausgeblieben und haben sich an unendlich geringere Anlässe geklammert. Zitz wollte das Alles über sich ergehen lassen in dem Bewußtsein, vor sich selber gerechtfertigt zu sein. Ich hatte diesen Muth nicht, und trotzdem die Sache jetzt gefallen ist, kann ich meinen damaligen Entschluß nicht bereuen, weil ich weiß, daß ich im ähnlichen Fall stets wieder so handeln würde. Ging es doch Allen so, wie mir. Ich entsinne mich kaum, einen Menschen von ruhigem Urtheil in der Pfalz gesprochen zu haben, der Vertrauen gehegt hätte, und doch mochte Keiner vor dem Angriff das Zeichen zum Rückzug geben. Man rechnete immer, am Aeußersten angekommen, noch auf Möglichkeiten des Glückes, und hätte Einer gewagt, vor dem letzten Athemzug der Bewegung ihr das Ende durch den kleinsten Ruck zu befördern, tausend Berechnungen von zerstörten Chancen wären mit Zetergeschrei über ihn hergefallen. So fügte ich mich denn auch, ließ mich mit Aussichten, mit der Verheißung regelmäßiger Zahlungen und eines tüchtigen Oberkommandanten vertrösten und ging schweren Herzens nach Kirchheim zurück. Am 4. Juni erhielten wir vom Oberkommando eine Depesche des Inhalts: daß ein Angriff der Preußen von Kreuznach und Homburg aus mit großer Wahrscheinlichkeit bevorstehe. Unser Korps solle deßhalb als Avantgarde in's Alsenzthal, wo schon ein Theil derselben stand, einrücken, und dort auch die nöthigen Vorbereitungen, als Verschanzungen 2c., vornehmen. Der verheißene Kommandant aber blieb aus. Ich begab mich also nochmals nach Kaiserslautern, um ihn zu verlangen. Sznaide stellte mir einen Polen Namens Ruppert als die ersehnte Person vor. Die äußere Erscheinung war nichts weniger als empfehlend. Doch tröstete ich mich mit der Betheurung Sznaides, daß Ruppert in dem Krieg von 1830 sein Adjutant gewesen und ein ausgezeichneter Militär sei. Er war seit der Emigration in Frankreich beim Chausseebau mit einer niederen Charge angestellt gewesen. Die Unterhaltung auf der Reise von Kaiserslautern nach Kirchheim verwischte mir den üblen Eindruck nicht, und die ersten Tage, die der neue Kommandant bei dem Korps zubrachte, überzeugte uns, daß er weder allgemeine Intelligenz, noch besondere Sachverständigkeit besitze. Er wußte auch nicht das Geringste anzufassen und ging den ganzen Tag stumpf, müßig und rathlos herum. Ich schrieb also an Techow, daß man ihn durch einen fähigen Menschen ersetzen möge. Techow antwortete: „Indem ich Ihnen für Ihren Brief danke, bedaure ich, daß die Wahl des Major Ruppert Sie nicht besser befriedigt hat. Nach Allem, was der General von R. sagt, bin ich überzeugt, daß die erste Kanonenkugel Ihnen Ruppert in einem anderen Lichte zeigen wird, als er Ihnen bisher erschien. Leider haben wir einen solchen Kommandanten, wie Sie ihn wünschen und in der That nothwendig gebrauchen, nicht disponibel. Behelfen Sie sich also vorläufig, so gut es gehen will." 2c. 2c. — Was war da zu machen, als auf die erste Kanonenkugel zu warten? Wir zogen also mit Mann und Maus in's Alsenzthal, die Besetzung der Grenze gegen Rheinhessen der Pfälzer Volkswehr überlassend. Wir machten zugleich das Oberkommando darauf aufmerksam, daß das mit dem Alsenzthal parallel laufende Lauterthal auf unserer linken Seite nicht besetzt und daher Gefahr vorhanden sei, daß wir durch eine von da eindringende Kolonne umgangen würden. Die Position wurde darauf hin besetzt; wie? wird die spätere Entwicklung zeigen. Als wir im Alsenzthale unsere Kantonnements bezogen hatten, die sich von Obermoschel hinauf bis zur Ebernburg und von da herab bis Münsterappel zogen, während sich das Hauptquartier und Depot rückwärts in Rockenhausen befand, trieb Zitz den neuen Kommandanten an, die ganze Gegend zu rekognosziren. So geartet war dieser Mann, daß es einer energischen Aufforderung von anderer Seite bedurfte, um ihn dahin zu bringen, daß er das Terrain besichtige, auf dem er operiren sollte und in welchem allein fast die Vertheidigungsmittel lagen; notabene: durch die Karte war er mit dem Lande gar nicht vertraut gewesen. Ruppert ritt weg, kam aber nach zwei Stunden schon in Noth und Hast wieder an mit der Erzählung, die Preußen seien im Anmarsch, er habe der Besatzung von Hochstätten Ordre gegeben, sich nach Alsenz zurückzuziehen, und das gesammte Korps solle sogleich den Rückzug antreten! Gleichzeitig kam eine Depesche von Kaiserslautern, worin Ruppert, der wohl im Gefühl seiner Unfähigkeit seine Abberufung verlangt hatte, zurück beschieden wurde. Im Nu war auch der Wagen angespannt und Ruppert im Begriffe, mitten unter diesen kritischen Umständen abzureisen. Zitz machte ihm die heftigsten Vorstellungen über die Unzulässigkeit eines solchen Verfahrens und erlangte, da Ruppert ein sehr unselbständiger Mensch war, daß dieser dablieb und daß die Besatzung von Obermoschel ausrückte, um dem Feind entgegenzugehen und die aufgegebenen Positionen, mit oder ohne Kampf, wo möglich wieder einzunehmen. Die Kolonne rückte gerade aus Obermoschel fort, als ich von Alsenz kommend dort eintraf. Ich blieb dort und Zitz zog mit aus. Kaum war die Kolonne weg, so traf die Besatzung der Ebernburg ein. Die Kompagnie hatte seit langer Zeit dort unter Entbehrungen jeder Art garnisonirt. Es war für den größeren Theil nicht einmal ein Obdach da, und sie hatten unter freiem Himmel ohne Bedeckung die Nächte zubringen müssen. Die Burg liegt bekanntlich an der Nahe. Auf Schußweite gegenüber stand der preußische Posten, der Fluß war an vielen Stellen ober- und unterhalb zu durchwaten, und die sonst sehr wackere Kompagnie war von der überall grassirenden Besorgniß ergriffen worden, sie könne von hinten her auf ihrem isolirten Berge, auf dem nicht für zwei Tage Nahrung war, abgeschnitten werden. Das Mißtrauen in die oberste Führung war hier abermals einzig allein der Beweggrund, daß eine wichtige Position, ehe es noch irgendwie zum Ausbruch von Feindseligkeiten gekommen war, verl ssen wurde. Unterdessen war die von Ruppert unter Begleitung von Zitz wieder vorgerückte Kolonne nach Hochstätten, ihrem Standorte, zurückgekommen, ohne daß von den angekündigten Preußen auch nur ein Mann zu sehen gewesen wäre. Der lächerlichste blinde Lärm hatte einen Mann zum Rückzug getrieben, der sich bei der ersten Kanonenkugel in seinem militärischen Glanze bewähren sollte. Die Kolonne bivouakirte in Hochstätten, jeden Augenblick des Angriffs gewärtig, als plötzlich der Major Schlinke, welchem die Oberleitung der sämmtlichen Korps auf der nördlichen und nordöstlichen Grenze anvertraut worden war, mitten in derselben Nacht in unserem Lager eintraf und erklärte, er hege die feste Ueberzeugung, daß vom Alsenzthale aus kein ernstlicher Angriff bevorstehe, vielmehr derselbe auf der Ostgrenze zu gewärtigen sei. Er gab also Befehl, die sämmtlichen Truppen wieder nach Kirchheimbolanden zurück zu dirigiren und nur an einigen äußersten Grenzpunkten eine Scheinbesatzung zurückzulassen. Die Voraussicht hat sich später bewährt; doch freilich nichts genützt, eil keine Mittel da waren, die beste Vorsicht nützlich zu machen. Am Morgen wurden also, da es der Eile bedurfte, und die Leute durch ewige Märsche, durch Bivouakiren und Regenwetter sehr herunter waren, so viel Wagen als möglich requirirt und sämmtliche Kompagnien glücklich auf denselben untergebracht. Am Abend war wieder Alles in Kir hheimbolanden, von wo man mit großem Kraftaufwand vor wenigen Tagen aufgebrochen war. Am selben Tag — es war der 12. Juni — hatte Schlinke mit Blenker, Zitz und einigen Anderen in Grünstadt eine Berathung über die militärische Lage der Pfalz. Das Resultat derselben war eine Art kurzer Denkschrift an das Oberkommando der Pf lz, welche ein zu klares Licht über den Stand der Dinge verbreitet und für die Rechtfertigung ihrer Verfasser zu wichtig ist, als daß ich sie hier nicht nachträglich mittheilen sollte. Der wesentliche Inhalt war der:

„Heute den 11. Juni sind die unterzeichneten Offiziere der pfälzischen Volkstruppen zu einem Kriegsrathe zusammengetreten, um sich, bei Abgang aller Instruktionen und Unterstützungen des Oberkommandos, über die Maßregeln zu verständigen, welche sie durch die Umstände zu ergreifen genöthigt sind. Sie haben einstimmig beschlossen:

In Erwägung, daß notorisch die ganze Nordgrenze der Pfalz von Meisenheim bis an den Rhein von preußischen Truppen, darunter Artillerie und Kavallerie in bedeutender Stärke, besetzt ist, und überdies die Ankunft eines bairischen Armeekorps an dem Rhein nahe bevorstehe;

daß, will man auch den Zeitungsnachrichten über die Stärke dieser Truppen keinen Glauben schenken, solche doch nach früheren Nachrichten jetzt schon wenigstens 28 000 beträgt;

daß über die Absicht derselben, unverzüglich in die Pfalz einzumarschiren, kein Zweifel obwaltet, und dieser Einmarsch höchst wahrscheinlich von Rheinhessen aus auf drei Seiten, über Kirchheim, Grünstadt und Frankenthal geschehen wird, da diese Straßen gar keine Schwierigkeiten bieten, und die Anhäufung stärkerer Korps an jenen Punkten keinen anderen Zweck haben kann;

daß nun die ganze Streitmacht der Pfalz, welche auf dieser Seite dem Feinde entgegengestellt werden kann, nur in folgenden Korps besteht:

1. In dem rheinhessischen Korps zu Kirchheim, ungefähr 950 Mann stark, wovon ein Theil im Alsenzthal liegt,

2. in dem Blenker'schen Korps zu Frankenthal, ungefähr 480 Mann stark,

3. in dem ersten Bataillon Volkswehr zu Göllheim, ungefähr 2000 Mann stark, und

4. in dem Neustädter Bataillon, 600 Mann stark;

daß aber die drei ersten Korps nur sehr unvollständig und ungenügend bewaffnet und viele Waffen unbrauchbar sind, daß namentlich das erste Bataillon Volkswehr nur zu zwei Drittel und auch diese theilweise nur mit Sensen bewaffnet, die Leute überdies erst zwei bis drei Tage zusammen, und daher weder organisirt noch disziplinirt sind;

daß ferner ein höchst fühlbarer Mangel an den nöthigsten Armirungsstücken herrscht, indem z. B. das erste Bataillon gar keine Patrontaschen hat, dem übrigen Korps solche heilweise, Allen aber Schuhe und Kleidung fehlen.

In Erwägung, daß diese kleine Zahl die Aufgabe haben soll, die ganze Nordgrenze zu überwachen, und namentlich die drei gefährdeten Straßen zu besetzen und zu vertheidigen — es daher nöthig wäre, sie auf beiläufig 7 Stunden hin zu dislociren, diese Zersplitterung aber augenscheinlich jeden Widerstand an den einzelnen, mit Uebermacht von einem disziplinirten und wohl gerüsteten Korps angegriffenen Punkten unmöglich macht und nur ganz nutzlose Opfer bringen heißt.

Daß daher unter so verzweifelten Umständen ein zeitiger Rückzug in eine Gegend, wo Widerstand eher möglich ist, als von der Nothwendigkeit geboten erscheint, und die Unterzeichneten es für ihre Pflicht hielten, diesen Rückzug, und zwar nach Neustadt hin, auszuführen, um sich dort mit den etwa noch organisirten Pfälzer Streitkräften zur Cernirung Landaus, zum Widerstande am Gebirge oder zur Deckung der Rheingrenze zu vereinigen, was allein bei der Unmöglichkeit, das Land zu vertheidigen, eine militärische Bedeutung haben kann.

Beschluß.

Das rheinhessische, das Blenker'sche Korps und das erste Bataillon Pfälzer Volkswehr zieht sich an das Haardtgebirg nach Neustadt zurück.

Dieser Beschluß unterliegt der Genehmigung des Oberkommandos zu Kaiserslautern. Sollte vor deren Ertheilung ein Einmarsch preußischer oder baierischer Truppen in überlegener Anzahl erfolgen, so wird der Beschluß provisorisch, auf ihre eigne Verantwortlichkeit, vollzogen."

Folgen die Unterschriften.

Daß die hier vorgeschlagene Maßregel die einzig denkbare war, hat der weitere Verlauf der Dinge gezeigt; daß die Initiative dazu von den einzelnen Führern ausgehen mußte, nachdem sie vergeblich Andeutungen über einen Operationsplan von Kaiserslautern her von Tag zu Tag und von Woche zu Woche erwartet hatten, charakterisirt die ganze besinnungslose Wirthschaft des Oberkommandos.

Das Ergebniß dieser Berathung war uns übrigens, als wir am Abend des 12. Juni mit dem Korps in Kirchheim eintrafen, noch unbekannt. Dagegen hörten wir gleich bei unserer Ankunft, daß ein starkes preußisches Korps die Grenze besetzt habe und sogar schon in dem pfälzischen Orte Mauchenheim, anderthalb Stunden von Kirchheim, eingerückt sei. Es hatte dort sowohl als in einem anderen Grenzorte, Morschheim, eine Besatzung von Pfälzer Volkswehr gelegen, welche aber vor einem Detachement von 12 bis 15 preußischen Husaren, als es nur von Weitem sichtbar wurde, sogleich Reißaus genommen hatte. Es wurde nun von unserer Seite, so gut es in der Eile und mit unseren Mitteln ging, der Felddienst für die Nacht eingerichtet. Der Kommandant Ruppert war bei alle dem für Nichts. Zwei junge Polen, die beim Korps waren und den Dienst gut verstanden, besorgten auf mein Betreiben das Technische der Sache. Der Kommandant mußte beständig nur ein einziges Verlangen vorzubringen: „former des pelotons“, das war das Zauberwort, welches von Anfang bis zu Ende als das Alpha und das Omega seiner militärischen Dispositionen gehört wurde. Er erklärte in allen Fällen, es sei nichts zu thun als „à former des pelotons“. Dieses Universalmittel, welches darin bestand, daß das Corps statt in neun, in fünf Hauptabtheilungen gebracht werden sollte, weil Ruppert wahrscheinlich es aus früherer Zeit so gewöhnt war, konnte aber nie zu Stande kommen, weil das Corps nie ganz beisammen war. Endlich mit dem Rückmarsche nach Kirchheim war der langersehnte günstige Moment eingetreten, und wie wohl wir nur eine Stunde vom Feinde standen und jeden Augenblick eines Angriffs gewärtigt sein mußten, wurde der Vormittag des 15. Juni dazu bestimmt, dem ewigen Pelotons-Jammer ein Ende zu machen. Aber vergeblich! Nachdem die Mannschaft den ganzen Morgen über versammelt, gezählt, verlesen, und wieder gezählt, gestellt, und wieder gestellt, die die Mittagszeit längst vorüber und ein Drittheil der Leute, welche die Nacht hatten im Freien zubringen müssen, am Umfallen war, hatte es dem guten Ruppert noch nicht gelingen können, seine Pelotons zusammenzubringen, und weil die nöthigsten Sicherheitsmaßregeln über diesem Gamaschengeschäft versäumt worden waren, mußte letztlich unverrichteter Sache geendet werden, um die nöthigen Vorsichtsmaßregeln auf den Abend zu treffen. Kaum waren einige Kompagnien auf die wichtigsten Grenzpunkte abgeschickt, als die Nachricht kam, es sei zwischen einem derselben und den Preußen bei Morschheim zum Treffen gekommen. Es wurde Generalmarsch geschlagen. Der Kommandant lief kopflos herum, und nachdem ich und Andere ihn mehrmals aufgefordert hatten, zu verfügen, was geschehen solle, stellte er sich an die vorderste der in einigen Zwischenräumen aufgestellten Kompagnien, kommandierte: links um marsch! und zog mit ihr im Eilschritt auf dem Wege nach Morschheim ab, ohne sonst irgend Etwas anzuordnen. Zitz und ich schlossen uns an. Als wir eine Weile marschirt waren, kam uns bereits ein Wagen mit einem Todten entgegen, und in einem kurzen Zwischenraume folgte die Kompagnie, welche nach Morschheim dirigirt worden war, selber nach. Erstaunt fragten wir nach dem Grund dieses Rückmarsches und erfuhren nun den Hergang der Dinge in folgender Weise: Die Kompagnie war, nichts Böses ahnend, vor Morschheim angekommen. Der Hauptmann hatte aus Nachlässigkeit, oder, wie er sich nachmals entschuldigte, weil er sich auf Andere verließ, die gewöhnlichen Vorsichtsmaßregeln einer Vorhut u. s. w. versäumt, und ließ die ganze Compagnie unter Trommelschlag auf das Dorf zu marschiren, als plötzlich dicht am ersten Hause aus einem Kornfelde eine Salve fiel, die einen Mann tödtete und zwei leicht verwundete. Im selben Augenblick sprangen etwa 15 Mann Preußen aus dem Korn auf und liefen davon. Der Vorfall ist besonders deßhalb bezeichnend, weil ohne ein verrätherisches Einverständniß oder mindestens ohne verrätherisches Stillschweigen der Dorfbewohner unsere Leute nicht in die Falle gekommen wären. Einige der Unseren sendeten den Fliehenden Schüsse nach, mit welchem Erfolg ist zweifelhaft. Die große Zahl der Kompagnie aber war so erschrocken, daß sie auf der Stelle umkehrte. Als wir ihnen nach Anhörung dieses Berichts eben deßhalb Vorwürfe machten, war die Antwort, wie immer: „Wir fürchteten umgangen zu werden". Diese Gefahr, welche in der That überall wegen der Mangelhaftigkeit der Führung und der Schwäche der Zahl vorhanden war, demoralisirte eben alle einzelnen Abtheilungen. Wir marschirten indessen weiter vorwärts, indem die auf dem Rückweg befindliche Kompagnie beordert wurde, sich uns anzuschließen. Es dauerte nicht lange, so gewahrten wir ein Detachement preußischer Kavallerie, welches allerdings die Straße zu unserer Rechten umgangen hatte und nun von der Flanke her auf uns gallopirte, sobald wir aber Position genommen und eine gute Zahl Plänkler ausgesendet hatten, wieder abschweifte und nach der Grenze zu davon ritt. Morschheim wurde nun wieder besetzt und wir blieben dort bis 10 Uhr stehen, ohne daß noch Etwas von einem Feinde sichtbar geworden wäre. Dies und die Vergleichung des Terrains überhaupt bestärkte uns in dem Glauben, daß wir in der allernächsten Zeit keinen ernsten Angriff, sondern nur Neckereien zu bestehen haben, die Hauptoperationen aber mehr gegen den Süden in die große Ebene von Mutterstadt gerichtet sein, und wir deßhalb Zeit haben würden die Antwort des Oberkommando's auf das Memorandum von Grünstadt abzuwarten, ohne auf eigene Faust zu handeln. Eine Kompagnie, deren Hauptmann für einen der Tapfersten und Rüstigsten im Korps galt, wurde als Besatzung in Morschheim zurückgelassen, der Rest marschirte wieder nach Kirchheimbolanden. Andern Morgens um 5 Uhr wieder Allarm in allen Gassen, Generalmarsch, entsetzte Gesichter, Hin- und Herrennen, Rufen, Jammern, Fragen. Die Preußen kommen! die Preußen kommen! Kein Tambour wußte Rechenschaft zu geben, wer ihn beordert habe, Keiner wußte zu sagen, woher die Nachricht käme, und wir mußten um so mehr an einen blinden Lärm glauben, als ja alle Zugänge so besetzt worden waren, daß ein solcher plötzlicher Ueberfall unmöglich schien. Wie erstaunte ich aber, als ich, an die Hauptwache kommend, dort die Kompagnie fand, welche wir als Besatzung in

Morschheim gelassen hatten. Als ich dem Hauptmann meine Verwunderung darüber ausdrückte, antwortete er mir barsch: Die Leute seien zu müde gewesen, um den Feldienst zu versehen und er sei deßhalb im Laufe der Nacht zurückmarschirt! Es war das gewiß ein unverzeihlicher Streich, der aber seine Erklärung allerdings wieder in den Grundübeln der ganzen militärischen Lage der Pfalz fand. Denn die Leute waren in der That durch die Manöver im Alsenzthal, wo sie in der elendesten Kleidung der schlechtesten Witterung preisgegeben waren, über die Maßen ermüdet und hatten außerdem 24 Stunden weder ein ordentliches Nachtlager noch eine warme Speise auftreiben können. So war nun Morschheim von Besatzung entblößt, und auf der ganzen Kaiserstraße bis nach Kirchheim nicht ein einziger Posten geblieben, und es stellte sich bald heraus, daß die Preußen dort eingerückt waren und mit Macht auf uns los marschirten. Als Ruppert auf dem Sammelplatz erschien, und wieder wie gewöhnlich, einem Automaten gleich herumlief, beschwor ich ihn, doch irgend Etwas anzuordnen, was in dieser dringenden Lage geschehen solle. Allein ich hätte ebenso gut mich an den nächsten Laternenpfosten gewandt. Es war kein zusammenhängender Gedanke und noch weniger irgend eine Anordnung aus ihm herauszubringen. Während sich die Mannschaft noch sammelte und einer der erwähnten polnischen Offiziere sich mit Herstellung der nöthigsten Ordnung beschäftigte, ging ich nach Hause. Ich hatte mir eine Entzündung am rechten Fußgelenke zugezogen, die durch den Marsch vom vorhergehenden Abend so sehr gesteigert war, daß ich kaum länger stehen konnte. Als ich nach Hause kam, fand ich in der Wohnstube Zitz, umgeben von einer großen Anzahl Kirchheimer Bürgern, welche das ganze Zimmer ausfüllten. Bürgermeister, Stadträthe und Offiziere der Bürgerwehr, Reaktionäre und Liberale waren brüderlich vereinigt, um uns die dringendsten Vorstellungen gegen eine Vertheidigung des Platzes zu machen, in dessen Folge die Stadt leiden könnte. Ja man setzte sogar hinzu: falls wir dennoch den Kampf annehmen, oder es etwa mit Barrikaden versuchen sollten, so würden wir die Bürger im Rücken zu Feinden haben. Ein Hauptredner dieser liebenswürdigen Deputation war einer der ersten Liberalen des Orts, der mehrere hohe revolutionäre Funktionen versah. Wir antworteten, daß wir selber hier als in einer militärischen Sache nichts zu entscheiden hätten, und daß die Frage auch rein aus dem Gesichtspunkt der strategischen Rathsamkeit gelöst werden müsse. Unterdessen sah man bereits die Preußen von drei Seiten mit Artillerie und Kavallerie in überlegener Zahl heranrücken; die Stimmung unserer Mannschaft war im Allgemeinen nicht die beste. Als unter diesen Umständen der Kommandant Ruppert noch immer nicht zu einer Handlung gekommen war, entschlossen Zitz und ich uns auf eigne Faust zu handeln, wo längere Säumniß mit irgend einer Anordnung das Schlimmste war, was geschehen konnte. An einen Widerstand war, wie aus der obigen Schilderung hervorgeht, nicht zu denken. In Kirchheim selbst standen im Ganzen in jenem Augenblick höchstens etwa 400 Mann; ob die übrigen, welche auf umliegende Dörfer postirt waren, bei einem sich entspinnenden Kampf eintreffen würden, war eine große Frage. Die Zahl der anmarschirenden Preußen betrug mindestens 3000 Mann. Kavallerie und Artillerie hatten wir gar nicht. Es war mithin der Augenblick eingetreten, von dem Vorbehalt des noch unbeantworteten Memorandums Gebrauch zu machen und den Rückzug anzuordnen. Zitz und ich fertigten also an alle einzelnen Compagnieführer schriftliche Ordres aus, sich am Gebirge her nach Dürkheim an der Haardt und von da nach Neustadt zurückzuziehen. Kurz darauf begaben wir uns nochmals auf den Sammelplatz und überzeugten uns, daß die Ordres ausgeführt waren. Es befand sich kein Mensch mehr daselbst, die Kompagnien waren abgezogen und die preußische Artillerie feuerte die Landstraße herab, auf der wir uns befanden. Eine kurz vorher improvisirte Barrikade war verlassen, die Mannschaft bereits außerhalb der Stadt. Es war mir unmöglich, länger zu Fuß zu gehen, ich ließ mir einen Wagen anspannen, Zitz setzte sich zu mir, und wir fuhren auf der Straße nach Rockenhausen zu, ab. Als wir etwa hundert Schritte weit hinaus waren, fiel der letzte Kanonenschuß und die Preußen zogen von der Kaiserstraße her ein. Später erst erfuhren wir, daß noch eine kleine Zahl der Unsrigen im Schloßgarten zurückgeblieben war. Sei es, daß sie das mehrmals wiederholte Hornsignal nicht vernahmen, sei es, daß sie es mißverstanden, oder daß sie überhaupt nicht weichen wollten: die Schützenkompagnie, wozu sie gehörten, zog ab, ohne zu entdecken, wo die Fehlenden seien. Die anrückenden Preußen fanden sie noch im Schloßgarten und es entspann sich dort ein Kampf. Das Gerücht meldete später, es seien dabei siebzehn Schützen gefallen, doch ist diese Zahl wohl übertrieben. Mehrere, die ausdrücklich mit Namen unter den Gefallenen aufgeführt wurden, sind noch am Leben. Gewiß ist, daß zehn gefangen wurden. Außerdem waren vor der Anordnung des Rückzugs einige Plänkler verwundet worden. Die andere Seite des Gerüchts, daß im Schloßgarten vierzig Preußen gefallen seien, ist sicher übertrieben und giebt einen Maßstab für das Uebrige ab. Als wir etwa drei Stunden gefahren waren, erfuhren wir, daß Kaiserslautern bereits am Abend vorher geräumt und im Laufe des Vormittags von den Preußen besetzt worden sei. Unter allen Ungeheuerlichkeiten der pfälzischen Kriegsleitung ist wohl keine merkwürdigere zu finden, als daß man uns Seitens des Oberkommandos ohne Nachricht über diese Räumung und ruhig auf unserem Posten ließ, während man unseren Rücken von einer Seite her Preis gab, wo wir es am allerwenigsten erwarten konnten. Angenommen, irgend ein Grund hätte uns bestimmt, in Kirchheimbolanden ernsten Widerstand zu leisten, angenommen selbst, wir hätten dort den Angriff von Osten her gewahrt, so waren wir zum Lohne dafür einige Stunden später vollständig cernirt und verloren, denn bereits im Lauf des Nachmittags reichten sich die preußischen Vorposten von Kaiserslautern und Kirchheimbolanden her die Hände. Der Einmarsch war zugleich von drei Seiten her erfolgt; von Osten über Kirchheim und Grünstadt, von Westen über Homburg und von Norden über Lauterecken. Von allen drei Seiten her dirigirte sich der Feind auf Kaiserslautern zu. Nirgends fand er ernsten Widerstand. Ueberall war entweder die Zahl von vornherein zu gering oder sie verminderte sich beim ersten Schuß um die Hälfte. Die Volkswehr, die im Lauterthal stand, lief, während der Kommandant auf's Rekognosciren gegangen war, sammt und sonders davon; von 2400 Mann, die bei Grünstadt und Göllheim standen, waren eine Viertelstunde, nachdem das Gerücht von der Annäherung der Preußen sich verbreitet hatte, nur noch 400 Mann übrig. Weiße und blauweiße Fahnen empfingen vielfach die einmarschirenden Königlichen. Die provisorische Regierung und das Militärkommando waren nach Neustadt gezogen, wo sich auch die Ueberreste der auf dem Rückzug befindlichen Truppen sammelten. Am Ende der von Kaiserslautern nach Neustadt führenden Eisenbahn, deren Lokomotiven alle beim Rückzug mit weggenommen waren, wurden noch einige Befestigungen ausgeführt, sei's, weil man einen

Augenblick daran dachte, sich in dem engen Thale zwischen Neustadt und Frankenthal zu halten, sei's, um gegen ein rasches Nachrücken des Feindes gesichert zu sein. In Neustadt setzte sich auf Anordnung Miroslawskys der ganze Zug nach dem Badischen in Bewegung. Fünf Tage, vom Donnerstag den 14. bis Montag den 18. Juni gingen zwischen der Invasion und dem Uebertritt auf das badische Gebiet vorüber, ohne daß es noch irgendwo zu einem ernsten Zusammenstoß gekommen wäre. Bei Dürkheim und im Anweiler Thale gab es noch einige unbedeutende Plänkeleien. Es wäre den Preußen ein Leichtes gewesen, im Lauf von drei Tagen ihre Macht nach dem Rheine hin vorzurücken und den ganzen Rückzug abzuschneiden. Volle 24 Stunden, ehe das pfälzische Korps bei Knielingen über den Rhein ging, standen die Preußen bereits von beiden Seiten um wenige Stunden entfernt in Dahn und in Germersheim. Absicht war es gewiß nicht, diese immerhin noch ansehnliche Macht von etwa 8000 Mann mit sechs Kanonen und vielen Vorräthen ruhig ins Badische gehen zu lassen; wahrscheinlich vielmehr falsche Berechnung unserer Kräfte, deren richtige Schätzung den Feind wohl zu einer ganz andern Operationsweise hätte bestimmen müssen. Es scheint, daß man — vielleicht nicht mit Unrecht — sich zum Grundsatze gemacht hatte, auch nicht das Geringste zu wagen und nur da anzugreifen, wo man der Uebermacht ganz gewiß war. Die Okkupation der Pfalz war ein Marsch, aber kein Sieg. Jetzt erst, als Alles in vollem Rückzug war, entschloß sich Baden, der Pfalz Hülfe zu leisten und kam auf den klugen Einfall, die Operationen gegen Landau zu unterstützen, welche Willich seit jenem früheren Versuch, so gut es mit seinen geringen Kräften und ohne ein Stück Geschütz gehen konnte, geleitet hatte. Ein lächerlicheres Trop tard ist nie da gewesen.

Am 15. oder 16. wurden einige badische Truppen nach Landau geschickt, welche aber am 17. schon wieder zurückkamen, weil die Preußen bereits im Begriffe waren, die Verbindung zwischen Germersheim und Landau herzustellen. — Am 18. Juni Vormittags ging der Ueberrest der Pfälzer Revolution, etwa 6000 Mann Infanterie: nämlich sämmtliche Freischaaren, der größte Theil des übergetretenen regulären Militärs und einige Volkswehr, welche letztere zum Theil noch auf dem Rückzug ausgehoben worden war, ferner 45 Mann Chevauxlegers, die 8 von Baden gekauften Kanonen, der Generalstab, die provisorische Regierung und das ganze Kanzleipersonal auf der zwischen Wörth und Knielingen das bairische und badische Ufer verbindenden Schiffbrücke über den Rhein — ein trauriger, demüthigender Anblick und für mich die klarste Vorbedeutung von dem Schicksal Badens, welches nicht blos kurzsichtiger und engherziger Weise die Pfalz im Stiche gelassen, sondern sich so wenig um deren Schicksal bekümmert hatte, daß ihm dieses Ende der Dinge vollständig unerwartet zu kommen schien, ein Ende, das jeder halbwegs einsichtige Mensch in der Pfalz deutlich vorausgeahnt hatte, und auf welches auch die badischen Führer vorbereitet sein konnten, wenn sie den zahlreichen wahrhaftigen Schilderungen, welche ihnen von Eingeweihten wochenlang voraus gemacht wurden, hätten Gehör schenken wollen. Die ganze Rheinlinie, welche jetzt plötzlich frei wurde, war ungedeckt. Am selben Morgen erst, wo der Uebergang stattfand, wurden bei Knielingen einige Schanzen errichtet, der Uebergang von Speier war nur von ein paar Dutzend Leuten besetzt, und der Einfall bei Germersheim, der zwei Tage später sich ereignete, war das Produkt derselben Sorglosigkeit. Für die seit drei Tagen erwarteten Pfälzer Truppen war durchaus keine Vorsorge getroffen. Als die ermüdeten Leute ankamen, war nicht die kleinste Labung an Speise oder Trank für sie aufzutreiben. Keine Veranstaltung war getroffen, daß sie unter Dach und Fach kämen. Von Morgens 9 bis Mittags 3 Uhr kampirten die Leute, welche zum Theil schon fünf Stunden marschirt waren, auf einer nassen Wiese, ohne einen Bissen Brod oder einen Schluck Bier zu erhaschen, in der Sonnenhitze. Ruppert stand, wie immer, unbeweglich und stumm bei unserem Korps und wußte nicht, was geschehen solle. Es schien mir eine gewagte Sache, sich darauf zu verlassen, daß überhaupt vom pfälzischen oder badischen Oberkommando irgend eine Ordre kommen werde; die Kompagnieen unseres Korps fingen bereits an, sich zu verlaufen, indem Einzelne nach der noch über eine Stunde entfernten Stadt gingen, um sich zu erfrischen; ich sah, daß es hier, wie überall in solchem Wirrwarr galt, sich selber zu helfen. Ich hielt den ersten besten Wagen an, aus welchem eine schwarzroth=goldne Schärpe herausguckte. Es war gerade Brentano, der darin saß. Ich bat ihn, auszusteigen und mir eine Quartieranweisung für unser Korps zu schreiben. Er entsprach meinem Wunsch, die Ordre wurde auf Neurath, ein Dorf eine halbe Stunde nördlich von Knielingen, ausgestellt; ich raffte die Kompagnieen zusammen und führte sie hin. Der Bürgermeister war nicht auf Einquartierung vorbereitet. Der Wirrwarr erneuerte sich also hier, die Einwohner, ebenfalls nicht in Kenntniß gesetzt, hatten weder Lagerstätten noch Speise, und zudem gab Brentano einige Minuten später auch dem Blenkerschen Korps Anweisung auf dasselbe Dorf, das bei einer krassen Armuth nun plötzlich zwölf= bis dreizehntausend Mann beherbergen sollte. Das loyale Karlsruhe, das wenig Einquartierung hatte, wurde dagegen verschont. Die Nahrung, welche unsere Leute nun endlich fanden, bestand in saurer Milch und — Salat. Der vierte Theil saß barfuß in den Häusern und wartete auf neue Schuhe, um sich von der Stelle bewegen zu können, ebenso viele hatten keine Hosen oder Blousen mehr. Mit dem Augenblick, wo das Korps nach Baden hinüberging, hatten wir den Entschluß gefaßt, die Funktion als Provinzialkomitee, welche nun ganz illusorisch werden mußte, ohne an Verantwortlichkeit oder Last etwas zu verlieren, aufzugeben und das Korps direkt unter das badische Kriegsministerium zu stellen, welches unter allen Umständen, und wäre es auch bloß wegen seiner materiellen Mittel, mehr Vertrauen einflößte, als das pfälzische. Ich ging noch am Abend des 18. zu dem Kriegsminister Werner und machte ihm den betreffenden Vorschlag. Er verlangte, daß ich ihn schriftlich eingebe. Ich gehe nach Haus, schreibe, fertige ein vollständiges Inventar, das ich mit zu übergeben anbiete, und reiche Alles ein. Der andere Tag vergeht, ohne daß ich Bescheid erhalte. Ich gehe wieder aufs Kriegsministerium. Die Eingabe war ungelesen verloren gegangen. Die Unordnung, das Getümmel der Regierungsdilettanten und die Kleinigkeitskrämerei waren gerade wie in der Pfalz. Nachdem ich noch einen Tag vergeblich gewartet hatte, entschloß ich mich, persönlich zu Mieroslawsky nach Heidelberg zu gehen, um wo möglich mit diesem die Sache auf summarische Weise abzumachen. Als ich am Morgen des 20. in dieser Absicht auf den Karlsruher Bahnhof kam, rief mich ein genauer Bekannter aus früherer Zeit an und nahm mich auf die Seite: „Wo willst Du hin?" — Nach Heidelberg zu Mieroslawsky. — „Du kannst nicht. Die Preußen sind bei Germersheim über den Rhein, die ganze Besatzung von Philippsburg ist in einem Zuge bis nach Bruchsal gelaufen, ich selber bin Zivilkommissär von Bruchsal und eben hier, um den Vorfall zu melden." — Dies war Morgens um 10 Uhr, die oben erwähnte Meldung selber schon um

9 Uhr gemacht worden. Bei Tisch sprach ich um 2 Uhr mit dem Minister des Innern, der zu dieser Zeit, also volle 5 Stunden nachher noch nichts von diesem inhaltschweren Ereigniß wußte und es nicht glauben wollte! Mache man sich darnach ein Bild von der Handhabung der obersten Regierungsgeschäfte. — Da inzwischen weder ein Bescheid von Seiten des Kriegsministeriums an mich gekommen, noch eine Besprechung mit Mieroslawsky möglich war, so standen wir noch immer in den alten Schuhen, unter pfälzischer Oberleitung und dem segensreichen Kommando des Majors Ruppert. Unter diesen Umständen erhielt das Korps von dem pfälzischen Oberkommando Befehl, nach Eggenstein und Leopoldshafen zu rücken, wo man das erste Gefecht mit den über den Rhein gegangenen Preußen erwartete. Während das Korps von Neureuth aus direkt nach Eggenstein marschirt war, folgte ich mit einer Kompagnie, die in Bulach im Quartier war, nach. Als wir mit den Uebrigen zusammentrafen, standen dieselben, wie sie gekommen waren, auf der Chaussee, und als ich fragte, was denn geschehen, ob hier eine Aufstellung genommen, ob die nachgekommene Kompagnie hier ebenfalls Posto fassen, ob man die Bagagewagen da behalten oder zurückschicken solle u. dgl. m., war Ruppert die alte unerschütterliche Säule. Der Oberst war nicht zu finden, Ordres keine gegeben. Auch der Offizier, welcher die zwei ebenfalls und zwar hinter uns auf der Chaussee postirten Geschütze befehligte, wußte nicht, was er thun solle. Zugleich kamen Gerüchte von ungeheuren feindlichen Massen, die bereits an dem nächsten Orte, Graben, stünden. Es wurde Nacht, wir hörten und sahen Nichts, Keiner wußte, was geschehen solle, was vor, hinter oder neben uns sei, ja es war nicht einmal eine Parole ausgegeben, um Freund von Feind unterscheiden zu können. Das Wort „Verrath“

ging vielfach durch die Reihen, und wenn auch der Verdacht der Verrätherei in diesem Feldzug aufs Lächerlichste mißbraucht wurde, so war die Lage jener Nacht eine solche, in welcher sich diese Uebertreibung noch am ersten entschuldigen ließ. Als nach einiger Zeit noch immer keine Ordres kamen, verlangten einzelne Offiziere, daß man wenigstens eine Stellung einnehme, die irgend einen militärischen Sinn habe. Ruppert fügte sich und — — fing an, seine Pelotons zu organisiren! Abends halb 9 Uhr, fast Angesichts des Feindes! Diese Stupidität war zum Verzweifeln. Aber er war Kommandant, und um die Entmuthigung der Leute nicht zu steigern, mußte man ihn gewähren lassen. Er nahm also einen Bleistift und fing wieder an zu zählen und zu rechnen, zerriß die Kompagnieen und stiftete dadurch so viel Unordnung und Ungelenkigkeit als möglich. Nachdem er eine Stunde lang gezählt, abgetheilt und wieder abgetheilt hatte, bildete er endlich zwei Carrés zu beiden Seiten der Chaussee, — Carrés von zwei Mann Höhe, die mit sechs Pferden umzurennen waren. In diesem Zustand, in Dunkelheit und einer empfindlichen Kälte verging die Nacht, während der die Unzufriedenheit und das Mißtrauen immer mehr stiegen. Viele erklärten mir, sie würden anderen Morgens das Korps und Baden verlassen, und es fiel mir auch gar nicht ein, sie davon abwendig zu machen, denn es mußte aus solcher Wirthschaft Jedem klar werden, daß in Baden nicht viel Besseres mehr zu erwarten sei, als in der Pfalz, und ich fand es ganz in der Ordnung, daß die Leute nicht Lust hatten, sich von der Dummheit und Kopflosigkeit opfern zu lassen. Des Morgens kam ein Reiter, welcher den mündlichen Befehl überbrachte nach Karlsruhe zurückzukehren. Die Mangelhaftigkeit dieser Form gab Grund, die Ausführung zu beanstanden. Einige

Kompagnieen gingen zurück, andere blieben da. Ich selber, noch immer am Fuße leidend und durch die Anstrengung der vorausgehenden Tage und der letzten Nacht beinahe völlig unbeweglich geworden, war schon einige Zeit vorher nach Karlsruhe zurückgefahren. Um 7 Uhr kamen Einzelne zu mir aufs Zimmer, die ihren Abschied verlangten, den ich ertheilte. Alsbald mehrte sich die Zahl so, daß das Zimmer stets voll gedrängt und keine Möglichkeit mehr war, jedem Einzelnen einen schriftlichen Abschied auszufertigen. Während dieses Vorgangs kam Zitz, der ebenfalls in der Nacht in Leopoldshafen gewesen war, aufs Höchste indignirt über das, was er dort, wie an anderen Orten gesehen und mit der festen Erklärung, daß er Denen gegenüber, welche uns gefolgt seien, nicht länger die Verantwortlichkeit tragen könne, sie einer solchen Wirthschaft exponirt zu lassen. Wer in Baden dienen wolle, möge es auf eigene Faust und eigene Verantwortung thun; seinem Gewissen sei es unmöglich, die Leute durch seine Mitwirkung noch ferner zu bestärken. Er knüpfte daran gütliche Vorwürfe darüber, daß ich nicht schon in der Pfalz zur Auflösung eingewilligt hätte, wo die Rückkehr den Rheinhessen viel leichter gewesen wäre. Gleichzeitig erklärte er, einige tausend Gulden aus seinem Vermögen opfern zu wollen, um das Korps nach dem Elsaß zu führen, und von dort aus dessen ungehinderte Rückkehr von der hessischen Regierung zu erwirken. Ich stellte ihm vor, daß dieser Plan unausführbar sei. Weder die badische Regierung noch die französische würden den Durchzug resp. Uebertritt gestatten, die hessische Regierung würde sich auf keine Unterhandlung einlassen, und im besten Falle würde die Dislokation und Erhaltung des Korps während der ganzen zur Ausführung nöthigen Zeit, auch eine mit seinen Privatmitteln unerschwingliche Summe erheischen. Dagegen gestand ich zu, daß ich mich nicht minder gedrängt fühle, jetzt, wo mir die Sache durchaus verloren schiene, nicht länger mit meiner Ueberzeugung zurückzuhalten. Zitz ging weg, um die Ansicht der Offiziere, welche er zu einer Besprechung bestellt hatte, einzuholen. Während er abwesend war, ward der Andrang der den Abschied Verlangenden immer stärker. Nachdem nun Zitz die Nachricht zurückgebracht hatte, daß alle Offiziere, welche sich eingefunden, unsere Ansicht theilten, erließen wir eine Erklärung, worin wir unseren Rücktritt aussprachen und den Einzelnen überließen, in badische Wehrkörper einzutreten. Zugleich verfügten wir die Vertheilung der Gelder und des Inventars. Noch waren wir mit diesen Anordnungen beschäftigt, als uns Warnung auf Warnung zukam, die Herren Reichard und d'Ester, über unsere Maßregel empört, liefen durch die Stadt mit gräulichen Drohungen von Arretiren, Füsiliren u. dgl. m. Es wäre in der That ein eigenthümliches, tragi-komisches Schicksal gewesen, zu Ehren des spät erwachten terroristischen Bedürfnisses der pfälzer provisorischen Regierung zu fallen, und ich glaubte nicht, daß Herr Reichard so entsetzlich grausam sein würde, uns durch einen Tod zur Rettung seines revolutionären Talents lächerlich zu machen; aber was ich befürchtete, war, daß man als unglücklicher Staatsgefangener möglicher Weise bei einem schnellen Rückzug vergessen und von dem pfälzischen zu dem tragischeren preußischen Terrorismus kommen könne. Wir zogen es daher vor, von Karlsruhe abzureisen. Herr Reichard hat sich nachher noch hoch und theuer verschworen, er hätte uns im Betretungsfalle erschießen lassen. Wenn dem so ist, so wird er nicht verfehlen, aus Dankbarkeit dafür, daß wir ihm diese fruchtlose Gräuelthat ersparten, mir zu verzeihen, daß ich hier seiner etwas frivol erwähnt habe. Ein Theil unserer Leute ging zu den Badensern, ein anderer auf verschiedenen Wegen nach Hause. Ich selber verließ Baden, ohne auch nur den Schatten eines Schattens von Hoffnung für den Widerstand der Badenser mitzunehmen.

Juchhe nach Italia!

Vorbemerkung.

Die Flugschrift „Juchhe nach Italia" war die erste Arbeit mit welcher ich in Paris, während ich im Geschäftsleben stand, zur politischen Schriftstellerei zurückkehrte, nachdem ich grade zehn Jahre vorher in der Schweiz meine Erinnerungen aus der Pfälzer Erhebung veröffentlicht hatte. Den Anstoß gab mir der Krieg Frankreichs gegen Österreich zur Befreiung Italiens. Bekanntlich ward der Feldzug im Mai 1859 eröffnet. Es war mir sofort klar, daß mit diesem Ereignis eine neue Aera der europäischen Politik beginne, und daß der Erlösung Italiens die Deutschlands folgen müsse, wenn Preußen nicht ganz taub für den Ruf des Schicksals bleibe. Aber die Strömung in Deutschland war weithin eine entgegengesetzte. Nicht nur im Süden, wo die österreichischen, antipreußischen, katholischen und zum Teil auch die demokratischen Tendenzen eine Parteinahme für Österreich gegen Preußen und gegen Louis Napoleon diktirten, sondern auch in vielen Kreisen des nördlichen und westlichen Deutschlands war dieselbe Auffassung vorherrschend. Die großen Blätter, auch am Rhein, huldigten der Idee, Preußen müsse Österreich beispringen, um nicht nach dessen Besiegung zu schwach Frankreich gegenüber dazustehen; der Rhein müsse am Ticino verteidigt werden, wie damals die Formel lautete. Eine interessante Gruppe unter den preußischen Kämpfern für Österreich bildeten die drei Männer Lothar Bucher, Rodbertus und Kaplan Berg. Berg war ein rheinischer Katholik, dessen liberalreligiöser Mystizismus sich gut mit verwandten Zügen im Naturell der beiden anderen vertrug. Von Wien aus schrieb der aus Amerika zurückgekehrte Julius Fröbel im selben Sinn. — In der festen Überzeugung, daß es ein nationales Unglück für Deutschland wäre, sich in diesen Strudel mit hineinziehen zu lassen, fühlte ich den unwiderstehlichen Drang, einen Warnungsruf zu erheben. So schrieb ich im Mai bei Ausbruch des Krieges sofort den hier folgenden Abschnitt. Aber es war, und das begreift sich bei einem Blick in den Text, nicht möglich, innerhalb Deutschlands einen Verleger für diesen heftigen Ausbruch zu finden. Auch schien es mir aus verschiedenen Gründen nicht angezeigt, mit meinem Namen herauszutreten. Über dem Suchen nach einem Verlag verstrich viel Zeit, und die Bemühungen, Preußen zu übertölpeln, griffen immer mehr um sich. Da half Karl Vogt in Genf. Er teilte ganz meine Ansicht und hatte selbst eine Flugschrift im gleichen Sinne verfaßt.*) Durch seine Vermittlung wurde das „Juchhe" bei Reinhold Baist in Frankfurt a. M. heimlich gedruckt und mit der Verlagsangabe „Bern und Genf, Vogts Verlag, 1859" in Deutschland verbreitet. Ehe aber noch der Druck fertig war, war nun auch der Monat Juni vorübergegangen und Anfang Juli der Friede geschlossen. So empfahl es sich auch, dieses Ereignis noch zu berücksichtigen und die Schrift mit einem Anhang zu versehen, der jedoch im Nachstehenden, als weniger bezeichnend für den damaligen Meinungskampf, nicht wiedergegeben ist.

„Juchhe nach Italia" erregte ziemlich viel Aufsehen und Anfeindung. Julius Fröbel in seiner Flugschrift „Deutschland und der Friede von Villafranca" erklärte es für eine von der französischen Regierung bezahlte Arbeit. Der Name des Autors blieb, wenige Eingeweihte ausgenommen, unbekannt. Ich antwortete unter diesem Anonymat noch in einem „Offenen Brief an Julius Fröbel", der

*) Studien zur gegenwärtigen Lage Europas. Von Karl Vogt. Genf u. Bern. Selbstverlag des Verfassers, 1859.

als Anhang zu einer Broschüre H. B. Oppenheims „Deutschlands Not und Ärzte" im selben Jahr 1859 im Berliner Verlag von F. E. Huber erschien.

Das kleine Soldatenlied am Eingang des Textes hatte das spaßhafte Glück, mehrfach für echt genommen zu werden. Karl Braun berichtet in seinem 1870 (Leipzig, Duncker u. Humblot) erschienenen Band „Während des Krieges" das Nähere über einen Sammler, der es als einen interessanten Fund aus dem Nachlaß eines hessischen Soldaten glossierte, enthüllt aber dabei das Geheimnis der Autorschaft, indem er auch nachweist, daß die betreffende Parade nicht im Oktober 1775, sondern erst sechs Monate später abgehalten worden sei. Friedrich Kapp, der sich so eingehend mit der Geschichte des Soldatenhandels befaßt hatte, bat mich in einem Briefe aus New-York um Auskunft über das auch von ihm für echt gehaltene Lied.

Im Mai.

Juchheisa nach Amerika
Du Deutschland gute Nacht!
Ihr Hessen präsentiert's Gewehr,
Der Landgraf kommt zur Wacht.

Ade Herr Landgraf Friederich
Du zahlst uns Schnaps und Bier,
Schießt Arm man oder Bein uns ab
So zahlt sie England dir.

Ihr lausigen Rebellen ihr,
Gebt vor uns Hessen Acht!
Juchheisa nach Amerika
Du Deutschland gute Nacht!

(Ein schön und wahrhaftig Soldatenlied, so Anno 1775 am 19. Oktober zu Kassel auf der Paraden von denen abziehenden Militärs mit admirabler bonne humeur vor Ihro Durchlaucht gesungen worden).

Serenissimus saßen bei der Chokolade und prüften mit höchsteigenen Augen die neuesten von London eingelaufenen Subsidienrechnungen. Sie bestätigten, daß die Posten mit der berechneten Anzahl von verstümmelten Gliedern ihrer Soldatenlieferung nach dem übereingekommenen Tarif für Arm, Bein, Aug' oder Finger genau stimmten, und geruhten in landesväterlicher Huld einen nicht unansehnlichen Teil dieser Summen auf das Budget des ruhmreichen Karolinums und zur Verschönerung landgräflicher Parkanlagen, zu welchen an Sonn- und Feiertagen auch die getreuen Kasseler Bürger Zulaß hatten, auszuwerfen. Hierauf ließen Durchlaucht dero Leibschimmel vorführen und begaben sich zum Paradeplatz, wo der letzte Transport der an das Ministerium North verkauften Soldaten aufgestellt war, und den gnädigen Landgrafen mit einem wohleinstudierten: Juchhe nach Amerika! empfing. Was damals die kleinsten deutschen Landesherren mit ihren getreuen Unterthanen ausrichten konnten, das läßt sich auch heute noch mit einigermaßen veränderter Manier durchführen. Denn es ist bekannt, daß man dem wackeren Hessenfürsten Unrecht thut, wenn man glaubt, er allein habe diesen sauberen Menschenhandel betrieben. Hessenland war nur damals, wie zu aller und neuester Zeit, das erhabene Musterbild eines patriarchalischen deutschen Regiments. Waldeck, Anspach, Anhalt-Zerbst, Braunschweig und Hannover oblagen der nämlichen Industrie, und nicht bloß in den Vereinigten Staaten, auch am Kap und in Batavia kämpften die wackeren Deutschen für fremden Despotismus zur Bereicherung ihrer Souveräne. So verstanden allzeit deutsche Fürsten die Handfestigkeit ihrer Landeskinder für ihre Privatzwecke zu benützen, und so übten sie diese Kunst mit besonderer Vorliebe da, wo es galt die Ansprüche des Absolutismus gegen irgend ein nach Unabhängigkeit ringendes Volk zu verteidigen. Was wir heute sehen, ist ganz dasselbe Schauspiel, nur mutatis mutandis. Das Handgeld für die an Österreich zu leistende Hilfe gegen Italien wird zwar nicht in blanken Thalern verrechnet, allein die Triebfeder ist, wie damals, die Erhaltung und Befestigung der partikulären Landessouveränetät, welche durch eine nationale Bewegung des Kontinents und durch die Erschütterung des fundamentalen habsburgischen Absolutismus mit Recht bedroht erscheint. Und wie innig die Aufrechterhaltung ungeschmälerter Landessouveränetät mit der Vermehrung allerhöchster Zivillisten und Domanialgerechtsamen verwachsen ist, haben deutsche Stände seit 1849 weidlich erfahren können. Der fortgeschrittenen Bildung aber verdanken es die allerhöchsten Herrschaften, daß sie die zu einem lustigen Juchhe nach Amerika! begeisternde Schnapsverteilung nunmehr durch Gestattung burschenschaftlicher Lieder ersparen, und mittels aufgewärmten Franzosenhasses, mittels jesuitischer Umtriebe, besoldeter Zeitungen und herabgekommener Aktienbesitzer eine scheinpatriotische Erhebung in Szene setzen, deren Ausgangs- und Endpunkt in erster Linie die Erhaltung des habsburgischen Soldaten- und Pfaffen-Despotismus ist, in zweiter Linie die Erhaltung der darauf basirten Zersplitterung Deutschlands in dreißig souveräne Staaten. Ihr wütet für Habsburg gegen Italien und für eure absoluten Landesherren gegen Euch selbst und glaubt eine deutsche, d. h. einheitliche Erhebung zu feiern! O admirable bonne humeur!

Wie sie schreien werden — denn Schreien ist ja die Parole, und sie kennen den Zauber dieses Betäubungsmittels — wie sie schreien werden, die Schurken und Schwachköpfe aller Abstufungen, über den Einzelnen, der sich unterfängt, mit frecher Selbstgewißheit sein abstechendes Urteil als den Ausspruch des Menschenverstandes der Stimme einer Nation entgegenzustellen. Nun, es giebt solche Gewißheiten, es giebt Ueberzeugungen, die in Ruhe und Unbefangenheit abgewogen, das Bewußtsein in sich tragen, daß sie allein richtiger sehen, als eine rasende Gesammtheit, die am Ende auch nur von einigen Wenigen geführt, berauscht, gehetzt, sich einherwälzt. Und wer sind sie denn, die sich auf die große Mehrheit, auf die heilige Volksstimme berufen? Sind es die, welche ihr von jeher gehuldigt haben? Nicht doch!

Es sind die, welche von ewig her nur Hohn und Ungnade für die öffentliche Meinung an den Tag legten, welche nie das freie Wort ertragen konnten, welche den beschränkten Unterthanenverstand in zehnfache Bande zu schlagen für unentbehrlich erklärten, und das Recht klüger, besser und mächtiger zu sein als ganze Völker von einem Gott geerbt zu haben beteuerten. Jetzt aber, wo ihr sie braucht, die derben Arme der verachteten Massen, jetzt wo ihr nach euren wohlüberlieferten geheimen Rezepten sie berückt habt, jetzt soll ich Ehrfurcht hegen vor der erhabenen vox populi? Gemach, Ihr Herren! Wisset ihr, was eine öffentliche Meinung ist? Nicht das blöde Geschrei einer seit zehn Jahren geknebelten, erdrückten, zersetzten, demoralisirten Anzahl von Millionen. Nicht der hohle Widerhall jener allein privilegierten Irrlehren, welche seit zehn Jahren die Dunkelmänner aller Klassen in die Ohren der Nation hineinschreien durften. Nicht der Ausbruch des Giftes, welchen Ultramontanismus und Agiotage unbehelligt dem Volkskörper eingeimpft haben. Ja, wenn in diesen zehn Jahren, welche seit dem letzten National-Bankerott verflossen sind, ein freies Wort hätte in Deutschland erschallen dürfen, wenn gleiches Recht gegolten hätte für die Missionäre der Aufklärung, wie für die der Verdummung, ja, wenn eine Masse da wäre, die man nicht alles politischen Denkens mit Gewalt entwöhnt hätte, ja und wenn dann eine öffentliche Stimme sich erhöbe und mit Alleinigkeit ihr Wort erschallen ließe, wer wollte sich nicht in Demut beugen und seinen Irrtum bekennen? Aber nimmermehr vor diesem eingetrichterten Gebrüll entwürdigter Unterthanen, hinter welchen die ganze Meute wohlabgerichteter Hetzhunde einherbellt — nimmermehr! Meint ihr, die Herren hielten so ganz umsonst auf die ausschließliche Gewalt, die Presse zu besitzen, die Lehrer zu ernennen, die Schulen zu regieren, die Bücher zu zensieren, die Klöster zu stiften, und unwidersprochen Jahr aus Jahr ein ihr

Lied ertönen zu lassen? Meint Ihr, daß sei blos aus Brodneid auf die Beredtsamkeit ihrer Nebenmenschen und aus Wohlgefallen an ihrer eignen Suada? Nicht doch! Sie wissen es recht gut, daß man ein Volk vergiften, verfälschen, verdummen kann. Und wenn alles künstlich präpariert und einstudiert ist, dann sollen wir die Macht der Wahrheit aus diesem Präparat empfangen, das ihr Volk zu nennen beliebt, wenn ihr Blut und Thaler braucht?

Die Stimme des vereinsamten freien Menschenverstandes will nicht verstummen vor diesem mit hoher obrigkeitlicher Erlaubnis veranstalteten Gebrüll zu Gunsten habsburgischer Despotie und deutscher Zaunkönige.

Denn, rund heraus sei es gesagt: nicht um Italien handelt es sich für uns, nicht um Bonaparte; es handelt sich um Deutschland, um Deutschlands Wohl, um die Einheit, welche nicht an der Eider und nicht am Po ihre gefährlichsten Feinde hat, sondern an der Donau, und überall da, wo ein Duodeztyrann jetzt Wachtparaden mit Kaiser-Franzens-Hymnen aufführen läßt.

Mit Recht ist es gesagt worden. Das Beste, was jetzt geschrieben werden könnte zur Aufklärung Deutschlands, das wäre eine kurze, handgreifliche, volkstümliche Geschichte des Hauses Habsburg. Ja, wenn sie Geschichte kennten! Man hat es oft genug gerügt, wie arm die deutsche Litteratur an großen historischen Talenten sei, aber es ist noch selten zu Gemüte geführt worden, wie innig verwebt diese schlechte historische Erziehung mit dem Unglück deutscher Nation ist. Geschichte! Als brauchte es Geschichte! Ist Malmö und Friederizia Geschichte? Ist Ollmütz Geschichte? Ist Bronzellen Geschichte? Sind alle die rettenden Thaten von Wien bis Hessen-Kassel, sind die Kriegsgerichte und Spinnhäuser als letztes Siegel auf die Einheitsbestrebungen der Nation Geschichte? Ist das Konkordat mit den Jesuiten Geschichte? Lebendige, brennende Gegenwart, frische Schamröthe um verlorene Anstrengungen, Schmach und gebrochene Worte und zerrissene Verträge, Thränen, die noch fließen sollten um edle Opfer, Blut, das noch dampft, Ketten, die noch klirren, — Geschichte, welcher Lebende braucht von Geschichte was zu wissen, der nicht Gedächtnis und Verstand zugleich verloren hätte!

Aber nicht einmal das Gedächtnis zu verlieren, giebt es eine Ausrede. Nehmen sich doch die Herrschaften selbst die Mühe, die glorreiche Erhebung von 1813 anzurufen, als wären diese Jahre des Aufschwungs und der Hingebung nicht unzertrennlich und jämmerlich verbunden mit den Jahren 1815 bis 1818, 19 und alle folgenden, mit der Abläugnung aller Verheißungen, mit der Verfolgung aller Wackeren, mit der Erstickung aller guten Keime. Ja, das, das darf man dem deutschen Michel bieten, wenn man von Gottes Gnaden ist und ihm über die Polizeistunde hinaus zu singen erlaubt. Hätte man doch beinah die Stirne, ihn an 1848 zu erinnern und lassen gewisse Wiener Hofdemokraten schon leise durchblicken, daß man in der Burg die Reichsverfassung noch nicht ganz vergessen habe und mit einer großdeutschen Auferstehung schwanger gehe. Welch ein entsetzlicher Verlust, daß gerade jetzt der Johann*) gestorben, und wo wird man den Reichshanswursten im Tyrolerröcklein hernehmen, um eine gemüthliche Verwesung einzusetzen, bis daß wieder die Stunde gekommen sei, die Puppe in den Kasten zurückzuschieben und dem Spaß in Frankfurt mit einigem Ernst von Pulver und Blei in der Brigittenau**) ein Ende zu machen! Ja, das alles habt Ihr vergessen und noch viel mehr, wer könnte es aufzählen das Register groß- und kleindeutscher Eidbrüche und zerbrochener Werkzeuge? Und möget Ihr immerhin vergessen, wenn ihr nur denken

---

*) Der Reichsverweser Erzherzog Johann.

**) Zu Wien, wo Robert Blum erschossen wurde.

wolltet, nur ein klein bischen armseliger Logik, nur den einfachen Satz der Kriminalistik zur Anwendung bringen wolltet: Js fecit cui prodest, d. h, der ist der Thäter, welcher den Nutzen davon hat. Ist es Euch denn noch gar nicht eingefallen, warum die Herren von Bayern, von Nassau, von Hannover, ja sogar von Kurhessen auf einmal so wütig patriotisch geworden, warum auf einmal aus dem Mund dieser teilungsseligen Selbstherrscherlein das große ganze Deutschland so armsdick hervorquillt, und warum sie beinah dem Gedanken nahe kommen, die schwarzrotgoldene Fahne nicht mit dem Zuchthause zu bedrohen?

Merkst du denn gar nichts teurer Michel? Ach, du merkst es wohl, aber du willst es nicht merken. Es ist so selig, auf Anstiften einer hohen Obrigkeit zu brüllen! Das ist das ganze Geheimnis. Ist denn diesem Volk wirklich noch zu helfen! Einem Volk, das nicht in Hohngelächter ausbricht, wenn Habsburg von deutschen Brüdern spricht, einem Volk, das nicht stutzig wird, wenn die Jesuiten von Nationalität predigen, einem Volk, das nicht in Unwillen gerät, wenn seine Winkeldespoten das Vaterland in Gefahr erklären? Seht ihr denn nicht, was in Gefahr schwebt? Die österreichische Hausmacht schwebt in Gefahr, das böse Prinzip Deutschlands, und darum alles, was zusammenwurzelt mit diesem bösen Prinzip, die Vielherrschaft, die Zerstückelung, die Dunkelheit, der Jesuitismus, der Rückschritt und die Luderwirtschaft des patriarchalischen Polizeiregiments in allen Graden und Formen. Wahrlich, eine Nation, die nicht von Abscheu und Ekel ergriffen wird, wenn österreichische Kaiser von deutschen Brüdern und von nationaler Einheit sprechen, ist schwer zu retten. Ist auch nur ein Schimmer von Möglichkeit vorhanden, daß ein Habsburg anderes wollen könne, als die Ohnmacht deutscher Stämme, als die Verläugnung aller Nationalität? In demselben Augenblick, wo der Herr von Buol ein Rundschreiben an die europäischen Kabinette erläßt, in dem er das Prinzip der Unabhängigkeiten als eine lächerliche Utopie verhöhnt, damit er beweisen könne, daß Italien naturrechtlicherweise unter den slavisch-deutschen Stock gehöre, im selben Augenblick trinkt er mit Deutschland Brüderschaft im Namen der heiligen Blutbande! Ist das nicht Wahnwitz? Und wer hat 1815 und die Schandkarte von Deutschland gemacht? Wer hat die Profoße geliefert, welche die oberste Fuchtel über deutsche Zerstückelung und Entnervung führten, wer hat die Metterniche und Münchbellinghausen geliefert? Wer mußte sie liefern, um nicht von einem wahrhaft verkörperten Deutschland zur Seite geschoben zu werden? In der That, wer nicht aus der Geschichte gelernt hat und nicht mit dem Verstande begreift, daß eine österreichische Hausmacht kein einiges, mächtiges Deutschland vertragen kann, dem ist allerdings nichts besseres zu raten, als daß er in Gottes Namen den Beruf deutscher Nation als getreuer kurhessischer Unterthan erfüllen helfe.

Und da glaubten wir, im Jahre der Gnade 1848 sei Deutschland dumm gewesen. Wie groß steht diese Zeit der Erleuchtung doch neben der heutigen! Damals hörte man noch mit Wuth und Verachtung vom Frankfurter Bundestag sprechen, als vom Urquell alles Bösen! Jetzt aber liegen wir seelig in den Armen dieser Bruderanstalt! Oder ist der Bund etwas Anderes als Österreich? Der Repräsentant des österreichischen Korporalstocks in Deutschland, die kaiserlich privelegirte Mutterloge aller Zerstückelung, aller Knechtung und Knebelung?

Österreich braucht Italien, wie alle seine fremden Völker, um mit dem fremden Gewicht auf Deutschland lasten zu können, und weil die Gefahr ausbricht, ihm das Rutenbündel zu entreißen, mit dem es uns zu Paaren treibt, deswegen stehen wir für es auf und können den Augenblick nicht erwarten, bis wir den Märtyrertod für unsern Zuchtmeister sterben. Und wie sie schüren, wie sie jauchzen die guten Landesväter, wie sie patriotisch glühen! Natürlich, sie wissen warum, nur gar zu gut! Österreich ist der Fels, auf dem ihre Kirche steht, Österreich der Eckstein des Kerkers deutscher Einheit und Freiheit, dessen vierunddreißig Zellen sich öffnen würden, wenn die schwarzgelbe Fahne in Frankfurt herabgerissen würde, wenn einer rein deutschen Macht die Möglichkeit in den Schoß fiele, den faulen Plunder raubritterlicher Souveränetäten mit einem kräftigen Stoße in alle Winde zu zerstreuen und aus Deutschland einen wirklichen Staat zu machen. Darum singt Wittelsbach deutsche Lieder, darum hält Nassau Wachtparaden, darum veranstaltet Hessen-Darmstadt Nationalgeistsausbrüche. O diese Wackern! Wie sie vor Rußland, wie sie vor Frankreich krochen, als der Wind des Despotismus von der Newa und der Seine her blies. Jeder schickte seinen winselnden Tribut zu dem Gesellschaftsretter in den Tuilerien und errichtete dem Zaren einen Hausaltar. Jetzt aber sind sie Franzosenfresser und Slawophoben geworden. Derselbige darmstädtische Herzog, welcher jetzt gegen das russenfreundliche Bündnis wappnet, verschrieb sich einen französischen Credit Mobilier aus Paris und führte russische Klassifizirung und Uniformirung in seinem Ländchen ein, um dem Kaiser Nikolaus näher zu rücken. Ja auch Kurhessen, erhabenen Sinnes, wird deutsch begeistert, vom edlen Hannover nicht zu reden, lauter Schwärmer für Einheit und Fortschritt. So auch die württembergische Reichsritterschaft, welche mit einer Hand ihre modrigen Pergamentsprivilegien und mit der andern das deutsche Einheitspanier trägt. Je mehr sich einer um die Entmündigung, Kränkung, Niedertretung deutscher Nationalität verdient gemacht, desto lauter schreit er jetzt. Ja ihr Herren, wenn Deutschland nicht zu ewiger Blödheit verflucht wäre, es könnte euch schön zu Leibe rücken; wenn dem Habsburger Geier die Krallen abgehackt, wenn die kleineren Raubvögel aus dem Schutze seiner Fittiche herausgejagt, wenn das Zion des Jesuitismus gebrochen, wenn die Stimmen der Nationen ringsum laut würden, und dann — ja, wenn das möglich wäre! — wenn in Preußen ein Funke von Ehrgeiz, Mut und Aufschwung aufloderte, allerdings dann könnte aus der Fabel Deutschland eine Wahrheit werden, — aber dann hieße ja deutsch sein nicht blind sein, und Elend wäre nicht unser Erbtheil.

Was am meisten bei dem ganzen Vorgang empört, das ist zu sehen, auf welche Manier künstlich und diabolisch eine öffentliche Meinung gemacht werden kann, welche gar nicht naturgemäß aus dem eigenen Wesen des deutschen Volkes entspringt. Das gesammte Ausland, welches dermalen unter dem Glauben lebt, es handle sich bei uns um eine großartige spontane Erhebung, um einen lebendigen Ausbruch innerer Gluthgefühle, möge immerhin in diesem Wahne befangen bleiben. Es möge uns dieser Wahn in seinen Augen noch mit einer gewissen Glorie umgeben, denn ein freiwilliger und mit edlem Selbstgefühl zusammenhängender Irrtum gleicht doch von ferne einer Äußerung nationalen Lebens. Aber unter uns dürfen wir uns gestehen, daß der ganze Sturm nur künstlich zusammengeblasen nnd aus den kläglichsten Elementen aufgewirbelt ist. Im deutschen Charakter liegt weder der glühende Nationalhaß gegen das Ausland, noch die katholische Bigotterie, noch die Eroberungs- und Herrschsucht über fremde Völker, welche jetzt auf Anordnung der österreichischen Polizei überall in Musik gesetzt und in den Gassen losgelassen werden. Der Deutsche — das ist ja bekannt — ist kosmopolitisch, anerkennend und vorurteilsfrei. Die Berserkerwuth, die man ihm jetzt einredet, ist nur mit bornirtem Nationalgefühl vereinbar, von dem er nichts weiß. Aber das ist das Kläglichste in der Weltgeschichte, daß die großen Massen nicht einmal selbst die Vorurteile erzeugen, mittelst deren man sie zum gefügigen Spiel- und Werkzeug ihrer Herren macht. Nicht die Blutströme sind das Traurigste in den Annalen der Menschheit, sondern die vergifteten Quellen, denen sie entspringen. Wie in den Religionskriegen die Völker von Fürsten und Pfaffen für dogmatische Spitzfindigkeiten fanatisirt wurden, um Hofinteressen, Klostergüter und Landeshoheiten zu verteidigen, so wird jetzt ein antifranzösischer und antiitalienischer Rassenhaß eingetrichtert, um Habsburgs Gut mit deutschem Blut und kurhessische Souveränetät mit einer Intervention in der Lombardei zu verteidigen. Ist doch der ganze Wahnwitz des Nationalhasses nur ein Vermächtnis der Feudalherrschaft und der Unersättlichkeit adliger Raubritterschaft, welche der Plünderung fremder Länder zu lieb das edle Kriegshandwerk ergriff und durch die Konsequenz hundertjährigen Unfugs das Ungetüm der Nationalfeindschaften großgezogen hat. War der Bauer in der Normandie jemals lüstern nach den Feldern seines Unglücksgenossen in der Pfalz, oder träumte der Handwerker in der Lausitz von dem Besitz der Gefilde am Po und am Tessin? Nein! Aber Monarchen und Raufbolde, welche von Hofhistoriographen zu erhabenen Erscheinungen gestempelt worden, schleppten in erbarmungsloser Unersättlichkeit den Bauernsohn vom Pflug hinweg (wenn sie ihn nicht lieber gradezu für blankes Geld verkauften) und zwangen ihn, sich auf den gleich elenden Bauern eines andern Landes zu werfen, und nachdem das zwangsweise gegenseitige Morden und Plündern zum Ruhm und zur Bereicherung einiger erlauchten Häuser ehrwürdig historisch geworden, ist es auch dahin gekommen, daß die armen Teufel verschiedener Zungen sich einen ewigen Haß nachtragen, welcher jedoch nur dann angefacht wird, wenn es den Interessen der Herrschenden dient, die selbst aufgeklärt genug sind, um zu anderen Zeiten mit ihren ausländischen Vettern im herzlichsten Einverständnis zu leben. Um nicht vom glorreichen Rheinbund zu reden, welche süße Eintracht mit Rußland und mit dem jetzigen Napoleon haben wir nicht selbst erlebt, als es sich darum handelte, mit Hilfe der europäischen Zentralpolizei die eigenen getreuen Untertanen zu maßregeln, welchen man jetzt mit solcher Entrüstung den Erbfeind denunzirt. Die Deutschen vollends sind noch mehr als jeder andere Stamm frei vom barbarischen Fremdlingshaß und gar von dem Ehrgeiz, nach Außen zu herrschen. Wie könnte auch in einem Volk, das nie zu einer staatlichen Organisation und zu nationaler Einheitsform gekommen ist, der Drang bestehen, fremde Länder zu unterjochen? Ehe wir fremdes Gut besitzen wollten, müßten wir doch uns selbst besitzen. Aber die gelehrte Burschenschaftsmaskerade will uns jetzt weiß machen, wir hätten von jeher den Beruf gefühlt, über Italien zu herrschen, weil deutsche Landsknechte für Sold und Plünderungsrecht in Italien hausten! Als hätten sie nicht auf allen Seiten für und wider jedes Land und jeden Herzog hundertmal in derselben Schlacht sogar gegeneinander gekämpft, in Frankreich, in Italien, in Spanien und wo nicht? als hätten die Schweizer, die Schotten und alle abenteuer- und rauflustigen Völkerschaften nicht dasselbe getrieben! Wenn die Deutschen der Stimme ihres eigenen Rechtsgefühls und dem Vernunftschluß aus ihrer ganz gleichartigen Unglückslage folgten, so würden sie der italienischen Einheitsbestrebung aus tausend Kehlen zujauchzen.

Aber wer das jetzt ausspricht, der wird als sentimentaler Faselhans niedergeschrieen. Denn in diesem politischen Kunstgriff liegen abermals zwei Geheimnisse der modernen Volksausbeutung begraben. Einmal das Niederschreien überhaupt. Wo die Herren einen Grundsatz hervorkeimen sehen, der ihnen im innersten Mark gefährlich werden könnte und dessen logische Konsequenzen bei einiger ungestörter Erörterung mit zwingender Beweiskraft ihnen zu Leibe rücken möchten, da geben sie ihren Claqueurs die Losung, beim ersten Wort mit solchem anscheinenden moralischen Unwillen loszubrechen, daß vorab keine Stimme hörbar werde, und daß sodann der verblüffte Philister aus der himmelhohen Entrüstung des tonangebenden Auditoriums auf die Ruchlosigkeit des lautgewordenen Gedankens und auf die Ungeheuerlichkeit seiner eigenen Versuchung bei Duldung solcher Blasphemieen schließen müsse. So war es unter der bourbonischen Dynastie peremptorisches Stichwort, jede Erinnerung an den Konvent niederzuschreien; so wurde Ruge niedergeschrieen, als er zum ersten Mal gegen Österreichs Herrschaft in Italien sprach. Etwas Bestialität steckt ja immer im Menschen, und wenn man ihm das Toben noch gar zur Ehrensache macht, so hat man doppelt leichtes Spiel.

Auch hat man in neuester Zeit die Ausrottung finsterer Vorurteile damit zu hemmen verstanden, daß man die Anfeindung überlieferter Barbareien als unreife Sentimentalität lächerlich zu machen bemüht war. Wenn Gut und Blut für irgend einen angestammten Landesquälhans gebraucht wurde, da war kein Gefühl zu stark, keine Thräne zu heiß, keine Treue zu schwärmerisch. Ein ganzes Ländchen mußte in Rührung schwimmen, wenn die allerhöchste Schwiegertochter glücklich in die Wochen gekommen. Aber handelt es sich um Abschaffung entmenschender Prügelstrafen, um Reinigung mittelalterlicher Halsgerichtsordnungen, welche mit dem Geiste des übermütigen Junkertums innig verwandt sind, so ist jede Humanität und Nachsicht unpraktisches und schädliches Gefühlswesen. Gleicher Weise wird jede Teilnahme für die von Grund aus berechtigte Erhebung Italiens gegen Österreich als unstaatsmännische Jugendeselei verhöhnt, während es doch auf der Hand liegt, daß Sardinien dieselbe Sache verficht, welche Preußen verfechten müßte, wenn Deutschland zu einer Existenz kommen sollte. Brutalität aller Art als Urkraft und Gesundheit propagieren, das haben die hochobrigkeitlichen Stimmführer allzeit meisterlich verstanden, wenn es sich nicht etwa darum handelte, über die Schreckensherrschaft der Revolution und die Blutgier der Demokratie Ach und Wehe zu schreien. Noch abgeschmackter als die falsche Starkgeisterei ist das Klugthun der realistischen Politiker, welche mit volkswirtschaftlicher Nüchternheit die Unentbehrlichkeit eines habsburgischen Territorialbesitzes in Italien nachweisen.*) In der That, Österreichs wirtschaftliche Blüte ist ein schöner Beweis für den Segen seines Status quo. Es ist kaum glaublich und doch wahr, daß es eine Zeit lang beinahe Stichwort gewesen, dem Fluch österreichischer Verfinsterungspolitik den Segen des materiellen Wohls als Kompensation entgegenzusetzen. Hat wirklich eine Art, dieses materielle Wohl! Ein Land, das in den Krieg hineingeht, verblutet und verarmt, wie sonst kaum eines aus langem Krieg heraus gekommen. Assignaten, allgemeiner Landesbankrutt vor dem ersten Schuß! Ruinirte Industrie, entehrter Handel, Unmöglichkeit des Verkehrs mit dem Ausland. Das sind die Vorteile, welche einem halben Jahrhundert des Friedens unter dem Schutze des Mönchs- und Polizeiwesens entsprossen sind, und welche ganz Deutschland drohen, wenn es die schwäbischen Reichsstände und süddeutschen Curialstimmen dahin bringen, daß habsburgisches Regiment siegreich über den Bund ausgedehnt werde. Ein Land, das alle seine Unternehmungen mit fremden Kapitalien gründen, das um von der Hand in den Mund zu leben, seine Eisenbahnen eine nach der andern um den halben Kostpreis versilbern, seine Domänen ver-

---

*) Einer der banalsten Trugschlüsse in der Nationalökonomie ist, daß man ein Land besitzen müsse, um in vorteilhaften Handelsbeziehungen mit ihm zu stehen. New-York war wohl fruchtbarer für Liverpool als es noch einer englischen Kolonie angehörte? und Augsburg und Nürnberg hatten keinen blühenderen Verkehr mit Venedig als dieses noch nicht dem österreichischen Bruderstaat einverleibt war? Lasset Oberitalien dem habsburgischen Bettelmönchsregime entzogen sein, und es wird euch bessere Zinsen abwerfen, als wenn ihr es unter der soldatischen Fuchtel zur Verarmung führet, wie die anderen österreichischen Provinzen.

pfänden, seine Kreditinstitute notzüchtigen muß, welches, wie ein recht liederlicher Junker, die Waare bei dem einen Wucherer borgt, um sie daneben beim andern um den Drittelswert zu verpfänden! Arbeitet zehn Jahre an einer Valuta-Regulirung, um das Ideal der gothaischen Einheit von Münz, Maß und Gewicht ins Werk zu setzen, und kann die Maskerade seiner Baarzahlungen nicht vierundzwanzig Stunden auf den Beinen halten, trotzdem bei Stockprügelstrafe verwarnt ist, von einer kaiserlichen Bank Silber gegen Papier zu verlangen. Das sind die Vorteile, welche Deutschland von Österreichs Wohlstand mitgenossen. Hätte es nicht einen Soldaten auf je zehn italienische Untertanen ernähren müssen, so hätte es seine Schulden bezahlen können, und halb Süddeutschland wäre jetzt nicht um ein gut Teil ärmer. Die Armee hat das Land aufgefressen, die Armee hat dem Boden die Hände entzogen, und die Armee war für Italien unentbehrlich. Das sind die vielgerühmten materiellen Segnungen. Oder ist es vielleicht gar die germanische Seeherrschaft in adriatischen und levantinischen Gewässern, welche von der habsburgischen Zwingherrschaft in Italien bedingt ist? Denn wenn man mit pausbackigen Seehanswurstiaden kommen kann, ist ja der Marineburschenschäftler gleich siegesberauscht. Da habt ihr sie eure österreichische Marine, das berühmte Hapax Legomenon der einzigen unteilbaren Fregatte, deren Husarenbemannung regelmäßig einmal im Jahr ersäuft, worauf dann ein erzherzoglicher Seewolf zur Stelle ans Ufer eilt, um durch höchsteigne Ortsbesichtigung ein persönliches Opfer zu bringen (nicht zu gedenken, des unter allerhöchster kaiserlicher Fürsprache alljährlich erneuerten Pensionsgesuchs des Marinerats Jordan). O ihr praktischen Gimpel, wenn ihr vergleichen wolltet, was die kleine Republik Venedig zur See ausgerichtet, und was der Koloß Österreich mit denselben Häfen zu Stande gebracht hat. Überall nichts als Elend, Unfähigkeit, Verrottung; und das

Alles blüht auch uns, wenn es gelingt, uns noch mehr, als wir es schon sind, unter die habsburgische Oberhoheit zu stellen. Denn darum handelt es sich, und darum im besten Fall, nämlich wenn wir mit Österreich siegen; denn was uns passirt, wenn wir mit Österreich geschlagen werden, davon mag gar keine Rede sein. Aber nehmen wir an, das große Nationalwerk gelingt, Deutschland wird in den Angriffskrieg gegen Frankreich verwickelt, und Österreich verdankt die Erhaltung seiner Integrität den Umtrieben deutscher Kleinfürsten und ultramontaner Pfaffen. Dann wird es erst recht klar werden, wie der österreichische Despotismus in der deutschen Vielstaaterei wurzelt, wie ihm zu Liebe Preußen erniedrigt und erdrückt werden muß, und dann wird eine Bruderseligkeit zwischen neuen Metternichen und deutschen Landesvätern aufblühen, dergleichen noch nicht dagewesen.

Das ist der Kern der Frage, um die es sich jetzt handelt. Welche geringe Vorstellung man immer von dem Verhältnis habe, in welcher das gegenwärtige preußische Herrschergeschlecht seiner deutschen Aufgabe gewachsen ist, wie viel Wahres auch an der süddeutschen Antipathie gegen märkischen Intelligenzdünkel sei — das ist und bleibt doch der einzige Ausweg aus Deutschlands Jammerzustand, daß Preußen möglichst weit das Raubstaatensystem absorbiere. Wie wenig Zutrauen man immer in dynastische Einigungs- und Befreiungs-Methoden setze, es ist nicht zu läugnen, daß nach der erbärmlichen Niederlage von 1848, von Berlin aus noch mehr Hoffnung auf einen glücklichen Ausgang winkt, als von einem Frankfurter Parlamente aus. Und dann handelt es sich jetzt gar nicht um die Wahl zwischen zweierlei Mitteln. Zu einem von unten auf anhebenden Befreiungs- und Vereinigungs-Versuch liegt nicht das geringste Material da, wogegen noch nie eine so günstige Gelegenheit vorhanden war, die preußisch deutsche Bewegung vorwärts zu schieben. Es handelt sich nicht um Ab- und Zuwägen, es handelt sich ums

Ergreifen der günstigen Umstände, welche unter den gegebenen deutschen Verhältnissen nur überhaupt denkbar sind.

Damit Preußen diesen Rettungsversuch unternehmen könne, muß Habsburg anderwärts beschäftigt und entkräftet sein. Je näher man die Situation ins Auge faßt, desto unschätzbarer und verlockender erscheint sie. In ruhigen Zeiten würde ein preußischer Ausdehnungsversuch an Deutschlands Nachbarn lauter entschiedene Gegner finden. Alle diplomatischen Traditionen der alten europäischen Scheelsuchts- vulgo Gleichgewichtspolitik lauten auf die Notwendigkeit: Deutschland, wie jeglichen Nachbarn durch Teilung und Zersplitterung darnieder zu halten.

Es war stets und wird stets das System Rußlands, Frankreichs und Englands bleiben, sich Österreichs gegen preußische und Preußens gegen österreichische Fortschritte zu bedienen. Die Geschichte Deutschlands seit 1815 ist nichts als eine Reihenfolge solcher Intriguen. Nun auf einmal sind die beiden gefährlichen Nachbarn einem entschiedenen Vorangehen gewogen, sie sind nicht blos bei dem Überwiegen Preußens über Österreich sondern, was noch seltener der Fall war, bei dem Unterdrücken der kleinen fürstlichen Kläffer direkt interessirt — und diese Gelegenheit, seine ärgsten Widersacher los zu werden, sollte sich Deutschland entgehen lassen! Endlich auch sind die innern Verhältnisse Preußens gerade momentan in einem so glücklich disponirten Stadium, wie dies bei der Halbheit und Zweideutigkeit der Berliner Politik überhaupt nur denkbar ist. Nach Beseitigung eines Regiments, welches von augenverdrehenden Junkern mit Hilfe einer Bande von Polizeispionen, Agents provocateurs und sonstigem Gesindel à la Gödsche, Ohm und Lindenberg dirigirt worden, tritt eine neue Regierung auf, welche zum mindesten einigen Ehrgeiz — das Einzige was Deutschland hoffen kann — zu hegen versprochen hat. Während Rußland und Frankreich gezwungen sind, diesem Ehrgeiz Vorschub zu leisten, ist England durch Familienbande verhindert, solchen Widerstand in den Weg zu legen, als es sonst wohl zu thun versucht wäre. Und alles das trifft sich glücklicher Weise vor Ablauf des ersten Dezenniums nach Deutschlands letztem Rettungsversuch. Ja, man hätte hoffen dürfen, daß wir noch nicht so ganz und gar vergessen hätten, was wir vor zehn Jahren geträumt, und welche unerhörten Mißhandlungen, Enttäuschungen, welche Abläugnungen und Niedertretungen wir seitdem erfahren haben. Ja man hätte es hoffen dürfen, aber Deutschlands Unstern — so scheint es — ist mächtiger als alle Kombinationen, welche uns das Glück in den Schoß wirft. Wie kommt es, muß man sich fragen, wie ist es nur möglich, daß eine eben aus der Schule der teuersten Erfahrung hervorgegangene Nation ihr Heil so mit Füßen treten, ihre Erlösung mit Wut von sich stoßen könne? O König Lear, o König Lear, wie sehe ich dich dereinst, die Haare ausraufend in der Wildnis irren, wenn dich die vorgezogenen Töchter Austria und Bavaria mit Peitschenhieben werden von ihrer Thür jagen lassen!

Freilich erklärt sich zum Teil aus der großen Möglichkeit der Rettung die Größe der Gefahr, denn die Kleinfürsten und ihr Anhang, welche die Dinge viel besser verstehen als ihre getreuen Unterthanen, setzen Himmel und Erde in Bewegung um die öffentliche Meinung auf den österreichischen Abweg zu führen. Jetzt hört man auf Hofburgen, auf Wachtparaden und Regierungsbänken nichts als Deutschland und Brüderschaft rufen. Das erbärmliche Nassau, welches, um eine landesangehörige Dorfschenke zu protegieren, jahrelang sich dem Anschluß nachbarlicher Eisenbahnen widersetzt; welches um einiger Thaler Einkünfte wegen die Aufhebung der Rheinzölle verhindert und in souveränem Starrsinn, gegen den Willen aller größeren Uferstaaten den deutschen Strom veröden läßt, diese Duodeztyrannen, Spielbordellbesitzer und kaiserlich russischen Regimentsinhaber machen jetzt schwarz-rot-goldnen Patriotismus, — und Deutschland berstet nicht vor Lachen! Oder sollen wir an die edlen Aufwallungen von Hessen-Kassel glauben, oder an bayerische Staatsstreichler, welche ihre Nachtmützen-Konstitution noch zu wild finden, um nach erhabenem Bon plaisir zu regieren! O Schilda, mein Vaterland!

Aber wenn ein Landesvater deklamiert, wer möchte da widerstehen, und wenn eine hohe Obrigkeit die patriotischen Lieder bis auf weitere Zuchthaus-Konstellationen freigiebt! Stehen nun gar neben der Landespolizeibegeisterung die katholischen Pfaffen, die man auch in protestantischen Ländern seit 1849 stets nach Belieben schalten und verdunkeln ließ, kommen endlich die „besten Männer" stets von ihrem Instinkt herbeigeführt, da wo eine Eselei zu begehen ist, und getreu ihrem Beruf des ungefährlichen und impotenten Patriotismus und der Vertrauensseligkeit; gesellt sich zu allem dem die heilige Truhe, von deren Grund hohnlachende österreichische Schuldverbriefungen hervorgähnen: welch ein Rezept für eine öffentliche Meinung zu Habsburgs Erlösung!

Steht Einer auf und will an alles das erinnern, so wird er zuerst natürlich niedergeschrieen; als bezahlter Verräter, Franzose, Pole, Jude von der „Augsburger" denunziert, die zur Stunde nur österreichisches Geld anerkennt, (dafür giebts nämlich immer noch Silber in den Kassen.) Ist aber schließlich den Argumenten doch nicht auszuweichen, so kommen die beliebten Theorien, die man je nach Umständen bald aus dem Sack herausholt, bald wieder hineinsteckt. Da heißt es vorab: aller innere Zwist muß schweigen, wenn es sich um äußere Feinde handelt. Mit Verlaub, es wird zwar große sittliche Entrüstung aufwirbeln, aber ich nehme mir die Freiheit doch zu bemerken: der innere Feind ist bei weitem gefährlicher als der fremde, eine Stiefmutter, die mit Vergiftung droht, ist unendlich gefährlicher als ein Nachbar, der mich berauben will, und zuerst suche ich mich der Stiefmutter zu entledigen. Je näher mir ein Feind steht, desto hassenswerter und verderblicher ist er, und alles Böse, was Frankreich schon an Deutschland verschuldet hat, ist ein Sandkorn, wenn zu Österreichs hundertjährigem Giftmischersystem verglichen. Während — wie schon oft bemerkt worden — ein Angriff von außen zuweilen eine heilsame Aufrüttelung innerer Kraft nach sich zieht, giebt es gegen das infame Erstickungs- und Erstarrungs-System innerer Blutsauger keine Schadloshaltung. Es frißt beständig um sich, und wächst im Wirken. Habsburgs Despotismus und Jesuiten-Allianz ist hundertjährig*) und endlos, Frankreichs Angriffe sind periodisch, dem Systemwechsel und den Machtbedingungen unterworfen. Österreich ist hundertmal tötlicher für Deutschlands Größe als Frankreich, zunächst aber handelt es sich gar nicht um französische Angriffe. Der Angreifer ist vorerst Österreich und gegen den ersten Angreifer sich zu verteidigen, verlangt der gesunde Menschenverstand; Oesterreich droht uns mit dreifacher Gefahr, einmal indem es den Kampfplatz von seinem oberitalienischen Boden in das Rheinland herüberspielen, indem es unsere Länder statt seiner Länder verwüsten, mit unserm Geld statt mit seinem Nichtgeld die Kroaten ernähren will; zweitens indem es aus der Kalamität eines österreichisch-französischen Kriegs die ungleich größere eines Universal-Krieges schaffen möchte, denn die auf jeden Fall bankerotte und gefährdete Monarchie hat ja doch nichts zu verlieren; drittens schließlich und hauptsächlichst aber indem es durch das in Wirkung gesetzte Solidaritätsverhältnis mit seinen fürstlichen Satrapen und durch die Überstimmung Preußens ganz Deutschland in die Tasche stecken würde. Und das alles sollen wir hinnehmen, ja sollen

*) Die Anhänglichkeit für diesen (Jesuiten-)Orden ist in der Familie Habsburg erblich geworden, schrieb Kaiser Joseph II. 1770 an Choiseul.

mit Heißbegierde, Feuereifer und Glutbegeisterung danach greifen — alles um einer französischen Diversion am Rhein zu entgehen, für die im Augenblick noch nichts als nur halbe Wahrscheinlich spricht! Es wäre ebenso langwierig als müßig, dermalen abzuwägen, was für und wider eine solche Wahrscheinlichkeit aufzubringen sei. Wer kann die tausendfachen Kombinationen voraussehen, die im Verlaufe des Weltengangs in die Ereignisse eingreifen, wer kann den Einfluß des heute noch ganz Ungeahnten auf den Gang der Geschichte ausrechnen? Gewiß ist nur eine Gefahr, das ist die: Deutschland zunächst, und dann Europa durch unsere freiwillige Einmischung mit den Schrecknissen und Verwüstungen des Krieges heimzusuchen, und alsdann im besten Fall, im Fall eines österreichischen Obsiegens, den habsburgischen Stock und die jesuitische Kamarilla definitiv zum Maßstab deutscher Geschicke einzusetzen. Die Gefahr eines Angriffes von außen besteht jederzeit für jeden kontinentalen Staat; sie bestand für Deutschland von französischer Seite her vor der heutigen Verwicklung, und wird nach Beseitigung derselben bestehen, so lange das europäische Festland ein System von Militärstaaten bleiben wird. Aus Furcht vor solchen Angriffen, auf seine Nachbarn offensiv losgehen zu wollen, hieße sich zu einem permanenten Kriegszustand verdammen. Freilich hat es die Soldatenherrschaft allerwärts schon dahin gebracht, daß der Normalzustand von Europa in gewissen Proportionen diesem ewigen Kriegszustand entspricht, indem jeder Staat Jahr aus Jahr ein fabelhafte Armeen unterhält und fortwährend seine Rüstungen ausdehnt, infolge deren die wechselseitige Beobachtung und Balanzierung dieses Unwesens zu einem wechselseitigen Ueberbieten in länderaussaugenden Kriegsbudgets führt. Aber wir dächten, dieser perennierende friedliche Kriegsstand sei schon Unglück genug an sich und brauchte nicht noch, um den Kontinent vollends zu Grunde zu richten, zu einem permanenten Blutvergießen vervollkommnet zu werden. Bornierte Korporalssouveräne können darin allerdings das Ideal ihres erhabenen Berufs finden, aber ein nicht blödsinnig gewordener Bürgerstand kann unmöglich nicht seine ganze Kraft diesem unseligen Treiben entgegensetzen.

Die mächtigste Handhabe zur Aufwühlung des öffentlichen Geistes gegen den italienischen Feldzug hat die österreichische und kleinstaatliche Partei allerdings in der persönlichen Geschichte Ludwig Napoleons gefunden, und es ist nicht zu läugnen, daß hier Stoff zu großen Anklagen und Befürchtungen gegeben sei, ja es muß zugestanden werden, daß die desfallsige allgemeine Entrüstung nicht, wie so manche andere Manifestation, zum großen Teil gemacht und künstlich aufgeblasen ist. Unendlich fern — weit ferner als den österreichischen Hofzeitungen und dem schwäbischen Moniteur — liegt uns der Gedanke, für die Lauterkeit der Triebfedern und die Unschädlichkeit der Absichten dieses Mannes einzustehen. In unseren Augen war er ein ausgemachter Verächter der Menschenwürde und des Menschenrechts zur Zeit, wo sich die Wiener Hofskribenten noch mit seiner Ehrenlegion schmücken ließen, und wo alle gekrönten Häupter Europas in seinem teuren Haupt die einzige Bürgschaft für Erhaltung ihres Thrones und ergo der Religion, der Familie und des Eigentums erhalten zu sehen beteten. Wir also dürfen diese Edlen jetzt mit gebührender Verachtung heimschicken, wenn sie uns das Schreckensbild seiner schwarzen Seele zu heilsamer Einschüchterung vor Augen führen möchten. Wir haben von seiner Freiheitsliebe und Uneigennützigkeit einen solchen Begriff, daß wir ihn nicht höher schätzen, als jeglichen gnädigen Landesherrn, welcher ihn jetzt vogelfrei erklärt. Das ist aber auch Alles, was wir sagen können. Seine mehr oder weniger zweifelhafte Legitimität macht ihn uns nicht gehässiger oder verächtlicher als seine hundertahnigen deutschen Vettern, und wenn ein

Unterschied zwischen beiden existiert, so ist es gerade deßhalb zu seinen Gunsten. Denn während die sogenannten legitimen Herrscher von Notwendigkeit und durch ewige Familientradition, ja durch das Blut in ihren Adern zu ewigen Reaktionstendenzen verdammt sind, so liegt in ihm, dem Usurpator, Neuerer, dem abenteuerlichen und unruhvollen Charakter wenigstens die Möglichkeit des Abweichens von dem Grundsatz des trägen Beharrens, und er kann doch, wenn auch wider Willen, aus Neuerungssucht und Ehrgeiz in eine Unternehmung hineingetrieben werden, welche auf den dunklen Wegen der Geschichte zum Frommen der Menschheit ausschlagen möchte. Was aber ist von einem Habsburger, von einem Wittelsbacher, Nassau-Usinger oder Hessen-Rumpenheimer zu erwarten! Nicht einmal Ambition, als etwa die auf Einführung eines neuen Gamaschenschnitts. Der Charakter der Habsburger und ihrer fürstlichen Hintersassen steht nicht höher als der Louis Napoleons, ihre Motive sind ebenso eigensüchtig wie die seinigen, ihre Menschenliebe ist nicht größer, die Freiheit ist ihnen nicht minder gleichgiltig als ihm, sie ist ihnen von Haus aus noch gehässiger und item noch gefährlicher. Da steht also die Wage vollständig ein, und wenn ich daher von den persönlichen Motiven absehe, so bleibt mir nur noch übrig nach dem äußern Thatbestand zu fragen.

Da muß denn geantwortet werden: Napoleon dient im Augenblick wenigstens einer guten Sache. Ob er diese Sache später seinen Privatzwecken unterwerfen wolle, steht, wo alles Künftige seiner Natur nach unentschieden ist, dahin. Es wird die Aufgabe der Italiener sein, nachzusehen, daß die Unabhängigkeit, für die sie jetzt mit ihm kämpfen, ihnen nicht hinterher abhanden komme, und wir brauchen für sie nicht klüger zu sein, als sie selbst für sich sein wollen, um so mehr, wenn wir uns als ihre Widersacher erklären. Im Augenblick dient Napoleon ihnen. Die Italiener, welche es durch unzerstörbare Thatkraft, Ausdauer und Vaterlandsliebe dahin gebracht haben, daß der seitherige Chef des europäischen Despotismus mit ihnen gegen den historischen Absolutismus kämpfen muß, welche seinen Ehrgeiz an ihre gute Sache zu fesseln verstanden haben, diese Italiener haben es jedenfalls unendlich weiter gebracht, als die liberalen Schwaben, welche nunmehr zur Gunst gelangen, für die Befestigung der Wiener Zuchtmeisterei verbluten zu dürfen. Garibaldi mag mit mehr Genugthuung unter der blau-weiß-roten Fahne kämpfen, als die Wiener Studentenlegion unter der schwarz-gelben. Denn die französische Trikolore ist zu ihm übergegangen, der erhabene Narr Studiosus aber kriecht zu den Füßen des Kroatenfürsten, welcher ihn vor zehn Jahren hängen, assentieren und spießruten ließ.

Dort kann die Freiheit um die Früchte des Kriegs betrogen werden, hier streitet der Absolutismus für seinen eingestandenen Selbstzweck. Wenn ein despotischer Kaiser für die Unabhängigkeit zu Felde zieht, so ist er mir jedenfalls lieber als ein französischer Republikspräsident, der für den Papst und die Österreicher zum Schwert greift, und ebenso gut wie der Pseudotugendrepublikaner Cavaignac der italienischen Freiheit den Dolch ins Herz gestoßen hat, ebenso gut kann der Tyrann Bonaparte das Bollwerk der Dynasten- und Pfaffenherrschaft brechen. Er kann es doch wenigstens, und so lange die Möglichkeit existiert, steht es deutschen armen Sündern schlecht an, den Lombarden zu grollen, weil sie nicht so erhaben sind, dem Pathos der Rotteckischen Weltgeschichte zu lieb, mit ihrem Befreiungswerk zu warten, bis sie ein Heldenstück von Brutus und Lukretia ins Werk setzen, und mit ihren Spazierstöcken (denn Waffen hat man ihnen ja nicht gelassen) die dreimalhunderttausend österreichischen Bayonette zum Land hinausschlagen. Ja ein solches vollkommenes Spektakel tragischer Historie verlangt der Herr Professor von seinem Kabinet aus schauen und mit dem Gruseln der Bewunderung die überwältigten Heroen unter den Händen der Kroaten verbluten zu sehen; dann wird er sein hochpoetisches Probatum vielleicht in vertraulichem Kreise aussprechen; aber mit fremder Intervention frei zu werden, pfui der Schande! das ist ja gar nicht der Mühe wert! Fremde Intervention! als wäre die ganze politische Geschichte der letzten Jahrhunderte etwas anderes als eine Kette solcher fremden Einmischungen. Erstlich von der Einmischung zum Vorteil dynastischer Interessen zu reden: was waren die drei Teilungen Polens anders? Und dann kam die Intervention Preußens in Holland zu Gunsten der Oranier von wegen der bloßen Verschwägerung; und dann die Koalitionen gegen die französische Republik zu Gunsten der Bourbonen; weiter das Einschreiten der Bourbonen selbst wieder für ihre Vettern in Spanien, und die österreichischen Einmärsche durch ganz Italien, schließlich nicht zu vergessen die Rettung Habsburgs durch die Russen in Ungarn. Nicht wahr, in allen diesen Fällen und vielen vorhergegangenen ist die fremde Intervention kein Gegenstand des Abscheus für die prinzipberittenen Staatshistoriographen? Möchte aber ein entwaffnetes geknebeltes Volk durch fremden Zuzug frei werden, dann satteln die Herren ihr großes trojanisches Abschreckungspferd, dessen Bauch von Gefahren schwanger geht. Ist nicht die eigene österreichische Residenz noch zur rechten Zeit durch den wackern Polenkönig von den Türken befreit worden? Hätte Nordamerika ohne die Hilfe Spaniens und Frankreichs das englische Joch abschütteln können? Sind die Griechen Engländer oder Franzosen geworden, weil sie durch die anglofränkische Allianz aus den Händen der Türken gerissen wurden? Ist Belgien nicht einzig und allein mit Hilfe der französischen Bayonette zu einer staatlichen Selbstständigkeit gelangt, die sich zu seinem Besten gewendet hat? Man sieht es: so viele Befreiungen von Fremdherrschaft, so viele Interventionen weist die Geschichte auf, und es wäre

Zeit, diese läppischen Turniergesetze einzustecken, welche die Gesalbten des Herrn durch ihre Herolde ausposaunen lassen, um vorzuschreiben, wie man sie kavaliermäßig anzugreifen habe — absonderlich um deßwillen, daß auch sie von jeher so loyal zu Werke gegangen sind.

Also still einmal mit diesem Gefasel! Der gewöhnlichste Menschenverstand muß begreifen, daß Italien nur durch die französche Hilfe das habsburgische Joch abschütteln kann; und wenn Deutschland nicht von österreichischen gekrönten und ungekrönten Emissären und Stockjobbers in die Tollheit hineingeritten wäre, so würde nicht nur seine gesunde Vernunft ihnen Beifall zurufen, sondern die vollkommenste Analogie des eignen Schicksals würde dem transalpinischen Einigungswerk aus vollem mitfühlenden Herzen entgegenjauchzen. Wie! die ihr seit einem halben Jahrhundert unter dem Druck der Zerklüftung schmachtet und nach Einheit ringt, die ihr euch vergeblich nach Münze, Maß und Gewicht abquält, ihr fallt wie wilde Tiere über den Italiener her, der für die gleiche Sache mit gleichem Rechte aufsteht! Ihr brüllt Arndtsche Lieder, wenn der Mailänder fragt, ob Wien oder Lemberg sein Vaterland sei? Ihr blinden Narren, ihr merkt nicht, daß man euch einigen gelehrten strategischen Po- und Mincio-Quark unter die Nase schmiert, damit ihr nicht den sauberen fürstlichen Braten riecht? Nicht am Po und nicht am Mincio ist das Bollwerk deutscher Größe, sondern in der endlichen Verwirklichung der zum Kinderspott gewordenen deutschen Einheit, und nicht in Mailand und Verona müsset ihr Herren sein, sondern bei Euch selbst daheim, um ungehindert den nebenbuhlerischen Mächten entgegentreten zu können. Ja verhöhnt sie nur, nach Buol-Schauensteinschen Rezepten, die Einheits- und Nationalbestrebungen der Italiener, damit euch nach demselben Maße ausgemessen werde, und damit ihr die Gebote eures ureignen Heils mit Füßen treten lernet.

Was hat man doch schnell dem bescheidenen herzoglich nassauischen Kammermitglied von der Regierungsbank herab geantwortet, als es sich, wie die Zeitungen jüngst berichtet, zu fragen erkühnte, ob nicht für die Entwicklung der Bundeseinheit bei Gelegenheit dieses erhabenen Aufschwungs und des in erlauchtem herzoglichem Gemüte erwachenden Nationalgefühls irgend Etwas geschehen möchte, dürfte, könnte? Unzeitige Frage das! Jetzt, wo das Vaterland in Gefahr schwebt, jetzt ist keine Zeit zu inneren „Zwistigkeiten", hernach aber, wenn wir die Franzosen geschlagen und die heilige apostolische Majestät wieder zu Ansehen und Würden gebracht haben werden, dann, ja dann, nun das versteht sich ja! — dann beginnt das große Bruderwerk, dann schlichten wir die inneren „Zwistigkeiten", und ein verehrliches Kammermitglied wird beim Marmorschleifen oder Wollzupfen im Zuchthause zu Diez an der Lahn über die Rechtzeitigkeit deutscher Bundesreformen nachdenken können. Und in Anbetracht dieser sonnenklaren Wahrheiten sind getreue Stände mit Stimmeneinhelligkeit zur Tagesordnung übergegangen, auf allen „Zwist" verzichtend. Solche getreue Gimpel wollen fremden Völkern ihre politische Weisheit vordiktiren, über die Art, wie man sich auf klassische Manier frei macht, oder wollen uns weiß machen, sie haßten in Louis Napoleon den Despoten! Was sie in ihm hassen, das ist der Popanz, welchen der gnädige Landesherr, um dem Kaiser und seinen Jesuiten beizuspringen, ihnen zum Anbellen vorhält, und während die Narren für ihre Nationalität und Unteilbarkeit zu brüllen glauben, lachen sich Serenissimus und die heiligen Patres ins Fäustchen, denn ihr Acker wird wieder einmal vom Schweiß und Blut der dummen Teufel bestellt.

Es gibt fürwahr Thorheiten, welche eher das Mitleid als den Unwillen herausfordern. Solcher Art waren die Vertrauenstölpeleien von 1813 und 1848. Den Gelöbnissen des Befreiungskrieges und den Bewilligungen der Märzesnöten zu glauben, war der Unerfahrenheit und Gutmütigkeit noch zu verzeihen; heute aber, wo man nicht einmal gelobt, noch bewilligt, sondern Alles leistet, indem man Gelder für Waffen und Monturen erhebt, — an sich schon ein allerhöchster Genuß — heute geht die Blödheit über jegliche Geduld hinaus.

Das ist nicht mehr erlaubt, zu vermeinen, Habsburg und sein Jesuitenbruder der Bayer, diese zwei Urobskuranten, träten für deutsche Nationalität in die Schranke; und es muß jeder wissen, daß, wo nassauische, hannoverische, kurhessische, badische Landesherren oder schwäbische Reichsunmittelbare zum Schwerte greifen, es nur um die Erhaltung feudaler Privilegien und souveräner Sonderinteressen sich handeln kann. Gegen den Welteroberer Napoleon I. für das zertretene Vaterland in Wut zu entbrennen, war natürlich, und vor dem Gespenst des Sozialismus zurückzuschaudern, war denkbar, aber sich von großen und kleinen Staatsstreichlern einen theoretischen Despotenhaß binnen vierundzwanzig Stunden auf dem Polizeiwege eintrichtern zu lassen, ist abgeschmackt; in einen stupiden Franzosenhaß sich hineinzutollen, ist pöbelhaft; und mit Rohheit über Italien herzufallen, ist kannibalisch. Ja, seid nur recht unvernünftig, rauflustig und lachet über die sentimentalen Verehrer fremder Rechte und fremder Würde. So seid ihr euren Junkern recht, so brauchen sie euch, so entwöhnen sie euch nicht nur selbst des Menschengefühls, in dem euer eignes Freiheits- und Sittlichkeitsbedürfnis wurzelt, so stempeln sie euch auch für den Haß und die Verachtung anderer Nationen, so schüren und verewigen sie die bittere Zwietracht der Völker, den finsteren Unrat, in dem ihre Wurzel haftet. Was kann dem Kaiser in Wien willkommener sein, als wenn das „Morte ai Tedeschi“ nicht mehr dem österreichischen Soldaten, sondern jedem Deutschen mit

Recht gilt, und als wenn der Sachse und Rheinländer die kroatischen Raubthaten mit seinem Blut kontrasignirt? Du blonde Burschenschaft, was schärfst du die Rapiere! Denke an die Frau von Maderspach und übe dich im Weiberpeitschen. Was singt ihr von Eichen? Auf die Haselstaude dichtet euch ein Lied und Haynau ist euer Körner!*) War doch eure erste Waffenthat Anno achtundvierzig, daß ihr die fremde Dirne Lola mißhandeltet, als der deutsche König sie eurem vaterländischen Zorn geopfert, und jagt ihr nicht jetzt mit gleicher Erhabenheit die wälschen Spielpächter über die Grenze, welche das landesväterliche Säckel bereichert haben?

Der ersten und besten Gelegenheit aber, welche das Glück euch unverhofft nach dem achtundvierziger Schiffbruch in den Schoß wirft, die Infusionsdespoten und die ganze Erbschaft Metternichs los zu werden, der spuckt ihr wahnsinnig ins Angesicht und zum ersten Mal, da seit dem großen Friedrich vielleicht — leider nur vielleicht — der deutschen Sache ein preußischer Arm zu Diensten stehen möchte, um den Plunder des westfälischen Friedens wegzufegen — jetzt rast ihr, ein süßer Lazzaronipöbel, hinter dem Wiener Bomba und seinen blutschwitzenden Heiligen her.

Deutschland gute Nacht!

---

*) Der österreichische General von Haynau hatte in Ungarn eine patriotische Dame, Frau von Maderspach, auf offenem Markte von den Soldaten mit Stockschlägen abstrafen lassen.

Aus den

Demokratischen Studien

(herausgegeben von Ludwig Walesrode).

Vorbemerkung.

Mit dem „Juchhe nach Italia“ hatte ich den Entschluß zur Rückkehr in die politische Schriftstellerei ausgeführt. Der Grundgedanke, welcher den Anlaß dazu gegeben, hatte sich auch als richtig legitimiert. Die Zeit des Stillstandes und der Hoffnungslosigkeit war auch für Deutschland vorüber. Darum galt es, nicht mit einzelnen Flugschriften, sondern mit gesammelten Kräften sich an der publizistischen Arbeit zu beteiligen. So geriet ich auf den Gedanken, etwas Umfangreiches und Periodisches ins Leben zu rufen, und nachdem ich mit meinen nächsten Freunden und Gesinnungsgenossen Rat gepflogen, beschlossen wir, den Versuch mit einem Jahrbuch zu machen, für welches der Titel „Demokratische Studien“ gewählt ward. Als ein geeigneter Verleger war uns Otto Meißner in Hamburg, ein politischer Gesinnungsgenosse, empfohlen. Ein litterarischer Herausgeber war nicht leicht zu finden. Verschiedene Umstände lenkten meine Wahl auf Ludwig Walesrode hin, der damals in Hamburg wohnte. Ich kannte ihn nicht persönlich, sondern nur aus früheren Publikationen der vormärzlichen Zeit, unter denen „Der Humor auf der Bank der Angeklagten“ und ein politisches Märchen ihrer Zeit Aufsehen gemacht hatten. Walesrode hatte als Freund Johann Jacobys im Vordergrunde der Königsberger Liberalen gestanden. Meine Wahl erwies sich nachträglich als eine sehr unglückliche. An den besten Absichten zwar fehlte es dem Herausgeber nicht, aber an Befähigung zu der übernommenen Aufgabe in unglaublichem Grade. Solche Langsamkeit und Schwerfälligkeit ist mir in meinem Leben nicht wieder vorgekommen. Über sechs Monate ließ Walesrode das gesammte fertige Material liegen aus dem einzigen Grunde, weil er mit seinem eigenen Beitrag nicht fertig werden konnte. Es war grade zum Verzweifeln. Auch sah er sich gedrungen, dem Vorwort, das ich verfaßt und welches, in die gegenwärtige Sammlung aufgenommen, hier folgt, noch ein Vor-Vorwort vorauszuschicken, in dem er selbst seine Schuld an der Verspätung beklagt. Der erste Band erschien im Sommer 1860.

Zu seiner Charakteristik wird es am besten sein, das Inhaltsverzeichnis wiederzugeben.

Es führt auf:

Vor-Vorwort des Herausgebers. — Vorwort von L. B. — Unsere Ideale und Enttäuschungen in England und Frankreich. Von H. B. Oppenheim. — Fichte's politisches Vermächtnis und die neueste Gegenwart. Von F. Lassalle. — Ein Blick auf das jetzige Genf. Von Karl Vogt. — Des Michael Pro Schriftenwechsel mit Thomas Contra, aus dem Jahre 1859. Von L. Bamberger. — Deutschland und seine beiden Großmächte. Von Ludwig Simon aus Trier. — Ein Brief aus Italien an den Verfasser des „Juchhe nach Italia". Von Moritz Hartmann. — Die erste politische Hinrichtung in den Vereinigten Staaten. (John Brown.) Von Friedrich Kapp. — Die beiden Napoleone. Von Michelet. — F. v. Schiller. Ein kulturgeschichtlicher Protest. Von Adolf Stahr. — Die jüngste Litteratur-Bewegung in Frankreich. Von Karl Grün. — Kurhessen unter dem Vater, dem Sohne und dem Enkel. Von ****. — Über vaterländische Gesinnungsleiden. Von Ludwig Walesrode. —

Der zweite Band erschien im folgenden Jahre 1861. Außer den alten Mitarbeitern lieferten noch Arnold Ruge und W. Rüstow Beiträge dazu. Bei diesem zweiten Bande blieb es. Die Fortsetzung wurde entbehrlich, nachdem seiner der Mitbegründer, H. B. Oppenheim, aus dem Exil nach Deutschland zurückgekehrt war und die Monatsschrift „Deutsche Jahrbücher“ in Berlin begründet hatte.

In dem nachfolgenden „Schriftenwechsel“ ist die ewige Frage von Preußens Beruf zur deutschen Hegemonie nach den zwei Seiten hin beleuchtet, nach welchen im Jahre 1866 die deutsche Demokratie sich spalten sollte.

L. B.

Vorwort.

Gewiß hat jeder mit regem Sinn für das politische Leben begabte Deutsche beim Ausbruch des letzten Krieges dieselben Prüfungen durchgemacht, aus denen der erste Anstoß zu dem nachfolgenden Werke hervorgegangen ist. Mit dem Ende des Jahres neunundvierzig war eine völlige Ohnmacht eingetreten und das öffentliche Bewußtsein der Nation bald ganz und gar geschwunden. Der Kreislauf der Ideen stockte, der Zusammenhang der Organe war unterbrochen, die gemeinsame Empfindung aufgehoben. Diejenigen, welche im Stillen wach geblieben, waren vereinsamt. Da schlug es mächtig in die Nacht herein. Siehe da! es leuchtet und wettert, es flammt von fernher auf, es zuckt durch alle Fibern. So gäbe es noch Bewegung? noch Geschichte? und wäre nicht Alles todt? Und Jeder auf und hinaus, und zum ersten Male nach so langer Zeit wogt in der stürmisch erregten Brust wieder einmal das alte, das gute Bedürfniß: Mensch zu sein mit Menschen, Bürger mit Bürgern; zu denken mit Denkenden, zu fühlen mit Fühlenden, Wort um Wort zu tauschen. — Aber wehe! welche Verwirrung! die stumme Vereinsamung hat alle Geister einander entfremdet, hat alles Verständniß aufgehoben, alle Vorstellungen verkehrt. Freunde hauen auf einander los in der Verwirrung des Augenblicks, Feinde rennen Arm in Arm nach vermeintlich gleichen Zielen; und wie Mancher erst rettet, thöricht triumphirend, in der Verrücktheit der Eile den bestäubten Perrückenstock, dieweil er die werthvollste Habe den zerstörenden Elementen Preis giebt. Wie immer in solchen Katastrophen fehlt es dann nicht an Gesindel, welches sich die allgemeine Bestürzung zu Nutze macht, um ungestört zu plündern; und so geschah es wörtlich, daß im Tumulte dem deutschen Volke so recht das Bewußtsein dessen, was es wollte und mußte, im eignen Lager abhanden kam. Die Diebe — je nun, wer brauchte sie zu nennen?

Allmählich begann es zu tagen in den Köpfen und ringsumher. Nun erkennt man sich, nun tritt man zusammen, reicht sich die Hände und sagt sich: bleiben wir zusammen, lassen wir uns nicht mehr in der stummen Finsterniß zerstreuen, das ist die Hauptsache. Um so mehr, als das Wichtigste erst noch geschehen muß, als die Zeiten, die da kommen sollen, die Vereinigung der Gleichen und die Einsicht des Nothwendigen strenger gebieten werden, denn je zuvor.

Und so ist — um Vieles zu überspringen — auch hier versucht worden, eine Stätte zu gründen, für gemeinsame Ueberzeugung und gemeinsames Wirken. Freilich nur ein bescheidenes Taschenbuch. So groß der Zweck, so klein das Mittel. Aber das ist ja eben das Kennzeichen der Noth. Besäßen wir die großen Hülfsquellen, so wäre unsere Lage nicht die schlimme, die sie ist. Wer beobachten konnte, in welche Schranken die Reaktion das deutsche Preß- und Vereinswesen zurück geführt hat, der wird sich nicht wundern, daß ein gutgemeinter Versuch in solch ein Büchlein auslaufe.

Doch zu Etwas ist auch das Unglück immer gut. Das anspruchslose Gerüste, das wir da aufrichten, ist zu schwach, um ein großes Schild zu tragen, und so fühlen wir uns glücklicherweise der Pflicht entbunden, ein Parteiprogramm aufzustecken. Partei ist eine unentbehrliche Sache, aber die Programme sind vom Uebel, namentlich im Vaterlande der Philologie und der Definitionen. So möge ein Symbol, eine Fahne genügen. Nennt sie immerhin die demokratische und denkt Euch dabei von Allem, was Ihr je mit diesem Begriff verbunden habt, das Einfachste. Das Uebrige mögen die Leistungen selber erklären und beiläufig die Namen der Personen, von denen ja manche hoffen dürfen, nicht vergessen zu sein.

Man kann eben so gut auf die allmählich erwachsene Umgestaltung seiner Ansichten stolz sein, als auf deren ungebeugte Treue gegen sich selbst. Am Besten thut man, auf keines von Beiden stolz zu sein. Hier ist nun Raum für Jeglichen von uns zu zeigen, was ein Jahrzehnt von auf alle Fälle bitteren Erfahrungen aus ihm gemacht hat. Schwerlich haben die Grundanschauungen sich bedeutend verändert, denn sie ruhen auf Ueberzeugungen, welche nicht vom äußern Erfolg einzelner Experimente abhängen. Wann und wo wir Etwas lernen konnten, war es keines Falls von unsern Gegnern irgend welcher Schattirung; die klägliche Arbeit, welche sie verrichtet haben, seitdem sie allein am Ruder sind, war nur geeignet uns durchaus im Widerspruch zu befestigen. Oder sollten wir bei einem Blick auf deutsche Jammerzustände bedauern, nichts mit dem Vertrauen gemein zu haben, welches die Einen so unfehlbar anmaßend vindizirten und die Andern so unterthänig beschränkt zu Diensten stellten?

Nicht minder ausgemacht ist, daß ganze Geschlechter von Anklagen, mit denen man seiner Zeit uns in den Ohren gelegen, heute von selbst in ihr Nichts zerfallen müssen. Will man noch immer das alte Lied von der Ueberstürzung singen? Ich denke, wir haben Zeit gehabt, einen Fuß vor den andern zu setzen. Oder gilt es die beliebte Denunziation des Eigennutzes und Ehrgeizes aufzuwärmen? Den Lohn an Würden und Vortheilen soll mir Einer zeigen, welche dem ungebeugten freien Sinn bisher gewinkt hätten, welche ihm von jetzt an winkten. Entsagung, Entbehrung, Verzicht, nicht blos auf weltliche Vortheile, sondern auf das größte Gut, auf die Uebung der eignen Kraft, das war unser Antheil, das wird er — wer weiß wie lange noch — bleiben. Dem Vorwurf des Irrthums bleibt jede Meinung allzeit ausgesetzt, aber den Vorwurf der Leidenschaft können wir hierfüro mit stillschweigender Verachtung vorübergehen lassen. Blinder Haß war niemals unsere Sache, denn Haß ist Vorurtheil, und Demokratie ist Vorurtheilslosigkeit. Unser Eines ist eher im Stande zu begreifen, wie so irgend ein König Bomba in aller Unschuld dazu kommen mag ein Scheusal zu sein, als daß die kleinste Durchlaucht es je zu dem Verständniß brächte, warum der Mensch nicht erst beim Baron anfange.

Es geht durch deutsche Lande jetzt im Stillen eine traurige Sage, und mancher Ehrenmann wiederholt sie mit beklagenswerthem Beifall. Ein Angriff von Außen, so heißt es, sei das Einzige, was den inneren Verfall aufhalten, was das Bewußtsein der Nation auf die Höhe ihres Berufs erheben könnte. Klägliches Armuthszeugniß, verzweifeltes Rettungsmittel; Ueberreste jener von oben her eingeschwärzten Irrlehren, welche nur dann an unser Selbstgefühl zu appelliren erlauben, wenn die Landeshoheit durch fremde Waffen in Gefahr geräth. Und das sollte das geistgenährteste Volk der Erde sein, welches nicht zur Erkenntniß seines eigenen Ichs gelangen könnte, ohne vom äußeren Feind aufs Blut gestachelt zu werden? Nicht so viel lebendige Seele besäßen wir, um uns mit eigenen Denkkräften aus dem Dämmerungszustand zu entwinden und uns auf unser besseres Selbst zu besinnen, man wecke uns denn mit Kolbenstößen und zünde uns das Dach über den Köpfen an? Wohlan denn, wir, denen die Blutschuld des Bürgerkrieges so oft salbungsreich vorgehalten worden, wir schaudern zurück vor der Erlösung durch den Völkerkrieg, der zwar nach Fürstenrecht geadelt, aber an Inhalt und Wirkung hundertmal scheußlicher ist als der innere Zwist.

So gönne man uns denn Teil zu nehmen an dem Versuch, ob nicht auf dem Wege des Denkens die Nation zum Gefühl ihres inneren Zusammenhangs, zu der Erkenntnis, daß sie ein mächtiges Ganze sei, gelangen könne. Der Despotismus hat den Satz erfunden: Teile, damit du herrschest; die Freiheit spricht: ich herrsche, indem ich binde. Ein geistiges Band wieder anzuknüpfen, das ist auch unser Ziel und unsere Hoffnung.

Denen vor Allen aber sei es erlaubt, mit wehmütiger Freude dieser Hoffnung entgegenzueilen, welche das Gesetz des Überwinders seit länger als einem Jahrzehnt von der Schwelle des Vaterlandes abwehrt. Schiene fügt sich an Schiene; aufblühend vermählt im Dampf sich Nord und Süd, jubelnd reichen die Städte am Rheine sich die Hände, nicht für sie, nicht für sie, die Verbannten. Auch das ist Fluch von Deutschlands Fluch. Im Lande der Grenzpfähle und der Schlagbäume sind Meister Engherz und Kleingeist Hof-Rechenkünstler. Deutschland ist kein politisches Vaterland, in dessen Organen die Stimme des Blutes selbst für die verstoßenen Söhne spräche. Es ist nur ein Inbegriff polizeilicher Domänen. Es kennt keine Landsleute, sondern nur Unterthanen, getreue und ungetreue. Nie hat der Kopf eines deutschen Ministers, nie hat das Herz eines deutschen Fürsten sich bis zu dem Gedanken einer wahren Amnestie erheben können; niemals werden sie es. Aber es bleibt eine Amnestie, welche nur von Volkes Gnaden und vom eigenen Willen erteilt wird. Das ist die lebensfrohe Rückkehr zum gemeinsamen Denken und Fühlen, das ist die neubeseelte Wiedervereinigung im Geiste Derer, die zurückgeblieben mit Denen, welche in die Fremde hinaus zerstreut worden bis in den äußersten Westen.

Teurer noch als die heimische Erde ist das heimische Wort, wenn es ein Band einträchtigen Strebens für das Vaterland webt zwischen seinen getreuen Söhnen diesseits und jenseits des Rheins, diesseits und jenseits des Ozeans.

Paris, am Neujahrstage 1860.

L. B.

Des Michael Pro Schriftenwechsel mit Thomas Contra, aus dem Jahr 1859.

I.

Thomas Contra an Michael Pro.

Mein geliebter Narr in Arminio!

Hab ich's doch immer gesagt: nicht der Mensch ändert sich, es ändern sich nur die Umstände. Ein Jahrzehnt hindurch hab ich dem süßen Wahn gelebt, Du seiest an Haupt und Gliedern reformiert; doch kaum stellt die Weltbühne wieder von ungefähr die Szenerie wie ehedem vor, so springt auch wieder mein alter Adam in seiner alten Rolle darauf herum. Und da sprechen die Herren Kriminalisten von Besserungstheorien! Da wollen sie einen armen Schelmen von Dieb zur Urschöne seines guten Prinzips zurückführen, indem sie ihn stumm, taub und blind auf Jahre hinaus in eine kahle Mauerzelle einschließen: wenn doch mein von der Weltgeschichte in eigner Person aus der Politik hinausgeworfener und in den praktischsten Lebensverhältnissen umhergeführter, auch insonsten nicht grade auf den Kopf gefallener Freund ein solches Pracht-Exempel von Unverbesserlichkeit statuiert. Du merkst es, ich erliege schon wieder der Versuchung, in meinen herkömmlichen Protest gegen das pensylvanische Gefängniswesen einzubiegen. Aber wenn ich auch überzeugt bin, es werde eine vernünftige Nachwelt kommen, welcher es ebenso ungeheuerlich und unbegreiflich dünken muß, daß man den Verbrecher durch protestantische Einmauerung bekehre, wie die Mitwelt nicht mehr glauben kann, man habe dereinst durch die katholische Folter ihn ausforschen wollen, so verzichte ich immerhin diesmal auf mein Lieblingsthema, schon um der Stunde schönes Gut nicht zu verschwenden, in der ich mich, von ernster Trübsal fern, an Deiner ewig grünen Thorheit zu ergehen denke.

Ja, das ist derselbige Mensch, der mir so oft lächelnd gebeichtet, wie man im alltäglichen Leben mit jeglicher Verbesserungslust in Haus oder Stadt, an Freunden, Sippen oder Gesinde nur den Kopf anrenne, derselbige Mensch, welcher jede Erziehung (außer der eignen) zur Fügung und Toleranz als Illusion preisgab, und welcher jetzt — wie find' ich ihn wieder? Kaum hat das erste thörichte Hähnchen aus dem Traume gekräht, so ist mein Jüngling mit einem Sprung aus dem Bette und hinaus, um die frische Brust im Morgenrot des ungeborenen Tages zu baden. Nacht, mein Freund, stockfinstre Nacht! und was Du als das Gold der anbrechenden Sonne begrüßest, das ist der blasse Mondschein Deiner Fantasie, in welchem sich die Gespenster einer längst entschlafenen Welt erlustigen.

Also Deutschland willst Du wieder einmal befreien oder vereinen:

Quis quid ubi, quibus auxiliis, cur quomodo quando? Hätte Einer vor Jahresfrist, da noch alle patriotischen Gefühle im Winterschlaf des Dezenniums begraben lagen, mir verkündet, daß er von Neuem das unglaubliche Werk der Wiedererweckung oder vielleicht richtiger gesagt, der Erweckung unseres Vaterlandes zu staatlicher Existenz ins Auge fassen wolle, so hätte ich mit Spannung, wenn auch gewaltig zweifelnd, aufgehorcht; denn ich hätte mir denken müssen, es handle sich um die Anwendung nie geahnter, nie erprobter Kräfte und Mittel. Heute aber weiß ich, woher der Wind bläst, der Euren Glauben angefacht hat, und ich verzweifle von vornherein an diesem windigen Wesen.

Ströme schwarzer Tinte und jenseits derselben am fernen Gesichtskreise einige leichte Nebelwölkchen von Preußisch-Blau, das ist Alles, was ich sehe; das ist das gelobte Land, das Ihr wieder einmal vom Horeb Eures Exils aus erblickt und segnet. Und aus diesem Boden soll die Saat der Freiheit, seien wir bescheiden und sagen nur: die Saat der Einheit zum Himmel emporschießen?

Gesetzt nun auch, es geschähe das ganz Außerordentliche, gesetzt sämtliche 12 000 Quadratmeilen des deutschen Vaterlandes bedeckten sich mit Adressen an des Prinz-Regenten Königliche Hoheit und mit Manifesten an den Eisenacher Ausschuß; gesetzt es kämen hundert feierliche Deputationen nach Berlin und kassierten hundert schwerbedeutsam nichtssagende Antworten ein; gesetzt auch alle Hoflieferanten von Hannover verlören die königliche Kundschaft ob ihrer Gesinnungstüchtigkeit: soll ich glauben, daß damit auch nur eine arme Unterthanenseele aus dem deutschen Sündenpfuhl erlöst werden möchte? „Mit Hilfe von Brod und Eisen, hat der Commissär des Convents gesagt, kommt man bis ans Ende der Welt, von Schuhen hat er nicht gesprochen:" — von Tinte und Feder aber noch viel weniger. Bei uns daheim sieht es jedoch grade aus, als wäre dem so. Thatlosigkeit und Erstarrung sind vom Übel. Allein es gibt noch etwas Gefährlicheres: das ist die Scheinthätigkeit; das ist die selbstbewußte Selbsttäuschung, die im rastlos drehenden Eichhornskäfig herumwirbelt, ohne vom Fleck zu kommen, und sich Wunder was von ihrer fortschreitenden Regsamkeit einbildet. Meiner Treu, ich sehe Euch noch lieber, wenn Ihr Euch verdrießlich an den Nägeln kaut, als wenn Ihr Euch die Finger krumm schreibt und vermeint, nun habt Ihrs am rechten Ende angepackt.

Ich begreife, ja ich begreife es recht gut, und die

Schrift hat Recht: am Anfang war das Wort. Aber es heißt doch auch: Bedenke das Ende! Mit unseren großen politischen Unternehmungen geht es wie mit so manchen litterarischen. Man läßt das Publium auf kolossale Encyklopädien unterschreiben, macht sich mit ungeheurem Eifer und Studium an den Buchstaben A, aber ehe die Lieferungen zum C oder D gediehen, sind Autoren, Verleger und Subskribenten in eine bessere Welt hinüber entschlafen, und auf dem Bücherbrett bleiben die ersten Folianten mit einer gelehrten Vorrede und den Abhandlungen „Aar" bis „Beelzebub" verwaist stehen. Schon dreimal hat das Jahrhundert auf ein freies einiges Deutschland subskribirt, und jedesmal hat es bei dem Prospektus und den ersten kostspieligen Nummern sein Bewenden gehabt; eben hängt man zum viertenmal die Bogen aus. Danke schönstens! Habe genug subskribirt; will mir gern das Grimm'sche Wörterbuch kaufen, wenn es erst fertig sein wird und in Eure politische Bewegung einsteigen, wenn ich erst sehe, welcher Orten der Tintenstrom uns ans Land führen soll. Stellt Euch doch nicht, um's Himmelswillen, als sei für die Erkenntnis deutscher Übelstände noch ein so großes Gebiet geistig zu erobern. Die Vögel zwitschern's von den Bäumen und die Buben jodeln's auf den Gassen. Was Deutschland fehlt? Nun, so verblümt beiläufig zu sagen: es ist eigentlich ja keine Krankheit, es ist eine Mißbildung, es ist gar kein Casus für die Medizin, es ist eitel Arbeit für die Chirurgie, und wo diese von Nöten ist, da helfen keine Tränklein noch Salben, so sehr es auch schwache Seelen gelüsten möge, darin Trost zu suchen.

Unsere Epoche macht sich selbst den Vorwurf des sogenannten Materialismus. Daß man sich eine Unvollkommenheit zur Last lege, bekundet notwendig das Vorhandensein der Vorstellung von einem vollkommneren Zustand, und damit zusammenhängend das Streben nach

Erreichung desselben. Das Bewußtsein eines Mangels ist mindestens der erste Ansatz zur Überwindung desselben, nicht selten vielmehr das Symptom einer bereits weiter gediehenen Reife. Umgekehrt verrät die Zufriedenheit oder sogar der Stolz über gewisse Leistungen die Beschränktheit der Einsicht in und der Forderungen an sich selbst. So glaubte das Mittelalter Wunder was von seiner Menschenliebe und Wohlthätigkeit, weil das Pfaffen- und Klosterwesen die mit ihm innig verwandten und verwebten Bettlerhorden ernährte. Heute klagt sich die Gesellschaft des Elends ihrer unteren Schichten mit schreienden Worten an und erklärt sich schuldvoll, so lange der brennende Vorwurf des Proletariats nicht von ihrem Gewissen getilgt sei. Gleißnerische Obskuranten machen sich diesen scheinbaren Gegensatz zu Nutze, um die Segnungen ihrer guten alten Zeit dem Jammer des heutigen Geschlechts entgegenzusetzen. Aber wie Wenige sollten so einfältig sein ihnen zu glauben, und welch' ein bescheidenes Maß von Kenntnis der Staats- und Sittengeschichte gehört dazu, um nicht zu übersehen, daß die Lebenslage der Massen — so beklagenswert sie immer noch sein mag — in diesem Jahrhundert um ein Unendliches besser bestellt ist, als in den früheren? Gleicher Weise verhält es sich mit der Beschuldigung des Materialismus. Thatsächlich waren unsere Voreltern so viel mehr als wir in Rohheit der Anschauung und des Lebens befangen, daß es ihnen gar nicht beikommen mochte, sich der allzu großen Hingebung an die stoffliche Welt zu bezüchtigen. Allerdings sprachen sie vielleicht vom unsichtbaren Geist mit mehr zerknirschter Ehrfurcht als wir. Aber das lag eben daran, daß sie mit allem Geistigen weniger vertraut, dasselbe als ein fremdes, ihnen aus der Ferne vorschwebendes und unheimliches Wesen zitternd anbeteten. In Wirklichkeit ist die Summe des geistigen Lebens in unseren Tagen gegen frühere Zeiten millionenfach vervielfältigt, sowohl in die

Breite der Massen hinaus als in die Tiefe der Individuen hinein. In demselben Maße haben sich körperliche Brutalität, Grausamkeit und Unempfindlichkeit aus dem öffentlichen Verkehr, dem Familienleben, dem Polizei-, Justiz- und Soldatenwesen verloren. Schauspiele der Rohheit und Scheußlichkeit, welche vor hundert Jahren eine zarte Hofdame mit Gemütsruhe angesehen hätte, würden heute das menschliche und ästhetische Gefühl eines Hökerweibes empören. Unter Georg II. war es noch Sitte, daß die Leute aus der feinsten englischen Gesellschaft an Sommernachmittagen nach Tyburn, dem Richtplatz, hinausfuhren, um sich an dem Anblick der allwöchentlichen Auspeitschungen liederlicher Weiber zu belustigen; und wer von dem Privatleben Friedrich Wilhelm I. von Preußen einige Kenntnis genommen hat, der weiß, daß — auch abgesehen von den Stockschlägen, mit denen er seine Kavaliere traktierte — heute kein Holzhauer sich so unflätig benehmen würde wie jener fromme König. Aber weil zu gleichen Zeiten die religiöse Fantasie sich geräuschvoller als heutzutage mit übernatürlichen Anschauungen herumtrieb, läßt sich unsere Mitwelt von den Nutznießern vermoderter Zustände ob ihrer materialistischen Versunkenheit abkanzeln und schlägt in komischer Einfalt zuletzt selbst an die unschuldige Brust. Nicht anders verhält es sich mit der moralischen Weltbeschaffenheit. Kehre doch, ich bitte dich, in das erste beste Kapitel der Geschichte ein, und du wirst grade in jenen Zeiten, wo das unsterbliche Seelenheil und die Posaunen des jüngsten Gerichts unablässig widerhallen, auf Schritt und Tritt Beispielen von Verrat, Treulosigkeit, Wortbruch, Gewalt und Eigennutz begegnen, welche heute schier unmöglich wären und damals mit der größten Naivetät begangen wurden. Es ist umgekehrt freilich auch ein unendlich weiter Abstand zwischen meiner Überzeugung und der Überzeugung Derjenigen, welche sich mit satter Zufriedenheit in der Sanftmut und Aufklärung des Jahrhunderts spiegeln und uns undankbar finden, daß wir uns nicht dabei beruhigen wollen. Es fehlt wahrlich nicht an Dummheit, Schlechtigkeit und Elend, welche zu beseitigen man für möglich halten darf, ohne ein unpraktischer Schwärmer zu sein, und grade die Erfolge der Vergangenheit können uns darin ermutigen. Aber soviel scheint mir festzustehen, und das ist es, worauf ich nach einem vielleicht zu langen Umwege hinauskommen wollte: die nichts weniger als materialistische, vielmehr vorwiegend geistige Eingenommenheit unseres Geschlechts ist den gefährlichsten Verlockungen ausgesetzt und ganz vorzüglich in dem besonderen Fall der Grundübel, welche an dem deutschen Staatsleben nagen. Unsere ganze politische Aktion und Agitation kommt nicht aus der Form des allerabstraktesten Denk- und Redeprozesses heraus, und, was das Schlimmste dabei ist, wir treiben uns mit dem bekannten hochkomischen, philisterhaften Urbehagen darin herum, in süßestem, breitestem, entzücktestem Selbstgenügen. Das ist der Jammer, das die unheilbare Krankheit. Freilich weiß ich es, was man mir erwidern kann: die schlechte Methode ist nicht Gegenstand der freien Wahl, und die Fehler sind nicht einseitig unserem Naturell aufzubürden. Wer hangt, der verlangt, sagt man im Volke; und nur weil es allerdings so ganz verteufelt schwer ist, eine praktische Handhabe zur Beseitigung des auf Deutschland lastenden Feudalwesens aufzufinden, ergibt sich die Nation jenen erbärmlich unfruchtbaren, theoretischen Bemühungen, welche eben Deutschland wieder mit dem hohlsten Wortgeklingel und der albernsten Scheinbewegung ausfüllen. Zu allen Flüchen rufen wir stets von Neuem auch noch den der Lächerlichkeit herbei.

Lächerlichkeit! Es ist eigentlich sündhaft so zu reden, aber die Vorstellung von Glück und Verdienst sind in unserem von Grund aus durch den Dämonismus aller Religionen verschrobenen Gehirn so mit einander verknetet, daß man sie nicht ablegen kann, und daß wir Unglück und Schande nie ganz auseinander zu halten vermögen. Der Durst nach Freiheit und Würde, den wir im Innern nähren, verführt uns unabläßig, im Gang der Geschichte und des Lebens die Fußspuren einer waltenden Gerechtigkeit zu suchen: während eine unbefangene Einsicht uns belehren könnte, daß wir rückwärts aus dem Erfolgbringenden erst die Begriffe des Guten und Gerechten abgeleitet haben; daß wir solchergestalt von den allgemeinsten Grundanschauungen bis herab zu den einzelnen Lebensangelegenheiten dasjenige, was da glückt, gut nennen, und daß, wenn auch in der Entwicklungskette der Gesamt- und Einzel-Existenzen richtige oder gerechte Wahl häufig mit Erfolg verbunden ist, doch die Uranfänge aller Schicksale sich in handgreiflich unverantwortliches Werden hineinverlieren. Wer den Satz zum Besten gibt, daß es den Nationen nur dann schlecht gehe, wenn sie es nicht besser verdienen, der ist gewiß dabei interessirt, über die Ursachen seiner eigenen Wohlfart und über die Ursachen des öffentlichen Unglücks keine andere Rechenschaft abzulegen, als mit dieser geheimnisvollen Offenbarung aus den Rezepten der Vorsehungsküche; und von den Staatsphilosophen zum mindesten, welche uns neuerlich wieder mit dieser einsichtsvollen Versicherung abfinden, können wir ruhig sagen: sie hätten nur, was sie verdienten, wenn man ihnen den Guelfenorden um den Hals hängte. Ich sage vielmehr: jede Nation verdient so glücklich zu sein als es nur möglich ist, und die Grenzen dieser Möglichkeit, wenn sie überhaupt je gefunden werden können, sind da unsichtbar, wo die freie Erörterung aller Angelegenheiten und die freie Übung aller Kräfte für unstatthaft erklärt sind. Man hat mit vielem Rechte behauptet: die Freiheit der Rede und der Schrift sei das Alles in Allem einer guten Staatsverfassung, aber man hat dabei meistens übersehen, daß jene Versammlungs- und Preßfreiheit nur da möglich ist, wo auch gleichzeitig nach allen anderen Richtungen hin die von den herkömmlichen Gewalthabereien aufrecht erhaltenen Schranken gefallen sind, und wenn man jenen Satz anführt, um alle sonstigen Neuerungen auszuschließen, dreht man sich daher in einem falschen Zirkel.

Es ist neuerdings ganz besonders Mode geworden, alles Bestehende aus dem Gesichtspunkte seines Entstandenseins zu betrachten. Die Hegelsche Geschichtsphilosophie hat zu diesem Verfahren eine fertige Methode geliefert, und, wie alle Dialektik, ist sie zweischneidig. Diejenigen, welche sich mit Ernst und Innigkeit in ihren bedeutenden geistigen Gehalt vertieften, haben die Kraft der Entwicklung und Befreiung aus ihr gesogen und den fruchtbarsten Samen zur Erweiterung des Denkens und des Lebens ausgestreut. Diejenigen hingegen, welche sich der äußeren Formenkunst ergaben, haben darin ein bequemes Mittel gefunden, mit erhabenem Seelenanstand die Rechtfertigung aller überlieferten Fäulnis vorzutragen und solche Interessen und Gewalten, welche ihrer ganzen Natur nach dem Denken und der Kritik gradezu entgegengesetzt sind, nebenher auch noch mit einer wolkigen Gelehrtenperrücke aufzustutzen. Auf diese Weise haben die sogenannten Kulturphilosophien eines Riehl und Fröbel uns abgestandene Verhältnisse mit einer Geistreichigkeits-Brühe schmackhaft aufzukochen versucht; aber es gehört wenig Scharfsinn dazu, hinter der liebreichen Vertiefung in das Bauerntum, welche jener zur Schau trägt, wie hinter der Begeisterung für die auswärtsstrebende Machtentfaltung, welche dieser predigt, die praktische Nutzanwendung herauszulesen. Die inneren Staatsverhältnisse sollen in seliger Ruhe weiter schlummern, und wer den Nutzen davon hätte, das braucht nicht lange gesucht zu werden. Hat doch der eine dieser erhaltungsbeflissenen Staatsphilosophen uns noch jüngsthin belehren wollen, daß es eben so thöricht sei, für die Sünden der Regierungen die menschliche Urheberschaft der Machthaber verantwortlich zu machen, wie wenn man wegen schädlicher Naturereignisse von denselben Rechenschaft fordern wollte. Es wäre allerdings eine zweifach bequeme Lage für diejenigen, welche die Fülle der Gewalt und ihre reichen Früchte kosten, wenn die ausgebeuteten Massen zu allem Schaden auch noch den Spott für ihre Unvollkommenheit allein zu tragen verdienten; und von dieser unterthänigen Ehrfurcht bis zu der Predigt, welche in der Kartoffelkrankheit die gerechte Heimsuchung für die abnehmende Muttergottesverehrung erblickt, ist's wirklich nur ein kleiner Schritt. Ich gebe die Hoffnung nicht auf, daß unsere Staatsphilosophen auch noch den kurzen Weg bis in den Schooß der Alleinseligmachenden zurücklegen werden. Das „Alles verstehen und darum Alles verzeihen“ läßt sich nach doppelter Richtung zur Anwendung bringen, und wenn man schon einmal Alles verzeiht, kann man gleich auch Alles loben, besonders da, wo das Lob seine Ermunterung und Belohnung so gewiß erwarten darf.

Ist es nun auch unschwer, die Schleichwissenschaft zu entlarven, welche mit der gelehrten Miene aufgeklärter Forschung überlebten Absolutismus und mittelalterliche Beschränktheiten zu verjüngen strebt, so gibt es für unser — wie oben geschildert — Geisteslüsternes Zeitalter aber auch gefährlichere, weil ehrlicher gemeinte und spontaner erzeugte Beruhigungstheorien unter dem Schein der Freude am Fortschritt. Dahin gehört vor allen Dingen der Glaube an die sich selbst bahnbrechende Macht der Wahrheit, oder wie man es auch nennen hört: der Idee. Das ist abermals so eine billige Zauberformel, mit welcher der gebildete Mensch einen Vorwand findet, die Hände in den Schooß zu legen und, wie man sich ausdrückt, seiner Ketten zu spotten. Macht der Wahrheit! ein schönes Wort, aber leider erst noch von der Erfahrung zu bestätigen. Wir kennen so ein paar tausend Jahre menschlicher Geschichte, nicht mehr glücklicher Weise für unser armes Gehirn und besonders für unseren menschlichen Stolz; denn es gibt nichts Traurigeres als die ununterbrochene Kette von Elend und Verbrechen, von Grausamkeit und Hilflosigkeit, welche man Geschichte nennt. Jede Seite ist mit unschuldigem Blut gerötet, jede erzählt den Triumph eines Missethäters. Nichts desto weniger sind die einfachen Wahrheiten, auf die wir heute noch die Hoffnung künftiger besserer Zeiten bauen, von jeher bekannt gewesen.

Was Gerechtigkeit und Freiheit sei, hat in der Hauptsache das Altertum so gut gewußt und erörtert wie wir, und konnte für die unverdorbene Auffassung der einfachsten Religionswahrheiten aller Kulturvölker nie zweifelhaft sein. Wenn auch Jehova in Kanaan einiges standrechtliche Ausschreiten und Jupitern viel unkirchlicher Lebenswandel zur Last fällt, so wäre es doch höchst unkonstitutionell, diese persönlichen Angelegenheiten der göttlichen Majestäten bei der öffentlichen Debatte ihrer Religionsverfassung zur Sprache zu bringen; und die Tugend, Sitte, Menschlichkeit und Gerechtigkeit, welche sie als ihnen wohlgefällig verkündeten, sind noch dieselben, welche nach unseren heutigen Begriffen den guten und edlen Bürger schmücken sollten. Aber grade die Gefäße, in welchen die Wahrheitsschätze geborgen werden sollten, wandelten ja ihren Gehalt in giftige Lügen um und fügten sich allenthalben zu herrschenden oder dienenden Werkzeugen der Gewalt und des Eigennutzes. Aus der von Natur aus sittlichen Religions-Empfindung ist überall das Pfaffentum als ihr konträres Gegenteil hervorgegangen, aus der liebenswürdigen Milde der Bergpredigt der Scheiterhaufe der Inquisition. Mächtig ist die Wahrheit allerdings, aber nur in dem, welcher aus ihr die Überzeugung seines guten Rechtes zu wirksamen Thaten abzuleiten vermag, und nicht in dem idealistischen Fuhrmann, welcher sich beseligt lächelnd neben den im Dreck steckenden Karren niederläßt in dem Vertrauen, daß die inwendige Kraft des guten Prinzips ihn aus dem Kothe ziehen werde. Wir glauben erstaunlich weit über das mythologische Heidentum hinaus gediehen zu sein und laboriren doch noch an den Vorstellungen einer kindlichen göttererfüllten Welt, in der jede kathegorische Abstraktion unseres Denkvermögens als buntgekleidete Persönlichkeit herumspringt. Der Eine sieht die Geschichte, der Andere die Idee, der Dritte die Wahrheit als hochgeschürzte Gestalt leibhaftig über die Weltbühne schreiten; die liberalen Franzosen haben denselben Götzendienst für die Revolution in Schwung gebracht. Wo wir ein Buch aufschlagen, wo wir einer Rede horchen, zeigt man uns die eine oder die andere dieser Gestalten als verkörperte Person mit geschäftigen Händen agirend; man explizirt uns ihre ganze Naturgeschichte, die Gesetze ihres Organismus, und baut die weitestgehenden Pläne auf die künftige Mitwirkung derselben fabelhaften Wesen. Daß alle diese Visionen im Grunde nichts sind als eine philosophisch aussehende Travestirung für die gute alte Mutter Vorsehung ist eben so gewiß, als daß die ihnen samt und sonders zu Grunde liegende pantheistische Anschauung nichts anderes dokumentirt, als den vergeblichen Versuch der Losreißung von der angewohnten Vorstellung göttlicher Persönlichkeit und die Rückkehr zu ihr auf dem Umweg einer parabolischen Nebelbahn.

Derjenige aber, dessen menschliche Bescheidenheit es nicht bis zum Stolz der christlichen Demut zu bringen vermag, und der auf jeden, wenn auch noch so ehrfurchtsvollen, Verkehr mit allen überirdischen Mächten verzichten muß, der läßt bei Anfassung seiner menschlichen Angelegenheiten nicht blos die biblische Vorsehung, sondern auch alle ihre pantheistischen Surrogate ungeschoren und rechnet bei seinen Zukunftskombinationen nur mit den handgreiflich gegebenen Verhältnissen an Kraft und Willen, höchstens daneben mit den Sätzen einer vorsichtig anzuwendenden Erfahrung.

Also weg mit allen diesen vornehm angethanen Vertrauensvoten an den guten Geist im Menschentum, an die sich aus dem Schooß der Welt durchbohrende Wahrheit, an die Nächtens herumpatrouillirende Idee, an die über Berg und Thal einherwallende Geschichte. Trostbedürftige Herzen mögen sich in den Umgang mit diesen erhabenen Gespenstern aus der Dürftigkeit des Lebens flüchten. Was mich betrifft, so habe ich immer gesehen, daß die mechanischen Gewaltinstrumente, wenn auch alle geistige Autorität ihnen fehlt, noch sehr gut ihren Zweck erfüllen, die Menschen niederzuhalten, und daß im Grunde noch nie eine mechanische Herrschaft schließlich anders denn mit mechanischen Mitteln gebrochen worden ist.

Nirgends sollte es überflüssiger sein, an diese Thatsache zu erinnern, als im lieben Vaterlande, und nirgends doch ist sie schwerer verkannt. Gibt es irgendwo in der Welt einen krasseren Gegensatz von Sachverhalt und Bewußtsein als in Deutschlands Verfassung? So ausgemacht ist es seit Jahrzehnten, wie unzureichend, unwürdig und unvernünftig unsere staatlichen und nationalen Zustände seien, daß kaum einer unserer absoluten Fürsten oder ihrer servilsten Hofzeitungsschreiber die Abgeschmacktheit und Zweckwidrigkeit unserer buntscheckigen Verhältnisse öffentlich zu leugnen wagt: und dennoch währt derselbige Jammer, über welchen seit einem halben Jahrhundert das gesamte Volk Zeter und Hohngelächter ergießt, auch schon ein halbes Jahrhundert lang unabänderlich fort. Zwei- bis dreimal, wenn die Weltstürme sie durcheinander gerüttelt, haben Fürsten und Ritter laut unter Gottes Himmel verkündet, wie das Alles unerträglich sei und von nun an besser werden müsse; und immer wieder nach verbrausten Winden ist zu jener alten Ordnung der Dinge zurückgekehrt worden, welcher auf offenem Markt Henkershand den Stab gebrochen hatte.

Wo in aller Welt soll ich da die Macht des Geistes, den Fortschritt durch Erkenntnis gewahr werden? Wenn Einsicht und Bewußtsein etwas über Schloß und Riegel vermöchten, so wäre die deutsche Einheit längst aus dem Reiche der Arndt'schen Liederfantasie in das Reich der Wirklichkeit hinausgeschritten; und sie ist es zum großen Teil nur deshalb nicht, weil Hilflosigkeit, Zaghaftigkeit und andere mit diesen verwandte Charakterschwächen uns den Glauben und die Zuflucht in die theoretische Propaganda als einzigen politischen Instinkt untergeschoben haben. Schläft Europa, so schlafen auch wir. Das ist dann freilich das Schlimmste. Fängt sichs aber irgendwo zu regen an, so geht bei uns alsobald der Wortschwall los, und das ist nicht viel besser. Wenn die Fürsten des deutschen Bundes alles uns Mißfällige im Reich blos mit schönen Reden, mit Adressen an ihre getreuen Unterthanen verteidigten, so begriffe ich, daß wir von Gegenreden und Gegenadressen in Fülle unsere Erlösung erwarteten; wenn z. B. ein König von Bayern sich der Herstellung eines einigen Deutschlands nie mit Gensdarmen und nur mit Gedichten widersetzt hätte, so würde ich begreifen, daß man ihm mit Gegengedichten zu Leibe ginge. Aber mit Nichten! Mit seinen Gedichten ist er auf unserer Seite und für die Einheit, nur mit seinen prosaischen Gensdarmen ist er einigermaßen dagegen und läßt die Dichter ins Loch sperren. Freilich haben aller Orten und Zeiten nationale Bewegungen mit Rede und Schrift begonnen; aber Rede und Schrift mahnten zu Handlungen. Bei uns fordert eine Schrift die andere und eine Rede die andere heraus. Der Ausschuß erläßt ein Manifest an die Nation, die Nation antwortet mit einem Manifest an den Ausschuß; und wenn Alle unendliche Male feierlich sich einander erklärt haben, daß sie vollständig mit einander einverstanden seien, so werden die nämlichen Redensarten sieben mal sieben Tage um die Feste von Jericho herumtrompetet; da aber die Zeiten der Wunder vorüber sind, so bleiben die Mauern stehen vor wie nach. Ist nun gar irgend ein kleiner Souverän so unschuldig, an diesen Gedankenrevolutionen

Ärgernis zu nehmen und etwelchen Unterschreiber mit einer Verfolgung zu beglücken, so ist die Befriedigung vollständig, und das Bewußtsein einer großen That ist gesichert.

Dieses ganze politische Scheinleben hat seine höchste Blüte in jenem Typus erreicht, welchem mit Recht der Name Gotha anklebt, als die schimpfliche Erinnerung an die aufgeblasenste Selbstbelügung in dem Augenblick der tiefsten Erniedrigung. Jene sogenannten Männer, welche noch den Himmel zum Zeugen anriefen, daß sie für ihr großes Verfassungswerk leben und sterben würden, als sie schon unter Henkersaufsicht die Fetzen desselben am Spottpfahl ihrer letzten öffentlichen Auftritte freiwillig hinunterwürgten, diese sind die echte Versinnlichung der eitlen, mit sich selbst buhlenden Phrase, die in ihrem verstockten Dünkel auch gegen die körperlichste Wirklichkeit schamlos unempfindlich geworden ist. Und wenn mich nicht Alles täuscht, so erkenne ich gar viele der altbekannten Geckenstimmen in dem Chorus unserer neuesten Jubelouvertüre, ja was noch schlimmer ist: der ganze Spektakel ist von Natur darnach geartet, die Herren wieder oben auf zu bringen, und somit läßt sich auch das Ende ihres glorreichen Beginnes haargenau vorausbestimmen.

Sage mir doch nicht, ich solle vermeiden, gleich bei dem ersten Versuch der Rückkehr zu einer besseren Zeit den bösen Geist der verderblichen Zwietracht wieder herauf zu beschwören. Das ist eben ein Kennzeichen jener ganz körperlosen Scheingebilde, daß alle wirklichen Unterscheidungen in ihrer Nebelform unsichtbar sind; und nur weil sie auf alle Leiblichkeit und Fruchtbarkeit verzichten, können sich dergleichen politische Kombinationen das Ideal einer universalen geschlechtslosen Parteivermischung vorsetzen. Freilich so lange man nur Adressen schmiert und neue Glückwünsche zum eben ausgesprochenen Glückwunsch wechselt, kann man sich aller noch so wesentlichen Abstände des Verfahrens und der Absichten bemeistern, aber von der ersten Viertelstunde des Übergangs ins Leben an würden die Gegensätze nicht minder grell aneinanderprallen. Immer und überall das Bedürfnis der Selbsttäuschung und die ängstliche Vermeidung alles dessen, was an die bittere Wirklichkeit erinnern könnte! Und aus demselben Grunde findet dieser durchweg abstrakte, nur in theoretischen Formen lebende Geist für seine Bedürfnisse keinen höheren und keinen näheren Gegenstand als die Gewährung parlamentarischer Formen. Eine Nationalvertretung, eine Volksrepräsentation beim Bundestag, oder wie sonst die Sache benamst werden mag, das bleibt immer der Brunnen, aus dem ein Trunk den Durst auf ewig stillen soll. Abermals ein Ausfluß des supranaturalistischen Vertrauens in die Macht geistiger Anstalten. Das Dogma des Parlamentarismus entspringt aus einem zweifachen Trugschluß, der seinerseits immer wieder in der spiritualistischen Befangenheit unseres Zeitalters wurzelt. Zum ersten verläßt dies Dogma sich darauf, daß die feierliche Erörterung und Verkündigung der Wahrheiten durch die fiktiven Organe der Gesamtheit an und für sich eine zwingende Machtentfaltung in die Welt stelle. Zum zweiten lebt es in der irrigen Verwechslung zwischen Rednergabe einer und praktischer Tüchtigkeit und redlichem Willen andererseits. Alles Huldigungen an den theoretischen Schein. Daß die rohe Sinnenwelt sehr zuverlässige Mittel biete, um die geistige Autorität parlamentarischer Versammlungen zu bewältigen, hat keine Zeit so handgreiflich bewiesen, als die unsrige. Kein Land des Kontinents beinahe, oder es hätte in den letzten zehn Jahren einmal einem mehr oder weniger mittelbaren Staatsstreich gegen seine parlamentarische Verfassung beigewohnt. Freilich stellen wir uns heute an, als hätte der arme Kurfürst von Hessen ganz allein seine magna Charta zu Fidibussen verbraucht. Wahrhaftig mich jammert diese verfolgte Unschuld, denn wenn mir nicht mein Gedächtnis einen ganz infamen

Streich spielt, so hat auch sein heutiger Verfolger einige rettende Thaten auf dem Bewußtsein. Ist doch meines Erinnerns die jetzige Berliner Volks- und Herrenkammer nicht so ganz freiwillig und urgesetzwüchsig aus einer Nationalversammlung hervorgegangen, die nicht minder eidkräftig besiegelt gewesen, als die Kasseler Ständekammer. Auch hat sich in allen deutschen Residenzstädten dieselbe Prozedur wiederholt, und wo die Bajonette nicht exerziermäßig nach Stuttgarter Manier eingeschritten sind, war es blos, weil ihr Blinken aus der Ferne genügte, um die wortprangende Majestät der Volksvertretung zur Rückkehr in den vormärzlichen Staub zu bestimmen.

So wenig zuverlässig als Waffe nach außen, so wenig untrüglich ist die parlamentarische Institution als Heilsanstalt nach ihrem inneren Wesen. Zu einer beratschlagenden, d. h. redeführenden Versammlung werden natürlicher Maßen vorzugsweise Diejenigen berufen, welche die meiste Zungenfertigkeit besitzen. Redekunst ist nichts als eine besondere Art von litterarischer Befähigung. Diese aber ist ganz und gar zweierlei mit welt- und geschäftskundiger Einsicht, und auch von der letzteren bis zu der bürgerlichen und politischen Tugend liegt noch eine weite Strecke. Eine Volksvertretung sollte ihrem Begriffe nach eine Vereinigung solcher Männer sein, welche mit dem tiefsten Verständnis des Staatslebens den redlichsten Willen für das allgemeine Beste verbänden; allein das blendende Bedürfnis nach oratorischen Leistungen, welches in den Debatten die erste Rolle spielt, hat für die Zusammensetzung solcher Versammlungen einen ganz anderen Maßstab, den der litterarischen Qualifikation, untergeschoben. Es giebt sehr viele Menschen, welche das Vermögen einer glänzenden Diktion besitzen und dabei nur ein beschränktes Maß von gesundem Verstand. Stände der allgemein herrschende Geschmack auf der Höhe der Vollkommenheit, — wovon er weit entfernt ist — so wäre allerdings ein Teil der Gefahr beseitigt, denn die wahre Beredsamkeit fällt zusammen mit der Leistung des gediegensten Inhalts an Gedanken. Jedoch sogar von diesem — meistens verkannten — höheren Standpunkt aus verbürgt der talentvolle Redner noch lange nicht den tüchtigen, den redlichen Sachwalter des Volks. Einer der geist- aber bei weitem nicht der charaktervollsten Menschen des Jahrhunderts hat die witzige Redensart in Gang gebracht: „Kein Talent doch ein Charakter," oder auch, wie er sich ein andermal ausdrückt: „schlechte Musikanten aber gute Bürger." Der Witz ist gut und berechtigt, entsprang aber doch aus dem instinktiven Bedürfnis, die eigene Geistesprägе durch Verspottung ihrer Kehrseite zu rächen. Denken wir uns, es gäbe, wie für Staatsgeschäfte auch für die Angelegenheiten des Gemüts und der Empfindung parlamentarische Einrichtungen, wäre nicht Heinrich Heine unfehlbar eines der glänzendsten Lichter in solch einem Gefühls-Unterhaus geworden? Hätte nicht Alles andächtig geschwiegen, wenn er mit irgend einem Herzens-Antrag die Rednerbühne betreten und Alles in Rührung und Wehmut fortgerissen hätte? und wie wenig möchte der Privatmensch ein solches Vertrauen gerechtfertigt haben? Nur unschuldige Jünglinge und überspannte Frauenzimmer stellen sich unter ihrem jeweiligen Lieblingsschriftsteller den Mann vor, welcher fühlt und handelt wie seine edelsten Romanhelden; und wie unendlich selten ist ein Professor der Philosophie auch ein Philosoph! Diese selbe falsche Voraussetzung der Identität von rednerischer und politischer Begabtheit erklärt zu einem großen Teil die bitteren Enttäuschungen, welche die Neuzeit an ihren Volksvertretungen erlebt hat, und rechtfertigt in einem gewissen Grade die Verdrießlichkeit, mit welcher zuweilen gegen das Überwuchern des Advokatenstandes in den Parlamenten losgezogen wird. Schließlich aber ist diese Konzentrirung der politischen Kraft und der politischen

Aufmerksamkeit auf den oratorischen Teil um so weniger sachlich begründet, als in Wahrheit auch die besten Reden in solchen Versammlungen Niemanden von der einen Seite des Hauses auf die andere hinüberreden. Ein Jeder kommt ja doch mit seiner fertigen Parteiansicht, weil mit seinem fertigen Interesse, in die Versammlung, und alle Kraftentfaltung an Geist und Wort läuft zuletzt auf nichts hinaus, als auf die theoretische Rechtfertigung der im Voraus des Sieges und auf die theoretische Satisfaktion der im Voraus der Niederlage gewissen Seite eines Hauses.

Wirf nun, wenn ich bitten darf, einen Überblick rückwärts auf die eben zusammengestellten Erscheinungen und sage mir ehrlich, ob dir nicht überall das kalte Wasser theoretischer Abstraktionen, erdichteter Voraussetzungen und schattenhafter Luftgebilde über dem Kopf zusammenschlägt.

Willst Du hierzu aber noch beherzigen, daß diesen dunstförmigen Gedankenanstalten gegenüber in jedem Staate des Festlandes eine Institution vorhanden ist, welche genau den Gegensatz zu ihnen bildet, nämlich eine mit höchst körperlichen Flinten und Kanonen ausgerüstete, mit Fleisch und Brot genährte, in besonderen Fällen mit Branntwein traktirte, stehende Armee, so kannst du dir unmöglich verbergen, wie eitel das Vertrauen in die Tauglichkeit jener rein geistigen Turniere sei. Ich bin aus Gründen, die ich ein ander Mal entwickeln werde, dem Elihu Burrit und der ganzen quäkernden Olivengesellschaft von Herzen abhold, aber Eines scheint mir doch klar: so lange es massenhafte stehende Heere giebt, und so lange vollends diese Armeen einem abgesonderten Inhaber der sogenannten exekutiven Gewalt, im Gegensatz zur legislativen, in die Hände geliefert sind: mit anderen Worten, so lange der eigentlich gebietende, d. h. gesetzgebende Körper nur eine Zunge, der gehorchende aber, d. h. der ausführende, Zähne und Hörner hat, so lange bleibt das Ansehen und die Macht der Parlamente eine reine Erdichtung, und der Kopf wird unter der Botmäßigkeit des Armes stehen. In Amerika und England sind Parlamente denkbar, in dem heutigen festländischen Europa werden sie immer von der Duldung der Armee abhängen. Ich weiß wohl, daß auch Vieles zur Verteidigung des Repräsentativ-Systems anzuführen ist, allein das ganze unbändige Vertrauen, welches der aufklärungsfreundliche Teil der deutschen Nation in die Veranstaltungen von parlamentarischer Natur setzt, fordert in mir die widerstrebenden Betrachtungen mit Macht heraus. Wer denkt nicht — der ihn zu sehen Gelegenheit gehabt — mit Beschämung an den Götzendienst, welcher anno 1848 mit den Frankfurter Abgeordneten getrieben worden! War es doch als tauchte ein wahrer Prophet und gottgesandter Mann auf, da wo einer von ihnen in größeren oder kleineren Versammlungen erschien; und das heute erneuerte Pochen auf eine Vertretung beim Bunde als Universalmittel gegen alle Schmerzen verrät, daß noch immer ein guter Rest jenes alten Glaubens in den Herzen zurückgeblieben ist. Es ist aber dieses vertrauensvolle Sichhingeben an beratschlagende Körperschaften überhaupt nichts Anderes als ein Kennzeichen einer aus Rat- und Kopflosigkeit zusammengesetzten Lage. Menschen, die nach Abhilfe von unerträglichen Zuständen suchen und in sich den Charakter oder die Geisteskraft zu einer gesunden That vermissen, lieben es außerordentlich, die Auffindung eines rettenden Ausweges von dem Witze irgend einer Kongregation zu erwarten, der sie mit unendlichem Vertrauen zugleich auch unendliche Kräfte zu erteilen wähnen. Ein jeglicher vermeint: was er nicht errate oder ahne, das werde sein Abgesandter schon ausklügeln, und so schieben in einem fort die größeren Massen den kleineren die unlöslichen Aufgaben zu, um sich über ihre inwendige Mittellosigkeit zu täuschen. Die Nation ernennt ein Parlament, das Parlament ernennt einen

Ausschuß, der Ausschuß ernennt einen Berichterstatter, jeder wirft den Ball dem andern zu, jeder befiehlt den Geist, den er nicht hat, in die Hände seines Abgeordneten, bis dann von Stufe zu Stufe, von einem Aufschub zum anderen das Problem abgekühlt, abgemergelt und abgeblaßt in irgend einem langweiligen Druckbogen zu Tage kommt, der nur deshalb nicht mit dem Unwillen und dem Schmerze bitterer Enttäuschung empfangen wird, weil langes Ermatten und spätes Erkalten die Unerquicklichkeit und Unfruchtbarkeit des ganzen Bemühens längst zu Tage gefördert hatten. In diesen Zuständen spiegelt sich am deutlichsten die ganz verkehrte, weil übertriebene Rolle, welche die parlamentarischen Anstalten in der modernen und besonders in der deutschen Fantasie spielen. Was da nicht in der großen Gesamtheit vorhanden ist, das kann die kleinere ihr nicht zurückgeben; der Entschluß und die Erfindung, zu welchen nicht die Nation herangereift ist, werden ihr nie aus dem Schoße ihrer Erwählten entsprießen. Parlamente — mit einem Worte — sind da, um Erobertes zu bewahren und zu entwickeln, aber nicht um zu gestalten, was nie da gewesen. Sie sind ein Bollwerk, aber keine Mauerbrecher. Wer sie einsetzt, ehe er das Reich der Freiheit im Fundament gegründet, der bahnt nicht dem Fortschritte, sondern dem Verrate einen Weg; wer sie aber vollends vorschiebt, damit sie erfinden und erkämpfen, was nicht vorher der Gedanke der Nation erfunden und der Arm der Nation erkämpft hat, der treibt nur Schabernack mit seinen eigenen Sinnen. Man hat das Frankfurter Parlament seiner Zeit- und Kraftvergeudung angeklagt. Diese Anklage war nur der zweite Teil und die Vervollständigung der ärmlichen Selbsttäuschung, in welcher sich die ganze Nation herumtrieb. Als sie, im Zustande ihrer thatsächlichen Unfreiheit verharrend, mit allen vormärzlichen Unterdrückungs-Anstalten auf dem Nacken, eine beratschlagende Versammlung als theoretisches Sinnbild der Befreiung installierte, da war diese von vornherein der Ohnmacht, dem eitlen Spiel und schließlich dem Untergang gewidmet. Regierungen und Regierte fanden eine Weile hin ihre Rechnung am Weben dieses Scheingebildes, weil diese sich selbst und jene ihre Unterthanen zu beschwichtigen verlangten, aber das wahre Ende der deutschen Erhebung wurde nicht in Stuttgart am letzten, sondern in Frankfurt am ersten Tag der deutschen Nationalversammlung abgespielt. Ich habe nie auf dem Altare der Paulskirche geopfert, und ich habe daher ein Recht, den wohlfeilen Spott abzuwehren, welchen spät erleuchtete und ermutigte Kritiker jetzt über die Männer ergießen, denen das wenig beneidenswerte Schicksal zugefallen war, den Fehlgriffen und und dem Selbstbetrug der Nation als Spiegelbild zu dienen und unter den Augen Aller ein Jahr lang jenen Tod des Elends zu sterben, welchen die deutsche Revolution in der ersten Hälfte des achtundvierziger Märzes bereits schnell, aber von den wenigsten bemerkt, gestorben war.

Und sollten erschütternde Weltbegebenheiten je die deutschen Fürsten wieder dazu vermögen, das scheinbar große Zugeständnis einer gesamt-deutschen Volksvertretung zu machen, so würden im wesentlichen die nämlichen Thorheiten und die nämlichen Ergebnisse zutage kommen. Und darum trägt die heute wieder aufdämmernde Bewegung bereits den Keim des Verderbens im Herzen, weil sie abermals unter dem Gestirn der parlamentarischen Hoffnungen und der parlamentarischen Traditionen empfangen ist.

Was aber dann? fragst du. Das ist eben der Jammer! Große Thaten, wie die, welche England und Frankreich, Holland und Nordamerika zur politischen Emanzipation gebracht haben, lassen sich nicht vordozieren. Diejenigen Vorgänge aber, welche zunächst uns wieder aufgerüttelt haben, sind keiner fruchtbaren Anwendung auf unsere Verhältnisse fähig, ich meine die italienischen. Wir dürfen an keinen Sukkurs von außen denken, wir sind in der trübseligen Lage eines herabgekommenen Reichen, dessen Mittel nicht auslangen, daß er sich mit eigenen Kräften wieder heraufarbeite, dessen Standes- und Ansehens-Traditionen ihm aber auch nicht erlauben, fremde Unterstützung zu empfangen. Wir sind zu vornehm, um geschenkt zu nehmen, zu dürftig, um unsere Ehre aufrecht zu erhalten. So fristen wir als verschämte Arme dem Ausland gegenüber eine politische Scheinexistenz, und in der Verlegenheit heften wir das rettungsuchende Auge auf wen? auf Preußen! Theorie und abermals Theorie bis zum Ende! Gedankenformen ohne Fleisch und Bein, mathematische Anschauungen mit körperlosen Grund- und Aufrissen. Ihr konstruiert Euch im Geiste einen preußischen Staat, wie er sein könnte oder sollte, aber die Menschen, welche diesen preußischen Staat zu jetziger Stunde vorstellen, die thun Euch nichts zur Sache. Vom großen Kurfürsten und vom großen König aus führt in Eurem schulgerechten Hirn eine schnurgerade Linie mit historischer Notwendigkeit bis herunter auf Euren deutschen Kaiser, aber andere sind die Wege der Logik, andere die Wege des menschlichen Samens, und wäre es auch ein königlicher. Nicht der Beruf schafft sich den Mann, sondern der Mann schafft sich den Beruf. Das Sprichwort sagt zwar: Gelegenheit macht Diebe, aber es hütet sich zu sagen: Gelegenheit macht ehrliche Leute. Kraft verschwenden kann jeder, sich Kraft geben kann niemand, und daher sind alle eure hochgeborenen Anschauungen von der Sendung Preußens luftige Spekulationen ohne Rücksicht auf das einzig entscheidende Maß der Dinge, d. h. die handelnden Personen. Das alles rührt her vom Mißbrauch der Abstraktion. Wäre es unser vernünftiger Sprachgebrauch, in neunzig Fällen von hunderten, statt falscher Weise Preußen, richtig Hohenzollern zu sagen, so würden an dem Worte selbst eine Menge irriger Voraussetzungen scheitern, ehe sie auf die Oberfläche kämen, und gleicher Weise vermieden wir durch Übung solcher Redevorsicht, wie die Gefahr thörichter Hoffnungen, so auch die Gefahr thörichter Mißverständnisse. Warum muß ich allezeit gegen Österreich losziehen hören? Ist Habsburg Österreich? Kann sich denn kein ehrlicher Mensch aus seiner Livree herausdenken, und prügelt Ihr Euch zuletzt, als treuergebene Lakaien, für die Knöpfe an Euren Röcken? Wenn der Erzherzog Johann — Gott habe ihn selig — gesprochen hat: Kein Österreich, kein Preußen, sondern ein einiges einziges Deutschland, so war er halt ein Herzog, und mein bürgerlicher Verstand erlaubt sich den Wunsch, die beiden ganz unschuldigen geographischen Begriffe durch die beiden dynastischen ersetzt zu sehen. Kommen wir wieder einmal auf dem Gürzenich bei Austern und Rheinwein zusammen (was schon passieren könnte), so wollen wir vorschlagen, statt der Ost- und Nord-Mark deutscher Erde die beiden Namen Habsburg und Hohenzollern im bruderliebenden Pokale aufzulösen. Bis dahin aber gebt mir Acht, daß die guten Leute an der Donau — und sie sind dessen wohl kapabel — es nicht für sich nehmen und mit Zinsen wiedergeben, wenn Ihr Österreich im Munde und Habsburg im Gedanken habt. Schneidet mir ja den sympathischen Nerven nicht durch, welcher von Wien aus auf Deutschlands Herz zuläuft, er ist mir — verzeih mir die Sünde — beinahe lieber als sein Zwillingsnerv im Norden, und ich täusche mich sehr, oder der elektrische Schlag, der Leben bringen soll, möchte noch viel eher von dort unten heraufkommen. So manchmal, wenn ich den Konstabler unter den Linden seine Fortschritts-Laterne putzen sehe, dieweil schwarze, donnergeladene Wolken sich um den Turm der Stephanskirche zusammenballen, summt es mir wie ein altes, ahnungsvolles Liedel im Kopfe: Schädliches Österreich, ich ziehe dich vor dem nützlichen Preußen!

Vor allen Dingen aber nähre mir keinen Vertrauensluxus in fürstliche Größen. Wir haben an jenem schönen

Gut hinreichenden Vorrat und noch für Generationen ausgesorgt. Wenn man auf die souveränen Geschlechter die allergewöhnlichste Statistik anwenden will, so wird man sehen, wie viel günstiger Zufall dazu gehört, daß einer unter hunderten über die niedrigste Mittelmäßigkeit der Geistes- und Körperkraft hinausrage, und man wird von ihnen nicht verlangen, daß sie durch geniale Unternehmungen ihr behagliches Auskommen oder auch nur ihre bürgerliche Ruhe kompromittieren sollten. König von Preußen zu sein z. B. ist schon eine leidliche Versorgung. Manchen, der es durch Gottes verehrungswürdige Fügung geworden, möchte es saure Mühe gekostet haben, durch sein Genie auch nur das Fürstentum Hechingen zu erschwingen. Warum soll er also seinen Besitz in Gefahr bringen? Aus Liebe zur Freiheit und Größe des deutschen Volks? Ihr habt gut reden, meine Herren armen Teufel, Ihr seid in der Bewunderung des Leonidas und seiner dreihundert Proletarier aufgewachsen, und von keinem irdischen Schatze besitzt Ihr soviel als vom hohen Ideale der Menschenwürde. Wäret Ihr aber von Kindesbeinen an von Generalen aller Waffengattungen erzogen, in der Lehre vom Befehlen und Gehorchen groß gesäugt, mit der Milch des göttlichen Rechts getränkt und mit weltlichem und geistlichem Weihrauch umnebelt worden, so möchtet Ihr den heutigen Statusquo mit ganz anderen Augen ansehen. Es erfordert eine ganz außerordentliche Persönlichkeit für den in Purpur geborenen Prinzen, daß er nicht durch und durch von feudalistischen, aristokratischen und soldatischen Vorurteilen gesättigt sei, und wäre auch das alles nicht, so genügte der Instinkt der persönlichen Erhaltung um ihn zum konservativsten Menschen seines Landes zu machen. Mit welchem Rechte verlangt Ihr von einem zu solchen Empfindungen gezwungenen Regenten, daß er Euren idealistischen Erwartungen und Anforderungen entspreche? Schwärmer der Gerechtigkeit Ihr, lernt erst gegen einen armen König gerecht sein und verlangt von ihm nicht das Unmögliche. Wenn Ihr es nicht verlangt, so werdet Ihr auch nicht getäuscht werden, noch Euch nach jeder verlorenen Illusion über Euren Fürsten statt über Euch selbst beklagen. Ihr werdet auch zugleich Eurem Ziele um die Vermeidung eines unausbleiblichen Irrtums näher rücken. Was mich betrifft, so erkläre ich jedem Fürsten von Geblüt und jedem Hohenzollern insbesondere, daß ich ihn nicht um eines Haares Breite für Deutschlands Fortschritt verantwortlich mache, und daß ich mich aller Ansprüche an seine Mitwirkung los und ledig erkläre, dagegen erlaube ich mir, den Kodex meiner Pflichten und die Regeln meines Verfahrens in Einklang mit dieser meiner Recht- und Anspruchslosigkeit zu formulieren. Im Übrigen appelliere ich an die Erfahrung. Als die preußischen Heere unter der Rute des gewaltigen Napoleon in Rußland standen, und für Deutschland die Stunde der Erhebung schlug, da war es nicht Friedrich Wilhelm III., welcher es wagte, mit dem gefürchteten Zwingherrn zu brechen und vielleicht für des Vaterlandes Befreiung seine Krone einzusetzen, da zögerte und scheute das königliche Haupt, und York, der Patriot aus bürgerlicher Herkunft, mußte seinen Kopf spielen, um durch eine kühne Wendung, sozusagen durch einen Akt der Empörung, seinen zaudernden Souverän zu kompromittieren. Als Friedrich Wilhelm IV. die deutsche Kaiserkrone zu Füßen gelegt wurde, da stieß er sie mit dem Fuße von sich, und nun, nun baut in Gottes Namen auf einen neuen Friedrich oder Wilhelm!

„Wer zum ersten Male liebt und sei's auch glücklos, ist ein Gott,
Doch wer zum zweiten Mal unglücklich liebt, der ist ein Narr."

Dein

Thomas Contra.

II.

Michael Pro an Thomas Contra.

Mein kluger Freund!

Ich will nicht darüber streiten, ob es richtig sei, daß der einzelne Mensch sich nicht ändern könne. Aber ganze Menschen-Arten sind doch der Besserung zugänglich. Wenn ich bedenke, daß zu Goethes Zeiten, nach des alten Meisters Versicherung, die Lumpen sich durch Bescheidenheit ausgezeichnet haben, und wie es ihnen seitdem gelungen ist, den Vorwurf zu Gemüthe nehmend, sich von dieser Charakterseite ganz und gar unkenntlich zu machen. Wundern möchte sich der selige Wolfgang, wenn er heute die Menschlein sähe, welche das Jahrhundert mit Orakelstimmen abkanzeln und im Donner ihrer Unfehlbarkeit einherpoltern. Die gute alte Zeit, in der mit Gründen und Schlüssen auf dem Papier gefochten wurde, ist vollständig überwunden. Die „Autoritäten", welche die Volksvertretungen mit Kanonen widerlegen, reden, wenn sie sich zum Reden erniedrigen, nur mit Vernichtungsworten. Wo das Dreinschlagen die oberste Regierungskunst ist, muß natürlich das Anschnauzen die oberste Dialektik sein, und wie man jeden Lümmel zum Schießen gebrauchen kann, so läßt sich aus jedem Gelbschnabel ein patziger Hof- und Staatszeitungsschreiber machen. So diesseits wie jenseits des Rheins. Haben wirs doch jüngsthin erlebt, daß ein solcher Mann Gottes im Vollbewußtsein höchstseines erhabenen Standpunktes vor Gericht erklärte: was er in der Stadt Augsburg zu Papier gebe, das gehe rein über den Horizont unserer bürgerlichen Schädel und sei nur zur Erleuchtung von Fürsten und Staatsmännern bestimmt. So weit hatte es Gott der Herr nicht gebracht, da er zu Mosen sprach: „Geh' hin und verkünde allem Volke", — und ist doch auch seiner Zeit eine Autorität gewesen! Das Schönste bei der Sache kam aber hernach zu Tage, nämlich, das sothanes Augsburger Fürstenbrevier von Kommunisten auf Halbsold bedient wird, die in ihren Mußestunden, wenn gerade auf der äußersten Linken nichts zu verdienen ist, bei der äußersten Rechten Arbeit finden und Herrn Baron von Cotta mit den schönen Resten ihres Zerstörungstriebes vergünstigen. Variatio delectat. Es muß recht vergnüglich sein, in den Pausen des proletarischen Klassenkampfes auf vertrautem Fuß mit Deutschlands Baronen, Staatsmännern und Fürsten zu verkehren. Auch fehlt es, wollte man tiefer eindringen, wie bei allen historischen Erscheinungen, nicht an der Erklärung des inneren Zusammenhanges.

Vor allem muß heutzutage ein armer Sterblicher darauf gefaßt sein, unter dem Hohngeschrei der modernen Weisen vernichtet zu werden, wenn er sich beigehen läßt, von Prinzipien zu reden. So verächtlich konnte nicht Reinecke, der ehrliche Fuchs, sich über Schwänze äußern, nach dem er den seinen in der Falle gelassen, wie heutzutage eine gewisse Sorte von Politikern sich über Prinzipien lustig macht. Es hat damit aber auch so seine Schwanzbewandtnis. Genau besehen tragen die Herren alle einen armen, schlecht vernarbten Stümmel am Leibe und haben die Blume ihrer Integrität in irgend einem speckverzierten Fangeisen eingebüßt. Inde irae! Ehemalige Freischärler, welche für das göttliche Recht predigen, demokratische Abgeordnete, welche der Hofkanzlei ihre Feder leihen, müssen natürlich auf Prinzipien nicht gut zu sprechen sein. Da haben wir denn die praktischen Anschauungen in Schwung gebracht, welche je nach Zeit und Umständen zu allen Standpunkten benützt werden können. Alle Bäche der Gemeinheit münden in den großen Strom der praktischen Anschauungen, und die vollendete Thatsache ist der einzige Maßstab von Recht und Vernunft. Vollendete Thatsache? Nur diejenige That ist als vollendet zu betrachten, welche als gut, wahr und gerecht sich in dem Bewußtsein der mitlebenden Menschheit eingebürgert hat. Wenn das Geschehensein allein heilig spräche, so würde jedes Privatverbrechen mit demselben Grunde seine Unwiderleglichkeit und folgerichtig seine Unstrafbarkeit beanspruchen können, wie der kolossalste Staatsstreich — denn nicht der äußere Umfang, sondern der sittliche Inhalt entscheidet über den Wert einer Handlung. Aber so wenig ein Verbrechen zur Tugend wird, weil der Urheber sich durch die Flucht der Justiz entzieht, so wenig wird eine öffentliche Gewaltthätigkeit zur Quelle und zum Maße des Rechts, weil der Gewaltthäter stark genug bewaffnet ist, um den siegreichen Fuß auf den Nacken der Wahrheit zu setzen. Das Recht ist keine Erscheinung der Sinnenwelt und kann daher durch physische Gewalt nicht geschaffen werden. Es ist eine Wesenheit, welche nur in der Vorstellung, im Geiste der Menschen existirt und aus der Gesamtheit des geistigen Lebens gewonnen wird. So lange daher eine Thatsache nicht den Beifall der Überzeugungen gewonnen hat, so lange ist sie nicht zum Recht geworden, so lange ist sie nicht vollendet; denn das volle Ende, das Vollmaß des Lebens ist erst erreicht, wenn sinnliche Erscheinung und geistige Thätigkeit in Eins zusammenfallen. Und diesen Teil unserer Existenz, ich meine den geistigen Inhalt, und ich möchte beinahe hinzusetzen, diesen besseren Teil (denn ich fühle mich den Geistverächtern an Vorurteilslosigkeit hinlänglich gewachsen, um ihre Ironie herausfordern zu dürfen) ja diesen bessern Teil, die Übung der Intelligenz und der Gerechtigkeit, den sollen und wollen wir uns nicht auch noch von den die rohe Gewalt und den plumpen Eigennutz vertretenden Mächten rauben lassen. Die vollendete Thatsache ist ein Parasit, der auf Kosten unseres Gehirns lebt. Er wächst in dem Maße als wir uns von ihm die Organe der Erinnerung ausfressen lassen, und es liegt in unserer Macht, ihm zu widerstehen, indem wir das Gedächtnis seines Ursprungs und unserer Eindrücke treu bewahren.

Nehmen wir uns doch ein Beispiel an unseren Widersachern und lernen wir von ihnen, übernommene Vermächtnisse und anvertraute Güter ungeschmälert folgenden Geschlechtern überantworten. Wenn aristokratische Stammhalter sich vor ihren Blutsverwandten gebunden halten, das Erbe an Land und Leuten als ein unantastbares Ganze zu hinterlassen, so haben denkende Menschen ein größeres Reich, größere Schätze und größere Vorfahren aufzuweisen, als alle Monarchen von Gottes Gnaden, — sie von Geistes Gnaden: denn ihr Fideikommiß ist das unendliche Reich des Gedankens, ihre Kronjuwelen sind die unzähligen Schöpfungen der Intelligenz, ihre Ahnen sind alle die Lehrer und Denker, welche die Jahrtausende hindurch an dem Bau des geistigen Lebens mitgearbeitet haben. Ich sollte meinen vor diesem ihrem Berufe dürften sie etwas Respekt haben; und gerade, weil es in der Welt so schlecht bestellt ist, gerade weil — wie du mit Recht hervorhebst — Gewalt und Lüge so vielfach triumphiren, gerade darum ergeht zwiefach an Jeden, welcher dies einsieht, das Verbot der Anerkennung der rohen Thatsache. Sei immer Pessimist, so viel du willst; es sind nicht die Verächter und Gleichgültigen, welche der Menschheit Böses nachsagen;

sondern die, welche am meisten von ihr erwarten, die, welche am lebendigsten für sie empfinden, erscheinen natürlicher Weise auch in der vordersten Reihe ihrer Angreifer. Von Cato bis Voltaire waren die eifrigsten Verfechter von Recht und Wahrheit bittersprechende Pessimisten und haben Besseres gewirkt, als süßlich Verzückte, die im Interesse des eigenen Wohlbehagens dem Bedürfnis huldigen, überall Vortreffliches und Anerkennenswertes zu gewahren. Pessimiere nur immer zu! Aber ein Anderes ist: die Macht der schlimmen Thatsachen einzugestehen, ein Anderes, vor ihr verzichtend zu verstummen. Ist jene Folter nicht doch gefallen, wie du selber anerkennst? und vor wem? und wird nicht — wie du gleichfalls die Hoffnung aussprichst — auch jene Marterkammer des puritanischen Seelendünkels fallen, die blödsinnbrütende Zelle? Und wenn du dich also selbst nicht hindern kannst, im Vorbeigehen der um sich greifenden Macht des Gedankens ein Vertrauensvotum in den Schoß zu werfen, warum verlangst du von andern den Verzicht auf den Gebrauch ihrer geistigen Kräfte, da wo die körperlichen im Augenblick den Dienst versagen, du Menschheit anbetender Pessimist, du sanftes Lamm der Bildung im rauhen Wolfskleide der Verzweiflung! Aber so sind einmal heut zu Tage die furchtlosen Denker. Aus lauter Angst, sie möchten vor den letzten Consequenzen ihrer unerbittlichen Logik zurückschrecken, gehen sie lieber über ihr eignes Extrem hinaus, und unversehens ins Lager ihrer Feinde. Beklagst du dich nicht selbst in deinem Briefe über diejenigen, so die Waffen des philosophischen Geistes zu verräterischen Fechterkunststücken für die Erbfeinde des Wissens und Fortschritts führen? Was Jene mehr oder minder bewußt thun, das treibst du ahnungslos zum eignen Schaden. Gerade so verfahren auch jene modernsten Vergötterer der Naturwissenschaft, welche von ihrer — im Grunde uralten — Entdeckung trunken, daß alles Leben, selbst das erhabenste, untrennbar an den Stoff gebunden sei, sich für verpflichtet halten, die Fülle ihrer Verachtung über alle dem reinen Denken zugewandten Zweige des Wissens auszugießen. Während der Gewaltstaat und die Hochkirche die radikalen Physiologen cum infamia von ihren Lehrstühlen relegieren, erziehen diese ihnen die Jugend zu einer Verachtung der Philosophie und zu einer ausschließlichen Verehrung der praktischen Fächer, welche für Scepter und Krummstab so recht gleichgültige und fügsame Unterthanen nach dero Herzen formen. Und wären sie noch selber wirklich so schlimm, als sie uns möchten glauben machen! Aber mit nichten. Auf gleiche Weise, wie du, schmollender Fortschrittsgeist, zu eigenem Seelentort die Herrlichkeit der rohen Thatsachen predigst, auf gleiche Weise sind alle jene Kraftstoffel und Kreisläufer im Grunde ihres Herzens verkappte Philosophen, nur nicht immer sehr scharfe; ja derselbe Trieb des abstrakten Denkens, dem sie Hohn rufen, hat ihren Wahrheitseifer angezündet, und die Logik, deren sie spotten, liefert ihnen die Waffen zu ihren Experimenten,

Bohren sich Esel, wissen selbst nicht wie.

Doch davon ein ander Mal. Einstweilen lerne von Jenen, welche die Federn bezahlen, um zu beweisen, daß die Kanonen recht haben; lerne von der Kanone selbst den Respekt vor der Feder, d. h. vor dem Reich des Gedankens.

Wie sich immer der Mensch drehe, sein Leben ist ganz und gar im Geiste, sagt irgendwo mit großer Wahrheit ein moderner Materialist, der im Übrigen nicht immer so einfach und richtig sieht (Proudhon). Und also bleibt es. So lange es ein menschliches Ich giebt, d. h. eine die räumlichen und zeitlichen Vorgänge in Vorstellung und Urteil zusammenfassende Empfindung, und so lange diese Thätigkeit der kennzeichnende Akt menschlichen Lebens ist, so lange komme ich ebensowenig, wie irgend eine Sprache, über den Begriff des Geistes, d. h. des Denkens hinaus, und wäre es auch noch tausendmal schärfer als geschehen und als nötig ist, bewiesen, daß im Reiche der Intelligenz kein Sperling vom Dache fällt ohne den Machtspruch des alldurchdringenden Stoffes. Räumst du aber dem Gedanken das Recht des Daseins ein, so mußt du ihm unvermeidlich das Recht der Ausbreitung, der Fortpflanzung, das Recht zur Hoffnung auf endlichen Sieg einräumen. Wohl oftmals hört man von Solchen, die sich allen Beweisen zum Trotz nicht von dem süßen Troste einer unsterblichen Seele trennen können, den verzweifelten Ausdruck hinschleudern, daß es in der Ökonomie ihrer Lebensanschauung für sie schier unmöglich sei, ohne die Annahne einer Fortdauer nach dem Tode auszukommen. Ihnen kann man mit Recht antworten: Ihr müsset auskommen, Ihr müsset Euch, wenn Eure Logik besiegt ist, auch im Gemüte mit diesem endlichen Leben zurecht finden. Nicht so aber mit dem Glauben an Recht und Freiheit, d. h. an Wahrheit: dieses, ich möchte sagen dieses Jenseits auf Erden gehört unentbehrlich zur Ökonomie unseres gesamten, d. h. unseres geistigen Lebens; es bliebe, könnten wir darauf verzichten, kein Notbehelf, mit dem wir uns begnügen möchten, es bliebe keine vernünftige Existenz, und alles Kulturleben würde zum Unsinn. Ich weiß es wohl, daß Künstler und Kunstaffen sich einen ästhetischen Indifferenzpunkt herausgezirkelt haben, von dem aus sie wähnen, den Weltuntergang ohne Störung ihres eigenen Gleichgewichts mit ansehen zu können, ja ohne nur in den Ätherregionen ihres Schönheitslebens berührt zu werden. Aber es gehörte, denke ich, nicht allzu große Verstandesschärfe dazu, ihnen nachzuweisen, daß man in solche Voraussetzungen sich wohl hineinträumen könne, aber sich hineindenken nimmermehr. Alle Begriffe, durch welche wir irgend eine Bejahung in Rücksicht auf den Gesamtinhalt der Lebensaufgabe ausdrücken, heißen sie nun Schönheit, Tugend, Recht, Freiheit, Glück, oder wie sie sonst wollen, fassen sich schließlich doch in Eins zusammen. Dies Eine ist: Wahrheit. Alles Leben der Intelligenz dreht sich um die Teilnahme des Individuums an allgemeinen Wahrheiten; und wenn letztere auch als Gegenstände der besonderen Aufmerksamkeit teilbar erscheinen, so ist doch der Nachweis überflüssig, daß sie an der Wurzel ein unteilbares Ganze, ja durchaus nur einunddasselbe ausmachen. Große Künstler waren daher auch immer große Menschen und lebten das ganze Dasein ihrer Zeit nach allen Richtungen hin mit. Wenn heutzutage die Farben- und Ton-Virtuosen es zur Konservierung ihres ästhetischen Teints für notwendig erklären, sich gegen alle rauhen Winde der politischen Welt zu vermummen, so kommt es eben daher, daß wir viel mehr Kunsttändelei als Kunst vor Augen sehen, und daß dem Spiele allerdings jeder Ernst eine Störung ist. Noch läppischer ist die litterarische Schönseligkeit, weil ihr der falsche Denkprozeß viel weniger natürlich steht, als dem in die unmittelbare Form versenkten Gehirn des Künstlers. In der Betrachtung des Lebens vorsätzlich dem auf der Oberfläche Wohlgefälligen nachjagen und die Innenseite meiden, da wo die positiven Thatsachen unsere Ansprüche an die Harmonie des Daseins verletzen, darauf reduzirt sich ja die ästhetische Vornehmheit — das ist doch am Ende nur eine andere Art, sich aus stiller Verzweiflung irgend einer Form des Rausches zu übergeben. Das ist in seiner abgeschmacktesten Weise schon da gewesen, als Könige und Hofleute, welche von dem Schweiß des Landes praßten, in ihren Mußestunden die arkadischen Schäfer agierten.

Nein, mein Freund, ich ehre den sogenannten Pessimismus, der in seinem Wahrheitsdurste alle Erscheinungen des Lebens umkehrt, damit er sie genau und auch von ihrer Schattenseite beschaue, nicht weil er sich am Anblick des

Übels weidet, sondern weil die Ehrlichkeit seines Strebens ihn nicht ruhen läßt, bis er allen verborgenen Rissen und Schäden der Dinge nachgesehen habe. Er entspringt, dieser Pessimismus, aus dem rastlosen Eifer für das Gute; aber ich verlange auch Selbsterkenntnis genug von solchem Wahrheitsfreunde, daß er sich nicht selbst so beschränkt und oberflächlich auffasse, wie die thörichte Welt, welche ihm vorwirft, dem Übel zu huldigen und das Gute als einen wesenlosen Schein zu verspotten.

Du willst praktisch sein, mein Freund, und du siehst nicht einmal, was in deinem eignen Innern vorgeht; Eines ist aber noch schlimmer und unpraktischer: du ahnst nicht, daß du dir deine eignen Waffen stiehlt, um sie dem unwürdigsten deiner Gegner zu borgen. Es ist unter Kennern des menschlichen Herzens eine ausgemachte Sache, daß nichts vorsichtiger zu gebrauchen sei, als Selbstanklagen. Öffne dem ersten besten Tropf dein Herz mit der Bekennung deiner Mängel, er wird sie salbungsvoll einstreichen und dir bei Heller und Pfennig anschreiben. Seine eigenen Schwächen kennt er nicht einmal von Ferne, und an deine Tugenden würde er nicht glauben, selbst wenn du es überwinden könntest, davon zu reden. So hast du schließlich nichts geleistet, als irgend einen Gimpel in der Anbetung seiner eigenen Vortrefflichkeit und in der Mißachtung der Besseren zu bestärken, die Distanz zwischen ihm und seiner Bekehrung zu erweitern. Wenn einem unserer Widersacher deine Ausfälle gegen die Selbstherrlichkeit des Gedankens, gegen parlamentarische Verfassung, gegen die Hinneigung zu Preußen unter die Augen kämen, was würde er daraus folgern? Daß du der rohen Gewalt mit Verachtung allen Fortschritts die Ehre gäbest, daß du die despotische Regierungsform als die allein vernünftige anerkenntest, und daß du die Herren von Rechberg, Beust und von der

Pfordten auf Händen trügest. Und da wäre dir wohl geholfen?

So muß ich dich denn daran erinnern, daß man es in endlichen Dingen immer nur mit relativen Größen zu thun hat, und daß es ein schlechtes Handwerk ist, im Kampf zwischen den Bösen und den Guten, die schwachen Seiten der letzteren in die Pfanne zu hauen. Regierung ist ein notwendiges Übel, und so muß der Volksvertretung, die auch eine Weise des Regierens ist, selbstverständlich ein gutes Teil von der Natur des Grundübels anhaften. Es ist beinahe Modesache geworden, gegen beratende Körperschaften zu Felde zu ziehen, aber aus dem ganzen Halali hab' ich noch keinen sinnigen Vorschlag zur Ersetzung des so rundweg verdammten Systems heraus hören können, dahingegen an nichtsnutzigen Absichten und an traurigen Surrogaten kein Mangel ist. Vergiß nicht, wer den verächtlichen Ausdruck „Parlamentarismus" in Gang gebracht hat! Es geschah nach dem 2. Dezember des Jahres 1852. Waren das wohl lautere Triebfedern, welche uns den Ekel an dem Kammerwesen einzuflößen gedachten, oder war es vielmehr die anmutige Berechnung jenes Vielfraßes, der in die Schüssel spuckte, damit er sie allein aufzehren könnte? Keine Regierung hat so derb auf die Eitelkeit staatsmännischer Eloquenz geschimpft und schimpfen lassen als die französische, und drolliger Weise ist keine so redselig und deklamatorisch wie sie. Sie möchte alle Zeitungen, Flugschriften, Bücher allein machen, „depopulate the city and be every man himself", heißt es dort im Coriolan. Und schließlich; gleich als gälte es jedem Irrtum den Weg zu verlegen, hat sie sich nicht enthalten können, durch die Einsetzung von Kammern, wenn auch nur und eben weil nur zum Schein, grundsätzlich dem Systeme zu huldigen, welches sie thatsächlich zerstört hatte. Wie in Frankreich so aller Orten. Wenden wir uns aber den Angriffen zu, welche von dem äußersten Flügel der liberalen Seite auf den Parlamentarismus eindringen, so bin ich wahrlich in noch größerer Verlegenheit, Einrichtungen zu bekämpfen, welche uns an dessen Stelle geboten würden, denn ich vermisse jede positive Andeutung von dieser Seite. Ich habe selbst in einem umfangreichen Werke, das ein gewissenhafter, geistvoller und sachkundiger Demokrat gegen den Parlamentarismus mit besonderer Hinweisung auf England geschrieben hat (Bucher, der Parlamentarismus) vergeblich nach Etwas gesucht, das wie ein Ersatzmittel aussähe. In der That liefert mir meine Fantasie keine Erfindung, welche auf etwas Drittes neben dem Absolutismus und der Volksvertretung hinausliefe, und ich brauche mich wohl nicht zu verachten, wenn ich nicht erfinderischer bin als die ganze Weltgeschichte vor und nach Christi Geburt, diesseits und jenseits der Meere. Wäre es — vom Wünschenswerten nicht zu reden — möglich, die Welt aus lauter Kantönli's zusammengesetzt zu denken, so möchten allerdings Urversammlungen statthaft erklärt werden, obgleich vorauszusehen ist, daß auch in diesen ein beträchtlicher Teil der Mißbräuche wieder auftauchen würde, welche man den repräsentativen Versammlungen zur Last legt. Aber in der Welt des massenhaften Zusammenwirkens und des allseitigen Ineinandergreifens ist Staat und Großstaat ein und dasselbe, sind die kleinen Souveränetäten nur zwerghafte Bildungen ohne die Grundbedingungen innerer Entwicklung und äußeren Bestandes. Die unabweisbaren Erfordernisse des Großstaates und der Selbstverwaltung begegnen sich ganz ausschließlich in der Volksvertretung.

Auf die Schelme, welche uns das parlamentarische Leben verleiden möchten, will ich nicht weiter zurückkommen. Forsche ich aber dem Gedankengang nach, welcher mehr als einen ehrlichen Mann dahingebracht hat, unser Heil von irgend einer andern Methode auf unklare Weise zu erwarten, so begegne ich einer Erscheinung, welche zu den eigentümlichsten unseres Zeitalters gehört und meines Erachtens eines aufmerksamen Studiums wert ist, weil sie ganzen Reihen von trügerischen Anwendungen zu Grunde liegt. Ich möchte sie von ungefähr als den Zauber der falschen Genialität bezeichnen und in politischen Dingen damit charakterisieren, daß sie die Erlösung in Form irgend einer — bis dato freilich noch verhüllten — gut inspirierten Diktatur herankommen fühlt. Dieser Dämmerungsglaube an die „kühnen Griffe" erklärt sich allerdings bei einer Generation, welche deren manche erlebt hat; aber wenn sie einen Augenblick den Überschlag aller in diese Gattung gehörenden Unternehmungen machen wollte, so würde sie zu dem höchst beachtenswerten Resultate kommen, daß alle samt und sonders einem einzigen Geschlechte angehören, nämlich dem der gemeinschädlichen Handlungen. Das klärt die ganze Sache auf. Schlechte Streiche giebt es genug, aber gute Streiche sind ein unbekanntes Ding. Es giebt Geheimmittel, welcher Manier man über Nacht eine Volksvertretung in Beschlag nehmen und eine Verfassung in die Tasche stecken kann, wie es Geheimnisse giebt über Nacht mit einem Börsenmanöver eine Million zu erschwindeln; aber es giebt nicht ein ähnliches Patentverfahren, um über Nacht die Gesetze der Freiheit zu gründen oder ein ehrliches Vermögen zu erarbeiten. Man kann heimlich Brand stiften, aber man kann nicht heimlich bauen. Ja, nicht blos die rettenden Thaten und das politische Gaunerwesen, auch das finanzielle haben wesentlich dazu mitgewirkt, die Fantasieen mit einer ungesunden Hefe zu versetzen. Man hat so viele Bubenstreiche aller Art im Handumdrehen geraten sehen, daß man auf den Glauben verfallen ist, auch das Reich der Freiheit könne einmal auf diese Weise aufgebaut und erhalten werden. Das ist aber ein großer Irrtum. Etwas Böses kann vom Einzelnen mit Überraschung vollbracht werden, etwas Gutes ersprießt nur aus dem Zusammenwirken Vieler nach allbekannten Grundsätzen. Warum? Die Antwort ist sehr einfach. Das Böse ist eben der partikularistische Vorteil des Einzelnen, das Gute ist das harmonische Wohl Aller. Aus der Natur des Grundwesens entspringt die Methode seiner Anwendung. Daher bleibt alle sogenannte Gesellschaftsrettung nach plötzlich erfundenen Rezepten, so weit sie nicht geradezu Betrug ist, wilde Fantasterei. Daher auch vermöchte derjenige Sozialismus, der mehr als eine humanistische Tendenz sein und sich zu einem ganz und gar die Gesellschaft umformenden System erheben will, erst dann ernstlich mitzusprechen, wenn er sich einmal in praktische Forderungen eingelebt hätte, die ihrerseits zu ganz elementaren Anschauungen des allgemeinen Bewußtseins sich durchgearbeitet haben müßten. So lange er sich aber auf Pläne reduziert, welche bald so, bald anders von einzelnen Köpfen ausgeheckt werden und in den schwankendsten und abenteuerlichsten Vorschlägen aufs Tapet kommen, so lange mag er als soziale Alchymie das Privatstudium in Anspruch nehmen, nicht aber die Ehren einer Tagesfrage und noch weniger die Ehren eines Zankapfels in dem Kampf um politische Befreiung. Machen wir doch auf dem viel weniger schlüpfrigen Gebiete der Finanzverwaltung stets von neuem dieselbe Erfahrung, daß es keine Hexenkünste giebt, um eine arme Staatskasse in eine reiche umzuwandeln. Weil der einzelne Spekulant Geniestreiche machen kann, mittels deren er das Geld aus fremden Taschen urplötzlich in die seinen herüberspielt, hat die Gimpelhaftigkeit von jeher sich auch mit der Erwartung äffen lassen, ein „genialer“ Finanzminister könne mittels irgend einer ungeahnten Kunst aus dem Minus ein Plus machen. Aber sie hat dabei nur übersehen, daß, wenn Peter dem Paul sein Geld ausschwindeln kann, es darum noch nicht gesagt ist, man könne alle bestehlen, um alle reich zu machen. Nein, mein genialer Herr Bruck, mit all Ihrem Genie sind Sie nicht im Stande, eine pure Zahlenkombination zu erfinden, welche die Löcher des kaiserlichen Budgets auszufüllen vermöchte; mit all Ihrem Genie sind Sie dazu verdammt, nicht anders als der allernüchternste Haushälter zu dem abgedroschenen, altbackenen Mittel zu greifen, das da heißt: Sparen. Ein Staat, der nicht auskommt, muß weniger ausgeben. Das ist das ganze Geheimnis. Zerbrecht Euch nicht die Köpfe; ich gebs Euch schriftlich, Ihr werdet nichts Besseres finden, und wenn Ihr noch so viele geniale Minister mit noch so getreuen Vertrauenskommissionen zusammensperrt.

Und gerade so müssen alle die Erwartungen messianischer Freiheitsdiktaturen zu Schanden werden. Wie viele gemeinnützige Diktaturen hat die christliche Zeitrechnung aufzuweisen? Halb und halb den Oliver Cromwell und den Washington darum nicht, weil er nur als Oberbefehlshaber gegegenüber einem fremden Feind, nicht als omnipotenter Staatslenker gegenüber dem eigenen Volke, weil er endlich in der That immer unter der Macht des Kongresses gestanden. Und wenn auch, wollt Ihr auf solche Ausnahmen Eure Hoffnung bauen? Bleibt mir daheim mit allen Wunderkuren! Arbeiten heißt die Losung, und noch einmal Arbeiten, gemeinsam Thaten und gemeinsam Raten.

Freilich, wenn etwas am hellen Tage vor aller Augen geschieht, da ist Jedermann Kritikus und legt den klugen Finger in die Wunden. Derjenige aber, welcher den Menschen Augen und Ohren verbindet und hinter Wolken agiert, der giebt ihnen nur Stoff zum Bewundern. Führt ein Despot Paläste auf und baut Brücken und Straßen, so möchten die Gaffer gleich sich zu Tode erstaunen über den Wohlthäter der Menschheit. Was an guten Keimen erstickt, was an Existenzen zertrümmert, was an Thränen vergossen, was an Leben verseufzt werden muß, damit ein Einzelner all die Macht unbehelligt in seinen Händen sammele, um solche Steinwunder aufzutürmen, das sehen sie nicht, und darum wägen sie's nicht ab gegen die vermeintlichen Großthaten. Zeigt hingegen ein freies Staatswesen, eben weil es frei ist, auch seine schwachen Seiten, so haben sie gleich das Wort der Verdammnis bereit.

Es giebt ein ungeheures Kapitel in der Politik, welches ich, wie ein bekanntes komisches Bild, überschreiben möchte: „Was man sieht und was man nicht sieht," und erlauben es Deine Geduld, Zeit und Umstände, diese Unterhaltungen fortzusetzen, so verspreche ich Dir, besagtem Kapitel einen besonderen Tag zu widmen. Auch die Schäden, welche Dir bei den parlamentarischen Verfassungen in die Augen springen, gehören, der Hauptsache nach, ganz in diesen Belang. Es wird wohl nie einem Menschen vergönnt sein, selbst mit Hilfe der gewissenhaftesten Forschung zu zeigen, wie viel tausend geheime Quellen des Lebens, des Glücks und des Gedeihens mit jedem Rucke zu fließen beginnen, welcher eine der zahlreichen Fesseln sprengt, so ererbte oder neue Vorurteile um die Bewegung und Thätigkeit der Einzelnen geschmiedet haben. Noch weniger wird es möglich sein, die tausendfache Fortpflanzung von Tod und Erstickung zu verfolgen, welche sich unvermeidlich an jeden Akt der Knechtung und Hemmung anreihen. Die Natur des Vorgangs selber widersetzt sich der Untersuchung, gerade durch die unendliche Ausbreitung und Vertiefung in die feinsten, untersten und zahllosesten Wurzeln und Keime des universellen Werdens. Aber ein klares Anschauen des Prinzips an sich muß schon zu einer lebendigen Ahnung der thatsächlichen Wahrheit führen, und hier ist abermals einer der vielen Fälle, in denen das wohlfeil geschmähte Prinzip zum höchsten unentbehrlichsten Werte sich erhebt. Wirf nur einen Blick auf die Geschichte von Handel und Gewerbe und den Weg ihrer Entwicklung. Es ist nichts anderes als der Kampf des richtig geahnten Prinzips der freien Bewegung gegen die augenfälligen Vorzüge der Beschränkung, in welche sich andere als die zunächst Interessierten vergafft hatten. Noch immer haben wir nicht das Recht, zu lachen über jene Parfümeure, die den Apothekern das Recht bestritten, solche Klystiere zu geben, welche vornehme Damen nicht um der Gesundheit willen, sondern zur Erhaltung der guten Hautfarbe in Anspruch nahmen. Noch heute ist der Kampf der Postillone und der Fuhrmannsschenken gegen die Eisenbahnen nicht ausgekämpft. Und wenn es glücklicherweise möglich geworden ist, nachzurechnen, daß die Zahl der Menschenopfer, welche der Dampf und die Schienen im Jahresdurchschnitt verschlingen, bei richtiger Abwägung der Proportionen unendlich klein ist gegen die Hals- und Beinbrüche, welche die Fuhrwerke der guten Zeit aufs Gewissen nahmen, so wirst Du dagegen freilich niemals nachrechnen können, wie geringe Opfer eine die Freiheit Aller unter Aller Augen beratende Staatsverfassung erheischt, verglichen zu den Legionen von Seelen, welche ein von Stille und Finsternis sich nährender Absolutismus zu ewigen Tode verdammt. Nachrechnen kannst Du es nicht, aber ahnen; abmessen aus einzelnen Beispielen und aus analogen Erfahrungen. Allein ein zweiter eigentümlicher Zug unserer Zeit, welche doch so viel vom industriellen Fortschritt durch die freie Bewegung gelernt haben könnte, hat gerade für den naheliegenden Schluß aufs politische Leben ihre Sinne abgestumpft. Es ist dies das so gewaltig vorwiegende Bedürfnis nach Ruhe und Ordnung. Ruhe und Ordnung sind die Stichworte, welche das Ideal der Freiheit aus den Herzen verdrängt haben. Es scheint beinahe, als hätte der Mechanismus, indem er sich zur ersten Macht der Gütererzeugung ausbildete, auch ganz und gar sich der Seelen bemächtigt. Ein rein mechanisches Vorbild der Ungestörtheit und Regelmäßigkeit, in welche das Leben der Gesellschaft eingeschraubt sein soll, ist als das ausschließliche Bedürfnis des Lebens anerkannt worden. Und wie ein gutes Prinzip segensreich wirkt, so ein böses verderblich. Von der blos formalen Sicherheit, welche eine geängstete und kurzlebige Bürgerschaft für sich verlangt, bis zu der allerengherzigsten Selbstliebe, welche jeden Einzelnen wieder nur mit seinem isolierten Behagen ohne Rücksicht auf seine Mitbürger beschäftigt, ist nur ein Schritt und ein ganz konsequenter. Sodann wiederum von der Engherzigkeit dieser auf das alleinige Selbst eingeschränkten Aufmerksamkeit bis zu der Kurzsichtigkeit, welche nur um die nächsten Stunden dieses nämlichen Ichs besorgt ist, führt ein zweiter nicht minder konsequenter Schritt zum auflösenden, durch und durch zerstörenden Atomismus. Auf solchem Zersetzungsphänomen richtet dann triumphirend der Absolutismus seine Blendwerke auf und giebt jedem nur um seine nächste Minute beschäftigten Philister irgend einen monumentalen Augentrost. Es genügt, die Straßen mit Gas zu beleuchten, damit in allen Köpfen sofort die Nacht heraufziehe, die Nacht der Blindheit, der einsamen Absperrung und der Angst. Unsere Gesellschaft war nach den Prüfungen der achtundvierziger Jahre in die verzweifelte Stimmung des Wanderers gekommen, welchen auf winterlichem Marsche der Schlaf überfällt. So sehr er auch die Warnung kenne, sich nicht dem verräterischen Ruhebedürfnis hinzugeben, er fühlt nur die Pein und das Verlangen des Augenblicks und sinkt in die Arme des Schlafes, in dessen Schatten der Tod lauert. Recht kurzatmig und verzärtelt hat sich dabei auch das Zeitalter bewiesen, von der Kurzsichtigkeit nicht zu reden. Was frühere Geschlechter um einer guten Sache willen ausgehalten, wie lange sie ihre Freiheit oder ihre Religion unter Entbehrungen und Erschütterungen verteidigt, daran dachte niemand, und kaum fällt es hinterher jemandem ein, zu prüfen, ob denn mit dem Verzicht auf alle politischen Güter die heilige Lade der polizeilichen Ordnung und des ungestörten Verkehrs in der That auch so lange geborgen gewesen sei? Im Jahre 1852 wurde, um den beliebten Salbungs-

Ausdruck zu gebrauchen, die Aera der Revolution geschlossen; auf dem ehernen Deckel, welcher über dem Krater aller Schrecken festgeschmiedet sein sollte, schlug Groß und Klein mit überschwänglicher Ernährungsseligkeit die Buden des Gewerbes auf, und vom Dank der Beglückten gerührt sprach der rettende Säbel zu ihnen: wie schön sind deine Zelte Jakob und deine Hütten Israel! Aber kaum war ein Jahr ins Land gegangen, da ward es dem Säbel zu eng in der Scheide und er dachte: der Retter ist nicht des Menschen wegen gemacht, sondern der Mensch des Retters wegen. Zuerst ging der orientalische Krieg los; seitdem haben wir beinahe ununterbrochene Kriegsjahre gehabt, und von Ruhe und stillem Glück ist weniger die Rede als jemals. Die beiden Großvögte der Ruhe und Ordnung, Rußland und Österreich, haben jeder an seinem Ort dem Frieden ein Ende gemacht. Wenn Veranstaltungen der öffentlichen Freiheit, wenn parlamentarische Zerrereien, Wahlumtriebe und gesundes Parteienwesen zum hundertsten Teile solche Friedensstörungen und Gewinnstentziehungen nach sich geführt hätten, das wäre nie und nimmer zu verschmerzen gewesen, und der moralischen Nutzanwendungen auf die Unmöglichkeit unter dem Joch der Revolution zu leben, gäbe es kein Ende. Jahrtausende lang hat der Monarchismus die Welt zu einem Kriegslager gemacht. Wer denkt daran, es ihm vorzuwerfen? Aber wenn ein Straßenkrawall ausbricht und ein Stein in den Kramladen fliegt, da soll gleich der Teufel die Freiheit holen.

Obwohl Du im Herzen mit diesen feigen und beschränkten Anwandlungen nichts gemein hast, so mußte ich sie Dir vor die Augen halten, damit Du inne werdest nicht blos, daß Du immerzu Wasser auf die Mühlen unserer Gegner leitest, sondern auch, daß zwischen Dir und ihnen eine Gemeinsamkeit des Grundgedankens besteht, welche Dir nicht zur Ehre gereicht. Du rückst dem Parlamentarismus zu Leibe, weil er ein Geschöpf des geistigen Lebens sei. Ja wohl, das ist er. Dieser Vorwurf ist sein Stolz. Das Reich der Freiheit ist das Reich des Geistes. Zwischen dem Gedanken und der brutalen Gewalt giebt es nichts Drittes. Du hast es wiederum erlebt: sobald Du dem nüchternen Realismus die Macht in die Hände giebst, hat er nichts eiligeres zu thun, als sie dem Schwerte zu überliefern. Das Freiheits-Ideal des modernen Ordnungsfanatikers ist nicht mehr das des antiken Republikaners oder des mittelalterlichen Städters, welcher seine Würde darein setzte: mitzuraten und mitzuthaten. Sein Ideal ist die Freiheit der Ruhe, d. h.: der Ungeschorenheit; er bildet sich ein: es sei möglich, Herr im Hause zu sein, ohne sich selbst um die Wirtschaft zu kümmern. Und doch könnten auch hier ihm Steine predigen. Wovon erzählen sie, jene Städte des Mittelalters von Flandern bis nach Italien, in deren verödeten Straßen das Gras wächst, deren Mauern einer herabgeschmolzenen Einwohnerschaft zu weit geworden sind, deren Paläste wie Königsmäntel um ihre Bettlergestalten schlottern? Sie erzählen von einer ruhmreichen Bürgerschaft, welche Zeit genug hatte, ihre Staatsangelegenheiten zu führen, selbst mit Königen zu unterhandeln, gelegentlich auch in Parteienzwist zu zerfallen, für ihre Freiheiten zu kämpfen, dabei aber nichtsdestoweniger die Schätze des Ostens und Westens in ihre Warenlager zu sammeln und Denkmäler des Reichtums, der Macht und des Genies zu hinterlassen, welche den Stolz ihrer unter fürstlicher Oberhoheit herabgekommenen Enkel ausmachen. Heute aber erbebt alles vor dem Luftzug einer Debatte, und selbst ein vernünftiger Mensch, wie Du, klagt darüber, daß die Nationen nicht denken können ohne zu reden. Oder ist Dein ganzer Ausfall gegen die Gefahren der politischen Eloquenz etwas anderes als die Umschreibung dieses Vorwurfs? Das Wort ist die Empfängnis des Gedankens, und gleicherweise giebt es kein politisches Leben, das heißt: kein gemeinsames Denken, ohne öffentliches

Sprechen. Ist es nun so wunderbar, so verdammlich, so bedauernswert, wenn bei dem Reden die schöne Rede zur Geltung gelangt, und kannst Du Dir es anders denken? Ihr jammert über den Einfluß der Advokaten, der Leute von der Feder? So ist es Euch lieber, von Generalen und Pfaffen regiert zu werden, nach der Vorschrift des Herrn de Maistre? Vor allem aber, ist das politische Leben als Selbstzweck denn für nichts anzuschlagen? Steht hier plötzlich das große Gesetz der Natur still, die überall Mittel und Endzweck in ewige Wechselwirkung verflicht? Rechnest Du für nichts den Lebensgenuß, welchen ein frisches Teilnehmen am gemeinsamen Dasein durch die Massen treibt; den Verbrauch an Intelligenz, welchen es erheischt; die Saat von guten, weil aus der Enge in die Weite hinaussprießenden Empfindungen, von Bürgertugenden, welche es großzieht? Die Freiheit ist redselig und die Knechtschaft ist stumm. Ehre der Sprache, sie ist der Inbegriff alles Menschenlebens. Und nun, mein Freund, nun verlangst Du schließlich, ich solle mich reinwaschen von der Anklage sträflichen Umgangs. Deine Späher berichten, sie hätten mich nächtens bald mit Gothaern, bald sogar mit preußischen Prinzen fortschrittsbenebelt Arm in Arm aus der Kneipe kommen sehen. Herr, was soll ich da sagen? Zum ersten, daß Deine Späher und mehr noch Deine Fragen etwas indiskret sind, und daß es mir vielleicht dienen könnte, gar nicht zu antworten. Zum zweiten, daß der Mensch, der sich in den Strom des politischen Lebens hineinwirft, nicht immer mit jüngferlicher Vorsicht seinen Partei-Umgang abgrenzen kann. Haben wir doch Könige vom ältesten Geblüt mit ihren Lazzaronis Brüderschaft machen sehen, um sich die Freiheit vom Halse zu schaffen, warum sollte nicht einmal ein Demokrat zu der Fürsten- und Geheimratsbank sich herablassen dürfen, um der guten Sache willen?

Unter allen Hoch- und Not-Peinlichkeiten, in welche mich Dein unerbittliches Inquisitoriat radikaler Strenggläubigkeit verstrickt, beunruhigt mich keine Anklage so wenig als die, so auf Verkehr mit dem Schwarzen, soll heißen: dem Schwarz-Weißen lautet. Ich bin der That geständig und verlange dennoch Freisprechung. Meine Verteidigung beschränkt sich auf den einfachen Satz, daß von etlichen und dreißig Übeln das größte das kleinste ist. Das ist die ganze Hexerei. Keine Spur von erotischen Trieben in diesem ganzen Umgang, keine Anwandlung von Minne- noch Wollust. Wenn ich den Namen Preußen höre, so fühle ich weder Glauben noch Liebe noch Hoffnung in meinem Busen heraufziehen. Ich sage mir nur, daß ein großer Staat nie so erbärmlich sein kann als ein kleiner, und aus dem einfachen Naturgesetz der Schwere weiß ich, daß die kleineren Massen von größeren angezogen werden, nicht aber umgekehrt. Ist es irgend einer Zukunft vorbehalten, Deutschland auf monarchischem Wege zu einigen, so kann nur Preußen ihr Werkzeug sein, und in dieser Voraussetzung stelle ich meine Stimme zur Verfügung. Besitzt aber die Monarchie weder Lebens- noch Heils-Kraft genug, um diese Sendung zu erfüllen, so soll es mich ebensowenig wundern als betrüben. Wie gesagt: ich kenne keinen Staat, als den Großstaat, ich kenne keinen deutschen Staat als den preußischen, ihn allein können wir ohne das Gefühl schlechthiniger Beschämung nennen. Was für Grütze in all den anderen Regierungshandmühlen gemahlen wird, davon werden wir weder fett noch mager. Daß die protestantischen Beherrscher von Baden und Württemberg nach den Seligkeiten päpstlicher Pantoffelherrschaft schmachten, wird das große Deutschland nicht zum Verderben führen, und daß der Herzog von Coburg den National-Ausschuß beherbergt, wird es nicht retten. Aber lasse Preußen von allen Lastern der tief eingewurzelten Feudalherrschaft zu einem freien Bürgerwesen gesunden, und wir wollen sehen, wie lange die Nebenländer zurückbleiben können. Nicht blos jeder vernünftige Regierungsakt, auch jeder Widerstand von unten kann in Preußen allein einen Umfang gewinnen, der ihm Bedeutung gebe. Setze z. B. den Fall eines Konflikts zwischen der Verwaltung und dem Richterstand über die Anwendung eines Gesetzes. Es hat ja schon einmal Richter in Berlin gegeben. Das wäre sofort eine ernste Erscheinung. Aber verlege den Fall nach Homburg, Nassau oder Lippe, da ist die sämtliche Magistratur in den fürstlichen Hühnerstall einzusperren, und die Sache geht schon an der Komik zu Grunde.

Du hältst mir die Personenfrage entgegen. Sind denn siebzehn Millionen Einwohner nicht auch Personen und so wahrhaftig von Fleisch und Bein als einige Dutzend vom echten Geblüt? Liegt es nicht blos an der Einsicht und an dem Willen der siebzehn Millionen, wenn ihre undurchdringlichen Körperlichkeiten leichter wiegen, als die geringe Zahl der allerhöchsten Existenzen, welche die andere Wagschale herabziehen? Auf Seiten der Personen, welche zu einer gegebenen Zeit am Ruder sitzen, siehst Du das natürliche Übergewicht. Das ist nichts Natürliches, das ist eben rechte Abstraktion, wenn auch tausendjährige, und mit der Rückkehr zu den einfachen Gesetzen der Physik, mit der Rückkehr von der Fiktion und dem Aberglauben zu gesunden Verhältnissen, gewinnen die Millionen den ihnen gebührenden unendlich überwiegenden Einfluß über die kleine Zahl der Privilegirten. Diesmal, mein Freund, bin ich der Realist.

Du selbst giebst mir Beispiele an die Hand, aus denen hervorgeht, daß meine Behauptung kein leeres Verstandesspiel sei. Wenn Friedrich Wilhelm III. wider seinen Willen zur mannhaften Umkehr gegen Napoleon fortgerissen wurde, so war es eben der Geist der Massen, welcher der schwachen Persönlichkeit heilsame Gewalt anthat. Preußen, nicht

Hohenzollern, hat 1813 gemacht. Und wenn im Jahre 1848 Preußen für Deutschlands Einheitsruf sich taub stellte, so sehen wir bei jedem neuen Wogengange dieselbe Welle immer höher und mächtiger an seine Ohren schlagen. Möglich doch auch, daß einmal in solchem Andrang ein York das Steuer an sich reiße.

Welcher Staat hat außer Preußen etwas Bleibendes in Deutschland gewirkt? Es hat nicht blos das Zeichen der Erhebung gegen die Herrschaft Napoleon's I. gegeben, es hat auch den Zollverein gegründet. Auch der Geist echter wissenschaftlicher Aufklärung und philosophischer Befreiung verdankt ihm allein die Stätte, von der aus unsere ganze moderne, spezifisch deutsche Bildung ihre Strahlen ausbreitete. Berlin war in den dreißiger Jahren der Mittelpunkt jenes unerschrockenen Denkens, welches uns den Namen der philosophischsten Nation der Welt eingetragen und ganze Schichten der Gesellschaft aus den Händen des Pfaffeneinflusses gerissen hat, der in den freiesten Staaten der Erde unendlich mehr Seelenherrschaft ausübt, als bei uns. Endlich ist es nicht minder Preußen, dem wir, ob auch nur mit genauer Not, es verdanken, wenn dem deutschen Volk die Schmach erspart blieb, für weltliche und geistliche Sultanei in Italien Henkerdienste zu verrichten.

Da, wo Preußen mit solch barer Münze bezahlt, da gebe ich ihm auch meine Kundschaft; nicht geheime Sympathien, sondern trockene Rechenexempel widme ich ihm:

Fordert keine andre Liebe,
Denn es macht mir Schmerz.

Und nun, dieweil man uns Demokraten doch immer ein störrisches, durch Unmäßigkeit alles kompromittierendes Wesen zum Vorwurf macht, und dieweil man ferner behauptet, alles Kontroversieren führe nicht vom Fleck, möchte ich schließlich Dich und die Welt durch eine Konzession in Erstaunen setzen, indem ich, wie Du es verlangst, die Gothaer Deinem Gerichte Gottes übergebe. Aber eben da ich sehe, wie Du schon triumphierend die Pechpfanne von Sodom und Gomorrha über ihre Häupter aufschwingst, befällt mich, gleich dem Erzvater Abraham, ein menschlich Rühren, und ich fordere Amnestie für die Gerechten, so unter ihnen wohnen möchten. Ja, ich kann mir eine Redlichkeit des Herzens und des Verstandes denken, welche dahin gelangt, sich an das Halbe zu gewöhnen, und das resolute Leben in dem Ganzen, Guten, Schönen beruhigt fahren zu lassen. Ich kann mir dies um so mehr denken, wenn ich voraussetze, es habe einer seine besten Jahre und Hoffnungen in deutschem Elend verseufzt. Schwerer allerdings ist es, sich in den Geist jener bekannten Tugendmoralisten zu versetzen, die sich in einem Atem mit der Zunge zwischen die Bayonnette werfen, während ihre Lippen schon den Ladstock küssen, und deren Lippen den Gesetzesschänder zermalen, während ihre Zunge den Staub von seinen Stiefeln leckt. Gelüstet Dir darnach, solches Wildpret mit Haut und Haaren zu verspeisen, so segne der Himmel Deinen Appetit, und damit ich Dir ein Prachtexemplar verrate, laß Dir von allen „besten Männern" jenen empfehlen, welcher kürzlich an Schillers hundertjährigem Geburtstag sich berufen fühlte, nach echter Schusterjungenart im Vorübergehen ein herabwürdigendes Bild auf ein bescheidenes Heldengrab zu kohlen.*) Dort, wo die Ufer des Rheins anfangen flach zu werden und wo die ersten Windmühlen an lanzenkundiger Ritter Thaten gemahnen, wirst Du auch jenes weisheits-

*) Siehe „Köln. Zeitung" von Anfang November, die sinnreiche Parallele zwischen dem „Talglichtstümpfchen" (!) Robert Blum und der Sonne Schiller.

triefende Haupt ausfindig machen, dessen Selbstanbetung es nicht verwinden kann, daß künftige Geschlechter den Namen Robert Blum unter den besten nennen werden, so sich durch den Tod für die Freiheit verherrlicht haben.

Dein

Michael Pro.

Berlin in Paris.*)

(* Aus den „Deutschen Jahrbüchern für Politik und Litteratur. 1862. Berlin. Bd. 5. S. 313 ff.

Es gibt kein häßliches Porträt. Jedes Abbild, und sei es noch so getreu, verklärt; selbst die mechanische Photographie leistet das. Ein Bild ist eben doch immer eine Abstraktion und schwebt über dem Wirrwarr des Lebens. Was aber für das Menschenantlitz das Konterfei, das leistet für das Ereignis die Geschichte. Wie groß und hinreißend auch die Entsagungsszene in der Nacht des vierten August gewesen sein mag, noch reiner und erhabener steht sie jedenfalls im Rahmen der Geschichte da. Die Gegenwart ist für die Vorgänge, was der Kammerdiener für den großen Mann. Sie sieht ihr Objekt zu sehr aus der Nähe und empfindet es in einem verkleinernden Maßstabe. Der Mensch von heutzutage ist wesentlich ein alter Mensch; der Realismus aller Art hat ihm die Jugend abgestreift. Alte Leute sehen auch die Dinge zu sehr in der Nähe und müssen daher Brillen aufsetzen, durch welche die Gegenstände mehr in die Ferne hinausgerückt werden. Erst wenn die Erlebnisse in der historischen Distanz erscheinen, werden sie richtig verstanden. Wie viel besser wird 1848 heute beurteilt als damals! Und wie viel klarer wird der Oktober 1862 vor uns stehen, wenn wir ihn um einige Jahre mögen überlebt haben! Nun gibt es aber ein Surrogat für die Geschichte: das ist die Entfernung. Zeit und Raum — das weiß ja im lieben Deutschland ein neugeborenes Kind — Zeit und Raum sind ein und dasselbe Kautschuck, nur in die Länge oder in die Breite gezogen, und um fünfzig Thaler Reisegeld kann sich jeder aus hundert Meilen Entfernung ein Jährchen Vergangenheit präparieren. Dieses Mittel ist nicht zu verachten, und die richtige Würdigung des hier erwähnten optischen Gesetzes möchte wenigstens manchen modernen Historiker daran erinnern, daß es nicht immer reiner Profit ist, das Detailstudium bis auf den Punkt zu treiben, wo das geistige Auge mitsamt dem körperlichen in den presbytischen Zustand gerät, der bekanntlich vor Bäumen den Wald nicht sieht. — Kurz und gut, ich meine: was eben in Berlin abgespielt worden ist, nimmt sich von Paris aus betrachtet, schon anders, schon geschichtlicher, ganzer, besser vielleicht und richtiger aus als dorten.

Und vor allen Dingen, daß es sich hier ausnimmt, ist schon an sich ein Gewinn. Wenn Deutschland nur einmal anfängt politisch interessant zu werden, so hat es auch schon einen Schritt gemacht; und wenn es sich dazu noch dieser Interessantheit bewußt wird, wenn es wahrnimmt, wie es außerhalb seiner Grenzen Aufmerksamkeit erregt, so wird ihm das in seiner Haltung entschieden von Nutzen sein. Eitelkeit ist allerdings ein schlechtes Erziehungsmotiv, allein Schamgefühl ist der Vorläufer aller Entwicklung, und wenn wir nur einmal werden gelernt haben, uns gebührlich zu schämen, so wird uns auch das kommen, was uns eigentlich allein fehlt: nämlich die Galle. Man spricht in Paris jetzt sehr viel von Berlin. —

Es war der erste Regentag nach einem langen Sommer und liebevollen Herbste, und zum ersten Male sammelten sich auch die Freunde wieder am häuslichen Herd. Die Franzosen fragten uns Deutsche gleich beim Eintritt über die preußische Kammervertagung aus und erwarteten genau zu wissen: wie es mit den Barrikaden, mit dem Staatsstreich und mit allen sonstigen, in ihrer theatralischen Vorstellungsweise mit diesem Ereignis notwendig verbundenen Bühnenkunststücken ablaufen werde? Ich bemühte mich, ihnen auseinander zu setzen, wie das alles in der dünneren Atmosphäre nach dem Nordpol zu nicht so grobkörperlich aufeinander poltere und wie der Konflikt dadurch nichts an Wichtigkeit verliere. Ich mochte meine Sache nicht besonders gut gemacht haben, denn ich sprach eigentlich mehr für die Ehre meines Landes, als aus dem Grunde meiner Überzeugung. „Sie können sagen, was Sie wollen", bemerkte einer der Anwesenden, Herr Grégoire, Journalist und Republikaner, „es lassen sich halt Argumente für jegliches Verhalten finden, aber die Art, wie der Mensch sich beträgt, hängt einzig und allein von seinem Temperament ab. Ihr Deutschen habt in der Politik kein Temperament, und deswegen werdet Ihr sobald nichts zu Wege bringen. Nichts in der Welt geschieht mit dem Kopf allein, Eingeweide muß man haben; Ihr ehrt, lobt, besingt und wünscht die Freiheit, aber", setzte er mit einer heftigen Geberde hinzu: „vous n'avez pas d'entrailles pour la liberté! Ist Liberté auf Deutsch vielleicht männlichen Geschlechts?" — Und als ich ihm erwiderte, daß auch für die Deutschen die Freiheit ein Weib sei — „nun", sagte er, „so gebe ich noch nicht alle Hoffnung für Euch auf. Ich begreife", fuhr er fort, „daß in Preußen die Junker wieder obenauf kommen, sie verdienen es, denn sie sind die einzige Spezies deutscher Menschen, welche politisches Temperament haben. So oft ich lese, daß ein Offizier irgend einen Bürgerlichen über den Haufen sticht, wenn er sich über ihn ärgert, erscheint es mir ganz naturgemäß, daß diese Leute herrschen. Sie allein haben ihr politisches Rechts- oder Vorrechtsbewußtsein in den Knochen, und sind deswegen berufen, über Eure leidenschaftslose bürgerliche Vernunft zu befehlen. Ihr möget im Augenblick noch mehr Gesetzlichkeit und Freiheit haben, als wir Franzosen; Ihr möget sie sogar trotz Eurer Reaktion behalten, aber wir sind doch besser daran als Ihr, und alle Nationen der Erde sind besser daran. Von Indien und China bis nach Rußland ist im Grunde kein Volk unfreier als es selbst sein will. Wir sind hier despotisirt in Frankreich, sehr wahr; aber unter uns — hol mich der Teufel! wir sind es nur, weil wir es sein wollen, ich kann es nicht leugnen. Die Bauern haben einen Napoleon gewollt und die Bourgeois eine Ordnungsgeißel, und wenn sie ihn auch heute etwas weniger mögen als vor zehn Jahren, er steht ihren Wünschen noch immer näher als das unbekannte Etwas, das sie hinter ihm sehen. Seien Sie überzeugt: Louis Napoleon bleibt keine vier Wochen länger daran, als Bürger und Bauer ihn ernstlich behalten wollen. Aber so etwas wie in Kurhessen, wie in einem großen Teil Deutschlands überhaupt, daß neunundneunzig Hundertteile der Nation sich über die Verwerflichkeit eines Systems klar sind, daß sie sich jeden Morgen über dasselbe ärgern, und daß es dennoch obenauf bleibt, das begreift man sonst in der Welt nicht mehr."

„Aber in England", sagte ich, „begreift man es doch; denn in diesem Lande, das entschieden so hoch über Eurem Frankreich steht, ist die Ansicht völliges Gemeingut geworden, daß es besser sei, irgend einen Mißstand zwanzig Jahre lang mittelst des sich ausbreitenden Bewußtseins zu untergraben, als seine Abschaffung von dem zufälligen Ausgang eines Handgemenges abhängig zu machen. Das höhere Leben der Nation beginnt erst, wenn ihr Wohl und Wehe nicht mehr im Spiel der Revolution gewonnen und verloren wird. Ihr Franzosen seid Spieler; Ihr liebt die Börse und die Revolution und den Krieg aus demselben Grunde. Totgeschossen oder dekorirt, bankerott oder Millionär zu werden, das ist Euer Element. Es ist viel schön Menschliches darin, aber es ist nicht Jedermanns Sache; und schließlich, um auf Ihren letzten Satz zu antworten: ein Volk, das unterdrückt wird, obgleich es einstimmig der Freiheit huldigt, ist mir lieber als ein Volk, das frei sein könnte und nicht frei sein will."

„England!" rief Grégoire, „immer das verfluchte England! Sehen Sie denn nicht, wie es überall vergiftend und verderbend wirkt, selbst mit seinem bloßen Beispiel. Wie können Sie sich nur von den Engländern zum Narren halten lassen, die Ihnen hundertjährige Entwicklungsgeduld predigen? Ich will Ihnen sagen, was der Unterschied ist: Sie wissen, ich habe dieses Frühjahr einen Streit mit Herrn von P. gehabt, und ich habe mit der größten Bereitwilligkeit zu einer Aussöhnung die Hand geboten. Warum? In den ersten vier Jahren meiner journalistischen Laufbahn habe ich drei Duelle durchgemacht, worunter zwei, die blutig ausgegangen sind. Jetzt kann ich meiner humanen Antipathie gegen den Zweikampf unbedenklich nachgeben, meine Ehrenstellung in der Gesellschaft ist gemacht, und kein Mensch wird mir leichtsinnig zu nahe treten. Aber ein Kerl, der bei der ersten Ohrfeige philosophische Kaltblütigkeit auspackt oder sich an die Gerichte wendet und hundert Franken Strafe plaidirt, der ist für immer verloren und wird stets im Leben den Kürzeren ziehen. Der Engländer ist über das politische Duell hinaus, es wagt ihm doch niemand eine Maulschelle zu versetzen — bei ihm daheim wenigstens“, setzte er mit einem vorbehaltvollen boshaften Lächeln hinzu. „Und, was Sie da gegen das Wesen der Revolution gesagt haben“ — fuhr er fort — „ist nun vollends schnurstracks das Gegenteil der richtigen Auffassung. Niemals war eine Zeit revolutionärer als die unsrige, denn ich nenne revolutionär das, was nicht an die Dauerhaftigkeit der Ewigkeit appellirt, sondern an die Nützlichkeit des Augenblicks. Man wirft uns Franzosen die Häufigkeit unserer Umwälzungen vor und will auch von unseren schönsten Revolutionen nichts wissen, weil damit die Unruhe des ewigen Wechsels gesetzt sei. Aber, um Gottes Willen! wo in der Welt erblicken Sie denn noch irgend ein Prinzip auf den Füßen? Die Grundsätze laufen ja über den Erdball mit den Köpfen nach unten und den Beinen in der Luft, daß man sich schier tot lachen könnte; sie laufen sogar über das Wasser köpflings hinüber. England, das England des William Wilberforce, das um des Durchsuchungsrechtes wegen beinahe Krieg mit uns angefangen hätte, schickt brünstige Gebete zum Himmel für den Sieg der Sklavensache, und der amerikanische Präsident fabrizirt Belagerungszustände, an denen Haynau, wenn er noch lebte, seinen Meister erkennen würde. In Preußen findet die Volkssache ihre Rechnung beim beschränkten indirekten Wahlsystem, und der Absolutismus tastet im Dunkeln nach dem allgemeinen Stimmrecht." — „Sie könnten", bemerkte ich, „die Parallele noch fortsetzen, wenn Sie mit ihrer Betrachtung von Paris ausgehen wollten. In Berlin exerzirt sich die Junkerpartei, ihrem erblichen Abscheu vor gallischen Vorbildern zum Trotz, auf den bonapartistischen Despotismus mit plebejischer und militärischer Popularitätsbasis ein, während hier zwischen dem Papst und Italien und zwischen noch manchen anderen Gegensätzen eine Politik der freien Hand einreißt, deren alberne Zweiköpfigkeit unfruchtbarer und widerwärtiger ist, als alles was man je der Art den preußischen Diplomaten hat vorwerfen können." Herr Grégoire stimmte bei und erging sich hierauf in einer neuen Parallele zwischen dem Roi Galant-homme, der seinen Garibaldi umgebracht, und dem Roi honnête-homme, der mit seiner Verfassung nach den ersten Honig-Monden auseinander gekommen sei. „Ach, wenn doch hier keine Theaterzensur wäre", rief er aus: „welch ein herrliches Stück könnte man aus Garibaldi's Niederlage und bevorstehendem Tod für die Porte St. Martin aufbauen! Es ist ganz fertig, man braucht's nur niederzuschreiben, Welch eine prächtige Shakespearesche Gespensterszene, wenn in der Nacht nach Aspromonte die Geister Bombas und Cavours am Schmerzenslager des Eroberers von Neapel sich unterhielten!" — Dann kam er wieder auf Viktor Emanuel und Wilhelm I. und schloß damit, daß er sagte: „der König, der weniger Prinzipien und vielleicht weniger

Gesinnungstreue hat, als beide, der Roi philosophe, der König Leopold, ist am besten mit sich und den Seinen ausgekommen."

Ein älterer Herr, welcher bisher nur wenig mitgeredet, aber aufmerksam zugehört hatte, ebenfalls Franzose, nahm nun das Gespräch auf und sagte: „Ich bin 1859 in Italien und 1861 in Deutschland gewesen; ich habe den Enthusiasmus für Viktor Emanuel und den für Ihren König" (denn da ich weder ein Bayer, noch ein Österreicher bin, so passire ich stillschweigend für einen Preußen und lasse es mir gern gefallen) „in der Nähe gesehen. Ich kann Sie versichern, meine Herren, daß ich beide Monarchen für durch und durch honnette Menschen halte, und was Wilhelm I. betrifft, so bin ich überzeugt, daß er nicht bloß an sein gutes Recht, sondern auch an den Beifall der größeren Anzahl seiner Unterthanen glaubt." — „Wer glaubt nicht an sein Recht und an den Beifall der Menge?" fiel Herr Grégoire dazwischen. „Was mich betrifft, ich bin fest überzeugt, sans comparaison, daß selbst Herr Mirès sich für eine gekränkte und populäre Unschuld hält. Sein Advokat hat mirs erst gestern bestätigt."

„Mit dem guten Glauben eines deutschen Regenten", sagte ich, dazwischen tretend, „hat es seine ganz besondere Bewandtnis, und er hat noch eigentümliche Gründe für sich. Meine Landsleute ernähren ihre politische Substanz noch mit so unschuldiger Ammenmilch, daß sie das Zujubeln und Vertraueneinblasen für das sicherste und himmlischste Mittel halten, einen Souverän auf ihre Seite zu bekommen. Als König Wilhelm an die Regierung kam, war er sowohl, als die Mitwelt alt genug, um genau wissen zu können, wie er gesinnt sei. Die Deutschen aber, und nicht blos die Preußen, glaubten ihn zu einer Art männlicher Viktoria umschaffen zu können, wenn sie ihn mit ihrer begeisterten Fortschrittslunge anschrieen; sie huldigten dem König, wie sie ihn wünschten, und er nahm Alles für den König, wie er sich selbst seit funfzig Jahren kannte und wie er sich bei mehr als einer Gelegenheit rückhaltlos gezeigt hatte. Offenbar war der König im Rechte und offenbar stützt er sich noch heute auf jene schönen Tage erster Huldigung, wenn er sich für populärer hält, als seine ganze Kammer. Einer unserer ehrwürdigsten Radikalen hat einmal bei einer denkwürdigen Gelegenheit gesagt: es ist das Unglück der Könige, daß sie nicht die Stimme der Wahrheit hören wollen. Ich möchte es gerade umdrehen und sagen: es ist das Glück der Könige, daß ihnen die Völker so viele Unwahrheiten zum Besten geben. So wenig eine schöne Frau sich von ihrer Jugend, so wenig können sie sich von der Vorstellung ihrer Popularität trennen, wenn sie letztere auch nur einmal gekostet haben."

„Und wie glauben Sie", fragte mich der alte Herr, „daß die Sachen sich in Preußen entscheiden werden?"

„Ich bin darauf vorbereitet", anwortete ich, „daß sie sich gar nicht entscheiden. Zuvörderst ganz mechanisch g-enommen, so haben sie da eine Verfassung, die wirklich von Hause aus keine war, denn sie kennt auf der einen Seite keine Steuerverweigerung und auf der anderen keine Ministeranklage. Die einzige Art, wie daher die preußischen Bürger einen gesetzlichen Widerstand leisten könnten, bestünde darin, daß die Beamten nnd Lieferanten des Staates keine Gelder annähmen und die Inhaber der Staatsschuldverschreibungen keine Zinsen; aber auf dieser Höhe der Entsagung sind wir denn doch noch nicht angekommen. Die Preußische Frage wird sich dadurch auf ihren wahren Standpunkt einer allgemein deutschen zurückbegeben, daß sie das chronische Zerwürfnis zwischen Volk und Regierung ausbildet, welches vorläufig das Gefäß unserer Zukunft ist. Was 1848 verhindert hat, daß Preußen und Berlin — wie zu wünschen gewesen wäre — für die ganze Nation maßgebend wurden, das war der Unterschied der volkstümlichen Gesinnung. Es stack damals wirklich noch so viel Patriarchalisches in dem Massenbewußtsein der größten deutschen Monarchie, wovon wir im Süden durch Glück und Unglück längst befreit worden waren. Die Gemäßigten unter den Liberalen haben sich eine Zeit lang mit der Formel gewiegt, daß die preußische Politik in Deutschland moralische Eroberungen machen werde. Ich kenne die preußische Politik und das süddeutsche Volk viel zu gut, um von diesen moralischen Eroberungen von oben herab etwas erwartet zu haben. Aber da ich eigentlich gut preußisch gesinnt bin, d. h. da ich an die allein seligmachende Kraft des großen Einheitsstaates glaube, und in Preußen die größte fertige Gruppe zur Assimilirung des Übrigen sehe, so tröstet mich jetzt der Gedanke, daß in diesem Augenblick der wahre Weg der moralischen Eroberung eingeschlagen ist. Nämlich der Weg der moralischen Eroberung von unten durch exemplarisches Volksbetragen. Die Schmerling und ihre großdeutschen Marktschreier freuen sich mit dem, was sie für eine Kompromittirung der preußischen Popularität ansehen. Ich aber glaube, es ist jetzt in die Hände des Volks in Preußen gegeben, alle gegen es in Deutschland bestehenden thörichten Vorurteile zu zerstören. Die Wahlen und die Kammerabstimmungen haben einen guten Anfang gemacht. Die Gerichte könnten es vollenden; aber so weit erhebe ich meine Hoffnungen noch nicht. Nehmen Sie, meine Herren", schloß ich, „die jetzigen Vorgänge in Berlin nicht zu wichtig. Gewiß, sie werden ein historisches Merkzeichen bleiben, aber die deutsche Frage wird nicht isolirt an Einem Punkt entschieden werden und die heurige Krisis ist nur einer der zahlreichen Prozesse, die wir noch allseitig und vorbereitend durchzumachen haben."

Wir nahmen unsere Hüte und gingen heim. Als wir ans Wasser kamen, sagte Mr. Grégoire, indem er meinen Arm nahm: „Hier auf diesem Quai d'Orsay bei ähnlichem Regenschauer führte man uns Deputirte am 2. Dezember nach der Kaserne, in der wir zuerst gefangen saßen.“ — „Wenn Sie wieder an die Herrschaft kommen“, erwiderte ich, „vergessen Sie nicht, die Scheußlichkeit der marternden Untersuchungshaft abzuschaffen.“ „Bewahre der Himmel!“ fuhr Mr. Grégoire auf. „Lieber will ich noch zehnmal eingesperrt werden, als daß ich das Recht aufgäbe, die da drinnen ihrerseits nach Mazas zu bringen“ (wir waren inzwischen auf dem Karoussel-Platze angekommen), „wenn ihr Stündlein schlagen wird. Werde ich ein Thor sein und funfzig Jahre lang von der Rechts- und Prinzipiosigkeit mißhandelt werden, um Jene gleich am ersten Tage meiner Rückkehr mit dem Maße der ewigen Grundsätze zu regalieren, damit sie mich nur recht schnell wieder transportieren können? Pereat justitia, fiat mundus! Übrigens, Sie wissen es ja als Beobachter unserer Gerichtszustände, wir haben schon heute weder Kriminal- noch Zivilrecht mehr. Es wird alles nach den Umständen entschieden. Louis Napoleon nennt sich manchmal kokett den Sohn der Revolution. Prenez garde! Er ist der wahre Vater der Revolution und ihr größter Erzieher.“ — Und so redend, drückte er mir die Hand und lief munter in die Nacht hinein. Ich aber ging bedenklich an dem Kürassier vorüber, der fest in seinen Stulpenstiefeln mit dem blanken Schwert in der Hand vor dem Gitter des kaiserlichen Schlosses aufgepflanzt stand. Noch lange mußte ich über die Reden dieses Abends nachdenken, aber ehe ich einschlief, wiederholte ich mir, wie schon oft zuvor:

Die schlechte Gegenwart gehört dem Experimente,
Dem guten Recht gehört die bessere Zukunft.

Paris, 21. Oktober 1862.

Über die Grenzen des Humors in der Politik.*)

*) Aus den „Deutschen Jahrbüchern für Politik und Litteratur". 1863. Berlin. Bd. 6. S. 175 ff.

„Car la charité oblige quelquefois à rier des erreurs des hommes, pour les porter eux-mêmes à en rire et à les fuir. Et la même charité oblige aussi quelquefois à les repousser avec colère.“

(Pascal.)

Thomas Moore erzählt in seinen Denkwürdigkeiten folgende Episode aus seinem Jugendverkehr mit dem unglücklichen Robert Emmet. Im Jahre 1798, beim Beginn jenes irischen Aufstandes, dessen Held und Märtyrer nachher der vortreffliche Emmet wurde, gaben die Patrioten ein Journal, die „Presse“ genannt, heraus, welches alle Parteigenossen in Atem hielt und auch den jungen Moore mit der Versuchung quälte, seine Erstlingsprobe zu bestehen. Lange hielt ihn die Scheu vor seiner ängstlichen Mutter zurück, bis er doch eines Tages, von unwiderstehlicher Lust getrieben, anonymer Weise eine Satire in Versen einschickte, die durch gelungenen Ton und Inhalt großes Aufsehen erregte. Auf einem einsamen Spaziergang entdeckte Moore seinem Freunde nach einigen Tagen das Geheimnis dieser Autorschaft. „Da aber,“ fährt Moore zu erzählen fort, „erhob sich Robert Emmet mit jener Sanftmut und jenem beinahe weiblichem Zartgefühl, welche sich oft an so kühnen Geistern zeigen, gegen den Ton dieser Epistel, mit deren Inhalt er im ganzen einverstanden war, und mißbilligte sie.“ „Wir leben,“ sagte er, „in zu ernsten Zeiten, als daß es erlaubt sein möchte, sich aus der Bekämpfung einer Gewalt, die man verabscheut und die man stürzen will, ein Spiel und einen Scherz zu machen. — Obgleich ich noch beinahe ein Kind damals war," schließt Moore, „erinnere ich mich doch noch heute, wie ich betroffen stehen blieb vor dem männlichen und einfachen Geist, der in diesen Worten wehte."

Und in der That weht aus der Mahnung des Heldenjünglings zu uns selbst von seinem Grabhügel auf der grünen Insel eine ernste und hehre Weisung herüber. Es liegt über dieser edlen Rede etwas von der still gebietenden Macht der Wahrheit ausgebreitet, die keiner Erörterung bedarf, sondern wie ein Strahl leuchtender Erkenntnis mittäglich senkrecht in unseren Geist hinabfällt. Alle die, welche den Kampf mit ihren Unterdrückern noch nicht zum glorreichen Ende geführt haben, mögen solche Lehre tief beherzigen.

Es gab eine Zeit, in der es trauriger mit uns bestellt war, als heute, und in der es uns gleichwohl eher erlaubt sein mochte, über das Elend und die Schwäche unserer Zustände zu spotten. Es ist auch zum Teil nur schlechte Gewohnheit und überkommene Form, wenn wir uns noch immer gern der Ironisierung unseres öffentlichen Wesens mit einer gewissen Leichtigkeit hingeben, deren bedenkliche Seiten nicht schwer zu erraten sind.

Jeder Befreiungsprozeß zerfällt notwendig in zwei Abschnitte. Der erste verläuft im Ringen nach der eigenen inneren Aufklärung. Er gilt der Befreiung von sich selbst, der Abstreifung der Bande, welche den eigenen Sinn des Volkes gefangen halten. Der zweite Abschnitt hingegen ist der Ausscheidung der feindlichen Mächte gewidmet, welche, selbst Uberreste unfreier Anfänge, dem fortentwickelten Volke die höhere Lebensform aus egoistischem Kasteninteresse vorenthalten. Es läßt sich nirgends genau die Grenze ziehen, welche eine Periode von der anderen trennt, da, wie alles Wachstum, beide unsichtbar ineinander greifen, aber wir können ohne Furcht vor Widerspruch uns der Annahme hingeben, daß Deutschland in den letzten Jahrzehnten in jene zweite und höhere Periode des politischen Lebens eingetreten ist, in welcher es sich weniger um die Erweckung des Bewußtseins als um die Erfüllung des erkannten Berufes für die Nation handelt. Die Natur der Anstrengungen aber, welche dem öffentlichen Ingenium in den beiderlei Abschnitten seiner Entwicklung obliegen, ist so zweifach, wie die Natur der Aufgaben. Die erste Periode begreift einen wesentlich geistigen Prozeß, die zweite einen mehr oder minder materiellen Kampf. Denn, wenn auch im letzten Stadium des Kampfes nach längst abgeworfenem Visier und in offener Fehde um Mein und Dein keiner der streitenden Teile auf die theoretische Propaganda verzichten wird, so bleibt nichtsdestoweniger im Grundzuge der Hauptunterschied entscheidend: zwischen einer Volksseele, die sich selbst erst das Rätsel ihrer Aufgabe zu lösen beschäftigt ist, und einem Volkskörper, der die Hand nach seinem legitimen Erbteil ausstreckt.

Dem Prozeß der geistigen Entwicklung ist jedes Mittel der Diskussion von Hause aus zuständig und nicht am wenigsten das des Humors in beliebiger Form. Da hat es das Kollektivwesen noch mit sich selbst und deswegen mit dem wohlmeinendsten aller Gegner zu thun. Es kann sich dem Spiel des Scherzes und der Verkleinerung seiner selbst nach Lust hingeben. Der ganze Streit wird — um eine bekannte Analogie aus dem Gebiete der Rechtsphilosophie herbeizuholen — auf dem Boden des Civilprozesses geführt, d. h. auf der Voraussetzung, daß keine von beiden Parteien der anderen ein absichtliches Unrecht ansinne, und daß es sich nur darum handle, zwischen zwei verschiedenen Ansichten über das gemeinsam begehrte Wahre die richtige Auslegung zu finden. Mit der zweiten Periode des Befreiungskampfes hingegen tritt die Sache in das bedenkliche Revier des Kriminalgebietes, wo keine Täuschung mehr möglich ist zwischen Recht und Unrecht, sondern wo es sich darum handelt, gegen unleugbare Vergewaltigung Abhülfe zu schaffen. Hier hat der Humor ein Ende, denn ein Scherz im Munde des öffentlichen Anklägers wird zur unerträglichen Frazze.

Hingegen ist nichts begreiflicher und verzeihlicher, als daß vordem die Deutschen beim ersten Austritt aus dem Stande ihrer politischen Unschuld eine unbezwingliche Anwandlung zum Lachen empfanden. Volenti non fit injuria. So jammervoll die Wirtschaft des achtzehnten Jahrhunderts gewesen, so war sie doch im Großen und Ganzen von deutschen Unterthanenseelen als eine selbstverständliche Gottesgabe genossen worden, so daß zur Bosheit wenig Anlaß vorlag. Selbst der wackere Seume behandelt es als eine naturläufige und humoristische Schicksalstücke, daß er von landgräflich hessischen Werbern gepreßt und nach Amerika verkauft wird. Und bis auf diese Stunde können wir uns trotz allem wohlbegriffenen Zusammenhang zwischen damaliger Komik und heutiger Tragik bei Vergegenwärtigung des urwüchsigen Patriarchen- und Philistertums jener Zeit des Lachens nicht erwehren. Als die Schlange den Adam aus seinem Paradies des Schlaraffentums hinauszuwiegeln unternahm, mußte sie Feuer sprechen, wie ein wilder Demagog, aber um den deutschen Unterthan aus seinem Stockhaus zu locken, dazu bedurfte es vorab nur des Teufels, der Humor treibt. Es galt ja auch nicht entfernt der Politik, sondern der ganzen unerschöpflichen Kleinlebigkeit, welche aus den erbärmlichen Dimensionen des Landesfürstentums aufgewuchert war. Die Selbstenthüllung des Philistertums in dieser Form, zwar gutartigen, aber durchaus nicht arglosen Humors, war hauptsächlich das Werk Jean Pauls. Er hatte gerade so viel Zopf, als unentbehrlich war, um mit tiefer Sachkenntnis den Zopfspiegel zu schreiben, und so viel Milch im Blute, als nötig war, um die beigegebene Dosis Galle mundgerecht zu machen. Als seine Leser mit ihm ausgelacht hatten, blieb ihnen auf einmal doch das Gesicht in ernsten Falten stehen, und aus seinem wie jedem echten Humor schälte sich der Kern bittern Ernstes im Gemüte heraus.

Es ist nichts Bedeutungsloses, daß Ludwig Börne es war, welcher die weihevolle Rede bei Jean Pauls Tode hielt. Unerachtet ganz augenfälliger Verschiedenartigkeit zieht sich ein Band der Verwandtschaft von Einem zum Anderen, und Manches, das wie ein unterscheidendes Merkmal Beide von einander zu trennen scheint, ist in Wahrheit nur dieselbe Substanz, auf andere nachrückende Zeitumstände und Lebensbedürfnisse angewendet. Diejenigen, welche mit der Sphäre, aus welcher Börne zunächst hervorgegangen ist, eng vertraut sind, werden es schon an sich leicht zugeben, daß der, in jener Sphäre liebreich gewürdigte, ältere Humorist auf den jüngeren nicht ohne mächtigen Eindruck geblieben sein konnte; die ferner Stehenden wird ein vergleichender Blick auf die Schreibweise beider Autoren zur Bestätigung des Zusammenhangs hinleiten. Nur daß ein anderes Schauspiel andere Formen, ein anderer Zweck andere Mittel und ein anderer Beruf eine andere Individualität verlangten. Wenn Jean Paul übrigens den Hausphilister vor Augen hatte, dessen Schlafrock jede Anwandlung zur Herausforderung auf die Straße des öffentlichen Lebens von vorn herein abschnitt, so reichte Börne noch nahe genug an den Beginn des Jahrhunderts zurück, um hie und da auf dem Gebiete der blos sozialen Karrikatur mit seinem Vorgänger zusammenzutreffen. In der Hauptsache immerhin bezeichnet er die weitergediehene Richtung, Dank welcher der Deutsche allmälig den Alles einzehrenden Privatmenschen auszieht und sich zur Nachahmung reiferer Nationen anspornt. Der Prozeß der Selbsterkenntnis gestattet auch hierbei noch vollauf die Methode der Selbstironie. Allein die Milch der Unschuld ist durch die Säure der demütigenden Selbstgeständnisse geronnen, und dem rasch seinen heimischen Volkszuständen vorausgereiften Kritiker ist kein Wasser ätzend, kein Feuer brennend genug, um die stumpfen Gefühlsnerven seiner Landsleute zum Leben aufzureizen. Die üppige Anwendung der Satire im politischen Streit ist bereits diesem rüstigen Kämpen manchmal zum Vorwurf gemacht worden, zumal von Solchen, wie immer, deren vom nordischen Haus aus schwere und nüchterne Natur, unfähig nachzufühlen und noch unfähiger nachzuahmen, widrig bewegt wurde von dem bunten Züngeln dieser fressenden Flamme. Aber gerade indem wir uns hier zur Aufgabe machen, gegen den ungebührlichen Gebrauch scherzhafter Weisen im Parteikampf warnend aufzutreten, ist uns die Widerlegung jenes speziellen Vorwurfs eigens willkommen. In Börnes Aufgabe ist die Ironie gerade noch an ihrem Platze; mit seiner Epoche erlischt ihr Recht, und schon in seiner, besonders in seiner späteren Manier spiegelt sich das Andringen einer neuen Phase mit neuen Ansprüchen ab. Die kaustische, tief verbissene und verbitterte Tonart der Schriften aus den dreißiger Jahren steht als äußerstes Extrem jenem gemütlich sentimentalen Humor gegenüber, mit welchem in Jean Pauls Stillebensbildern, scheinbar unverfänglich, der erste Nervenstreif des Embryos zum künftigen deutschen Staatsbürger seine Lebensregung verraten hatte. Jetzt pocht im herben Spott bereits der wilde Zorn an die dröhnenden Thore der Frohnveste. Auch dieser Zorn ist dem rastlosen Rufer zur Sünde angerechnet worden, als wie Mißachtung der eigenen Nation. Die kennen ihn nicht, welche ihm mit solchem Vorwurf entgegentreten. Ihr dick fließendes Blut kennt nicht aus eigener Empfindung die schwüle Qual der nach Recht und Freiheit lechzenden Brust, welche sich selbst am meisten den Pfahl ins Fleisch bohrt, den sie nach ihren Leidensgenossen zu zucken scheint. Man muß allerdings mehr nach Erlösung dürsten, als die mit tausendjähriger Zukunftsentwicklung leicht vertröstlichen Politiker, um zu begreifen, daß auch hier die höchsten Unbilde dem höchsten Recht entsprach. Es bedarf übrigens im Großen und Ganzen natürlich nicht der Rettung eines Andenkens, dessen Ruhm in den unauslöschlichen Erfolgen einer in ihrer Weise unerreicht gebliebenen, heilsamen Wirksamkeit gesichert ist. Aber da es ab und zu doch nicht an vornehmen Naserümpfern mangelt, welche sich ob der nicht stets olympisch ruhigen Prozedur des Mannes mit beleidigtem Geschmack abwenden, so möge zum Überfluß hinzugesetzt werden, daß Niemand mehr bestimmt ist, dem Lose des Veraltens anheimzufallen, als wer dem Bedürfnis seiner Zeit am hingebendsten gedient hat. Auch der Tagesschriftsteller ist ein Stück jener „lustigen Person", welche ihre ganze Kraft zum Besten der Mitlebenden verausgabt, und wie im Flug des Blattes, so im Flug des Eindrucks hinstirbt. Man kann nicht seiner Mitwelt so eifrig dienen, ohne auf den vollen Beifall der Nachwelt zu verzichten, gleich wie man nicht Goetheisch klassisch sein kann, ohne etwas Goetheisch unempfindlich über den Schmerzen seiner Zeit zu stehen. Wenn wir bedenken, was seit Anno dreißig aus den Herren Jarke, Menzel und Konsorten geworden ist, so werden wir uns vielmehr erstaunen, wie lesbar noch immer die Blätter sind, auf denen jene eine so breite Rolle spielen. Die in unserem Eingang aufgestellten Worte Robert Emmets, welche mit unbeirrbarer Festigkeit die Grenzlinien ziehen, jenseits derer durch den Ernst des Kampfes und durch die Lage des Unterdrückten das Spiel der Satire sich von selbst verbietet, können nicht besser ergänzt werden, als durch den klassischen Passus, in welchem der vielleicht kompetenteste aller hier Berufenen das Recht auf die Handhabung des Scherzes in der Polemik verteidigt. Man lese den vortrefflichen elften aus Pascals Provinzialbriefen, dessen Inhaltsumschreibung der Autor also betitelt: „Daß es erlaubt ist, die lächerlichen Irrtümer durch Spottreden zu widerlegen. Vorsicht, mit der es geschehen muß". Es kostet wirklich Überwindung, hier nicht den herrlichen Brief von Anfang bis Ende einzuschalten, und es möge wenigstens dem Leser das Vergnügen nicht vorenthalten bleiben, die von Pascal selbst wiederum angezogene schlagendste Stelle aus Tertullians Apologetik kennen zu lernen:

„Was ich gethan habe, ist nur ein Spiel vor einem wahrhaften Kampf. Ich habe einstweilen immer noch erst die Wunden angedeutet, die man Euch beibringen könnte, vielmehr als daß ich Euch deren wirklich beigebracht hätte. Wenn Stellen vorkommen, bei denen man sich zum Lachen gereizt fühlt, so kommt es daher, daß die Gegenstände selbst dazu aufforderten. Es giebt vielerlei Dinge, die es verdienen, daß man solchergestalt Spiel und Spott mit ihnen treibe, auch daß man ihnen nicht ein unverdientes Gewicht gebe, indem man sie ernsthaft angreift. Nichts gebührt der Eitelkeit mehr, als verlacht zu werden; und der Wahrheit steht das Lachen ganz eigentümlich zu, weil sie fröhlichen Sinnes ist, wie ihr auch zukommt, mit ihren Widersachern Scherz zu treiben, weil sie des Sieges gewiß ist. Es ist wahr, daß man Acht haben muß, keine Späße zu gebrauchen, welche niedrig und der Wahrheit unwürdig sind. Aber bis auf diese Ausnahme ist es, so oft man sich der Laune geschickt bedienen kann, eine Pflicht davon Gebrauch zu machen."

Nicht blos also zur Selbstbefreiung durch Selbstkritik ist das Mittel des Humors am Platze, sondern auch nach gereiftem Rechtsbewußtsein zum Angriff auf den Gegner. Hier aber mit der Unterscheidung: vor dem eigentlichen Kampf, wie der Kirchenvater so treffend erläutert; und auch während des Kampfes wollen wir hinzusetzen, je nach der

Lage der Streitenden. Denn wie es im allgemeinen sowohl unziemlich als unfruchtbar, wo nicht geradezu nachteilig ist, sich, während des um heilige Wahrheits- und Lebensgüter ernst entbrannten Ringens, den Anwandlungen der Komik über die wirklichen oder ersonnenen Schwächen des Gegners zu überlassen, so kann, aus verwandten Gründen, auch das besondere Verhältnis der Kämpfenden zu einander eine Erleichterung von dieser strengen Regel gestatten, nämlich da, wo das Kraftbewußtsein die vom Apologetiker angerufene Siegeszuversicht zur Erlustigung am Streite aufmuntert. Diese Fröhlichkeit am Kampfesgetümmel wird eine Partei nur da empfinden, wo ein bestimmtes, nach keiner Seite hin extremes Verhältnis der Kräftemessung zwischen ihr und ihrem Widerpart obwaltet. Geschmacklos und empörend ist es, wenn ein übermächtiger Feind mit seinem hilflosen Gegner Possen treibt, die schon dadurch jene in der zitierten Stelle vorgesehene Beschuldigung der Niedrigkeit verdienen. Die diabolischen Scherze der Inquisition mit ihren armen Sündern, die Witze des Oberrichters Jeffreys, oder die gute Laune der „Kreuzzeitung" in ihren glücklichen Tagen gehören in diese Kategorie. Noch unpassender und wahrhaft verhängnisvoll aber wird die leichte Waffe des Humors in der Hand des thatsächlich Schwächeren und Mißhandelten, dem es doch auf der Stirne geschrieben steht, daß er das ganze Aufgebot seiner Geistes- und Gemütskraft nötig hat, um den schweren Kampf zum Ende zu führen. Und in diesem Fall sind wir heute lebenden Deutschen. Es bedarf ja leider nicht des Nachweises, daß faktisch die Nation nicht den allerkleinsten Teil jener Selbstherrlichkeit besitzt, welchen sie als ihr zukommend in Anspruch nimmt. Der Hauch von friedlicher Sittenautorität, welchen beiderseitige Streitunlust hie und da über die Gegensätze hingeduftet hat, würde beim leisesten Windstoß zerstieben, und damit würde die alte Parteistellung zwischen wehrloser Bürgerschaft und fürstlich militärischer Allgewalt wieder zu Tage kommen. Die physische Übermacht gehört noch ganz unzweifelhaft dem stehenden Heere und dieses durch die Offiziers-Aristokratie dem Landesherrn. Es ist hier nicht unsere Sache das Wieso? zu untersuchen, aber umsomehr, festzustellen, daß einem Volk, welches faktisch so unmündig, aber in der Erkenntnis so weit zur Mündigkeit vorgerückt ist, keine Art der Rechtsheischung so wenig ansteht, als die humoristische. Wer über solches Elend Lachlust empfindet, der setzt zunächst sich selbst herab und gesellt sich zu jenen Zwergen und Buckligen, die vordem als Hofnarren die hohe Gesellschaft mit Selbstverspottung über ihre eigenen Mißbildungen belustigten. Die Ironie, welche reine Selbstironie wird, führt direkt zur Selbsttäuschung oder zur Selbsterniedrigung, denn bis zum Lachen der Verzweiflung sind wir glücklicher Weise noch nicht gediehen. Es spielt aber dieser altüberkommene Ton der Satire in unserer radikalen Presse, der es freilich an Ernst nicht gebricht, noch eine zu bedeutende Rolle, und der Urgrund seines Vorwaltens ist in einem Charakterzug allgemeiner Natur zu suchen. Es giebt im geselligen Verkehr eine Art Schüchternheit, welche zu scheinbar übermütigen Manieren verleitet, und der Deutsche hat in seinem politischen Wesen eben etwas von jenem Mangel an tieferem Selbstvertrauen, welches im äußeren Auftreten sich durch anmaßendes Gebahren zu betäuben sucht. Das erklärt, warum unsere Landsleute bei einem größeren Maße von Bescheidenheit vielfach lauter und hohler schreien, als andere Nationen, und zu verschiedenen Zeiten den Vorwurf der Renommisterei nicht unverdienter Maßen sich zugezogen haben. Es ist eben dasselbe Motiv der Selbstbetäubung, durch welche die Versuchung zur Humorisirung ihres Elends in ihnen verstärkt wird. Vergessen wir dabei allerdings nicht, daß eine bedeutende

Entschuldigung in dem objektiven Thatbestand wahrhafter Lächerlichkeit vorliegt, und daß es niemandem verargt werden könnte, wenn er sich von der Komik auch anderer als mecklenburgischer oder detmolder Zustände bewältigen ließe, wären wir nicht eben in dem Fall jenes Vaters, der bei den Geckenstreichen seines Sohnes ausrief: „Ich möchte auch mitlachen, wenn der Narr nicht mein wäre!“ Minder nachdenklich als jener Vater benutzen wir unsere dialektische Behendigkeit, um aus jeder Verlegenheit schnellmöglichst zum überwundenen Standpunkt vorzudringen, indem wir das höchst unüberwundene Reich der Thatsachen verächtlich zu unseren Füßen zurücklassen. Es ist daher ebenso sehr zu begreifen als zu beklagen, daß eine Nation, die 1848 unter den Auspizien von dreißig unerschütterten Landesherren Einheitsstatuten in olympischer Ruhe debattierte, gleichzeitig des göttlichen Humors über die Gegner sich nicht ersättigen konnte. Die gute Laune, welche in jener unseligen Zeit auf allen linken Seiten und besonders in Frankfurt am Main regierte, ist nicht zu vernachlässigen, wo es sich um die Erklärung des historischen Verlaufs der Dinge handelt, zumal an dem übermäßigen Zug der Nation zum Bechern und Musizieren die Neigung zum politischen Frohsinn einen geborenen Verbündeten besitzt. Wenn aber unleugbar ist, daß in München das beste Bier und in Wien die beste Musik gemacht wird, so dürfte es vielleicht weder als trockene Griesgrämigkeit, noch als beschränkte Bußpredigerei ausgelegt werden, wenn Einer vor der ungeheuren Heiterkeit zu warnen unternimmt, mit welcher Deutschland sich die Witze über seine Zaunkönige und Staatshämorrhoidarien zuruft. Es ist am Ende auch nicht so ganz ohne, daß der Kladderadatsch selbst in der schlechtesten Manteuffelschen Zeit (wie man vor zwei Jahren sagte) so unangefochten fortblühen durfte. Brave Anekdotensammler haben der Nachwelt die Seelengröße des Fürsten zur Bewunderung aufbewahrt, der ein zu hoch angeheftetes Pasquill tiefer herabkleben ließ. Sie haben damit mehr Naivetät verraten, als der Held ihrer Erzählung. Allerdings ist auch der Spott eine Waffe, aber mehr als viele andere eine zweischneidige. Daher gehört er, wie alle gefährlichen Instrumente, nur in die Hand des Starken und Gewitzigten. Es steht z. B. fest, daß die Autorität der französischen Julidynastie ebenso sehr durch die konsequente Satire ihrer Verfolger, als durch die Indignation der Massen untergraben worden ist. Ludwig Philipp ist vielleicht von allen je gelebt habenden Regenten derjenige, welcher am meisten das Beispiel einer unter den Streichen der Ironie gefällten Macht darbietet. Es würde uns zu weit führen, nachzuweisen, inwiefern seine eigene Persönlichkeit und sein System diese Taktik seiner Gegner provozierten. Was uns hier allein interessirt, ist die Frage nach dem wechselseitigen Verhältnis beider Parteien, insofern es diese Angriffsweise zunächst rechtfertigte. Hier eben begegnen wir jenem zureichenden Grunde, den wir oben betont haben: dem Gleichmaß der Kräfte. Der König stand, seinem Ursprung, wie der Gesetzes- und Sitten-Verfassung des Landes nach, dem Volke und insbesondere der Bourgeoisie als eine paritätische Macht, wenn nicht als eine untergeordnete gegenüber, und in dem Maße, als es dem Lachchor der Opposition gelang, ihn auf dem geneigten Plan gewissermaßen bei den Füßen herabzuziehen, stand es der Opposition auch an, im Vorgefühl ihres Triumphes den schrillen Ton der Satire anzustimmen. Einem Volke hingegen, welches z. B. in der Person seiner kurhessischen Landsleute seit hundert Jahren ausgewuchert und ausgepeitscht wird, ohne nur sichtbar vom Fleck zu kommen, gereicht es weder zu Ehren noch zu Frommen, wenn es sich über die komischen Abenteuer des Kasseler Hofes amüsiert oder wenn es seinen ohnmächtigen Witz am „dappern Landsoldaten" ausläßt. Das naheliegende Argument von der natürlichen

Taktik eines Mutwillens, der seinen Widersacher verächtlich macht, indem er höhnend dessen Schwächen entblößt, fällt bei derartiger Bewandtnis vor dem Bedenken der noch gefährlicheren Selbsttäuschung durch den angenehmen Kitzel des Humors, denn letztere ist im gegebenen Falle innig verwandt mit seinem anderen Extreme: dem hohlen Pathos. Die feierliche Phrase, wie der launige Ton sind falsche Vorspiegelungen gegenüber der demütigenden Natur der Situation, und beiden ergeben wir uns nur allzu leicht. Wie greifbar zeigt sich z. B. die Konsequenz dieser falschen Richtung an jener stehenden Figur, welche zur Hauptperson des geistreichsten aller Witzblätter ausgebildet worden ist. Allwöchentlich weiß die Virtuosität des „Kladderadatsch“ den lachbegierigen Deutschen seinen napoleonischen Polichinell mit neuen und possirlichen Sprüngen zu exhibieren, und Deutschland ergötzt sich, als hätte es nicht ganz andere, interessantere und empfehlenswertere Gegenstände seines grimmigen Humors unter den Augen. Letzteren wird dadurch der unschätzbare Dienst einer heilsamen Schärfeableitung nach dem entfernten Seinestrande geleistet, gerade so gut wie mit den weiland Rhein- und Rabenliedern der servilen Teutomanen. Wollte man bedenken, daß in Ermangelung eines deutschen Garibaldi oder eines deutschen Cavour selbst ein deutscher Napoleon, und wäre es nur ein III., noch eine ganz willkommene Gabe sein möchte, so würde die Oberflächlichkeit dieser heiteren Anwandlung nicht die Probe einer Minute aushalten. Es gereicht den Autoren des „Kladderadatsch“ zum Ruhm, sämtlichen europäischen Humoristen, die des „Punch“ nicht ausgenommen, überlegen zu sein; aber es ist eine sehr zweifelhafte Ehre für eine Nation, zu den gelungenen Typen der Schulze und Müller inspiriert zu haben, deren wohlbeleibter Persifflage sehr deutlich anzusehen ist, wie leicht sie sich bei ihrer „kühlen Blonden“ über die Schäden des heiligen römischen Reichs trösten. Und es verrät bei allem inneren Verfall der Nachbarn doch eine größere Reife, wenn der „Charivari", seitdem er seine Laune an den Kaisern von China und Marrokko oder an den Königen der Börse auszulassen angewiesen ist, beinahe nicht mehr gelesen und nur noch mehr gesudelt als geschrieben wird. Freilich will die Natur einmal, daß der Mensch auch lache; es gehört zu seiner Verdauung; die antike Physiologie behauptet sogar, das allein zeichne ihn vor dem Tiere aus. Und wo die Natur so gebieterisch verlangt, verbindet sie auch einen ökonomischen Zweck mit ihren Trieben. Aber wenn der Scherz nicht ohne Nutzen, so ist der Ernst doch aller Schäden frei und deshalb ganz anders fruchtbar. Trotz der unsterblichen Verdienste Voltaires ist es unzweifelhaft, daß die große That des achtzehnten Jahrhunderts seinem Nebenbuhler Jean Jacques ungleich höher verpflichtet ist. Die Helden der Revolution leiten ihren Stammbaum direkt von Rousseau ab, während die gesättigten Existenzen des Empire, die Fouchés und Talleyrands mit der ganzen aufgeklärten Sippschaft der Werkzeuge aller Despotien bis auf Gentz und seine heutigen Epigonen herab sich mit Recht oder Unrecht zu Voltaires Religion bekannt haben.

Ertrüge es die menschliche Natur, so frommte dem guten Endzweck unstreitig allein ein unveränderlicher heiliger Ernst. Ertrüge es der gute Endzweck, so wäre der menschlichen Natur der ewig heitere Ton siegeszuversichtlicher Wahrheit zu gönnen.

Jenes granum salis, jenes Körnchen Salz, auf dessen mehr oder weniger es ankommt, ob die Sache gerät oder nicht, ist der geschickten Hand allein anvertraut; es läßt sich nicht in Maximen bringen. Aber wenn auch die Welt der endlichen Dinge von der Quantität regiert wird, so hebt doch die Erkenntnis von allgemeinen Wahrheiten an und die sittliche That von Grundsätzen.

Es gehört noch etwas in das Kapitel vom Humor in der Politik, das hier wenigstens anhangsweise berührt werden muß. Wir meinen: die Fiktion der Loyalität. Der Humor ist überhaupt von beträchtlicher Mitwirkung in der Ausübung sozialer Höflichkeitsformen. Alles, was symbolischer Natur ist, fordert, je öfter es durch Zeit und Umstände mit dem Gedankeninhalt des Spielenden in Widerspruch gerät, die Kritik heraus, und mit der Kritik die Selbstironie. Alles Ceremoniell hat den Verwandtschaftszug der Komik gemein mit dem Wollsack des Lord Kanzlers oder der Fußwaschung der zwölf alten Bettler in Rom. Wie aber im Kampf die Partei sich vor dem übermäßigen Gebrauch der leichten Scherzwaffe zu bewahren hat, so sollte sie auch in das scheinbar harmlose Spiel der offiziellen Huldigungsformen nur mit vorsichtiger Unterscheidung eingehen. Auch dieses ist lange so gleichgiltig nicht, wie es aussieht.

Eine Nation wie die englische, welche — nach menschlichem Ermessen wenigstens — dem physischen Übergewicht dynastischer Willkür entwachsen ist, kann sich ebenso, wie die Belustigung ihres Mister Punch, auch alle erdenklichen Formen ersterbender Unterthänigkeit gegen ihre großmächtige Königin erlauben. Es ist nicht Alles gut und nicht Alles Gewinn dabei, lange nicht Alles. Aber es läßt sich ohne Gefährdung tragen. Für Völker jedoch, bei denen die göttlich privilegierte Regierung und der in Geltung wirklich beschränkte Unterthanenverstand noch so praktische Wahrheiten sind, ist solcher Spaß ein ganz verderblicher Luxus. Man braucht nicht ein phantastischer Jakobiner zu sein, um an den herkömmlichen servilen Formen im Verkehr zwischen den Regierten und Regierenden Anstoß zu nehmen. Im Gegenteile: die Terroristen, welche es durchzwingen wollten, daß die Menschen gegen ihr thatsächliches Gefühl einander als Bürger Dutzbruder begrüßten, standen den Loyalitätsrednern am nächsten, welche in die Anwendung längst hohl gewordener Liebes- und Vertrauenserklärungen eine besondere Geschicklichkeit hineinlegen. Wie angedeutet, wirkt das Beispiel Englands vornehmlich ansteckend auch in diesem Punkte auf Alle, die in Deutschland im engeren oder weiteren Sinne zur monarchisch liberalen Partei gehören. Nur da, wo man sich auf beiden Seiten eingestandener Maßen darüber klar ist, daß in den Wendungen der Courtoisie nur Zehntels-Wahrheiten enthalten sind, finden diese ihren richtigen Platz. Wenn ein Spanier nach Böhmen käme und dem ersten besten Bewunderer seiner Uhr oder seines Pferdes mit seinem kastilianischen „a la disposicion de uste“ antwortete, so würde er bald merken, daß seine Höflichkeit zu wörtlich verstanden werde; und gleiche Gefahr hat es mit der Verschwendung der Unterwürfigkeits- und Bewunderungs-Deklarationen, welche von vielen unserer aufgeklärtesten Politiker als zum gewandten Tone unentbehrlich angesehen werden. Wir verlangen von Niemandem, daß er mittelst greller Verletzung herkömmlicher Formen bei dem Gegner, mit dem er, wenn auch nur als solchem, zusammenzuleben gezwungen ist, übermäßiges Ärgernis errege, oder daß er durch studierte Umgehung von Gebräuchen diesen einen Sinn wiedergebe, den ihnen die Zeit allmälig ganz entzogen hat. Allein es ist ebenso falsch, unzweckmäßig und unwürdig, wenn Männer, in denen durch Intelligenz, Wirksamkeit und Stellung der Geist der Freiheit und Vorurteilslosigkeit für das Land ververkörpert ist, mit einer Art von Eifer, um nicht zu sagen von Affektation, sich überall beigesellen, wo, sei es bei traurigen, sei es bei freudigen Anlässen, bei Attentaten oder Krönungen, der alte niederträchtige Bedientengeist gewisser Klassen sich mit Wonne im Kote orientalischer Fürstenanbetung wälzt. Das Ding ist bei uns auf jener kritischen Scheidelinie der Entwicklung angekommen, wo es nicht mehr die Entschuldigung der gutmütigen Naivetät und doch noch nicht die Entschuldigung der offen anerkannten Bedeutungslosigkeit für sich hat, und in Übergangsperioden sind Geister, wie Körper am sorgfältigsten vor Exzessen zu bewahren. Die Anführer einer noch so radikalen Partei sollen weder Skandal noch Konflikt durch die Wahl ihrer Formen erregen, aber sie sollen dem noch nicht lange und vollständig genug begrabenen Aberglauben von der Herrlichkeit, Weisheit und Anbetungswürdigkeit der zufallsgeborenen Macht nicht unnützen Vorschub gewähren. Und das reißt sehr bei uns ein. Exempla sunt odiosa.

Wir sind noch lange nicht genug im Lande der Vernunft eingebürgert, um mit den Wirkungen solcher demoralisirenden Thorheit gedankenlos zu spielen. Die allmächtige Inquisition darf sich den frommen Spaß erlauben, mit weinerlicher Grimasse auszurufen: „Ecclesia abhorret a sanguine“, aber wir armen, zu bratenden Sünder werden uns hüten, gerührt mitzulachen. Es ist eine alte, abgenützte und erbärmliche Taktik, die nie eine Revolution gerettet hat, im eigenen Namen eines Souveräns gegen denselben Krieg zu führen. Sie ist in Schleswig-Holstein und zuletzt auch wieder in Ungarn zu Schanden geworden. Kein Souverän ist so dumm, in diese Falle zu gehen, und die Völker könnten wie so Vieles, auch das von ihren Herren lernen. Wo die königliche Gewalt wirklich, nach Absicht des konstitutionellen Schemas, ebenso der faktischen Gewalt, wie der faktischen Verantwortlichkeit entkleidet ist, mag es angehen, ihr den wohlfeilen Honig ihrer Weisheits- und Liebesfülle in ungemessenen Gaben zu kredenzen und alle Schuld, wie allen Fluch auf den breiten Rücken der Umgebung auszugießen. Wo aber die Sachen noch hundert Jahre hinter solchen Verhältnissen zurückgeblieben sind, da ist solcher Schwall geschmacklos, widerwärtig und verderblich, grade so wie es auf der anderen Seite frech und albern ist, wenn einige lumpige Winkeldemonstrationen dem öffentlichen Ausspruch eines

Landes als Volksstimme aus geweihter Tiefe entgegengehalten werden.

Trotz aller Herrlichkeit und Tiefe der deutschen Sprache hat sich unsere Redeweise dem Fluch, der auf der Nation liegt, nicht entziehen können. Wir haben für das Erhabene, für die Dichtung, wie für das Gemütliche und Volkstümliche einen Stil aufzuweisen, welcher dem besten irgend einer anderen Nation mindestens gleich kommt; wir haben es in dem Ausdruck für das strenge und abgezogene Denken zu einer unvergleichlichen Fertigkeit gebracht. Hingegen überall da, wo der Verkehr der Menschen untereinander im großen Maßstab zur Geltung kommt, zeigt sich die Zerklüftung und die Verkümmerung der äußeren Verhältnisse auch in der Dürftigkeit des Gewandes, in welchem der Gedanke einherschreitet. Wie noch die Wenigsten bei uns zu berechnen vermögen, welche Einbuße an sogenanntem materiellen Wohl (als wäre dieses vom moralischen trennbar!) die Entbehrung eines großen politischen Vaterlandes nach sich zieht, ebenso sind die bildenden Einflüsse der Kleistaaterei gewaltig überschätzt worden. Das Bewußtsein, einem großen, d. h. einigen und geachteten Lande anzugehören, ist ein moralisches Besitztum, welchem zahlreiche andere gute Eigenschaften entsprießen. Ein solches Bewußtsein wirkt bildend und veredelnd in der Erziehung des Individuums mit, wie ja selbst viel äußerlichere Umstände und Glücksgüter die harmonische Entwicklung des Charakters anerkannter Maßen befördern helfen. Auch ein bedeutendes soziales Leben entwickelt sich nur auf der Grundlage eines großen und starken Gemeinwesens. Darum war unsere Sprache vor hundert Jahren in ihrem alltäglichen Umsatze noch so unbeholfen, und darum hat sie sich bis auf den heutigen Tag in diesen Gebieten noch nicht zu der ihr angewiesenen Höhe hinaufschwingen können. Die Tonart der Erzählung oder des Dialogs richtig zu treffen, ist bei den Engländern und Franzosen beinahe ein Gemeingut aller Wohlerzogenen; bei uns hingegen ist es nur den allergrößten Künstlern der Sprache gelungen, im Roman oder im bürgerlichen Drama das Wort in einer Weise zu handhaben, daß unser Ohr nicht die trennende Kluft zwischen der inneren Gedankenarbeit und der äußeren Lebensform unangenehm vermerke. Dürfen wir doch ohne Impietät eingestehen, daß selbst die sonst so krystallhelle Prosa Lessings in der ungebundenen Gesprächsform seiner Theaterstücke jenen Widerspruch nicht ganz hat überwinden können. Bei der großen Mehrzahl der Darstellungen aus dem höheren Gesellschaftsleben im Roman und auf der Bühne entziehen wir uns noch heute nicht dem peinlichen Eindruck, daß es nicht die Ausdrucksweise der lebendigen Aktualität ist, die wir aus dem Munde der handelnden Personen vernehmen, und daß doch andererseits der Vorrat des Brauchbaren nichts Besseres aufzuweisen hat. Was die großen Meister in diesem Fache geleistet haben, ist viel weniger die Reproduktion des Vorhandenen, als die Schaffung eines Eigentümlichen, dessen selbständige Vortrefflichkeit uns über den Mangel der Naturnachahmung hinwegträgt.

Noch viel schmerzlicher macht sich aber diese stilistische Nemesis fühlbar in dem Maße, als wir an das eigentlich politische Feld herankommen, zunächst im Bereich der Geschichtschreibung. Keine Nation hat so wackere und unverdauliche Geschichtsschreiber. Eine Sprache, wie die des gelehrten Eichhorn oder des vortrefflichen Schlosser ist anderwärts auf solcher Höhe der Wissenschaft etwas ganz Undenkbares, — um von noch Lebenden nicht zu reden. Und nun erst der Zeitungsstil! In England und Frankreich hat sich für die tägliche öffentliche Besprechung der Landesangelegenheiten je eine eigentümliche und sehr vollendete Redeweise ausgebildet. Die Einen haben die glänzende, gewandte, einschmeichelnde und pikante Diktion des guten Umgangstones, die Anderen die schlagende, gemessene, handfeste, lebensvolle des gesunden Verstandes und der praktischen Anwendbarkeit. Gerade wie die Deutschen, haben auch die modernen Italiener keine selbständige höhere Roman- und Zeitungssprache. Alles ist Abklatsch von älteren und neueren fremden Vorbildern. Gleiches Leid berechtigt zu gleicher Jammerklage. Die öffentliche Rede des Deutschen ist noch kalt, trocken und ohne Schlag von Schatten und Licht, wo sie nicht falsch pathetisch ist. Die Zeitungen aber sprechen meist in einer Art, welche zwischen dem belehrenden Tone des Magisters und dem unreifen des Tertianers nach zwei Breiten hin abweicht, dieweil sich die Schulbank als Aequator mitten durchzieht. Ihre humoristischen Weisen erinnern vielfach an den zopfigen Schalkston, in welchem sich die Pastöre des vorigen Jahrhunderts über theologische Spitzfindigkeiten einander Bosheiten zu sagen pflegten. Daß dieses Übel mit jedem Jahre abnimmt, braucht nicht gesagt zu werden. Der politische Fortschritt lohnt und zeigt sich zugleich in der sichtlichen Veredelung der öffentlichen Sprache, und die meisten unserer Journalisten sind sich der großen und schweren Aufgabe, welche der unsägliche Widerstand der Verhältnisse ihnen aufbürdet, nicht blos in Rücksicht auf den Inhalt, sondern auch in Rücksicht auf die Form deutlich bewußt. Denn wir haben nicht blos mit den Erinnerungsnachwehen einer kaum vergangenen Zensurzeit zu rechnen, sondern auch mit den strafrechtlichen Bedenken einer Gegenwart, welche den politischen Schriftsteller zu der ewigen Feuerprobe verdammt, mit unverletzten Füßen über das glühende Eisen des Gesetzes einherzugehen. Nicht nur das ganze Arsenal der altüberkommenen hoch- und notpeinlichen Vorschriften, mit welchen die göttliche Obrigkeit den einfältigen Unterthanen das Maul verschloß, sondern auch eine noch viel künstlichere Sammlung moderner Wolfsfallen und Selbstschüsse haben wir zu vermeiden; und eben indem die Feder hier ungeduldig zum Schlusse eilt, erbebt sie in sich selbst bei der Mahnung an die verbrecherischen Spuren, welche sie vielleicht auf diesem selbigen Papier unbewußter Weise dem nachwandelnden Auge der Polizei zurückgelassen hat. Mit einer Vorurteilslosigkeit, die eines besseren Objektes würdig wäre, haben auch die legitimsten und deutschesten aller Staatsmaschinen sich die modern französischen Erfindungen angeeignet, vermöge derer die altberühmte Kunst, einen Menschen mittelst dreier geschriebenen Wörtlein an den Galgen zu bringen, in schöne Regeln gebracht ist. Die obrigkeitliche Verwarnung, das berüchtigte Avertissement in seinem steigenden Dreiklang, hat von Paris aus die Runde durch Europa gemacht, ist über Wien nach Konstantinopel und Ägypten gedrungen, von Algier nach Marokko und hält vielleicht in diesem Augenblick seinen Einzug in Mexiko zugleich mit jener Freiheit der Selbstbestimmung, welche der General Forey den Gauchos so graziös offerirt hat. Schlimmer aber noch ist die göttliche Fülle jener Vorrichtungen, welche bald als Aufreizung zum Haß und zur Verachtung der Obrigkeit, bald als Aufstachelung einer Klasse gegen die andere, oder als Verletzung des schuldigen Respekts, oder als Herabsetzung in der Meinung der Standesgenossen u. s. w. an dem Journalisten diejenige Grausamkeit verübt, welche die Bibel doch selbst am dreschenden Ochsen verpönt haben wollte. Es ist ein Wunder, wie man bei solchen gesetzlichen Komplikationen überhaupt ungestraft etwas Anderes laut sagen kann, als daß Alles aufs Beste geordnet sei in der besten aller Welten, was ich auch hiermit, unter Wiederrufung alles Vorausgegangenen, feierlich zu Protokoll erklären will.

Alte Parteien und neue Zustände.

Vorbemerkung.

Kurze Zeit nach dem Frieden von Nikolsburg machte ich von dem Umschwung der Dinge Gebrauch, um unbelästigt nach Deutschland zu reisen, wenn auch die mich berührenden Amnestirungen noch nicht alle regelmäßig erledigt waren. Nach einem kurzen Aufenthalt in meiner Vaterstadt Mainz begab ich mich auf einige Wochen nach Ems und setzte mich von da aus brieflich mit der in Düsseldorf erscheinenden „Rheinischen Zeitung" in Verbindung, um ein Organ für meine Beteiligung an der praktischen Politik zu finden. Die Artikel sind alle in Ems geschrieben. Das Blatt eignete sich ganz besonders für mich, weil es auf dem demokratischen Flügel der für den Anschluß Deutschlands an das siegreiche Preußen eintretenden Presse stand, während die süddeutsche Demokratie, aus deren Reihen ich hervorgegangen war, die preußische Hegemonie mit der äußersten Heftigkeit bekämpfte. Auch von dem Geist der „Rheinischen Zeitung" trennte mich diejenige Linie, welche damals bereits die Spaltung der preußischen Fortschrittspartei von den späteren National-Liberalen andeutete; die Rheinische war streng fortschrittlich, während ich nach der anderen Seite neigte, und darum mochte die Zeitung meinen zu Gunsten der Indemnität geschriebenen Artikel nicht aufnehmen. An der Spitze der Redaktion stand der Westfale Dr. Becker, genannt der rothe Becker, welcher schon dem Stabe der alten kölnischen

Rheinischen Zeitung unter Marx angehört und 1849 in dem sogenannten Kommunistenprozeß verurteilt, lange Jahre auf der Festung gesessen hatte. Bekanntlich starb er im Jahre 1885 als Oberbürgermeister von Köln und Mitglied des Herrenhauses.

Die Artikel wurden, wie das hier wiedergegebene Vorwort meldet, im Herbst 1866 von mir, als ich zunächst nach Paris zurückgekehrt war, gesammelt und bei Franz Duncker unter dem Titel „Alte Parteien und neue Zustände“ herausgegeben. Sie erscheinen in gegenwärtiger Sammlung, weil sie sehr bezeichnend sind für den Meinungskampf, der damals im Lager alter Gesinnungsgenossen entbrannte. Der Stuttgarter „Beobachter“ war in jener Zeit das Hauptorgan der süddeutschen preußenfeindlichen Partei. An der Spitze der Redaktion stand Karl Mayer, der poetisch begabte, brave schwäbische Demokrat von echtem Korn und Schrot, mein alter Exilsgenosse und Freund. In späteren Jahren, saß er selbst im deutschen Reichstag als Mitglied der Volkspartei. Auch knüpften sich die alten treuen Beziehungen hier wieder an.

Der Artikel „Frankreich“, unter dem Eindruck lebendiger Wahrnehmung geschrieben, wirft ein interessantes Streiflicht auf den Anteil, welchen ein gebildeter Teil der französischen Bevölkerung an der Entstehung des schon damals vorausgesehenen Kriegs gegen Deutschland zu tragen hatte.

Vorwort.

Die nachfolgenden Aufsätze sind, mit Ausnahme des dritten, im Laufe der letzten drei Monate in der „Rheinischen Zeitung" erschienen. Ihre Veröffentlichung fiel in die Zeit, welche zwischen dem preußisch-österreichischen und dem preußisch-sächsischen Friedensschluß verstrich.

Die Redaktion des genannten Blattes glaubte damals aus verschiedenen Gründen, die Nummer III., welche dem Verhalten der Preußischen Kammern gewidmet ist, nicht abdrucken zu dürfen. Keiner dieser Gründe obwaltet bei der gegenwärtigen Ausgabe, und der Verfasser erlaubt sich, gerade diese Abhandlung der Aufmerksamkeit des Lesers zu empfehlen.

Er ergreift die Gelegenheit, der „Rheinischen Zeitung" wiederholt dafür seinen Dank auszusprechen, daß sie ihm ihre Spalten zur Verteidigung einer Ansicht geöffnet hat, welche nicht in allen Stücken von ihr geteilt wird.

Solche gegenseitige Würdigung abweichender Folgerungen aus sonst gemeinsamen Grundsätzen gibt das beste Zeugnis, daß es einer Partei aufrichtig um Wahrheit und thatsächlichen Fortschritt zu thun ist.

Paris, 10. November 1866.

L. B.

I.

Die vollendete Thatsache.

Der Eine denkt, ein Parteiprogramm sei ein ewig Unantastbares, ein unveränderlicher Ausfluß heiliger Überzeugungssätze. Der Andere umgekehrt setzt über Alles die Macht der positiven Umstände und das Leben über das Prinzip. Mit Festhaltung ausdauernder Grundgedanken durch die wechselnden Gestaltungen der Ereignisse hindurch zu steuern, ein unwandelbares Ziel im Auge zu halten und zugleich dem Strom und den Krümmungen des Weges zu folgen, ist in aller Lebenskunst das Schwierigste; zumeist aber in der politischen, weil es da unter fortwährender Rechenschaftsablegung und fortwährendem Dreinreden vor Freund und Feind zu geschehen hat.

Dem viel- und übelberufenen Wort der vollendeten Thatsache seinen wahren Wert zuzumessen, war selten eine so heikle Aufgabe wie diesmal. In je engeren Zwischenräumen diese Parole neuerer Zeit wiederkehrt, desto tiefer empfindet der aufrichtige Verstand das Bedürfnis, über die Legitimität der von ihr beanspruchten Macht mit sich ins Klare zu kommen. Schlichte Denkart fühlt von Hause aus ein inneres Widerstreben gegen die Unterwerfung unter den Zwang, dessen Rechtsbrief nicht über die mechanische Besitzergreifung zurückgeht. Alles, was als schön und gut uns gelehrt worden, empört sich gegen die Huldigung an eine blos äußerliche Wucht. Welcher moralischen Unmöglichkeit heißt es nicht Thür und Thor öffnen, wenn das Bekenntnis der vollendeten Thatsache zur Staatsreligion erhoben wird? Keine neuere Verfassung möchte, wie die französische aus den neunziger Jahren, das Recht auf Revolution in ihre Grundartikel aufnehmen: wie könnte man einer Anschauung Raum geben, aus welcher das Recht auf Überrumpelung von oben direkt flösse?

Und trotzdem hat die öffentliche Stimmung in einem großen Teil des nichtpreußischen Deutschlands aus freiem Antrieb die Notwendigkeit des Anschlusses an die vollendete Thatsache proklamirt. Was immer Wahres sein möge an der höchst bedenklichen Anziehungskraft des Erfolges, sie genügt nicht, um uns zu erklären, daß in großer Zahl unverdächtige, einsichtsvolle, lange her der guten Sache ergebene Bürger sich um die neueste Gestaltung der Dinge scharen. Es sind das keine leicht beweglichen Haufen, die um des Vorteils willen sich dem Triumphzug anschließen oder die willenlos von dem Volumen und Lärm der rollenden Masse in deren Bahn gerissen werden. An tausend von einander getrennten Stellen ist Hunderttausenden gleichzeitig die Überzeugung erstanden: daß der Weg zu dem unveränderten Ziel eines die ganze Nation umfassenden deutschen Staats nicht rückwärts von dem Geschehenen ab, sondern an das Geschehene anknüpfend vorwärts gehe.

Die Unverdächtigkeit einer solchen Gesinnung braucht uns übrigens um so weniger aufzuhalten, als es sich hier nicht entfernt darum handelt, den Sieg und den Sieger mit Allem, was um ihn und an ihm ist, heilig zu sprechen. Wir sind nicht so töricht, uns vorzugaukeln, der Sieger sei jetzo nicht mehr in beinahe allen Lebensfragen unser unerbittlicher Gegner; wir hüten uns um so mehr, ihm unser

Weihrauchfaß mit unserm Beirat entgegen zu bringen, als wir gewärtig sein können, daß ihm ein Bündnis höchst entbehrlich erscheinen wird, welches er schon stolz verschmähte, noch ehe die Entscheidung für ihn gefallen war.

Noch weniger als mit dieser Art von unbelohntem Versöhnungseifer, haben wir hier zu thun mit der Zunft der Realpolitiker, welche den altherkömmlichen naiven Servilismus des Professorentums in ein regelrechtes, aber temperirtes System gebracht hat. Der Royalismus und Loyalismus unserer jüngsten historischen Schule wirkt vielleicht entnervend auf manchen guten Geist in der studierenden Jugend; er mag die Demokratie oder, wie er nach Vorgang der schwarzen Kommission lieber sagt, die Demagogie mit seinem vornehmen Unwillen verfolgen, immerhin ist er nicht geeignet, in die Masse der Gebildeten einzudringen, wie sein Vorgänger, der Rotteck-Welcker-Dahlmannische Liberalismus. Auch hat es vorerst keine Not, daß das deutsche Volk an einem Ebenbilde der Lieblinge dieser Schule, Cäsar und Mirabeau zu Grunde gehe.

Also weder nach dem Beispiel unberufener Verbündeter (wer ungerufen zur Arbeit kommt, geht unbedankt davon), noch nach dem Beispiel der für Macht und Zucht schwärmenden Historiker treten wir an das Reich der vollendeten Thatsache heran. So wenig wir uns scheuen, so wenig thun wir uns darauf zu gut, daß wir das Faktum als solches anerkennen. Legitimismus zu machen, indem man die Augen vor handgreiflichen Thatsachen verschließt, ist vom demokratischen Standpunkt noch lächerlicher, als vom royalistischen. Wenn ihrer Zeit Nikolaus oder der Herzog von Modena das Julikönigtum als nicht existirend betrachteten, oder wenn das Faubourg St. Germain den Herzog von Bordeaux als König von Frankreich behandelte, so waren sie kaum so komisch, als die französischen Republikaner, welche von Napoleon III. mit ce Monsieur sprechen, oder Deutsche, welche das Regiment Bismarck mit Ironie zu beseitigen glauben.

Zwischen der Wegleugnung des Geschehenden und der Lakaienphilosophie, die alles Geschehende vernünftig und ehrwürdig findet, liegt ein ganzer Weltraum. Wie sehr übrigens die Demokratie selbst sich auf den Standpunkt stellt, dem Reich der unumstößlichen Wirklichkeit sein Recht einzuräumen, das geht unter Anderm daraus hervor, daß sie die Erwartung einer politischen Amnestie ausspricht. Welchen vernünftigen Gedanken kann sie dabei der Regierung unterlegen, wenn nicht die Voraussetzung, daß die Rückkehrenden die Entscheidung der Thatsache als maßgebend für den vorausgegangenen Kampf anerkennen und sich einverstanden erklären, auf dem Boden des neuen Gesetzes ihre Sache auszufechten? Wer die vollendete Thatsache nicht anerkennen will, muß konsequent, wie Viktor Hugo und Louis Blanc, verschmähen, von einer Amnestie Gebrauch zu machen.

Wo liegt endlich das Problematische in der Nutzanwendung aus der vollendeten Thatsache, wenn es weder deren servile Vergötterung noch deren verblendete Ableugnung gilt? Das Problem liegt in der Würdigung der Prinzipien, welche den Gehalt der Thatsachen ausmachen, in der Scheidung dessen, was wir nicht umhin können aus diesem Gehalt uns anzueignen, und dessen, was wir, unbestochen von allem Erfolg, immerdar abzuweisen haben, als ewig Unzulässiges und Verwerfliches.

Hier treffen wir vor Allem auf den Götzendienst, der jetzt wieder mit dem Krieg getrieben wird, als gäbe es kein höheres Handwerk, kein kostbareres Werkzeug. Daß Menschenglück und Menschenleben der einzige Staatszweck sei, der Krieg aber schnurstracks das Gegenteil, wird da im sinnverwirrenden Rausch blendender Schauspiele vergessen — eine Erziehungserbschaft der guten Zeit, da die Völkergeschichte nach Schlachten und Hoffesten rechnete. Der Mensch, sollte man glauben, sei nur etwas wert, wofern er im Soldatenrock auftritt und mit der Schärfe des Schwertes dreinschlägt. Allenfalls wird die Sache noch in religiöse Aussprüche gehüllt, deren Konsequenz uns gradezu auf die Wiedereinsetzung der gerichtlichen Zweikämpfe und der Gottesurteile mit Wasser und Feuer zurückführen müßte. Daß eine Nation körperlich gesund und mannhaft sein müsse, um zum Vollgenuß und zur Sicherheit ihres Daseins zu gelangen, wird Niemand abstreiten. Je höher ein Volk in der Intelligenz gediehen ist, desto mehr würdigt es die Tugend physischer Ausbildung, das alte Griechenland wie das neue England. Die modernste Wissenschaft, die Nationalökonomie, und die modernste stoffergebene Philosophie laufen schließlich auch hinaus auf die Verbesserung der körperlichen Grundlage der Heersubstanz. Und wie der am einsichtvollsten verwaltete Staat auch die besterzogene und bestverpflegte Armee auf die Beine bringen muß, so werden auch die besterleuchteten Köpfe den bestgenährten Muskeln den Gegendienst erweisen. Es ist in keiner der offiziellen Ansprachen hevorgehoben worden, aber es wird ohne Hochverrat erlaubt sein, die Lesart von der göttlichen Hilfe aus der Religion in die Moral zu übersetzen und das Wunder des Erfolges zunächst in der Intelligenz zu suchen, welche in der Organisation und in der Zusammensetzung der Massen waltete.

Die Demut nennt es Gottesgnad',
Die Mißgunst nennt es Hinterlad',
Die Menschen nennen es Denken.

Der zweite Trugschluß, vor dem wir uns zu bewahren haben, ist der von der Unvermeidlichkeit dieses bestimmter Krieges. Daß ein Krieg notwendig war, um Österreich un schädlich zu machen, ist gewiß. Aber wir lassen nicht daran rütteln, daß den Bevölkerungen aller rein deutschen Länder gegenüber ein treues Handreichen genügt hätte, wenn Preußen seither ein Staat gewesen wäre, in welchem die öffentliche Meinung geachtet und getreu nach dem bestehenden Rechte regiert worden war. Man wirft uns ein, der leitende Gedanke habe mit Elementen zu rechnen gehabt, welche noch eher fürs Blutvergießen, als für moralische Eroberungen zu gewinnen gewesen. Um so schlimmer, wenn dem so ist!

Der Haß zwischen Süd- und Norddeutschen ist eine fable convenue. Er ist zunächst die Erfindung der Menschensorte, deren Nahrungszweig im Staate Haß und Zwietracht sind: Parteigänger, Überläufer, Zeloten aller Art. Ist doch der bösartige Wahnwitz so weit getrieben worden, daß der preußischen Regierung die Notwendigkeit vordemonstrirt wird, ihre Mainlinie mit einer dichten Reihe starker Grenzfestungen gegen die Einfälle der Türken oder Rothäute aus Baden, Württemberg und Bayern zu decken. Ein neuer Pfahlgraben soll quer durch Deutschland gehen als ewiger Pfahl in seinem Fleisch!

Wenn im Felde Hohe und Niedere gleiche Lorbeeren geerntet haben, so hat im feindlichen Quartier vor Allen der Soldat die deutsche Ehre gerettet. Das Glorreichste, was die preußische Armee aus diesem Feldzuge heimbringt, ist das Zeugnis der gesitteten Aufführung, welches dem gemeinen Manne nachfolgt.

Nichtsdestoweniger hat die Erfahrung abermals gelehrt, daß eine gute Kriegsverfassung über die ganze Ergebenheit ihrer Soldaten verfügt, unabhängig von deren An- und Einsicht. Darum ist es nur um so notwendiger, daß eine so zweischneidige Exekutive nicht mit ihrer Wurzel auf einem andern Boden stehe, als auf dem des Volkswillens. Die unvermeidliche Ergänzung der Indemnitätsbill wäre ein energisches Gesetz über Ministerverantwortlichkeit und ferner eine authentische Auslegung zur Entkräftung des bekannten vom Obertribunal ergangenen Urteils.

Dagegen ist notwendiger Weise aus dem unwiderruflich Geschehenen vor Allem festzuhalten: der allseitige Anschluß an den preußischen Staat bis zur Verschmelzung inklusive.

Nach dem Erlebten gibt es nun hoffentlich keine monarchischen Föderalisten mehr, die da glauben, einen deutschen Bundeseinheitsstaat aus dreißig legitimen Fürsten und obersten Kriegsherren zu Einem Willen und Einer Aktion aufzubauen.

Wer jetzt noch für ein selbständiges süddeutsches Staatensystem arbeiten will, der arbeitet für die Zurückführung der Habsburger und des Dualismus in Deutschland. Das möge sich nicht blos der schwäbische Partikularismus, sondern vor Allem die preußische Regierungspolitik gesagt sein lassen. Ein selbständiges System süddeutscher Fürstentümer ist gleichbedeutend mit der Streichung des ersten und Hauptartikels der Nikolsburger Präliminarien, der da lautet: Austritt Österreichs aus Deutschland. Darum reibe man sich nicht in Berlin die Hände bei dem Gedanken, Süddeutschland durch eine nordische Kontinentalsperre auszuhungern. Hier übrigens tritt die Aufgabe der preußischen Regierung zurück hinter die Aufgabe des deutschen Volkes. Hier gilt es, sich zu regen ohne Ende. Wenn auch in dem Friedensinstrument die vielgefürchtete Mainlinie steht, so ist doch der Fluch dieses Gedankens entkräftet durch das Hinausdrängen Östreichs. Ein Unglück war die Mainlinie nur, wenn sie die Grenze ward zwischen Preußen und Östreich. Ein Unglück würde sie wieder, wenn mittelst Herstellung eines scheinbar selbständigen dynastischen Süddeutschlands Habsburg Zeit und Wege fände, bis an den Main zurückzukommen.

Die Furcht, daß Deutschland in Preußen untergehen könne, wenn Preußen Deutschland erobert, ist einer großen Nation mit tausendjähriger Kultur unwürdig. Wenn Preußen uns fängt, so mag es rufen, wie jener Soldat von der Reichsarmee: „Ich habe einen Gefangenen, er läßt mich aber nicht los.“ Wird auch Frankfurt preußisch, so wird es doch nicht künftig heißen, der Faust sei die größte preußische Dichtung, so wenig es neuerer Zeit geheißen hat, der Mann von Eisleben und Wittenberg habe die Bibel ins Preußische übersetzt.

II.

Der Scheideweg.

Zürnende Stimmen, warnende und klagende Stimmen, Scheidebriefe von alten Freunden und Schmähbriefe von unbekannter Hand, das ist jetzt für unser Einen das tägliche Brot. Wer deß nicht achten wollte, um den stände es immerhin bedenklich. O, sie verstehen es ganz gut, wie man's anzufassen hat, um Einen stutzig zu machen. Jene, welche uns zurufen: „Bravo, Ihr praktischen Menschen, wohl bekomme eurem ungeduldigen Appetit die Fütterung mit rohen Thatsachen; wir armen Leute vom Grundsatz, wir hungern lieber noch eine Weile; ha, ha, es ist schon gut, Ihr seid gescheit und wir sind dumm. Prost die Mahlzeit, Ihr klugen Herren!" Solche freundschaftliche Mephistophelik kann ihre Wirkung nicht verfehlen und verdient, daß man nochmals stillstehe und sich des Weges umschaue, bevor man weiter geht.

Es ist ja gewißlich wahr: mit der Einbildung, besonders praktisch und überlegenerweise mäßig zu sein, beginnt gemeiniglich im Menschen der erste Anfang zur Reaktion; und wer fände nicht in seinen eigenen Papieren das Konzept zu den Abtrünnigkeitsvorwürfen, die jetzt auf ihn herunter hageln? Von Herrn Düpin an, der mit dem Motto: „je sers la France", aus der Monarchie zur Republik und aus der Republik zum Kaisertum hinübertrollte, bis zu Herrn v. Vincke und seiner Kniggeschen Kunst, mit Gesetzen umzugehen, fehlt es nicht an abschreckenden Exempeln. Nicht doch! nicht doch! so ist es nicht gemeint; und wenn die guten Freunde nur ein Scherflein jener Gerechtigkeit, so sie für die Leitung der Welthändel in Anspruch nehmen, für unsern Gedankengang übrig hätten, so würden sie uns nicht unbarmherzig in den Pfuhl der praktischen Verlorenheit hinabstoßen. Noch wissen wir so gut wie sie, daß die bescheiden thuende Entsagung, welche da spricht: „man muß die Menschen nehmen, wie sie sind; schlechte Welt, schlechte Zustände“, daß die nichts ist, als seichte, satte Frivolität, und daß der letzte Vers ihrer demütigen Bibelweisheit lautet: „Mundus vult decipi“. Noch wissen wir, daß es kein Heil gibt ohne Wissen, kein Wissen ohne Gesetz; und mehr als je sind wir überzeugt, daß es sich nicht um prinzipielle Verleugnung irgend eines heiligen Glaubensartikels handelt. Von thatsächlicher Aufopferung freiheitlicher Güter kann ja nicht die Rede sein, da wir deren leider keine zu verlieren hatten.

War schon vor dem letzten Umschwung der Dinge es so schwer, sich zu verständigen, wer dürfte jetzt sich beklagen, in der vielfachen Stimmen Gewirr nicht mit Geduld vernommen zu werden? Es gehört nun einmal zur Oekonomie der Natur, daß ein guter Kämpe ein unbarmherziger sei, und wer nicht will mißverstanden werden, der thut besser, er bleibt daheim... Aber darum sei wenigstens einem Jeden vergönnt, mit gleichen Waffen, an seiner Ehre ungekränkt, für seinen guten Glauben zu fechten. Wer jedoch wäre strenger verpflichtet, durch billiges Anhören werkthätige Gedankenfreiheit zu üben, als die, welche der brutalen Gewalt noch eben den lautesten Fluch nachschleudern?

Verlassen wir auf einen Augenblick den Kampfplatz der heimischen Erde und versuchen wir, ob die unbefangene Betrachtung eines fremden Streits uns nicht Gelegenheit gibt, eine nützliche Rückanwendung zu machen. Es besteht nun einmal eine so aufdringliche Ähnlichkeit zwischen dem Gang der italischen Dinge und dem der unsrigen, daß kein Stolz sich dieser Wahrnehmung entziehen kann. Vielleicht finden sich diesseits wie jenseits der Alpen noch Unerschütterliche, welche behaupten: die Befreiung des Landes von den Österreichern und Bourbonen sei ein Unglück, wenn auch nur deshalb, weil sie durch die französischen Bajonette vollbracht worden, und besser wäre der Halbinsel, sie stünde noch heute unter Bomba, Maximilian und Antonelli, geduldig harrend auf eine regelrechte Revolution, als daß es so gekommen sei, wie es gekommen ist. Es gibt Mazzinisten vom reinsten Wasser, welche so urteilen, obwohl vielleicht Mazzini selbst nicht so weit geht. Aber unter den freisinnigen Deutschen ist, so fern es die Beurteilung der italischen Dinge gilt, dieser äußerste Formalismus ohne Zweifel ganz gering vertreten. Nun haben wir oft Piemont um seinen Cavour und Victor Emanuel beneidet und es glücklich gepriesen, daß es im Namen der italischen Nationalität und Freiheit unternehmen konnte, was anderwärts unter Anrufung ganz anderer Güter bereitet worden ist. Aber wer von uns möchte um den Preis französischer Beihilfe mit Jenen tauschen? Und wenn es für Italien noch immer ein Gewinn war, im Namen der Freiheit durch den Selbstherrscher der Franzosen zur Einheit gekommen zu sein, wäre der Gewinn für Deutschland nicht größer, im Namen von was es immer sei, durch eine deutsche Heeresmacht, geführt zur Not sogar von einem unumschränkten König, zur Einheit zu gelangen?

Doch nehmen wir die Sache noch näher und faßlicher ins Auge. Eben jetzt, in diesem Moment, existirt in Italien eine Partei der Unerbittlichen, welche nicht ihre Einwilligung dazu geben mag, daß Venetien auf eine andere Manier von Österreich befreit und mit Italien vereinigt werde, als nach ihrem Rezept der orthodoxen Revolution. Sie schlagen vor, man solle Venetien nicht annehmen, sondern mit Österreich und Frankreich zugleich Krieg führen, bis daß Florenz oder vielmehr Rom allein, Dank seinen eigenen Siegen, jenen die Gesetze diktieren könne. Wären wir nun im Irrtum, anzunehmen, daß dies Gebahren, welches keine Narrheit ist, allein einer Narrheit bedenklich ähnelt, von den wenigsten unserer deutschen orthodoxen Freunde gut geheißen wird? Und doch ist die Analogie vollkommen. Es stände schöner um die Gegenwart und sorgenfreier um die Zukunft, wenn Cialdini bei Custozza und Persano bei Lissa die Schlachten der italischen Großjährigkeit geschlagen hätten; aber würden darum unsere grimmigsten Preußenfeinde dem Parlament von Florenz raten, mit dem Schicksal schmollend, Venetien wieder an den Erzherzog zurückzuweisen?

So und nicht anders liegen die Sachen in Deutschland ebenfalls, nur daß in eigenen Angelegenheiten das Urteil sich verwirrt durch die unmittelbare Nähe der Empfindung. Während es uns schier komisch dünken wollte, daß nach ihren Niederlagen zu Wasser und zu Lande die Italiener ob der Schändlichkeit der Vorenthaltung Tirols Zeter schrieen, riefen sie uns über die Alpen herüber zu: sie begriffen nicht, wie wir für den großen Dienst der preußischen Leistung blind sein könnten. Und so wird es immer sein in der Welt.

Es lohnt wohl einmal der Mühe zu untersuchen, wer am Ende der Freiheit treuer ergeben sei: die Demokratie, welche jetzt in Sack und Asche geht, oder die, welche des Glaubens lebt, daß das Geschehene zu gedeihlicher Wendung führen könne? Es lohnt wohl der Mühe zu fragen, ob die, welche einen Erfolg gewahren, auch da, wo er gegen ihren Rat und gegen ihr Ansehen durchgegangen ist, nicht freier und selbstloser einer guten Sache zugethan sind, als die, welche selbst triumphiren müssen, um sich zu freuen? Es lohnt wohl der Mühe zu fragen, ob der Glaube lebendiger und mächtiger sei in denen, welche sich nicht trösten können, weil die Garde siegestrunken in Berlin einzieht, oder in denen, welche auf eine Entwicklung bauen, die im Lauf der zehn letzten Jahre vier der finstersten Mächte unrettbar in den Abgrund gestürzt hat: den Kaiser Nikolaus, das Haus Habsburg, die weltliche Macht des Papstes und die amerikanische Sklaverei? Es lohnte wohl der Mühe zu fragen, ob diejenigen gemeint sein können, einer mechanischen Einheit die bürgerliche Freiheit leichten Herzens hinzuopfern, welche überhaupt einen Ausweg aus dem täglich wüster wuchernden, markverzehrenden System des bewaffneten Friedens nirgends sonst sehen, als in dem schließlichen Triumph jener Verfassungsform, welche eben Europa die Lehre gegeben hat, daß ein Freistaat aus einem blutigen Kampf um die Existenz hervorgehen kann, ohne in die Hand eines kühnen Soldaten zu fallen? Ist es so sündhaft zu glauben, daß Europa entweder unaufhaltsam rückwärts oder vorangehen muß zu diesem letzten unvermeidlichen Schluß aus allen Voraussetzungen menschlicher Würde und menschlicher Freiheit? Und das vorausgesetzt, ist es sündhaft zu glauben, daß Europa diesen großen Kampf nicht wird ausfechten können, bevor Deutschland im Stande sei, die ganze Kraft seines Armes und seines Geistes in die Wagschale zu werfen? Und das vorausgesetzt, ist es so sündhaft zu glauben, daß, um in diesen Kampf einzutreten, die deutsche Nation die Einheit ihres Willens und ihrer Bewegung als unentbehrliche Vorbedingung gefunden haben müsse? auf daß sie nicht mehr in die erbärmliche Lage komme, sich zu fragen, ob das gute Recht auf Seiten des Großherzogs von Mecklenburg oder des Großherzogs von Darmstadt sei, und daß sie nicht mehr in die abgeschmackte Notwendigkeit gerate, gegen angreifende Gewalt für den gesetzlichen status quo und damit für Kurhessen und Nassau, für ein Kehrichtfaß und eine Rumpelkammer zu fechten?

Das und vieles Andere wäre zu fragen, und vielleicht wäre noch mehr zu antworten, als irgend ein Narr fragen kann. Aber man würde uns einwerfen, mit solchen großen

Rosinen auf dem unerreichbaren Boden unserer Tasche sei kein Hund vom Ofen wegzulocken; und stände auch dieser Einwurf nicht entgegen, der Umfang eines Zeitungsartikels und der Umfang der Preßfreiheit würden nicht erlauben, näher auf diese Dinge einzugehen. Dennoch sind sie kaum entbehrlich für die richtige Würdigung der guten oder bösen Prinzipien, die in Jeglichem von uns arbeiten und ihn je nach dieser Seite treiben oder nach jener. Wie sie hier im gröbsten Umriß stehen, haben sie einzig den Zweck, gegen den Vorwurf der Abtrünnigkeit, des Wankelmuths, der Zugänglichkeit für grobes Blendwerk feierlichen Protest niederzulegen. Der Zukunft liegt es ob, uns zu rechtfertigen, der Zukunft, die wir nicht sehen werden, und die von uns noch viel weniger wissen wird, als von den Tausenden, die namenlos modern unter den Grabhügeln von Sadowa. Aber fernab, wie wir stehen von diesen letzten Zielen, ist dennoch in allen Fragen der Gegenwart die Scheidelinie angedeutet, welche im Laufe der Entwicklung zu einer tiefen Spaltung auszuwachsen bestimmt ist. Ein Freund und Gegner hat es bei einem früheren Anlaß ganz richtig herausgefühlt, wenn er sagte, daß die Grundverschiedenheit zwischen den deutschen Föderalisten und den Eiferern des Einheitsstaats eng verwandt sei mit dem geschichtlichen Zwiespalt zwischen der Gironde und der Bergpartei. Das letzte Wort dieser Meinungsverschiedenheit geht eben darauf hinaus, festzustellen, ob der Staat ein notwendiges Übel sei oder eine organische Lebensform? ob, so wie zuweilen von geplagten Hausfrauen zu hören ist, es ein Elend sei, daß man Mägde halten müsse, weil das Vorurteil nicht erlaube, selbst die Böden zu scheuern und Stiefel zu wichsen, und so auch der Gedanke ein Recht habe, es sei ein Jammer, daß man eine Verfassung, ein Gesetz, eine Tribüne und eine Wahlversammlung nicht entbehren könne, und in einer bessern Welt müsse ein jeglicher Mensch sein eigener Staat sein?

Ob wir so niedrig angelegt sind, daß unsere besten Kräfte zu leidigen Thätigkeiten verwendet werden müssen, oder ob wir so glücklich sind, in die Lösung der schwierigsten Aufgaben auch die Blütenentfaltung des Daseins legen zu können?

Kein philosophisches Turnier wird diese Frage entscheiden. Der Gang der Weltgeschichte allein wird sie beantworten. Der Reihe nach sind Altertum und Christentum, lateinische und germanische Rassen, die Parteien der großen französischen Staatsumwälzung und die Vorkämpfer sozialistischer Lehren in die Schranken eingetreten. Wer wollte sich vermessen, den Ausgang voraus zu verkünden? Einstweilen aber gibt es noch Arbeit vollauf, um das unbestreitbar Gute und das gemeinsam Unentbehrliche aus beiden Lebensanschauungen zu Ehren zu bringen. Seid Ihr nicht für die Einheit in unserem Sinne, so sind wir doch im entferntesten nicht gegen die Freiheit in Eurem Sinne. Hätten die Ereignisse eine deutsche Föderativrepublik gebracht, wir hätten sie herzlich willkommen geheißen und schwerlich verlangt, daß Ihr den Führer der preußischen Politik zum Präsidenten machtet. Nimmermehr glauben wir, daß sie jetzt in München und Stuttgart Fuß fassen und von da über den Main hinaufrücken werde. Daß Etwelche mit einer Frontenwendung auf dem Schlachtfeld aus deutschen Vaterlandsbegeisterten schweizer Hinterländer zu werden verlangen, das haben wir wohl manchmal sagen hören, halten's aber für Anfälle tollen Humors. Und also denn, da Ihr uns dermalen thatsächlich gar nichts Besseres zu bieten habt, so lasset dem Anfang der Einheit, wie schlecht Ihr ihn immer haltet, seinen Spielraum und gönnt ihm den Versuch, sich einen Platz an der Sonne zu verdienen. Sagt Ihr, der Norden werde nicht sein Junkertum überwinden, so fragen wir: Hat denn bis jetzt der Süden sein Perrücken-Despotentum überwunden? Der preußische Verfassungskampf ist achtzehn Jahre jünger als der süddeutsche; er hat es bei viel stärkeren Gegnern und größeren natürlichen Schwierigkeiten immerhin noch etwas weiter gebracht, als die süddeutschen Verfassungskämpfe. Wo die an harte Fürstenköpfe stießen, da gingen sie spurlos unter, und ihre Siege, da wo gutmütige Laune sie gewähren ließ, hatten keinen stofflichen Wert. Vom Freiheitsabschwören ist nirgends die Rede, noch weniger vom Hosiannasingen zum Gott der Heerschaaren; die preußischen Volksvertreter haben nur gethan, was sie nicht lassen konnten, und die Notwendigkeit, der sie gehorchten, war nicht ihr Werk, sondern das Werk des ganzen Volkes. Wie wir das verstehen, das soll ein folgendes Kapitel erklären.

III.

Die Preußische Kammer.

Die Klagen der Volkspartei über die preußische Kammer stammen nicht von heute und nicht von gestern. Man hat ihr Mangel an Kühnheit und Entschiedenheit vorgeworfen und dafür gehalten, sie hätte dem Geschick der Nation eine bessere Wendung geben können. Nennen wir gleich das Kind beim Namen: das letzte Wort der Mißbilligung lautete, die Kammer hätte aus der passiven Verneinung zur aktiven Steuerverweigerung schreiten sollen. In der That wäre dies die einzige Manier gewesen, den Konflikt aus der theoretischen Sackgasse auf den Weg der Praxis zu bringen. Wenn man nun zur Not behaupten könnte, daß eine Volksvertretung nicht blos auf der Höhe der Volksgesinnung stehen, sondern als ein treibendes Element ein Mehreres von Rührigkeit und Energie im Leibe haben und das hinter ihr etwa zurückstehende Land in die Lage setzen müsse, ihr zu folgen, so bliebe das unter allen Umständen eine Auffassung von höchst bestreitbarer Giltigkeit. Daß sie sich aber im vorliegenden Falle nicht bewährt haben würde, darüber haben die jüngsten Ereignisse nicht den leisesten Zweifel übrig gelassen. Der Krieg ist gegen die Meinung der Kammern, wie gegen die Meinung des Volks durchgesetzt worden. Die Regierung hat dem Volk befohlen, in den Krieg zu ziehen, und das Volk, eben noch unwillig, teilweise bitter grollend, hat dem Befehle der Regierung gehorcht. Wenn die Kammer aufgefordert hätte, die Steuern zu verweigern, und die Regierung hätte befohlen, die Steuern zu zahlen, was hätte das Volk gethan?

Es ist hier ebensowenig der Ort, über die Rechtsfrage an und für sich eine Stimme abzugeben, als Vermutungen darüber anzustellen, was im Punkte des Rechts die Überzeugung der Kammermajorität gewesen sein mag. Es handelt sich blos darum, im Namen der historischen Kritik derjenigen Auffassung zu antworten, welche die Kammer für gesetzlich berechtigt und politisch verpflichtet erklärte, über die Verwerfung des Budgets hinaus zu einer Aufforderung an das Volk zu schreiten. Allen Einsichtigen muß es nach der Erfahrung dieses Krieges klar sein, daß die Kammer, indem sie das unterließ, die größte Niederlage vermied, welche eine Volksvertretung erleiden kann: die gräuliche Situation nämlich, sich über den Grad des thätigen Einverständnisses mit ihren Wählern getäuscht und sich ins Feld vorangewagt zu haben, um von ihren Truppen im Stich gelassen zu werden. Es war keine angenehme und keine leichte Aufgabe, von oben und von unten gescholten und provozirt, auszuhalten wie ein Regiment im Felde, Gewehr bei Fuß, von allen Seiten beschossen und nicht in der Lage, das Feuer zu erwidern. Die Kammer hat damit das Einzige gethan, was sie in so unglücklicher Stellung thun konnte, sie hat ihre Position behauptet, sie hat die Rechtskontinuität bewahrt zwischen dem Zeitabschnitt vor und dem Zeitabschnitt nach dem Krieg. Sie hat vielleicht der Regierung einen Dienst geleistet, indem sie ihr die Notwendigkeit ersparte, mit handgreiflicher Gewaltsamkeit nach innen aufzutreten; aber sie hat dem Volke, dem Recht und der Verfassung, dem ganzen Deutschland einen größeren Dienst geleistet, indem sie die Notwendigkeit abwandte, eine siegreiche Contrerevolution mit allen ihren Schrecken und allen Folgen unabsehbarer Oktroyirungen und Mißhandlungen zu erleben.

Wenn die preußische Kammer dem Ministerium eine Indemnität votirt hat, so ist es noch mehr an der Zeit, daß das deutsche Volk der preußischen Kammer eine Indemnität votire.

Was die Indemnität, welche die Kammer dem Ministerium bewilligt hat, im Sinne der freisinnigen Mehrheit bedeute, darüber ist jeder Unbefangene wohl im Klaren. Sie bedeutet weder eine Abschwörung der Vergangenheit, noch ein Vertrauen in die Zukunft. Sie bedeutet am allerwenigsten, daß die Kammer wünschte, bisher anders gedacht und gehandelt zu haben, als sie gedacht und gehandelt hat. Mögen Andere es als die höchste Aufgabe politischer Weisheit empfinden, zu möglichst früher Zeit zu wittern, wohin der Wind den Cäsar und sein Glück tragen werde: der Trost, die Rettung, der Anhaltspunkt der freisinnigen Partei in Preußen liegt eben darin, daß sie sich bis zum letzten Augenblick den Dingen widersetzt hat, welche über Deutschland gekommen sind, und daß sie dem Cato nicht das Recht zu dem Vorwurf gibt, ihr habe die siegreiche Sache gefallen. Sie ist besiegt worden, sie erkennt sich als thatsächlich von Ereignissen überwunden, die kein menschlicher Wille und kein menschlicher Protest mehr rückgängig machen kann.

Uns will bedünken, die Arbeit ist jetzt zweierlei, südlich und nördlich des Mains. Im norddeutschen Bunde hat —

mit welchen Nöten immer — das Recht der Freiheit seinen schweren Kampf zu kämpfen; im übrigen Deutschland hat das Recht der Einheit — und ein Recht ist es, dem anderen vollauf ebenbürtig, — seine Sache durchzusetzen. Wer da meint, es könne gelingen, in Bayern, Württemberg und Baden einen grünen Garten der Freiheit anzulegen, während das Land nördlich vom Main unter einer Decke von Schnee und Eis erstarren werde, dem haben wir allerdings nichts zu sagen; und wer sich von der positiven Unausführbarkeit solcher Hirngespinnste Rechenschaft gibt und versichert, es sei dennoch nichts zu thun, als seinen Grundsätzen gemäß zu protestieren und zu hoffen, dem lassen wir ohne Neid sein otium cum dignitate. Möge er, sich Ehrenkränze flechtend, weiter singen: „Hoffnung, du sollst uns im Leben liebend und tröstend umgeben!" Nicht Jedem ist es erlaubt, sich zur reinen Priesterschaft geweiht zu halten und die Arbeit zu verschmähen, weil sie der Erniedrigung und Herabsetzung nicht entgeht. Arbeit gibt es dermalen die Hülle und Fülle, und wer in sich Kraft, Lust und Überzeugung fühlt, den treibt es um so mehr dazu, je größer und undankbarer zunächst die Aufgabe ist. Kein Preis winkt unserer Mühe, kein Parlamentssitz ladet uns zur Ruhe ein. Heimatsverlustig zu Hause, nie in der Versuchung gewesen, heimisch zu werden in der Fremde, deutsche Bürger in partibus infidelium und korrespondirende Ehrenmitglieder mehrerer vaterländischer Zuchthäuser, dem Süden zustimmend durch die Empfindung, dem Norden durch die Besinnung, so treten wir die Wanderschaft an, um das übel gelittene Wort der Einigung zu predigen. Und wenn wir Johann Jacoby begegnen, so wird er uns die Hand nicht weigern, trotz allen Groß-Inquisitoren des Reichs!

Wie aber, wenn festgestellt werden soll, daß vorzugsweise der preußischen Volksvertretung die Pflicht auferlegt sei, am Recht der Freiheit festzuhalten, wie ist damit die Indemnitätserklärung zusammenzureimen? Diese ist es ja, welche die Rechtsverletzung zu sühnen, die Minister schuldfrei zu sprechen übernommen hat. — Hat sie das? Wenn man nicht behaupten will, die Kammer könne Geschehenes ungeschehen machen, und wenn nachzuweisen ist, daß es auch nicht in der Macht der Kammer gewesen, das zu verhindern, was geschehen ist, so blieb ihr eben nichts zu thun, als ihr Recht auf dem Wege theoretischer Anerkennung zu retten; und das hat die Indemnität in den Grenzen der Möglichkeit bezweckt. Die Indemnität ist kein Geschenk des Hauses an die Regierung, sie ist ein Geschenk der Regierung an das Haus. Je bescheidener wir hierbei die Machtstellung des Hauses annehmen, desto mehr genügen wir ja den Voraussetzungen seiner Verächter, ohne dadurch etwas für unsere Auslegung zu verlieren, denn der Geschenkgeber kann nicht der Freigesprochene sein, der Geschenknehmer nicht der Freisprecher. Was der Ministerpräsident in Übereinstimmung mit der mißbilligenden Demokratie an den preußischen Zuständen konstatirt, die thatsächliche Übermacht der Regierung über die Legislatur, das eben liefert uns auch den richtigen Maßstab für die Bedeutung der Indemnität. Dieser Akt war nicht das Beste, was die Regierung der Kammer bieten konnte, aber es war faktisch das Beste, was sie ihr bieten mochte und geboten hat. Und nun wirft man dieser vor, daß sie dies Beste annahm! Warum dieser Vorwurf? Gab es durch Feindseligkeit etwas Besseres zu gewinnen, als was die Regierung einzuräumen sich herbeiließ? Darauf haben wir eben geantwortet. Man kann beispielsweise sagen: Wenn Ludwig Philipp den Prinzen Napoleon hätte nach der Landung von Boulogne füsilieren lassen, so würde heute Frankreich in einer andern Lage sein. Aber man kann nicht sagen, daß nach langjährigen, über das ganze Land hin unter höchster Anspannung der öffentlichen Meinung geführten Kämpfen, beliebige Motionen und Abstimmungen eine andere Machtstellung zwischen dem Volk und der Regierung herbeigeführt haben würden, als welche die letzten Ereignisse vorfanden. Wenn eine der Regierung überlegene Kraft im Volke gewesen wäre, so hätte sie in so langer Zeit und bei so heftiger Aufforderung sich Bahn brechen müssen. Und, wie es ebenfalls der Ministerpräsident konstatirt hat, war schon dies Machtverhältnis zu Gunsten der Obrigkeit vor dem Krieg, so lag es nach demselben zweifelsohne noch so viel günstiger. Mit feindseligem Vorgehen war also nunmehr keine thatsächliche Wiederherstellung des Rechtes zu erwirken.

Es blieb dann nur noch die Wahl zwischen zwei Formen der Rechtsverwahrung, welche aber, die eine wie die andere, auf dem Boden der blos theoretischen Erklärung stehen bleiben mußten, welche beide nur Formen waren, beide nur die feierliche Anerkennung einer legalen und moralischen Wahrheit. Es gab die einseitige oder zweiseitige Anerkennung. Die einseitige, in welcher die Kammer für sich allein die Integrität ihrer verfassungsmäßigen Ansprüche aufrecht erhielt, — oder aber die zweiseitige, mittelst deren die Kammer, unter Mitwirkung der Regierung, also in der feierlichsten Form eines Vertrags, bei welchem beide streitenden Parteien konkurrieren, ihr unversehrbares Recht einregistrirte.

Ist die vorausgegangene Auslegung richtig, so lohnt es nicht mehr der Mühe, weiter zu begründen, warum das Haus der zweiseitigen Prozedur den Vorzug gegeben hat, und warum man gezwungen ist, ihm einzuräumen, daß es unter den obschwebenden Verhältnissen das theoretisch vollkommenste Instrument zur Herstellung eines öffentlichen Rechtsstandes ergriffen hat, nachdem es durch seine verneinende Haltung vor dem Kriege und während des Krieges bis zur Indemnität die einzige haltbare Stellung zur Wahrung der Rechtskontinuität eingehalten hatte.

Wenn die Indemnität an der angebornen Unvollkommenheit der Oktroyirung leidet, so ist die Oktroyirung ein Erbübel, welches nicht blos allen preußischen, sondern allen deutschen Verfassungsrechten innewohnt. Die einzigen nicht oktroyirten, sondern durch Druck von unten eroberten Verfassungen datirten von Achtundvierzig und sind mit Neunundvierzig wieder verschwunden. Die ganze Verfassung namentlich, um deren Integrität es sich bei diesem Streit handelte, ist ein Objekt der Oktroyirung gewesen, und wenn die neuere Praxis überall den Standpunkt der protestirenden Wahlentsagung verlassen hat, wenn Wähler und Gewählte recht thaten, von der angebotenen Verfassung Gebrauch zu machen, so thaten sie doppelt recht, von der angebotenen Indemnität Gebrauch zu machen. Denn wenn oktroyirte Verfassungen Geschenke sind, so ist die Indemnitätsforderung eingestandener Maßen die Rückerstattung eines vorenthaltenen Objekts, wenn auch für den Moment eine freiwillige, und das ist unendlich mehr als ein Geschenk.

Nicht wollen wir davon reden, daß ein praktisches, ein politisches Motiv mit unterlaufen dürfte. Das sind ja jetzt verpönte Begriffe bei jenen Reinen, denen Alles unrein ist. Ob es erlaubt, ob es notwendig, ob es nützlich war, einer Regierung, welche sagt: Wir haben vier Jahre ohne Rechtsstand unfruchtbar gewirtschaftet; vergönnt uns vor dem Lande den Versuch, mit einem Rechtsstand fruchtbar zu wirtschaften, — ob es der Moment war, auf eine solche Zumutung mit Nein zu antworten, ob es richtig gewesen wäre, allen Schwachen und allen Listigen der Zukunft die Hinterthüre zu öffnen: „ja, wenn die Kammer auf das Anerbieten guten Einverständnisses gehört hätte!“ — das Alles soll dahin gestellt bleiben.

Wir haben stets der Meinung gehuldigt, daß nichts weniger zu einer guten Regierung gehöre, als die Voraussetzung des Vertrauens, und wir haben stets diejenige Verfassung für die beste gehalten, welche dem Volke das größte Mißtrauen als permanente Pflichtausübung auferlegt. Wir finden uns bei den obwaltenden Zuständen weniger als je veranlaßt, von unserer Ansicht abzuweichen. Wir wollen daher zur Rettung der preußischen Majorität nichts aufführen, was irgend ein Vertrauenssystem in sie hinein interpretieren könnte.

Nur das wollen wir beweisen: die Verwahrung der Kammer zu Gunsten von Recht und Freiheit ist so förmlich, wie die irgend einer äußersten Partei. Auch Bayern und Württemberg haben Frieden gemacht, nachdem sie mit den Waffen protestirt hatten. Die Kammer konnte nicht mit Kanonen-, sondern nur mit Stimmkugeln protestieren, ehe sie Frieden machte; und sie hat das Recht so lange gewahrt, daß es in der Form noch über die Thatsachen hinaus eine Brücke fand für den ehrenvollen Rückzug. — Diesseits des Krieges geschlagen, nimmt es jenseits des Krieges eine neue Aufstellung. Wir modifizieren, was wir im Eingang gesagt: Das deutsche Volk hat der preußischen Kammer keine Indemnität zu votieren, denn sie bedarf keiner Indemnität.

IV.

Frankreich.

Leider ist es nun einmal nicht zu bestreiten, daß die öffentliche Meinung in Frankreich dem Gang der Dinge in Deutschland feindselig geworden ist, und daß eine Regierung, welche irgendwie kriegslustig wäre, von der allgemeinen Stimme mehr vorangetrieben als zurückgehalten würde. Heute braucht man ja für diese thatsächliche Bewandtnis den Beweis nicht mehr aufzubringen. Es liegt in dem diplomatischen Rundschreiben, welches nicht im geringsten zur Erleuchtung der fremden Höfe, sondern ganz handgreiflich zur Entschuldigung vor der eigenen Nation bestimmt ist. Die napoleonische Regierung begütigt das französische Volk, damit es ihr die friedliche Haltung nachsehe; sie bittet um Verzeihung, wenn sie nicht um der Rheingrenze willen einen europäischen Krieg entzündet habe! Ist das die Nation, welche dem Redner von Bordeaux so oft vorgeworfen, daß er sein kaiserliches Friedens-Programm nicht eingehalten habe? Ist das die Bürgerschaft, welche, halb aufgeklärt, halb ernüchtert durch den Industrie- und Finanz-Geist der Neuzeit, mit ihrer alten Herzhaftigkeit auch das Recht auf ihre alten Thorheiten verloren zu haben schien? Wie? Die liberale Presse verlangt nach Pulverdampf, und ein Bonaparte nötigt ihr humane Einsicht auf.

In der That, es ist so, und es ist nicht das einzige beschämende Erlebnis dieser Tage. Die neuen Zustände haben in Frankreich ebenso merkwürdige Verschiebungen ans Licht gerufen, wie in Deutschland. Die Leute vom „Siècle", welche stets Waterloo im Mund und die Trikolore in der Faust führten, werben für Deutschland, und die Leute vom „Temps", welche sowohl allen nationalen Vorurteilen, wie dem Militarismus entgegenwirkten, welche englisches Selfgovernement und deutsche Geistesfreiheit in Frankreich einzubürgern übernommen hatten, hetzen jetzt mit der unermüdlichsten Erbitterung zum Angriff auf unsere Grenzen.

Gänzlich erloschen war allerdings die geheime Lust nach der Rheingrenze niemals in der Nation. Zwei erbliche Gebrechen, die geographische Unklarheit und die leichtfertige Selbstgenügsamkeit, unterhielten im Stillen den Glauben, daß die Deutschen am Rhein doch noch so eine Art Franzosen (zweiter Klasse) seien und sich auch glücklich fühlen würden, wieder eindepartementiert zu werden. Man weiß, wie unsre Landsleute in jenen Grenzgebieten eine Zeit lang dazu beitrugen, diesen Wahn zu fördern. Allerhand

Pariser Gelehrsamkeit, welche auch heute wieder zu Markte kommt, beschaffte ethnographische Studien, aus denen ein ripuarisches, stark gallisch gefärbtes Frankenland im Rheinthal hergestellt ward. Théophile Lavallée, der Professor der Geschichte an der polytechnischen Schule, war und ist der Hauptverkünder dieser Lehre. Henri Martin, ein durch Kenntnisse, Gesinnung und Charakter hochstehender, nach jeder Richtung hin sehr achtungswerter Gelehrter, doch nicht frei von einem gewissen nationalen Mystizismus, hat seit den jüngsten Ereignissen seine Stimme in einem ähnlichen Sinne vernehmen lassen, wenn auch nicht um zu annektiren, doch um einen selbständigen Rheinstaat zu befürworten, jenen Rheinstaat, für welchen alle unsere Gegner draußen und alle unsere Narren daheim schwärmen.

Immerhin hatte sich seit den letzten zehn Jahren diese Denkweise schon bedeutend modifiziert. Die stets wiederkehrenden Kriege in der Krim, in Italien, in Mexiko hatten den Sinn für eine nüchterne friedliche Entscheidung um so mehr gefördert, als die Feldzüge gegen Rußland und Juarez sehr viel zu wünschen übrig gelassen. Das gesinnungslose Bürgertum wollte Ruhe und Sparsamkeit; alle Art von Opposition war von selbst darauf hingewiesen, nicht die Armee mit dem Kaisertum durch Ruhm und Einfluß zu verketten. Endlich, und das verdient ganz besondere Beachtung, war deutsche Bildung zu stets wachsendem Ansehen in Frankreich gelangt. In ruhigeren Zeiten wird es einmal der Mühe lohnen, die Geschichte der deutschen Bildung in Frankreich während der letzten zehn Jahre, mit Thatsachen belegt, zu schreiben. Neben der Aufzählung der deutschen Bücher, welche in diesem Zeitraume ins Französische übersetzt worden sind, und der noch unendlich viel größeren Zahl derjenigen, welche in der französischen Presse besprochen wurden, müßte man auch die Geschichte der französischen Schriftsteller geben, welche, Dank ihrer deutschen

Bildung, zu großem Einfluß gekommen sind, oder ihrerseits deutsche Bildung zu Ehren gebracht haben. In den letzten Jahren konnte man keine Revue aufschlagen, in der nicht deutsche Werke übersetzt oder ausgezogen oder rezensiert waren. Wir haben mit eigenen Ohren gehört, wie ein ausgezeichneter französischer Schriftsteller, durchaus kein ultranationaler, seine, allerdings sehr grundlose Besorgnis darüber aussprach, daß diese auf deutsche Kultur erpichte Richtung den heimischen Geist ganz um seine berechtigte Geltung bringen möchte. Es wurde Mode, deutsche Sprache den kleinen Kindern spielend beizubringen, ihnen deutsche Kindermädchen in verschiedener Abstufung von der simplen Bonne bis zur gelehrten Gouvernante zu halten. Unser Einer mußte Jahr aus Jahr ein Konsultationen über den Dialekt der Bewerberinnen erteilen, wie ein Doktor über die Qualität der Ammen. Es ist deshalb doch nicht wahrscheinlich, daß die heute aufwachsende Generation mehr deutsch sprechen wird, als die erwachsene. Die Franzosen haben die — wohl in ihrer Art einzige — Eigentümlichkeit, daß sie, der Schule entlaufen, die fremden Sprachen, deren sie in der Kindheit mächtig gewesen, wieder total verlernen. Man hörte Goethe öfter zitieren, als Racine. Er wurde ein ganz populärer Mann (mehr als Schiller), und der ehemals einzig bekannte und geschätzte E. T. A. Hoffmann trat in den Hintergrund. Von deutscher Musik vollends lief alles über. Aus dem aristokratischen Konservatorium zogen Beethoven, Mozart und Genossen mit fliegenden Fahnen an den Eingang des volkstümlichen Fauburg St. Antoine, wo Pasdeloup mit seinen Sonntags-Konzerten den Arbeiterfamilien Bachsche Fugen statt des Roi Dagobert zum Besten gab, und man balgte sich um die Plätze. Endlich kommen jetzt noch die Genossenschaften nach deutschem Vorbild zum Durchbruch, wobei man die Vaterschaft von Schulze-Delitzsch anruft. Ernst Renan popularisirt deutsche Philologie und Kritik, und Michelet erwirbt sich in seinem Buch über Ludwig XIV. und XV. das doppelte Verdienst, den nationalen Götzen zu zertrümmern, um Friedrich dem Großen eine Apologie zu schreiben, dergleichen unter allen deutschen Verherrlichungen nicht zu finden ist. Doch wir lassen uns von der Fülle und von der Anziehungskraft des Stoffes zu lange festhalten und eilen, zu unserer Aufgabe zurückzukommen.

Es ist augenfällig, daß unter so bewandten Dingen die Rheingelüste bedeutend nachgelassen haben mußten, und daß vollends von Feindseligkeiten gegen Deutschland in den gebildeten Kreisen nicht die Rede sein konnte. Zwar fand der Krieg gegen Dänemark allgemeine Mißbilligung, doch meist aus Beweggründen, welche mit den nationalen Vorurteilen nichts gemein hatten. Man betrachtete die Sache als Gewaltmißbrauch des Starken gegen den Schwachen, und es war sehr verzeihlich, wenn die Franzosen nicht verstanden, wie eine zu Hause in Fetzen zerrissene Nation im Namen ihrer unteilbaren Einheit den Nachbar heimsuchen mochte. Dazu galt Dänemark für ein im Innern freies Land; Preußen und Österreich galten für Musterstaaten des Gegenteils. Die Konflikte zwischen der Kammer und der Regierung in Preußen wurden mit großer Aufmerksamkeit verfolgt, und natürlich war alle Welt eifrig auf Seiten der Volksvertretung.

Unter solchen Umständen trat die deutsche Krisis an die öffentliche Meinung in Frankreich heran. Es ergab sich in der Parteinahme ein eigentümliches Resultat. Die Presse nämlich vertrat durchaus nicht die Ansicht der breiten Masse, und diejenigen Organe, welche sich mit der Masse zusammenfanden, waren solche, von welchen es ihrer besonderen Natur nach am wenigsten zu erwarten gestanden hätte. Die große Menge war für Österreich, die bedeutende Majorität der Blätter für Preußen. Von letzteren natürlich alles, was zur Regierung nähere oder fernere Beziehungen unterhält, sodann alle eifrigen Verbündeten Italiens. Diejenigen, die nicht von selbst diese Pflicht erkannt hatten, wurden von jenseits der Alpen so gewaltig mit Vorstellungen und Liebkosungen behandelt, daß sie sich nicht erwehren konnten. Die Italiener wußten, wo Barthel den Most holt, und sie warben mit Kreuz und Schwert für Bismarck. Endlich muß man annehmen, daß das Berliner Preßbureau, dem zu Hause so wenige Blätter widerstanden haben, auch seinen Weg über den Rhein gefunden und daß die Sache Preußens dieser Anstrengung einige sehr notable Anwälte verdankte. „Das Weit're verschweig' ich, doch weiß es die Welt." —

In der gebildeten Gesellschaft begegnete man selten einem Mann von selbständiger Denkweise, der nicht für Preußen gewesen wäre. Dieweil die oberflächliche Mehrzahl, sich einfach ihrem Anstands- und Rechtsgefühl hingebend, in Preußen abstrakterweise den Rechts- und Friedensbrecher verdammte, erklärten feinere Köpfe, ebenfalls aus Abstraktion, sich für Preußen, als das aufgeklärte und fortschrittliche, gegen Österreich, das finstere und fluchbeladene. Für den eigentlichen Kernpunkt der Sache, für den angebahnten Weg der Vereinigung durch die unvermeidliche Zerstörung der Territoritalherrschaften, dafür hatten weder die einen noch die anderen das richtige Verständnis, und das machte hernach denen die Sache so leicht, welche gegen Preußen hetzen wollten. Sie brauchten nur zu zeigen, und das war sehr einfach, daß die preußischen Regierungen seit fünfzig Jahren in Deutschland nichts weniger dargestellt hatten als das Prinzip der Freiheit. Sie brauchten nur das Arsenal der unparteiischen Geschichte zu öffnen, um den Anhängern Bismarcks entgegenzurufen: „Ihr vermeint mit Preußen gegen Österreich für Aufklärung, für protestantische Denkfreiheit, für verbessertes Schulwesen, für die berühmten unabhängigen Richter in Berlin, für selbständige Gemeinden zu kämpfen, — da seht Euch einmal an, was die lebendige

Wahrheit von diesem Regiment des Fortschritts und der Bildung erzählt und vergleicht damit Eure Vorstellung!" — Des beklagenswerten Schnitzers, der nun zu guterletzt noch in Frankfurt gemacht wurde, wollen wir gar nicht einmal besonders gedenken. Da kam mehr als ein Freund Preußens in Frankreich zu Falle, und das berüchtigte Wort Talleyrands bei der Erschießung des Herzogs von Enghien schwebte auf allen Lippen.

Ehe wir weiter gehen und beschreiben, wie auf all das die allerneueste Wendung der Dinge gekommen ist, gebietet uns die Pflicht, bei den eben beschriebenen eigentümlichen Meinungsschattierungen einen Augenblick stehen zu bleiben. Denn sie sind, wenn überhaupt für Machthaber und Siegestrunkene etwas zu lernen ist, sehr beherzigenswert. Wir haben uns mit aufrichtiger Vermeidung aller künstlichen Argumentation ganz objektiv an die Schilderung der Vorgänge gehalten, die wir in nächster Nähe erlebt und mit der gespanntesten Aufmerksamkeit verfolgt haben, und die Lehre, welche sich unabweisbar aufdrängt, ist diese: Nicht nur in Deutschland, sondern noch viel mehr in Frankreich ist die Sache und die Partei des Freisinns die einzige natürliche und nützliche Verbündete Preußens. Wenn das Berliner Kabinet Kundschafter hat, welche ihm ebenso genau und gewissenhaft über die Disposition der Geister in Frankreich Rapport erstatten, wie sie es über die Dispositionen und Anstalten der Sachsen und Österreicher gethan haben, so kann ihm die Wahrnehmung nicht entgehen, daß die öffentliche Meinung in Frankreich sich nur mit ihm versöhnen wird, wenn es Gesetz und Recht in Ehren hält. Oder wollte man behaupten, es sei gleichgiltig für uns, mit welchen Empfindungen diese benachbarte Nation auf Deutschland hinschaut? Wollen wir uns darauf verlassen, daß ein Kaisertum, dem so viele angestammte und neuerwachsene Rücksichten einen Rheinkrieg empfehlen, allzeit Ursache haben wird, den ermunternden Zuruf der Nation zurückzuweisen? Wenn nicht, so haben wir auf das zu achten, was man in Frankreich von uns denkt, und dies umsomehr, als daraus dieselbe Politik ersprießen muß, welche den deutschen Süden und überhaupt alles, was Lebenskraft hat, mit Preußen allein versöhnen kann. Nicht die Nachteulen, welche fromme Lieder plärren, sind seine Verbündeten; diese möchten zwar, daß es mit Frankreich zum Kriege käme, und sie würden sich hinter den Fronten die Hände reichen mit ihren Gesinnungsgenossen von der bourbonischen und pfäffischen Partei. Wenn die beiden Kulturvölker in offene Fehde geraten, dann ist Hoffnung, daß die Herren und Damen, welche einst dem König Franz von Neapel einen Ehrenschild geschickt, das Unrecht wieder gut machen können, welches sie eben an den Hannoveranern und Nassauern verüben helfen.

Wohlverstanden: Wir sagen nicht, daß gekränkter Freisinn der einzige Grund der französischen Mißstimmung gegen Preußen sei, aber dieser Grund beraubt es seiner letzten und besten Verbündeten. Gewiß ist gekränkte Eitelkeit sehr stark im Spiele. Das war namentlich aus dem schnellen Meinungsumschlag ersichtbar. Niemals hatte man so vernünftig und mäßig über Ländervergrößerung und Grenzkriege in Frankreich sprechen hören, als vor den Siegen in Böhmen. Die Leute gingen alle mehr oder minder von der Voraussetzung aus, der eigentliche Urheber des Krieges sei ihr Kaiser gewesen, er habe die Sache inspiriert noch mehr als abgekartet, und da sie diesen Krieg für ein schädliches und ungerechtes Unternehmen hielten, so wollten sie auch von verlockenden Vorteilen nichts wissen. Sie mißbilligten, daß der Kaiser diese Verwicklung angezettelt habe, etwa um Saarbrücken oder das ganze linke Rheinufer oder sonst was zu erwerben, und es war eine Freude, sie über die Sinnlosigkeit solcher Gebietserweiterungen reden zu hören.

Nach Sadowa war alles wie verwandelt, und nun fing

man gerade umgekehrt an, es der Regierung zu verdenken, daß sie bis jetzt nicht einen Länderzuwachs davon getragen. Es ist gar keine Täuschung darüber möglich, daß verletzte Nationaleitelkeit am stärksten mit unterlief, daß man es schmerzlich empfindet, nicht mehr die einzige unwiderstehliche, siegesgewisse Armee in Europa zu haben. Nun dieser geheime Stachel im Fleisch sitzt, wird er von allen unseren Widersachern ausgebeutet, und auf die gefährlichste Weise von denen, welche bisher die Freunde der guten Sache überhaupt oder gar der deutschen Sache insbesondere gewesen waren. Wenn diese jetzt schreien: Hannibal vor den Thoren! wenn sie die Furcht aussprechen, daß eine Militärdynastie, nur von roher Eroberungssucht getrieben, ohne Idee, ohne Grundsätze, allen Nachbarn Gefahr drohe, daß es Zeit sei, an Hof und Haus zu denken, — so ist die allgemeine Sinnesverwirrung nur allzuleicht herbeigerufen.

Der talentvolle Chronist der „Revue des Deux Mondes," Herr Forcade, war zwar nie unser besonderer Freund. Im schleswig-holsteinischen Krieg war er dick dänisch. Doch da er sonst als ein entschiedener Fortschrittsmann, ein freier Kopf, ein warmer Anhänger Italiens, ein Kenner und Würdiger Englands bekannt ist, so beweist sein scharfer Antagonismus immerhin, daß wir in diesem Moment auch einen Teil der aufgeklärtesten Bevölkerung gegen uns haben. Aber Herr Forcade kann kein Deutsch, das erklärt immer viele Mißverständnisse. Viel schlimmer steht es um den „Temps."

Der „Temps" war lange Zeit eine Art deutscher Mission in Frankreich. Im selben Haus des Faubourg Montmartre war eine Anzahl rüstiger Kräfte ansässig, welche gleichzeitig die Monatsschrift „Revue Germanique" und das Tageblatt „Le Temps" redigierten und druckten. Es waren zumeist Elsässer, wie die mitwirkenden Namen von selbst verraten, also geborene Vermittler zwischen Deutschland und Frankreich. Im dänischen Krieg noch war der „Temps" vielleicht das einzige ganz vorurteilslos für Deutschland kämpfende Blatt. Nun kommt auf einmal der deutsche Bundesgenossenkrieg. Daß der „Temps“ für den Süden sein würde, war vorauszusehen. War er doch 1859 auch nicht sofort auf Seiten der Italiener gewesen, sondern hatte jener süddeutschen Partei näher gestanden, welche zu Oesterreich hielt und gern Preußen mit fortgerissen hätte. Wenigstens wissen wir, daß er die Parteinahme der deutsche Demokratie für Italien gegen Oesterreich höchst ungern sah. Er hat sich seitdem bekehrt und wird sich ohne Zweifel auch zu dem neuen Deutschland bekehren. Gab es doch damals in der französischen Demokratie eine sehr namhafte Fraktion, welche sehr mißvergnügt auf die Befreiung Italiens durch die französische Armee blickte. Und es ist doppelt natürlich, daß eine mögliche Einigung Deutschlands durch die preußische Armee, gar noch im Einverständnis mit dem Kaisertum, dieser Fraktion nicht zu Paß kommt.

Auch dieser Standpunkt hat seine Berechtigung und nicht ihm gelten irgendwie unsere Vorwürfe. Ebensowenig bestreiten wir die natürliche Folgerichtigkeit, aus welcher die bekannten Heidelberger und Badener Berichte des „Temps“ hervorgingen. Der Berichterstatter hatte stets zu unseren Freunden von der süddeutschen Demokratie gehalten; er lebte und webte mit ihnen, er vertrat bis zuletzt ihren Standpunkt, und diesem Standpunkt nicht ungerecht zu werden, das ist ja unsere Pflicht, selbst da, wo er uns verdächtigt; es gehört zu unserer Selbsterhaltung, ihn zu begreifen. Auch das verstehen wir noch, wenn ein Stockfranzos wie Louis Blanc in seiner Indignation über das, was Preußen thut, sich so weit vergißt, daß er über die gewaltsam vernichtete Souveränetät des Hauses Hannover blutige Thränen vergießt. (Diese Seite müßte sich schön in einem seiner Kapitel über den Krieg in der Vendee ausnehmen.) Aber wo alles Verstehen aufhört, das ist, wenn im „Temps“ tagtäglich auf allen Spalten des Blattes die Lärmglocke über die Gefahr geläutet wird, welche von Deutschland herüberdroht. Das arme Frankreich darf keine Nacht mehr ruhig schlafen. Drüben steht der Preuß' und fletscht die Zähne nach Elsaß, Lothringen, der Freigrafschaft, Burgund, wer weiß nach was allem? Dieses lächerliche Notgeschrei haben dem „Temps“ sicherlich seine württembergischen Freunde nicht beigebracht, und wer ihm die Briefe aus Bern und dem Haag schreibt, des Inhalts, daß auch die Schweiz und Holland von Preußen gefressen zu werden fürchten, das weiß er und der liebe Gott besser als wir.

Will man aber in Berlin wissen, mit welcher Ausrede die Angriffe des „Temps“ und seine Provokationen zum Krieg gegen Preußen beschönigt werden? Nun, man sagt: „Frankreich, übel oder gut regiert, kaiserlich oder nicht, ist immerhin das Land von 1789, und ehe daß der Staat, in welchem das Junkertum mit seinem eingeborenen Haß gegen Recht und Freiheit so mächtig ist, über uns herfalle, wollen wir das Prävenire spielen.“ Das ist offenbare Sophistik, und die Mitarbeiter am „Temps“ sind nicht die Leute, welche proklamieren, daß der demokratische Gehalt des kaiserlichen Frankreichs einen Schuß Pulver wert sei. Sie wissen auch, daß alle Parteien in Norddeutschland mit Ausnahme der Freunde Österreichs ein Interesse am Frieden mit Frankreich haben. Aber sie wollen uns nun einmal an den Kragen und darum machen sie aus jedem Akt der Willkür, aus jeder Rechtsverkennung, die sie in Preußen denunzieren können, einen Schlachtruf zum Angriff gegen den Staat, der allerdings seine Mission nur erfüllen kann, wenn er ein entschlossener und beharrlicher Bekenner des Rechts und der Freiheit ist. Moniti justitiam discite!

V.

Der Cäsarismus.

Ein Jeglicher spricht jetzt von Cäsarismus, und Gott weiß, was viele Tausend sich Alles darunter denken mögen. Es ist immer vom Übel, wenn Stichwörter durch die Massen laufen und in einem einzigen dunkel empfundenen Ausdruck das Sinnbild aller Hoffnungen oder aller Schrecken ausprägen. Notwendiger Weise steigert sich die Verwirrung noch, wenn der Umstand hinzutritt — und das ist meistens der Fall — daß das Stichwort einer fremden Sprache entstammt. Alsdann hat die Fantasie den weitesten Spielraum.

Man kennt die Geschichte von den russischen Soldaten, die bei der Militärverschwörung nach Kaiser Alexanders Tode auf den Ruf dressirt waren: „Es lebe die Konstitution!" und welche nachträglich zu erkennen gaben, daß in ihrem Sinne die Konstitution die Gemahlin des Prinzen Konstantin war, zu dessen Gunsten das Komplott bereitet worden. Etwas — wenn auch nur von weitem — Ähnliches ist beinahe immer im Spiele, wo dergleichen fremdartige Losungsworte des Heils oder des Unheils umgehen. Sind sie des Heils, so wächst ihnen, indem sie von Hand zu Hand gereicht werden, alsbald ein unbändiges Vertrauen zu, sie werden in Kurzem der Gnadenbrunnen, aus dem ein Trunk den Durst auf ewig stillen soll. Was ist dann die natürliche Folge? Die Lösung kann unmöglich auch nur entfernt das halten, was ihr der naive Glaube angedichtet hatte, und das enttäuschte Gemüt zertrümmert ebenso schnell, ebenso unbedachter und unverdienter Weise, wie es dasselbe aufgebaut, das Idol des gestrigen Tages.

Keiner anderen Bewandtnis ist es zuzuschreiben, daß seit dem Jahre 1849 die Gegner der Freiheit ihren verläumderischen Feldzug gegen den Parlamentarismus mit solchem Erfolg weiter führen konnten. Aus dem Parlamente eine unbedingte Forderung zu machen, ist unter allen Umständen eben so notwendig, als es verderblich ist, eine Gottheit, ein Lebenselixir, einen Balsam für alle Schmerzen damit zu verkündigen. Es war ja gar zu natürlich, daß ein Volk, wie das unsre, indem es zum ersten Mal nach einer vielhundertjährigen Laufbahn in seiner Gesamtheit politisch auftrat, indem es zum ersten Male die Stimme des Vaterlandes aus dem Grunde der vierzig Millionen heraufschallen hörte, — daß es damals andächtig aufhorchte, und daß die Erkorenen selbst mit in die selige Anbetung versanken, welche ihnen von der unabsehbaren Gemeinde ihrer Gläubigen dargebracht wurde. Als dieser Tempel hilflos zusammenbrach, weil sein Dach auf Säulen unschuldsvoller Fantasie und nicht auf Grundvesten thatsächlicher Zustände gebaut war, beeilte sich der böse Geist, daraus die Lehre zu ziehen, daß es ein eitles törichtes Ding sei mit allen Volksvertretungen, Wahlkörperschaften und rednerischen Verhandlungen. Und am selbigen Tage, da der Katzenjammer auf den Rausch gefolgt war, hat sofort die lauernde Reaktion das Senkblei nach der Stelle ausgeworfen, an der sie den Anker einhaken könnte für ihr dunkles Fahrzeug.

Dasselbe Fahrzeug trägt jetzt den Cäsar, und wenn auch für den Augenblick sein Glück, doch wahrscheinlich nur sein kurz gemessenes. Trotz aller Schwächen, welche man dem Parlamentarismus nachgewiesen hat, wird immer und ewig eine aus Volkswahlen hervorgegangene Versammlung als der eigentliche Quell aller Gesetzgebung und als der erste Helfer gegen alles Unrecht in der Mitte eines jeglichen Staates thronen, der in Freiheit leben und wachsen will. Und selbst die höchste Achtung, welche der Majestät einer sich selbst regierenden Nation gebührt, wird mit Recht einer solchen Versammlung zukommen von der Zeit an, wo eine solche Versammlung auch das sein wird, was sie sein soll: das Willensorgan des Staates.

Die großen und kleinen Parlamente des Jahres Achtundvierzig leisteten kaum mehr, als von den ersten Versuchen eines aus politischer Unmündigkeit an männliche Aufgaben herantretenden Volkes zu erwarten gewesen war. Es liegt darum auch eine gewisse Übertreibung in der Liebhaberei, uns stets wieder auf jenes erste Lallen der Nation, wie auf eine heilige Offenbarung geheimer Wahrheiten zurückzuweisen, welche ausschließlich in den Urkunden jener Beratungen niedergelegt seien. Was jenes Geschlecht gewußt hat, das weiß das heutige auch, und wenn dieses von der Frische des Glaubens an die Macht der Wahrheit und des Rechts etwas verloren hat, so muß es sich auch ein wenig der Unschuld und Unerfahrenheit entledigt haben, die in der Freude an der Verkündung herrlicher Grundsätze schwärmt, dieweil man ihnen unter ihren Augen das Grab gräbt. Die Abgötterei, welche mit dem Parlament getrieben wurde, hat seinen Verächtern Thür und Thor geöffnet. Durch die Pforte korrekter und gemessener Vorstellungen wird auch das Parlament wieder zu Ehren eintreten.

So viel vom ungezügelten Glauben an die Heilkraft eines Stichworts. Was der ungezügelte Schrecken mit denselben Mitteln leistet, das wissen wir Alle, denen kein Zweifel darüber geblieben, daß die Losung „Sozialismus und Kommunismus" den Bannspruch abgegeben hat, mit dem recht eigentlich in Frankreich die Republik und von da aus in ganz Europa die Freiheitsbewegung in die Flucht geschlagen worden ist. Das rote Gespenst, wie es vielsagender Weise genannt wurde, erschien der Fantasie der besitzenden Klassen unter allen Gestalten, mit welchen die bis zum Wahnsinn gesteigerte Furcht sich selbst ihre Bilder in Nacht und Grausen ausmalt.

Wenn wir bei der nächsten Gelegenheit ohne den Glauben an die Halbgötter und ohne die Furcht vor den Teufeln ans Werk gehen, so haben wir einen großen Schritt gemacht und, indem wir die Stichwörter des Himmels und der Hölle ihrer Zauber entkleiden, ist schon ein Stück der Arbeit gethan.

Aber das Schicksal ist erfinderisch mit seinen Plagen, und kaum sind wir den Teufel los, so ist Belzebub auf unseren Fersen. Also geht dermalen die Furcht vor dem Cäsarismus um und bestellt mit der solchen Unholden eigenen Tücke emsig das Feld der Zwietracht. Das letzte Argument der Kleinstaaterei ist jetzt der Cäsarismus, und wer seiner selbst zu gewiß ist, um zu fürchten, daß seine Seele vor dem Purpur in den Staub sinken könnte, der überträgt zum mindesten die Furcht auf seinen Samen und ruft uns zu: „Lasset uns die Kindlein bewahren, daß sie nicht im Baalsdienst der Gewalt großgezogen werden!“ Es ist, als ob jeder preußische Regierungskommissar ein Kardinal wäre, welcher sämmtliche Knaben am Main und Neckar, wie ebensoviele kleine Mortaras, in ein Treubundkloster zu Herrn Selig Paulus Kassels Füßen gebunden niederlegen sollte. Wir wollen den Geist, der eben in Preußen dominirt, weder besser noch unschädlicher hinstellen, als er ist. Male man ihn so schwarz, wie man immer Lust hat; es ist nicht unsere Sache, da Einsprache zu erheben. Aber Kleinmut und Verzweiflung sind die schlimmsten Fehler, denen man im Leben überhaupt und in der Politik in Sonderheit anheimfallen kann. Und Gespensterseherei ist eine der abgeschmacktesten Erscheinungen des Kleinmuts und der Verzweiflung.

Auch der „Cäsarismus“ ist ein solches, aus fremden Lebens- und Sprachkreisen zu uns eingedrungenes Gespenst, mit welchem jetzt die Säuglinge auf der schwäbischen Alp in Furcht und Schlaf gesungen werden.

„Schlaf, mein Kind, schlaf leis,
Da draußen geht der Preuß.“

So klang der Refrain eines badischen Schlummerliedes aus dem Jahre 1849 von Ludwig Pfau, das wir eben so ungern als unvermeidlich dem Leser vorenthalten. Aus seinen herzinnigen Tönen voll bittrer Wehmut und heiligen Zorns, wie sie damals der gepreßten Seele entstiegen, geht uns noch heut die Mahnung zu, daß Preußen nicht zu annektieren braucht, um die Hand auf den deutschen Kleinstaaten zu haben, daß die Fürsten von rechts und links zwar selbständig genug sind, um auf eigne Faust schlechte Wirtschaft zu führen, aber nicht selbständig genug, um auf eigene Faust sich vertreiben zu lassen, so daß schließlich der Südwesten in allen Punkten, wegen deren er Preußen scheut, doch unter dessen Oberherrlichkeit, dagegen von allen Vorteilen, die es bietet, ausgeschlossen ist und nicht einmal mit dem Gewicht einer Stimmkugel zur Änderung seines eigenen Schicksals beizutragen vermag. Denn der Schwerpunkt seiner Entwicklungsfähigkeit liegt vor wie nach in der preußischen Gewalt, d. h. ganz und gar außer seiner Sphäre. Wie dem immer sei, es war damals und bis auf die neueste Zeit Haß und Widerstreben aus lebendigen, greifbaren Thatsachen natürlich erwachsen, es war der Groll der Freiheit gegen die Contre-Revolution, gegen den Feudalgeist, gegen alle nach und nach aus der Niederlage der Märztage wieder mit wachsendem Übermut sich aufrichtenden Gewalten. Von Cäsarismus und ähnlichen künstlichen Warnungen war nicht die Rede.

Wie kommen wir zu diesem Stichwort? Es kann hier nicht unternommen werden, die Geschichte dieses Wortes und des von ihm umschlossenen Begriffs zu schreiben. Wie die moderne Formel mit dem Römertum und Mittelalter, mit heidnischer und christlicher Weltherrschaft zusammenhängt, mag um so mehr unausgeführt bleiben, als diese historischen Bewandnisse in dem Gesichtskreis eines jeden Gebildeten liegen. Die Vorstellung in ihrer heutigen Bedeutung, aber ohne den Namen, kündigt sich zum ersten Mal in Machiavells „Fürst“ an, und es ist um so merkwürdiger, daß der Name nicht mit der Auffassung zugleich erscheint, als der dem Autor vorschwebende Zeitgenosse zufällig ja selbst Cäsar Borgia hieß. Da tritt uns zum ersten Mal jene Mischung von Genie und Frivolität entgegen, welcher der Politiker eine zugleich despotische und revolutionär nationale Sendung andichtet. Aber nicht einmal nach dem 18. Brumaire verfiel der Sinn der Gegner auf den Ideengang einer Anknüpfung an die Analogie mit dem Sturz der römischen Republik, und der Begriff des Cäsarismus, wie er heute von Hand zu Hand geht, ist erst mit den Anzeichen des zweiten französischen Kaisertums in die Welt gekommen.

Romieu mit seinem Buch „Die Ära der Cäsaren“ gab den ersten Anstoß dazu. Romieu selbst war ganz der Mann, wie er uns in der Umgebung des merkwürdigen Römers geschildert wird. Geistvoll, ausgelassen liederlich und aus Verachtung aller Grundsätze und alles Menschlichen nur an die Herrschaft der Gewalt und Intrigue glaubend. Mit seinem Buch „Das rote Gespenst“ hatte er das Bürgertum in Schrecken gejagt und dann die Ära der Cäsaren drauf gesetzt, als Rat und Rettung, wie man sich dem aufgeklärten Despotismus in die Arme werfen müsse. Dem Parlamentarismus entfliehen, weil er den Kommunismus im Gefolge habe, und in die Hände Cäsars abdanken, das war der Grundgedanke. Dann wurde das Thema in der Vergleichung mit dem Sturz der römischen Republik ausgearbeitet und nachgewiesen, wie zweitausend Jahre lang die Welt, von Tacitus zum Narren gehalten, dem Cato die schöne und dem Cäsar die verwerfliche Rolle zugeteilt hatte.

Ergebene Diener des Kaisers, unter andern der bekannte Jurist Troplong, arbeiteten die Sache ins Breite, und die deutsche Wissenschaft kam mit ihrer Gründlichkeit hinterdrein, die neue Offenbarung von den untersten Fundamenten aufzumauern. Der kritische Verdacht gegen die Auffassung des Tacitus ist älter als das ganze Getreibe. Neu ist nur die Schwärmerei für den revolutionären Despoten, welcher die eigene Genialität an die Stelle von allem Andern setzt, von Volkswille, Freiheit und Gesetz.

Wie der römische Cäsar das Proletariat mit Verteilung von Ländereien berücksichtigt hatte, so gehört zur Erneuerung der an ihn anknüpfenden Theorie immer auch etwas Koketterie mit den sozialen Fragen, und wie seiner Zeit Verachtung der republikanischen Aristokratie, so heute Verachtung des freisinnigen Bürgertums. Gänzlich ausgebaut wurde die Lehre unter ihrem Namen zu guter Letzt, als Napoleon III. den eigentlichen Cäsarenspiegel herausgab, in welchem er sich zugleich als das Werkzeug der Vorsehung und den Nachfolger im Geiste des großen Juliers verkündigt. Der Grundbegriff des Cäsarismus, wie er uns hier aus seinem allmäligen Werden klar wird, ist die Zuspitzung der Volksherrschaft in das persönliche Regiment des Genies, die Erfüllung der Revolution in dem Bund zwischen dem demokratischen Feldherrn und dem hungernden Proletariat, die Beseitigung der Mittelklassen, welche bis dahin die Tradition von Recht, Freiheit und Sitte in ihrem Schooß gehegt hatten. Eine gewisse Frivolität — wie ein gewisser demagogischer Ursprung und sozialistischer Beigeschmack — war vom Urvater her stets dem Begriff des Cäsarismus leise beigemischt.

Und nun vergegenwärtige man sich von neuem das Preußentum, wie es leibt und lebt, und frage sich, ob es nicht uns selbst unnötig schrecken, aber das Preußentum unnötig erhöhen und erniedrigen heißt, wenn man ihm den

Purpur des großen Helden um die Schulter wirft? Was soll ihm dieser Mantel, der sich so ganz und gar nicht rollen läßt? Freilich wissen wir, zu welchen schmeichelhaften und bedenklichen Parallelen mit alten und neuen Cäsaren sich die Reden und Thaten des leitenden Staatsmannes verwenden lassen, aber es ist trotz alldem nicht das besondere Auftreten dieses Mannes, welches unseren Süddeutschen ihr gerechtes und ungerechtes Widerstreben einflößt. Es ist der alte preußische Stock, mit welchem hundert Jahre lang die Unterthanen von ihren Königen traktirt wurden, es ist die sichtbare und unsichtbare Soldatenfuchtel, welche so lange über dem Lande geschwebt hat, es ist der Gesamtbegriff von steifer Eleganz und abstoßender Grazie, die Kunst, sich unnötig verhaßt zu machen und jede Tugend mit einem Stachelkranze von Unausstehlichkeiten zu umgeben — das ist es, wovor man, jetzt wie vor siebenzehn Jahren, südlich vom Main zurückschaudert. Es ist auch die altherkömmliche Souveränetät auf ihrem Rocher de bronze, mit der in Wirklichkeit das neue Deutschland die Frage seiner Zukunft auszumachen hat. Es ist der alte Kampf des beschränkten Unterthanenverstandes, der weder an der Tiber, noch an der Seine zur Welt gekommen ist, nicht gegen die Staatslehren von Macchiavelli oder Romieu, sondern der Herren Stahl, Leo und Gerlach. Man muß sich blind machen, um das nicht zu sehen.

Wenn wir aber solches Gewicht darauf legen, nachzuweisen, daß es nur auf Leichtsinn oder Kriegslist beruhen kann, die Furcht vor dem Cäsarismus mit der Furcht vor dem Preußentum zu vermengen, so handelt es sich um etwas ganz Anderes, als um einen Wortstreit. Der Cäsarismus ist die Rückbildung, die Umkehr, der Weg nach Abwärts, das Grab der Revolution, der Untergang, der mit Glanz und Festen beginnt und mit Fäulnis endet. Wir aber haben nichts vor uns, als den alten, harten, unliebenswürdigen Militärstaat, den bemoosten Legitimismus, den zähen Kastengeist, und nicht hinab ins Thal, sondern hinan zur Höhe zieht sich der Kampf. Und ob man uns mit Ruten zu züchtigen drohe oder mit Skorpionen: Vorwärts heißt die Parole, Vorwärts! und das ist die Hauptsache.

Monsieur de Bismarck.

Vorbemerkung.

Diese Schrift habe ich im Spätsommer des Jahres 1867, während ich im Seebade Trouville wohnte, ausgearbeitet. Ich war bald nach dem Frieden von Nikolsburg zweimal zu längerem Aufenthalt nach Deutschland zurückgekehrt und hatte auf verschiedenen Wegen, auch durch vertrauliche lebendige Unterhaltung mit Eingeweihten der politischen Vorgänge, mich zu unterrichten gesucht. Bis zu Bismarck selbst war ich nicht vorgedrungen, hatte ihn nicht einmal mit Augen gesehen.

Mein Grundgedanke war, den gebildeten Franzosen eine andere als die damals unter ihnen stereotype Auffassung von dem Inhalt der letzten großen Ereignisse beizubringen. Vor Allem galt es, ihnen die führende Persönlichkeit ins richtige Licht zu rücken. Die dem deutsch-österreichischen Kriege vorausgegangene Periode der preußischen Verfassungskämpfe hatte den Minister von Bismarck für das gesamte liberale Deutschland, und das begriff damals die weitaus große Mehrzahl sämtlicher Deutschen in sich, zum Prototyp eines einzig und allein auf reaktionären Absolutismus versessenen Junkers gestempelt. Um so mehr erschien er unter diesem Zeichen den Ausländern und besonders den Franzosen. Daher sahen sie in seinem Sieg über Oesterreich und die deutschen Mittelstaaten nichts als den Triumph blinder Reaktion. Gerade die dem napoleonischen Regiment feindlich gesinnten liberalen Franzosen wollten eine innere Verwandtschaft zwischen ihrem Kaiser und dem deutschen Staatsmann, zwischen dem Dezember-Staatsstreich und dem böhmischen Feldzug gewahren. Es lag ihnen das Alles um so näher, als sie ihre Belehrung über Deutschland seit dem Krieg vorzugsweise aus süddeutschen Federn bezogen. Andere wieder, denen die Tendenz der inneren deutschen Politik gleichgültiger war, schöpften ihre Antipathie gegen Bismarck und die deutsche Umgestaltung mehr aus Beherzigung französischer Interessen. Sie beklagten die Störung dessen, was sie das europäische Gleichgewicht nannten, was aber für sie in Wahrheit das Uebergewicht Frankreichs bedeutete. Beide Teile stimmten darin überein, daß sie nicht nur das Ganze der neuen Wendung und ihres Urhebers perhorreszierten, sondern auch die Weissagung eines preußischen Angriffs gegen Frankreich daran knüpften; die Einen, weil sie behaupteten, das reaktionäre Preußen werden nicht ruhen, bis es das, auch unter Napoleon noch revolutionäre, Frankreich unterdrückt haben würde; die Andern, weil sie erwarteten, die Erfolge der preußischen Waffen müßten zu Eroberungsgelüsten anfachen. Merkwürdiger Weise ist ja die Prophezeiung eines Kriegs auch in Erfüllung gegangen, aber mit dem Unterschied, daß, wie so manchmal, der, welcher den Teufel an die Wand malte, ihn auch herbeirief. Von den tieferen Beweggründen des Bruchs mit Oesterreich, von dem inneren Connex zwischen dem preußischen Siege und den nationalen Zielen des deutschen Volkes hatten nur die Wenigsten eine Ahnung.

Nicht blos im Dienste der objektiven Wahrheit, sondern ganz eigens zum Zwecke besseren Einvernehmens zwischen der öffentlichen Meinung in Frankreich und dem neugestalteten Deutschland stellte sich der Gedanke ein, dem Versuch der Aufklärung Worte zu geben.

Nachdem ich die Arbeit vollendet hatte, wünschte ich zunächst sie in der Revue des deux mondes zu veröffentlichen. Der mir nahe befreundete Historiker Pierre Lanfrey wollte es vermitteln, kam aber mit der Ablehnung zurück. Buloz, der Herausgeber, hatte den Artikel zu preußisch gefunden. Der Alte war bekanntlich ein Virtuos in der Beurteilung seines Publikums und wußte was es hören wollte. Darauf wandte ich mich an die Revue moderne, die aus der ehemaligen Revue Germanique hervorgegangen war, aber die besondre Beschäftigung mit deutschen Stoffen abgelegt hatte. Ein echter Franzose, der Bretagner Comte de Kératry, der später in und nach dem Krieg eine gewisse Rolle spielte, hatte sie übernommen, und da ihm Sensationelles willkommen war, fand er sich gern bereit. Der Artikel erschien in zwei auf einander folgenden Heften des Februar 1867. Im Juni wurde dann das Ganze als Buch im Verlage von Michel Lévy herausgegeben.

Eine deutsche Uebersetzung, welche von der Verlagshandlung Ernst Günther in Breslau besorgt und von mir durchgesehen ward, erschien im Herbst 1868, ebenso eine Uebertragung ins Englische von Charles Lee Lewes, Breslau Ernst Günther, London Trübner & Co., 1869.

Bei der Aufnahme in die gegenwärtige Sammlung warf sich die Frage auf, ob diese in Gestalt des französischen Originals oder der deutschen Uebertragung geschehen solle. Nach reiflichem Ueberlegen, auch mit Sachverständigen, habe ich mich für das Original entschieden. Das Interesse der Schrift, wenn sie ein solches bietet, liegt nämlich nicht in dem, was sie Deutschen sagen könnte, sondern in dem, was sie damals den Franzosen sagen wollte und sagen zu müssen glaubte. Um dem Leser diesen Gesichtspunkt vor Augen zu halten und damit ein Zeitbild jener Tage zu vergegenwärtigen, ist es zweckentsprechend, in dem Wortlaut an den Sinn des Textes zu erinnern. Ausreichende Vertrautheit mit der französischen Sprache darf wohl bei der weitaus überwiegenden Mehrheit der Leser vorausgesetzt werden.

Dezember 1894.

L. B.

I.

Lorsque, dans la matinée du 8 mai 1866, le télégraphe annonça que la veille cinq coups de revolver avaient été tirés à bout portant sur M. de Bismarck, sans même le toucher, on eût pu surprendre sur les lèvres de plus d'un honnête homme des exclamations, fort discutables au point de vue de la stricte morale car elles étaient l'indice de ce délit mental que, dans la casuistique des gens du monde, on entend par „tuer le mandarin.“

L'Allemagne se voyait menacée d'une effroyable calamité, sans pouvoir l'attribuer à une autre cause que la perversité, la frivolité même, semblait-il, d'un seul homme. Le ministre prussien était, à n'en pas douter, l'unique promoteur de cette guerre fratricide dont l'Europe ne voyait l'approche qu'avec un sentiment

---

*) Die Franzosen nennen es: tuer le Mandarin, in lakonischer Anspielung auf J. J. Rousseau's casuistische Frage: Was würdest Du thun, wenn Dein Glück von dem Tod eines Mandarinen in China, also eines ganz Unbekannten und Entfernten, abhinge und der blosse Gedanke hinreichte, um ihn aus der Welt zu schaffen?

d'horreur mêlé d'incrédulité. Les fils de cette Allemagne paisible et sentimentale allaient donc s'entr'égorger! Et pourquoi, bon Dieu? Pour assurer le triomphe du plus grand ennemi des libertés publiques, du champion du moyen âge, du blasphémateur au front d'airain qui avait proclamé tout haut qu'il n'y a dans le monde qu'une seule loi, la force! C'était une clameur universelle, aussi bien en Prusse que dans les autres pays germaniques et au dehors. Toutes les villes et les plus loyales corporations envoyèrent des députations à Berlin pour conjurer le roi et avec l'accent le plus ému, de renoncer à cette entreprise néfaste. Plus d'une fois les conscrits appelés sous les drapeaux refusèrent de marcher; les mères suivaient les colonnes de ceux qui partaient, et lançaient au ciel leurs malédictions contre l'auteur de cette guerre désastreuse.

Blind, le jeune axalté qui avait froidement exposé sa vie pour arrêter la marche des événements, comme Karl Sand, le meurtrier de Kotzebüe, comme Oscar Becker, l'auteur de l'attentat contre le roi de Prusse, était un de ces étudiants allemands qui conçoivent et mûrissent l'idée de l'assassinat politique dans la retraite d'une vie calme et studieuse. Chose significative: en France, où la passion politique a depuis longtemps pénétré les masses, l'exaltation qui mène à l'attentat trouve de préférence des énergumènes dans la classe ouvrière. En Allemagne, où le sentiment politique n'est pas encore assez enraciné pour être autre chose qu'une affaire de tête et non de tempérament, il arme le bras de la jeunesse des universités.

M. de Bismarck, imperturbable en face d'nne attaque soudaine, avait arrêté lui-même et livré à la police son agresseur. Celui-ci, après le premier interrogatoire, s'ouvrit l'artère carotide et mourut avec le stoïcisme d'un ancien Romain. Cette fin tragique d'une vie si jeune et jusque-là sans tache vint encore ajouter à la consternation générale. Par une ironie cruelle, la conscience publique se trouvait en quelque sorte confondue avec le crime; tandis que la justice était forcée de se ranger du côté du grand coupable.

A quelques mois de là, le même homme qui avait soulevé contre lui la réprobation universelle, faisait son entrée solennelle à Berlin, au son des cloches, aux acclamations de la foule, salué par des jeunes filles vêtues de blanc, avec tout l'appareil des vainqueurs officiels: et c'était, il faut le reconnaître, plus qu'un vain cérémonial. Bien qu'exténué de fatigue, malade même M. de Bismarck ne put se soustraire à cette ovation. Durant les derniers mois, il avait décuplé les efforts de son activité, déjà si prodigieuse dans les temps ordinaires; poursuivant l'exécution de ses projets jusque sur le champ de bataille même, descendant de cheval pour présider un conseil, concentrant en ses mains avec une supériorité irrésistible, et menant à bonne fin avec une incroyable rapidité, les négociations d'une paix hérissée d'une multitude d'intérêts et de complications. Ces excès d'activité avaient fini par ébranler même cette constitution de fer; ce ne fut qu'à grand'peine qu'il réussit à se tenir à cheval pendant ce jour de fête, dont il fut seul le héros, malgré toutes les couronnes pré sentées au roi et aux princes.

Déjà la Prusse admirait; l'Allemagne et l'Europe suivaient de loin en se défendant, sentant qu'il y avait là une force extraordinaire, peut-être moins malfaisante qu'elle ne s'était annoncée. M. de Bismarck avail-il eu raison lorsque, quatre ans plus tôt, au moment de quitter la France pour prendre en main la direction de l'État prussien, il disait à une grande dame russe qu'avant peu il serait l'homme le plus populaire, le *Cavour* de l'Allemagne? Les analogies sont si nombreuses et si frappantes entre les deux pays, que chaque épisode de leur histoire amène naturellement la tentation des parallèles. Celui qu'on pourrait essayer entre le créateur du *Statuto* italien et le destructeur de la constitution prussienne ne serait pas une des études les moins intéressantes du genre. Mais avant de comparer, il faut connaître; et c'est précisément à l'absence de cette condition première de tout jugement sérieux que nous désirons remédier en rassemblant le plus possible d'éléments. Nous compléterons donc les données jusqu'ici fort superficielles, sur lesquelles la masse du public s'est contentée de baser son appréciation d'un des hommes les plus intéressants de ce temps. Cependant, toute question de détail réservée, il est permis d'affirmer dès à présent que le ministre de Guillaume Ier s'est vanté, en disant qu'il pourrait arriver d'un bond à la popularité du ministre de Victor-Emmanuel. Sans aucun doute il se rendait trop bien compte de la différence, pour ne pas, suivant son habitude, avoir mêlé un peu de sarcasme à l'expression de sa pensée, sérieuse au fond. Ni le jour de son entrée solennelle à Berlin, ni depuis, M. de Bismarck n'a été un de ces hommes selon le cœur du peuple. Différences de soleil et de sang à part, ce seigneur aristocratique, au verbe dédaigneux et incisif, ne sera jamais le bien-aimé d'une nation. L'essence de son être et le passé de sa vie mettent un abîme entre lui et le génie de la faveur populaire. D'ailleurs, à l'incomparable gloire d'avoir tiré son pays du néant, M. de Cavour eut le bonheur de joindre le mérite plus grand encore d'avoir fondé le culte de la liberté, laissant en cela bien loin derrière lui le rénovateur de l'empire d'Allemagne.

Même assombrie de regrets et de méfiances, cette journée de triomphe n'en fut pas moins pour M. de Bismarck le point de départ d'un revirement mémorable de l'opinion publique A partir de ce moment, la vitalitè de son œuvre et la force de son esprit n'ont pas cessé de grandir aux yeux de l'Allemagne et de l'Europe; et des milliers d'hommes pour lesquels il fut jadis un objet d'exécration, se résignent à voir en lui, à tort ou à raison, peu nous importe pour le moment, le créateur d'un nouvel ordre de choses, bienfaisant, durable, susceptible de faire arriver, peut-être à travers bien des épreuves encore, la nation allemande à des destinées meilleures. La conscience publique cependant ne pouvait assister à ce changement sans être profondément frappée de cette évolution qu'elle exécutait en quelque sorte sur elle-même et malgré elle.

Certes, les succès les plus discutables devant la morale n'ont jamais manqué d'un nombreux cortége. Le mot de Cromwell restera toujours vrai. Traversant Londres en grande pompe, et complimenté par un de ses compagnons sur l'affluence de la foule, le Protecteur répliqua: „Si l'on me menait pendre ce serait mieux encore.“ Mais la différence entre l'entraînement de la rue et l'assujettissement des consciences, pour être peu apparente, n'en est pas moins profonde. Notre époque a assisté à des entreprises heureuses qui ont recueilli tous les fruits de la victoire, sans néanmoins pouvoir se vanter d'avoir perverti autour d'elles les notions du bien et du mal. Or, c'est précisément cette faiblesse, la plus grave et la plus funeste de toutes, qu'avec beaucoup de légèreté certains de nos hommes politiques reprochent à l'Allemagne, et plus particulièrement à la partie éclairée de la population, telle que la représentent, par exemple, l'immense majorité des libéraux en Prusse et le pays de

Bade dans le Midi. On comprend à présent quel est l'intérêt d'une enquête sur les idées et les procédés de l'homme qui fut l'instigateur de tout ce mouvement. Si pour sa valeur seule déjà, pour s'être inscrit avec des caractères impérissables dans le livre de l'histoire, il mérite l'honneur d'être étudié de près, la part de responsabilité, qui de lui rejaillit sur une nation entière, fait de cette recherche un devoir impérieux.

II

La politique n'est pas une science, elle est tout au plus un art. Par conséquent rien de plus dangereux pour elle que les formules consacrées. L'immense bienfait de la Révolution française n'avait pu nous léguer seulement des avantages. Les choses humaines ne sont pas de nature si absolue. Or, la clause du bénéfice d'inventaire n'existant pas dans le code de l'histoire, nous avons hérité de toutes les formules dont une irruption de vérités nouvelles avait dû dans le temps exagérer la valeur. Fascinées par la grandeur de ces antithèses, les générations suivantes ont, quelquefois à tort, cru pouvoir résoudre un problème de la vie réelle en le soumettant à cette trop simple alternative: ou révolution ou contre-révolution. M. de Bismarck, à son début dans la politique, avait partagé cette erreur. Il l'expie en quelque sorte depuis qu'il n'y sacrifie plus, car ceux qui ne voient point de salut hors de l'application stricte des formules révolutionnaires, sont précisément les ennemis les plus inexorables de celui qui jadis ne connaissait d'autre but que la contre-révolution.

Otto-Édouard-Léopold de Bismarck Schœnhausen est

né le 1er avril 1815, au manoir même de Schœnhausen dont il tire une partie de son nom de famille. C'est un domaine situé dans la Saxe prussienne. Sa famille est originaire de la Marche de Brandebourg, le cœur des États royaux de Prusse. On la dit fort ancienne; depuis plusieurs siècles, elle figure dans les annuaires du service militaire. Pour caractériser le type de ce que les Allemands nomment le *junker*, on est convenu de se servir du mot français *hobereau*. Cependant les deux expressions ne sont pas équivalentes: pour rendre le terme de hobereau, les Allemands ont le composé *krautjunker* qui signifie „gentillâtre planteur de choux", tandis que le véritable *junker* est avant tout le rejeton d'une famille militaire, mélange de cavalier à la Stuart, de sous-lieutenant prussien, de baron féodal germanique, et de Don Quichotte espagnol. Cette aristocratie eut, jusqu'à la fin du dix-huitième siècle, le privilége de remplir les cadres des officiers. On sait que de fait, elle en forme encore la majorité. Le père même du grand Frédéric, le bourgeois le plus terre-à-terre qui ait jamais occupé un trône, le caporal épicier qui, après avoir dans la journée vendu un titre de noblesse à quelque roturier, inscrivait le soir dans son livre de ménage: „Encore un lièvre de pris, vaut 600 thalers", ne supportait pas l'idée qu'un homme du peuple fût admis parmi ses officiers. Son fils en toute autre chose le contraste le plus frappant du père, aussi libre penseur que l'autre fut chrétien orthodoxe, ce philosophe humanitaire était bourré de préjugés aristocratiques et militaires. Nous possédons une lettre dans laquelle il dénonce comme un scandale intolérable le fait d'un lieutenant projetant une mésalliance. Il décréta qu'un simple sous-lieutenant ayant fait une campagne aurait le pas sur un conseiller du roi; et, par faveur spéciale, il nomma sous-lieutenant le conseiller

Mayer, un roturier qui présidait la cour des comptes, afin qu'au moins il ne fût pas forcé de passer derrière les plus jeunes officiers.

Cette sollicitude extrême de la royauté pour la noblesse ne pouvait manquer de faire de celle-ci le soutien le plus dévoué du trône, bien qu'à l'occasion l'excès de l'infatuation légitimiste amenât de temps en temps des conflits entre les deux principes. Un sieur de Schlubhut, condamné pour détournement de deniers publics, ayant défié le roi Frédéric Guillaume Ier, en disant que jamais un gibet n'avait été dressé pour un gentilhomme, fut pendu le jour même par ordre spécial, ce qui, depuis ce moment jusqu'à nos jours, n'empêcha pas ses égaux de rappeler, en guise de sourde menace contre quelques velléités progressistes des souverains, qu'à tout considérer, ils avaient été les maîtres du pays avant l'avénement des Burgraves de Nuremberg (fondateurs de la dynastie des Hohenzollern).

M. de Bismarck, quoique fils d'un chef d'escadron, ne suivit la carrière militaire que pendant l'année de service rigoureusement obligatoire. Il se destinait à la carrière administrative, à laquelle il se prépara par l'étude du droit. Mais il embrassa sans réserve la religion féodale de ses pères, et doué de la *furia* dont il a depuis donné tant de preuves, il réussit vite à développer en lui le type outrecuidant, intolérant, provoquant du *junker*. Un physique exubérant, un esprit tourmenté par l'aiguillon de sa force occulte dans un milieu étroit, achevèrent de le jeter dans la nuance la plus extrême de son parti; et débutant à l'âge de trente-deux ans dans la vie publique, M. de Bismarck ne perdit pas un instant pour attirer sur lui la haine de ses adversaires.

Si les extrêmes se touchent, c'est par ce fait qu'ils sont tous à côté de la vérité. De même que les ultràprotestants se rapprochent de la papauté, les ultrà-prussiens du parti féodal ont toujours penché vers l'Autriche. Fidèle à cette tradition, l'homme qui plus tard devait reléguer l'Autriche hors de l'organisation allemande, inaugura sa carrière, non-seulement en plaidant la cause de cette puissance, mais en poussant les choses jusqu'à prêcher l'humble soumission de la Prusse à l'autorité légitime de la dynastie des Habsbourg. Pour comprendre la signification de ce contraste profond entre le culte envers l'Autriche et la tendance naturelle de l'Etat prussien, il est indispensable de remonter en arrière d'un siècle à peu près. Retraçons donc rapidement les incidents les plus marquants de cet antagonisme dynastique, qui tantôt tourna en guerre acharnée, tantôt couva sous les apparences trompeuses d'une alliance cordiale, pour ne finir que de nos jours par la solution violente, qui trahit le véritable caractère de cette mortelle inimitié. La lutte entre les deux cours est tellement le pivot des événements de l'année 1866, qu'on ne saurait jamais saisir la véritable portée, ni les vrais mobiles de ceux-ci, sans être initié aux précédents de l'histoire contemporaine[1]).

Le principe d'hostilité entre l'Autriche et la Prusse date du règne de Frédéric le Grand, mais il n'est pas tout à fait synonyme ni contemporain de la rivalité au sujet d'une hégémonie allemande. Des quatre guerres que Frédéric a soutenues contre l'Autriche et dont son royaume est sorti agrandi, consolidé et renfermant en lui le germe de tout son développement ultérieur, la première et la troisième n'avaient eu en vue que l'exten-

[1]) Voir surtout le livre fort intéressant de M. Adolphe Schmidt: *Preussen's deutsche Politik*, Leipzig, 1867, sur lequel nous nous sommes de préférence appuyé dans le récit des épisodes de 1785 à 1806.

sion territoriale, indispensable pour asseoir la nouvelle royauté sur des bases durables.

Dans les intrigues qui sourdirent autour du partage de la Pologne, et surtout pendant le deuxième acte de ce triste drame, l'antagonisme entre les deux puissances était arrivé à un degré d'intensité qui ne pourrait être comparé qu'aux violences de l'année dernière; sans que pour cela il fût le moins du monde question d'empire germanique, de supériorité nationale. C'était tout crûment, tout bassement la lutte entre deux rapacités concurrentes. Cependant, ces querelles de mur mitoyen, soutenues avec l'acharnement d'une haine de voisin, alternaient avec des hostilités d'une portée plus élevée et d'un sens plus profond. Dans la guerre dite de la succession autrichienne, la reconnaissance de la *pragmatique sanction* n'avait été qu'un incident tout à fait secondaire, à côté de la revendication de la Silésie; dans celle qui suivit et qu'on nomme la seconde guerre de Silésie, se trahit déjà visiblement la pensée d'arriver à la prépondérance dans les affaires d'Allemagne. Après un retour vers une guerre de signification simplement dynastique et européenne, celle de Sept ans, la dernière des campagnes de Frédéric arbora de nouveau, et déjà bien ouvertement, le drapeau de la lutte intestine et nationale. Mais, même dans les complications, étrangères en apparence à cette arrière-pensée, celle-ci s'imposait toujours naturellement à tous ceux qui regardaient le fond des choses. Malgré les efforts contraires de Frédéric, la mort de Charles VII de Bavière et les combinaisons de la diplomatie avaient deux fois ramené la couronne du saint-empire dans la maison d'Autriche, représentée par François Ier et Joseph II. Le roi de Prusse s'était arrangé des concessions territoriales qui devaient lui donner la force nécessaire pour reprendre au moment opportun ses projets ajournés, mais nettement formulés dans son entourage le plus intime, dès le commencement de la guerre de Sept ans. Alors déjà, le général Winterfeld, le confident du roi, recommandait hautement „de conquérir toute l'Allemagne et de lui donner force de résistance contre l'étranger en la réunissant dans un seul et même État.“ En mai 1757, il déclarait à qui voulait l'entendre que „en moins de deux ans, on verrait toute la constitution de l'Empire renversée et Frédéric sur le trône des Césars allemands.“ Il faut ajouter qu'il conseilla en même temps de pénétrer en Hongrie et d'y lancer un appel aux mécontents, pour retrouver à cent dix ans en arrière tout le programme de M. de Bismarck, y compris les négociations avec Kossuth et Klapka. Dès lors, Frédéric était bien décidé à ne laisser à aucun prix s'étendre le territoire des Habsbourg en Allemagne. Il soutenait victorieusement cette politique, en venant au secours du Palatin contre les prétentions autrichiennes à la succession bavaroise, après la mort sans enfants de l'électeur Maximilien-Joseph, en 1777. La paix de Teschen lui donna gain de cause; mais l'Autriche se sentit d'autant plus pénétrée de la nécessité d'étendre son influence dans le midi de l'Allemagne. La Bavière et le Wurtemberg devaient fournir à ses yeux, alors comme naguère encore, les points d'appui naturels de toute opération ayant pour but de comprimer les ambitions de la Prusse. N'ayant pu obtenir ces pays les armes à la main, on prit la voie des négociations. On tâta le terrain en Wurtemberg, on élabora franchement la proposition d'un échange de provinces avec le nouvel électeur de Bavière.

C'est de cette époque que date le fameux projet d'un troc à faire de la Belgique contre la Bavière, poursuivi par l'Autriche avec sa tenacité proverbiale à travers toutes les vicissitudes des événements, projet qui reparaît constamment jusque dans ses négociations avec la Convention et le Directoire. L'esprit de suite qui se révélait dans cette obstination poussait Frédéric à la recherche d'une combinaison plus profonde, véritable création, susceptible de développement. Pour la première fois, depuis que la paix de Westphalie avait virtuellement anéanti l'existence politique de la nation allemande, la pensée de reconstruire un commencement d'union viable fit sa rentrée dans le monde. Frédéric et ses ministres posèrent les bases d'un projet, dont le but avoué était avant tout la résistance contre les envahissements de l'Autriche. La Prusse alors eut recours au même argument, que depuis, dans des positions interverties, l'Autriche a rétorqué contre elle. Elle montra aux petits princes le danger que leur préparait l'appétit insatiable de l'Autriche, et les convia à se ranger sous la protection du roi pour sauver leurs souverainetés.

Dans une lettre adressée à ses ministres, Frédéric s'exprime ainsi: „Il est pour nous de la dernière importance de travailler de toutes nos forces à ce qu'il soit établi dans l'Empire une espèce d'association, telle que fut jadis la ligue de Schmalkalden[1]). Le but de cette association doit être de maintenir, à l'encontre de la prépondérance et de l'envahissement médités par l'Autriche, les droits des princes.“ Il faut, ajoute le roi, „faire sentir *à ces gens* (les princes) qu'ils peuvent compter sur notre secours et que c'est leur propre intérêt qui rend cette institution nécessaire; mais il ne faut pas rester les bras croisés. Jamais *ces gens* ne feront rien de leur propre initiative. Mettez les fers au feu le plus vite possible.“ Cette lettre est du 6 mars 1784. Tous les jours suivants, il ne cessa d'accabler ses ministres de nouveaux mémoires

[1]) Ligue des princes protestants contre Charles V.

pour qu'ils lui soumissent un projet de constitution, et, las enfin de les attendre, le 24 octobre, il leur apporte lui-même un travail intitulé: *Projet de ligue entre les princes de l'Allemagne, calqué sur le modèle de celle de Schmalkalden.* Cependant les choses ne pouvaient s'arranger au gré de son impatience. Il fallait six mois de négociations pour se mettre d'accord par la voie diplomatique avec les princes allemands, même sans tenir compte des entraves forgées par l'etranger. Alors comme aujourd'hui c'était un échange d'arrière-pensées entre la France et la Prusse.

„La cour de France,“ écrivait le baron de Golz, ambassadeur à Paris, en mars 1785, „la cour de France ne goûtera guère cette association, préférant retenir les princes de l'Allemagne méridionale sous sa dépendance exclusive.“ Et Frédéric de lui répondre par retour du courrier: „Que la France approuve ou non une alliance entre princes allemands, ceci au fond doit nous être égal La chose est bonne en elle-même et c'est ce qu'il faut envisager avant tout. Il me semble que nous ne devrions être les serviteurs ni des Français, ni des Autrichiens, ni des Russes.“

Enfin le mois de juillet 1785 vit signer l'instrument de l'association par la Saxe, le Hanovre et la Prusse, avec la réserve de solliciter ultérieurement l'adhésion des autres princes. C'était un traité d'alliance en des termes assez généraux, renfermant plusieurs articles secrets. Ces clauses mystérieuses avaient trait principalement à la résistance contre tout projet d'échange de la Belgique avec la Bavière, et contre l'élection, à la prochaine vacance du saint-empire, d'un prince d'Autriche. Quatorze souverains entrèrent dans la confédération, et, chose excessivement remarquable au point de vue l'analogie avec les événements récents, aussitôt les trois premières signatures obtenues, Frédéric se mit en mesure de conclure avec les autres princes des *conventions militaires*, en vertu desquelles les troupes de ces États devaient être, sous certaines conditions, cédées à la Prusse, c'est-à-dire incorporées à son armée et payées par son trésor. Mais Frédéric touchait de trop près à la fin de sa vie pour introduire des changements durables et radicaux dans les traditions de l'Empire. L'année suivante, l'union des princes fut enterrée avec lui.

Dire à quel point sa race n'hérita pas de son esprit serait chose superflue. L'historiographie prussienne a fait de vains efforts pour ennoblir les traits de ses successeurs. Elle n'a pu escamoter cette vérité patente, que depuis sa mort on n'a vu que des cerveaux étroits. Dans les uns comme dans les autres nous retouvons invariablement l'*autolâtrie* s'abritant sous les préceptes du droit divin, le culte du bouton de guêtre; tantôt un mysticisme voluptueux, tantôt une orthodoxie revêche; des velléités romanesques et des pusillanimetés invincibles; et, comme résultat final, une diplomatie tâtonnante, finassière, en dernier lieu inepte. On ne parvenait ni à s'insurger contre la suprématie autrichienne, ni à s'y résigner. La jalousie et la méfiance survécurent à l'énergie des luttes soutenues par Frédéric. On guerroyait contre la Révolution aux côtés de l'Autriche, tandis qu'en Pologne on était en hostilité ouverte contre elle; les généraux, faisant comme les cabinets, à tout moment refusaient de suivre l'appel de l'allié, l'exaspéraient de chicanes, de récriminations, de conditions d'argent. Ces tiraillements aboutirent à la paix séparée de Bâle.

Celui de ces Epigones qui régna le plus longtemps fut précisément le plus insignifiant. Frédéric-Guillaume III, le contemporain de la Révolution française, de l'Empire, de la Restauration et de la monarchie de Juillet, fut, dans toutes les péripéties de cette époque si agitée, une non-valeur absolue au point de vue du caractère et de l'intelligence. Les panégyriques obligés ont essayé d'elever au rang d'une rigidité honnête sa sèche platitude, qui à l'occasion ne se fit pas faute de tourner à l'odieux. Après 1815, il donna l'exemple d'un des plus grands actes d'ingratitude qui jamais aient été commis de roi à peuple, ce qui est beaucoup dire. Une victoire à laquelle il avait fallu le trainer, remportée au prix des plus incroyables sacrifices, du sang le plus précieux (la jeunesse des universités, des arts, du commerce s'était enrôlée en simples soldats), ne devint entre ses mains qu'un moyen d'arriver au rétablissement d'une servitude stérile, aux persécutions contre ceux dont le dévouement avait sauvé son trône, à un assujettissement stupide sous la férule du czar Nicolas, à la rétractation ouverte de la foi jurée; car il n'accorda jamais un iota de la constitution repré sentative qu'il avait solennellement promise au moment du danger. Lorsque parfois M. de Bismarck se plaint des méfiances qu'il rencontre dans ses grandes entreprises d'aujourd'hui, il devrait se rappeler qu'il fut un temps où, comme à plaisir, il avait ouvert la carrière à ces suspicions en se faisant l'apologiste de cette criante injustice d'autrefois. En 1847, prenant la parole devant ce qu'alors on appelait les *États réunis* de Prusse, il avait déclaré que les sacrifices de 1815 n'avaient pas donné au peuple prussien le droit de réclamer une constitution; que les monarques de Prusse ne régnaient pas de par la grâce du peuple, mais par la grâce de Dieu, et que tout ce qu'ils voulaient bien accorder n'était qu'un acte de libéralité spontanée. Certes, l'homme qui a introduit le suffrage universel, en demandant que l'Allemagne fût *mise en selle* ne tiendrait plus ce langage aujourd'hui; mais la vie serait trop belle si l'on pouvait liquider un passé en changeant d'avis. La Némésis se charge de rappeler à l'homme la continuité de son être, quand son intérêt le tenterait d'y renoncer. On ne peut pas éviter que le Bismarck de 1847 ne se dresse quelquefois entre le Bismarck de nos jours et ceux dont la confiance serait une chose précieuse pour lui. Cependant il nous reste, avant d'arriver définitivement à l'homme d'Etat, la tâche de raconter encore un des épisodes les plus curieux dans les précédents de l'idée politique qu'il était appelé à réaliser.

Dans l'été de 1806, toute l'Allemagne méridionale était en train de passer sous la domination française. La confédération du Rhin n'était qu'une paraphrase de la servitude. Les princes, après avoir endossé la livrée du protecteur, furent augmentés de gage, élevés en rang, arrondis aux dépens de leurs voisins supprimés. La Prusse avait laissé tomber l'Autriche, et s'était retirée de l'Angleterre, pour jouir de la possession du Hanovre, prix de sa neutralité. Le moment était tentant pour risquer un pas en avant. L'Autriche vaincue, abattue, laissait une place libre dans le ci-devant Empire; tous les cousins étant avancés de landgrave à duc, de duc à grand-duc, d'electeur à roi, la Prusse aussi devait rêver un avancement en titre. D'un autre côté, l'alternative de gagner des forces nouvelles ou de subir la loi commune de l'humiliation s'imposait visiblement. C'était le tour de la Prusse de compter avec le lion, à qui plus que jamais l'appétit venait en mangeant. Ambition, rivalité instinct de conservation, tout aboutissait à la même conclusion: il fallait reprendre en main les projets de Frédéric le Grand, réaliser le plan de 1785, *mutatis mutandis*. Ces idées, on le pense bien, ne surgirent pas dans la tête du roi. Mais son entourage lui était bien supérieur. Il y avait parmi les princes le bouillant et généreux

Louis-Ferdinand, et parmi les conseillers le baron de Stein, l'infatigable adversaire de Napoléon, l'homme qui, plus que qui que ce soit, avait toujours proclamé la nécessité de créer une patrie allemande, et qui déjà dans ces temps voulait par moments aller beaucoup plus loin qu'on n'a osé le faire de nos jours.

Depuis 1801 les changements de la carte de l'Europe avaient réveillé dans la tête de maint patriote l'idée de profiter du remueménage général, pour établir une Allemagne plus ou moins compacte, plus ou moins étendue. Des mémoires présentés au roi, des brochures, des journaux avaient appuyé sur l'opportunité du moment. Quant au choix du vrai remède, on n'était pas plus d'accord qu'aujourd'hui. Déjà on discutait si ce serait une grande Allemagne complète ou une Allemagne du Nord seulement (la ligne de démarcation provisoire tracée dans la paix de 1795 en avait sugéré l'idée première); si l'on médiatiserait les petits princes ou si on les réunirait en fédération.

En 1804, la tentation était venue du côté opposé. Napoléon, à la veille de proclamer son empire héréditaire et désireux d'être reçu par les anciennes maisons souveraines à titre d'égal, avait mis Frédéric-Guillaume III dans la confidence de ses desseins, en le conviant à prendre aussi le titre d'*empereur*. Le roi avait encouragé vivement le Premier consul, en ce qui regardait le changement à introduire en France, sans se prononcer sur ses intentions relativement à sa propre situation, et, après un échange d'opinions continué pendant quelques mois, il avait fini par déclarer *qu'il était content de son sort, et ne demandait pas mieux que de conserver le rang auquel la Providence avait élevé sa maison.* Il y avait bien dans cette réponse les deux éléments qui caractérisaient et l'homme et la situation: méfiance légitime envers toutes les avances d'un complaisant dangereux, et répugnance pour toute démarche un peu risquée, surtout quand elle se rattachait de loin à une origine révolutionnaire. Cependant, pour un homme capable de se laisser tenter par une grande entreprise, il y avait autre chose à faire que de conclure par cette fin de nonrecevoir, plate et sèche, portant trop clairement le caractère de cet esprit petit et immobile pour être purement interprétée dans le sens d'une réponse évasive. Car si la méfiance envers Napoléon avait été le seul motif de refus, on n'aurait pas flotté pendant toute la période de 1805 à 1806 entre l'Autriche et la France, entre l'entente et la résistance, entre les manœuvres et l'indignation, occupé avant toute autre chose de la nécessité de s'assurer l'acquisition de l'Électorat de Hanovre. Enfin, arriva l'année 1806, où, la confédération du Rhin étant proclamée, la couronne du saint-empire déposée par François II, la France renouvela à la Prusse la proposition de se mettre à la tète d'une confédération du Nord. Le 22 juillet 1806, aussitôt après la ratification de la confédération du Rhin, Talleyrand envoya à Laforest, ambassadeur de France à Berlin, la copie de l'acte constitutif, en l'accompagnant du commentaire suivant: „C'est pour la Prusse le moment de profiter d'une occasion si favorable pour agrandir et consolider son système; elle trouvera l'empereur Napoléon disposé à seconder son intention et ses projets. Elle peut rallier moyennant une nouvelle loi fédérale les États qui font encore partie de l'Empire germanique, et acquérir la couronne impériale à la maison de Brandebourg. Elle peut, si elle le préfère, former une fédération des États du Nord qui sont plus rapprochés de sa sphère. L'Empereur approuve dès à présent tout arrangement de cette nature qui conviendrait à la Prusse. „Le roi fit envoyer une réponse des plus empressées et des plus chaleureuses:

„Le roi, dit M. de Haugwitz à Laforest, est au comble de la joie; il se regarde non-seulement comme l'allié de la France, mais comme l'ami personnel de l'empereur Napoléon.“ Toutefois il refusa de nouveau, pour le moment, de donner suite à ces propositions; non pas qu'il dédaignât le fond de la proposition; mais ses sentiments légitimistes et dynastiques lui interdisaient la pensée de baser cette innovation sur autre chose que sur le consentement des autres princes ses fréres, même de l'Autriche, qui fut sondée indirectement. Ce furent, on le voit, les mêmes hésitations qui s'interposèrent, quarante-trois ans plus tard, entre son fils et l'assemblée nationale de Francfort, lorsqu'elle vint offrir à celui-ci la couronne allemande.

Cé-tait sur le terrain des négociations avec les puissances secondaires de l'Allemagne que se préparait la rupture entre la Prusse et la France, tout comme elle s'est préparée en 1866, entre la Prusse et l'Autriche. Déjà, avant les ouvertures faites par M. de Talleyrand, la Prusse avait invité les cours de Saxe et de la Hesse-Electorale à former avec elle une confédération des États du Nord, sous réserve d'y faire entrer ultérieurement tous les autres États non compris dans la confédération du Rhin. Le 12 juillet, un premier projet se trouvait élaboré sous ce titre: *Idées pour servir à la fondation d'une confédération du nord de l'Empire* (Ideen zu einem Nord deutschen Reichsbund), et après deux remaniements, au milieu du mois d'août, parut le projet définitif, composé de 24 articles et d'une clause additionnelle. Dans l'article 2, le roi de Prusse, *sur l'invitation des Électeurs de Saxe et de Hesse,* accepte la dignité d'*Empereur de l'Allemagne septentrionale;* les deux Electeurs, sur l'invitation de la Prusse, prennent le titre royal. On fixe les contingents militaires de l'armée fédérale. En temps de guerre, l'empereur en aura le commandement supérieur. Il y aura un congrès fédéral composé de délégués des cours confédérées. Jusqu'ici l'analogie avec les créations récentes est frappante, il y a cependant un point, le plus important, où les deux organisations se séparent: il n'est pas question de représentation élue. Il n'y aura qu'un tribunal fédéral.

Nous ne dirons pas ici à travers quel dédale et quelles péripéties dut passer ce projet, destiné à ne jamais entrer en vigueur. Pendant que Napoléon et Frédéric-Guillaume échangeaient les protestations les plus cordiales, ils se faisaient une guerre sourde et acharnée, sur le terrain de la diplomatie, l'un, pour établir sa confédération en dehors du concours de la France, dont il n'était plus possible de ne pas se méfier; l'autre, pour couper l'herbe sous le pied de celui qu'il avait tant de fois provoqué à aller de l'avant. Napoléon effrayait tantôt l'électeur de Hanovre, tantôt celui de Hesse avec ces insinuations et ces froides menaces à double tranchant dont il aimait tant à faire usage. Il n'en fallait pas tant pour faire échouer les projets de la Prusse, antipathiques à des princes qui ne nourrissaient envers elle et entre eux que des sentiments de jalousie.

On connaît l'issue de ces vains efforts, et comment, se présentant au-devant des secrets désirs de Napoléon, et se trompant à un degré incroyable sur ses propres forces, du jour au lendemain, la cour de Berlin se lança dans cette triste aventure d'Iéna, qui la balaya d'un seul coup. Mais les idées qui furent ensevelies sous les décombres du royaume de Frédéric-Guillaume n'en acquirent pas moins une signification plus importante, en reparaissant pour la seconde fois, et en prenant des formes plus concrètes que lorsqu'elles sortirent de la tête du grand Frédéric. D'anneau en anneau, la chaîne de cette vocation traditionnelle traverse l'histoire moderne de l'Allemagne, et sans prétendre que le fait seul de ces précédents historiques soit une justification en droit des aspirations ultérieures, il est d'un poids immense pour démontrer aux contemporains que les choses entreprises de nos jours ne sont pas nées d'ambitions personnelles, de convoitises arbitraires. Bonne ou mauvaise, il y a là une idée, qui, depuis plus de cent ans, s'est présentée à l'esprit des meilleurs patriotes, chaque fois que les événements sollicitaient l'Allemagne de sortir de son état de torpeur et de son morcellement insensé. Ce qui, en présence des accusations et des méfiances suscitées contre l'égoïsme accapareur de la dynastie des Hohenzollern, est surtout digne d'être remarqué, c'est que, hors le grand Frédéric, les chefs de cette dynastie furent toujours les moins accessibles à cet ordre d'idées. Les rois ne donnent pas l'impulsion; ils la suivent, et quand ils la suivent, c'est contraints et forcés, avec des reculades et des demi-mesures. Le seul qui fit exception fut le seul capable de s'identifier avec des vues générales. Lui mort, les penseurs de la nation, les patriotes, les lettrés, les savants recueillirent l'héritage de sa conception. Quant aux rois, leur esprit ne s'éleva pas audessus de cet aveu mémorable: Nous sommes contents de notre sort et du rang auquel la Providence a élevé notre maison.

En 1813, l'élan suprême du peuple contre la domination étrangère ramena naturellement les idées des patriotes vers les projets de 1806 et au delà. La suppression des petites principautés se présentait comme une chose d'autant plus logique qu'elles avaient toutes suivi les armées du conquérant contre l'Allemagne même. Mais Frédéric-Guillaume aimait mieux se réconcilier avec les princes, et envoyer en prison les patriotes, qui avaient dû lui imposer la levée de boucliers. Le pauvre homme, transi de frayeur à la nouvelle de la convention de Tauroggen, ne parla de rien moins que de faire traduire devant un conseil de guerre le général York qui l'avait conclue pour lui regagner son royaume; et il l'aurait fait si les patriotes conjurés ne l'avaient pas soustrait à la pression de la diplomatie française. On lui fit accroire que le ministre français s'apprêtait à le faire enlever nuitamment de Berlin; on le persuada de se sauver à Breslau, où son entourage parvint à lui mettre l'épée au poing. Ce n'était pas le courage militaire qui lui manquait: bons soldats, ils le sont tous; ce qui leur fait défaut, c'est ce courage qui, en bas, s'appelle civique, et en haut pourrait s'appeler politique

Enfin, le même spectacle se renouvelle pour la quatrième fois en 1849. En mars 1848, après la victoire du peuple, Frédéric-Guillaume IV saisit la bannière tricolore, la promène dans Berlin, et se laisse acclamer empereur des Allemands. Un an plus tard, après le triomphe de la réaction européenne, il rejette dédaigneusement la couronne impériale votée par le parlement de Francfort, offerte par une députation allemande.

Il est donc clair comme le jour que l'idée de régénérer la nation allemande par l'élévation de la Prusse, n'est pas issue de la royauté; qu'elle est de plus noble origine. Toutes les fois que les événements ont suscité un élan politique, elle a paru; toutes les fois que le pouvoir du trône a été affermi, elle a été refoulée. Qu'on se méfie tant qu'on voudra des dangers inséparables d'une suprématie confiée aux instincts des Hohenzollern; qu'on flétrisse les procédés violents et antilibéraux qui leur ont en dernier lieu frayé le chemin; on ne saurait, sans mauvaise foi ou sans ignorance, nier que l'idée dont M. de Bismarck a entrepris la réalisation ne soit une idée large et populaire, et non une idée étroite et dynastique.

Si nous insistons sur cette considération, c'est qu'elle ne peut pas rester sans influence sur le jugement que nous aurons à porter au sujet de l'homme qui est devenu la personnification triomphante de cette idée. Celui qui se voua à la tâche de continuer et de mener à bonne fin l'œuvre du grand Frédéric, du libre penseur, de l'ennemi acharné de l'Autriche, de continuer la tradition patriotique de 1806, 1813 et 1848, ne pouvait plus être l'homme qui de 1847 à 1851 avait été le champion d'un absurde féodalisme, le détracteur des grands mouvements nationaux. Bien des changements devaient s'être accomplis dans ses convictions; et ce sont ces changements, quoique cachés sous les dehors déplaisants particuliers au naturel prussien et surtout au type *junker*, qui contribuent singulièrement à expliquer l'adhésion que le créateur du nouvel ordre de choses réussit à arracher à l'opinion publique. Quoi qu'en disent les purs, les incorruptibles, cette opinion publique n'est pas aussi folle qu'il leur plaît de le déclarer. Elle ne s'est pas du tout éprise pour M. de Bismarck d'un amour aveugle, passionné et confiant. Elle ne voit en lui que ce qu'il est, un homme possédant à un degré éminent la qualité si rare, dans l'histoire de l'Allemagne surtout, de vouloir, de pouvoir donner une grande impulsion à la chose publique. Ses défauts, elle les connaît; si elle était tentée de céder au désir de les ignorer, elle ne réussirait pas; lui-même a eu trop soin de les trahir, de les souligner, de les rappeler à tout propos. Il s'est caractérisé un jour en faisant cet aveu, peut-être trop absolu, mais fort intéressant en tout cas: *Qu'il ne se sentait pas d'aptitude pour les affaires intérieures;* faisant entendre par là que son esprit hardi et impatient ne saurait se plier aux exigences de la légalité, au respect des intérêts individuels, qui dans nos sociétés de civilisation ancienne, même les plus arbitrairement gouvernées, ne permettent pas de longtemps marcher à la poursuite d'un but, sans regarder ni à droite ni à gauche. Il est de ceux dont on a dit: „Pour faire de grandes choses il faut avoir le diable au corps." Mais si cette condition est indispensable, elle n'est pas suffisante. Les grandes choses ne sont que les choses durables, elles ne durent qu'à la condition de répondre au besoin général: voilà ce qui fait la différence entre l'homme d'État et l'aventurier. L'un obéit au grand ordre des idées et des faits; l'autre exploite une situation passagère; l'un prend conseil de la loi du développement éternel, l'autre des faveurs du hasard. En ce sens, quels qu'aient été ses travers et ses torts, M. de Bismarck a incontestablement le droit d'être appelé un homme d'État. Un an à peine s'est écoulé depuis que, grâce à son initiative, l'Allemagne est entrée dans une phase nouvelle; et déjà personne n'est plus à se demander si le progrès dans cette voie dépend de la vie ou de la mort du novateur.

III.

Lorsque M. de Bismarck entra au ministère, en 1862, on le prit généralement pour un casse-cou de la réaction. Après avoir passé par une jeunesse un peu orageuse, et sacrifié avec la fougue qui lui appartient aux plaisirs de l'âge, et, dit-on, au goût antique de la race germanique pour les libations prolongées, il s'était lancé tête baissée dans l'arène de la lutte politique. Un écrivain impartial, ou plutôt suspect de bienveillance pour lui, s'exprime ainsi à son égard: „Il est notoire que du temps de son activité politique, dépuis 1847 jusqu'en 1851, il était le meneur du parti conservateur dans sa signification la plus absolue et la plus antipathique, le chef de l'extrême droite, le champion de tous les priviléges, intérêts et prétentions du parti féodal, le défenseur de la juridiction seigneuriale, des corporations de métiers, l'antagoniste le plus obstiné de la démocratie et du parlementarisme, le plus zélé apologiste de la solidarité à maintenir entre la royauté et les immunités de l'aristocratie[1])."

Dans un discours de 1850, il déclarait hautement que, selon lui, la mission de la Prusse consistait dans la tâche de se *subordonner à l'Autriche* pour combattre à

---

[1]) A. Schmidt, *l. c.*

ses côtés la démocratie allemande. Dans le même discours il insiste sur la nécessité de mettre un terme à l'occupation du Schleswig-Holstein, qu'il ne considérait que comme une *aventure stupide* dans laquelle la malheureuse politique de 1848 avait entraîné la Prusse. Et pour couronner le tout, il finit par ces mots: „C'est par l'effet d'une singulière modestie qu'on s'interdit de proclamer l'Autriche une puissance allemande parce qu'elle a le bonheur d'étendre sa domination sur d'autres peuples encore. Quant à moi, je ne saurais admettre que, parce que les Slaves et les Ruthènes sont soumis à l'Autriche, ce seraient eux qui représenteraient cet État, en ne réservant à l'élément allemand qu'une importance secondaire. Bien au contraire, *je respecte dans l'Autriche le représentant d'une ancienne puissance allemande.*"

Ainsi parlait l'homme qui devait, à dix an de là, insinuer au cabinet de Vienne que son monarque n'avait que faire de sa position en Allemagne, qu'il ne lui restait qu'un moyen de salut: *transporter son centre de gravitation à Ofen, capitale de la Hongrie* (seinen Schwerpunkt nach Ofen verlegen). Ainsi parlait l'homme qui n'eut ni repos ni trêve, jusqu'à ce que l'Empereur eût solennellement renoncé à toute immixtion dans les affaires d'Allemagne! Même contradiction sous le rapport de la possession des duchés, du régime commercial et industriel, sans parler du suffrage universel. Les événements qui lui avaient fourni l'occasion de se prononcer ainsi pour l'Autriche et contre les duchés, étaient venus clore l'ère de 1848. Durant l'interrègne révolutionnaire, M. de Bismarck s'était retiré de la vie parlementaire; mais il reparut dès 1849, pour reprendre sa part dans l'anéantissement des derniers efforts tentés par le parti national expirant, qui ne se lassait pas de confier ses espérances à la royauté prussienne. Celle-ci venait de faire une de ces faibles tentatives, dont elle est coutumière, pour arriver sur la base des traités dynastiques à la suprématie prussienne, qu'elle n'avait osé accepter des mains du parlement. Précisément, comme en 1806, on négociait avec les cours de Saxe et de Hanovre, qui, comme alors, ne demandaient pas mieux que de ne pas voir aboutir les négociations. Déjà l'Autriche était là, prête à réinstaller l'ancienne diète dans son siége de Francfort. Pendant que la Saxe et le Hanovre signaient avec la Prusse l'alliance dite des Trois-Rois, leurs vœux étaient avec l'Autriche, tout comme la Hesse et la Saxe, en 1806, en signant la fédération, avaient été, qu'on nous permette cette locution triviale, dans la manche de Napoléon. Le conflit de la Hesse électorale avec son souverain, prototype des petits tyrans allemands, fournit l'occasion, qui fut saisie avec empressement, de mettre fin à toute équivoque. C'était la tradition sacrée de l'ancienne diète de toujours donner raison aux princes et tort aux États. L'armée autrichienne se mit en marche pour occuper l'Électorat et prêter main-forte au violateur de la constitution. La Prusse se laissa aller pendant l'espace de quelques heures à la velléité de venir au secours de la légalité foulée aux pieds. Son armée s'ébranla. Le choc des deux puissances fut signalé par cette fameuse *bataille de Bronzellen,* qui coûta la vie à un cheval blanc du camp autrichien, passé à l'immortalité en sa qualité de martyr unique du dévouement du roi de Prusse à la cause d'un peuple. Après ce trepas expiatoire, les deux souverains jugèrent que le moment était venu d'arrèter le carnage et de s'embrasser. Le baron de Manteuffel, le premier ministre de Prusse, partit pour Olmutz, et y signa l'acte de soumission à la volonté de l'Empereur, que M. de Bismarck avait déclaré être le dernier mot d'une bonne politique. L'ancienne diète fut rouverte sous la présidence de l'Autriche. L'histoire allemande enregistrait un nouvel exemple, le plus lamentable de tous, de l'inanité des espérances qu'elle avait fondées sur la royauté prussienne.

M. de Bismarck se signalait naturellement aux préférences du régime qui avait si textuellement suivi son programme; d'autant plus qu'il s'était fait remarquer non-seulement par l'excentricité de ses opinions, mais encore par la vivacité et la promptitude de son esprit. M. de Bismarck n'est pas du tout ce qu'on appelle un orateur, mais, à travers l'imperfection de son débit, il domine son auditoire par l'énergie et la rapidité du travail intérieur de sa pensée. Quoiqu'on affirme que l'habitude de parler en public, et la confiance dans les bonnes dispositions de ses auditeurs lui aient dans les derniers temps passablement délié la langue, un de ses admirateurs, après avoir assisté à une séance du Reichstag, fait son portrait dans les termes suivants: „Aucune grâce éloquente, aucune ampleur de parole, rien qui entraîne l'auditoire. Son organe, bien que distinct et intelligible, est sec et peu sympathique, le timbre de sa voix est monotone; il s'interrompt et s'arrête fréquemment, quelquefois il lui arrive même de bredouiller, comme si la langue récalcitrante refusait l'obéissance, comme s'il était obligé de chercher péniblement les expressions conformes à ses idées. Ses mouvement inquiets, un peu balancés, nonchalants, ne secondent en rien l'effet de sa diction. Cependant, au fur et à mesure qu'il parle, il surmonte ces difficultés. parvient à préciser ses expressions et finit souvent par des sorties vigoureuses et soutenues, trop vigoureuses quelquefois, comme personne ne l'ignore.“ Il faut ajouter que son langage, pour manquer d'art, ne laisse pas d'être souvent imagé. Son esprit net et lucide ne dédaigne pas le coloris, de même que sa constitution robuste n'est pas exempte d'irritabilité nerveuse.

M. de Manteuffel avait donc toutes les raisons pour employer les forces d'un partisan si convaincu et si capable. En mai 1851, il l'envoya à Francfort, en qualité de premier secrétaire de légation auprès la diète restaurée, et trois mois après, il le promut au grade d'envoyé principal, en remplacement de M. de Rochow. M. de Bismarck a occupé ce poste pendant huit ans, jusqu'en 1859, et c'est dans ce long intervalle que s'est operé dans ses idées le plus gros de cette métamorphose partielle dont le monde a depuis constaté les effets surprenants. Comment s'est accomplie cette transformation? sous quelles influences, par quelles étapes son esprit a-t-il passé? L'attention ne s'est portée sur ces questions que récemment. Avant la grande crise de 1866, ni le public ni M. de Bismarck n'avient éprouvé le besoin de s'expliquer sur ce côté de la question. Des bruits vagues avaient circulé au sujet de rapports peu amicaux entre les representants des deux grandes puissances allemandes à Francfort; la médisance les avait exagérés, même au point d'affirmer qu'un jour les démonstrations hostiles étaient sorties du terrain des altercations verbales. Les deux diplomates qui se livraient alors ces assauts, en qualité de représentants de leurs cours à la diète, étaient les mêmes qui, plus tard, devaient se trouver en face l'un de l'autre en qualité de présidents du conseil dans le combat décisif, dont leurs escarmouches antérieures avaient été le prélude. Le collègue de M. de Bismarck s'appelait M. de Rechberg. Depuis deux ans seulement que les événements ont révélé toute la portée des projets préparés de si longue main, la curiosité s'est aussi occupée du problème psychologique caché sous les grands traits de la catastrophe historique de 1866. Si le dossier de cette enquête n'est pas encore complet, il renferme néanmoins beaucoup de pièces d'un intérêt incontestable et qui valent bien la peine d'être consultées, en y mettant une certaine circonspection.

Dans une conversation de date assez récente et que, pour cette raison même, nous ne donnerons que dans la suite de notre récit, M. de Bismarck a eu soin de constater qu'en arrivant à Francfort, ses sympathies pour l'Autriche étaient d'une entière virginité. Il avait fait une visite au grand prêtre du nihilisme conservateur, au prince de Metternich, dans son château de Johannisberg, non loin de Francfort, et là sur les bords du fleuve classique baignant le pied de ces vignobles si chers au génie poétique de la nation, l'entente cordiale pour l'anéantissement du peuple allemand avait été célébrée dans une dernière idylle. M. de Bismarck et ses apologistes aiment à développer ce thème, que, placé face à face avec lès procédés de l'Autriche, il n'eut qu'alors l'occasion de la connaître de près, de pénétrer sa détestable politique; bref, que ce fut une étude de morale diplomatique qui l'amena à son chemin de Damas Nous en savons assez déjà du personnage que nous étudions pour être sur nos gardes en présence d'explications un peu trop imprégnées d'idéalisme.

Traduite en prose, cette confession signifie, sans perdre de sa valeur, que le nouveau ministre, avec le besoin d'activité et les facultés que nous lui connaissons, éprouvait, dès son entrée aux affaires, le besoin impérieux d'agir et d'être quelque chose dans sa sphère. Quand bien même il eût eu moins de séve et de fougue, il se serait heurté contre la résistance autrichienne; d'autant plus que cette résistance, fondée d'ordinaire sur la force d'inertie, se trouvait par exception confiée à des individualités assez disposées à l'agression. La câlinerie sournoise, la fausse bonhomie de tradition à la cour de Vienne depuis François II, ne convenaient ni à l'humeur du prince de Schwarzenberg, premier ministre, ni à celle de son représentant M. de Rechberg. On en était alors, après le trop facile triomphe d'Olmutz, à un de ces moments d'infatuation dans lesquels les inspirés de Vienne, se grisant des souvenirs de leur ancienne chance proverbiale, s'abandonnaient aux accès de jactance démesurée dont les ordres du jour du maréchal Benedeck ont fourni depuis un si curieux échantillon. Le prince Schwarzenberg avait lancé dans les salons du château impérial cette phrase: qu'il fallait *avilir la Prusse d'abord pour ensuite la démolir.* Le petits princes de la confédération ramassaient ces choses avec avidité, et c'était à qui déploierait l'humeur la plus gouailleuse à propos de cette Prusse, la plus petite des grandes puissances, comme on avait pris l'habitude de l'appeler, qui avait rêvé de jouer un rôle en Allemagne. Qu'on se figure M. de Bismarck réduit à personnifier ce rôle de Jocrisse devant l'illustre réunion de Francfort, et l'on comprendra qu'il n'en fallait pas tant pour le jeter hors des gonds, et pour lui ouvrir les yeux sur la politique abjecte qu'il représentait. Déja on avait raconté que le comte de Brandebourg, le fils naturel du roi Frédéric-Guillaume II, le général qui avait commandé le coup d'État contre l'Assemblée nationale de Berlin à la fin de 1848, était mort de douleur, brisé par l'humiliation de la journée d'Olmutz. Sur M. de Bismarck l'effet fut tout contraire: ce fut le point de départ d'une vie nouvelle, que le succès devait couronner. Dans une lettre écrite en 1856, de Rheinfelden en Poméranie, nous le trouvons déjà médisant franchement de l'Autriche, et s'intéressant aux duchés. Dans une seconde lettre, datée de Francfort, le 2 avril 1858, il est en plein dans la question de fond. C'est, avant tout, le Zollverein qui met en évidence la misère de l'organisation allemande; son opinion, telle qu'il la formule dans cette pièce, se résume à peu près en ceci: notre position dans le Zollverein est gâchée; j'ai la conviction que nous devons en dénoncer le traité dès que le terme arrivera. Il est impossible de continuer avec ce *liberum veto* de vingt-huit gouvernements allemands appuyés sur une cinquantaine de réunions parlementaires. Leur vanité les pousse toujours à se donner de l'importance en faisant valoir leur égalité dynastique.

„Je crois, continue-t-il, que pour un Zollverein à transformer après 1865, il faudrait puiser dans l'*analogie des projets unionistes de* 1849, établir une espèce de *parlement douanier.* Les gouvernements ne s'y décideront qu'à contre-cœur, mais avec de la hardiesse et de la persistance nous pourrions venir à bout de beaucoup de choses. Les *chambres et la presse* pourraient devenir d'un puissant secours pour notre politique extérieure; elles devraient discuter le système des douanes allemandes, du point de vue prussien, largement et sans ménagements. Alors l'attention, maintenant blasée, se tournerait de nouveau vers elles; il en résulterait pour la Prusse, que nos *chambres deviendraient une puissance en Allemagne.*"

Qu'on veuille bien le remarquer, ceci fut écrit dans une lettre privée, une année entière avant le commencement de la guerre, d'Italie, signal de réveil pour les nations du continent, engourdies depuis 1849. Suffit-il, en présence de pareilles manifestations, d'expliquer un revirement si frappant par quelques accés de mauvaise humeur contre les procédés de la diplomatie autrichienne? N'est-il pas évident que M. de Bismarck subissait l'effet du changement qul l'avait enlevé aux préoccupations mesquines de la cour de Potsdam pour le placer sur le terrain de la politique européenne? N'aperçoit-on pas distinctement dans les idées qu'il jette sur le papier le reflet d'un travail intérieur, qui aboutit forcément à cette intuition: qu'il ne suffit pas de la rosée céleste du droit divin pour régénérer une puissanee, une dynastie; qu'elle est obligée, pour grandir, de s'assimiler les forces vives du sol dans lequel sont implantées ses racines? Son point de départ était, à ne pas en douter, l'intérêt dynastique. Son éducation royaliste devait avoir identifié en lui la majesté du souverain avec celle du pays. En élargissant sa pensée, il procéda par induction, et finit par arriver au sentiment des vérités élémentaires, dans lesquelles nous entrons, nous autres, de plain-pied. Nul doute aussi qu'au fond de son âme il ne soit resté ce qu'il était. Sa manière d'être se ressentira toujours de son point de départ et de son procédé inductif. C'est un empirique en matière de bien public; mais précisément cet instinct supérieur, qui est le propre des grands empiriques, l'a conduit à la découverte des lois que la science fait sortir de sa synthèse par le procédé inverse. Depuis louptemps le parti national était parvenu à cette conclusion, qu'il fallait employer l'instrument de la royauté prussienne: enfin il se trouve un homme qui, partant de la royauté, comprend qu'il faut recourir au principe de la nationalité et de tout ce qui en découle. C'est de cette rencontre que sont sortis les événements.

Rien qu'en embrassant si vigoureusement la cause des intérêts économiques, M. de Bismarck laissa loin derrière lui les misères de son ancien parti, qui avait toujours flairé dans le progrès de l'activité industrielle l'approche de son ennemi mortel. Sous le règne précédent, M. de Kleist-Reezow, un des chefs et des types les mieux réussis de la chambre des seigneurs, qui fut placé à la tête des provinces du Rhin en qualité de président du gouvernement, ne manquait aucune occasion pour exhaler la sainte horreur que lui inspirait l'état florissant de ce pays intelligent et laborieux. Il déclarait dans ses tournées, que le bruit des usines, l'aspect des hautes cheminées lui faisaient mal au cœur, les qualifiant du reste d'œuvre du démon. Des soldats et des paysans, voilà tout ce qu'il fallait pour être heureux, sans sinquiéter d'ailleurs si les uns suffisaient pour faire vivre les autres. On doit convenir que l'homme issu de cette race avait fait bien du chemin pour arriver à se préoccuper si vivement de la legislation douanière, et pour en demander à grands cris la réforme avec le concours des chambres et de la presse.

La guerre d'Italie le trouvant ainsi disposé, on devine dans quelle direction il aurait voulu pousser son gouvernement. L'Allemagne courut alors un immense danger. Pendant un moment, un faux sentimentalisme et un patriotisme factice, suscités en faveur de l'Autriche, dans le Midi surtout, menacèrent d'entraîner l'Allemagne à prendre les armes pour cette puissance. La cour de Berlin n'ètait pas restée en dehors de ce mouvement. Elle oscillait, pendant toute la durée de cette guerre, entre son intérêt rationnel qui était contre, et ses instincts légitimistes qui étaient pour l'Autriche. Précisément à mesure que la nation ouvrait les yeux à l'évidence et se tournait vers l'Italie, la royauté prussienne inclinait vers les Habsbourg, dont la cause était défendue dans le château de Potsdam par les influences les plus augustes. La défaite de Magenta vint au secours de ces machinations, qui montraient au prince régent (le roi actuel) le principe révolutionnaire envahissant l'Europe. La Prusse lança une circulaire aux cours allemandes, dans laquelle elle annonçait son intention d'une médiation armée en faveur de l'Autriche, prenant pour point de départ le maintien de cette puissance dans son *statu quo* territorial; et, pour appuyer cette démonstration, on mobilisa six corps d'armée, 250,000 hommes. En même temps la Prusse proposa à la diète de mettre sur pied deux corps d'armée des autres États en les rangeant sous son commandement. Heureusement, ces mesures, qui engageaient beaucoup trop 'Allemagne, ne furent point agréées par l'Autriche. Elle envoya à Berlin le prince Windisch-Graetz déclarer qu'il ne s'agissait pour la Prusse ni de médiation, ni de commandement en chef; que son devoir était de marcher aux côtés de l'Autriche, qui ne pensait pas, ajouta-t-il, à lâcher un seul village de la Lombardie. Toutes ces péripéties, se succédant avec la même rapidité que les événements, coïncidèrent presque avec la bataille de Solférino, et pendant que le négociateur autrichien pressait la Prusse de hâter sa déclaration de guerre à la France, et qu'il télégraphiait à Vérone que l'alliance ètait certaine, qu'on ne devait pas conclure de paix, l'empereur François-Joseph venait se jeter entre les bras de Napoléon III, et signer la paix de Villafranca.

L'inquiétude de voir agir la Prusse autrement qu'en vassale, la crainte, bien pardonnable en face de la politique vacillante et cauteleuse de la cour de Berlin, de se mettre entre l'enclume et le marteau en s'acharnant dans une lutte contre la France, avaient décidé l'Autriche à se réconcilier précipitamment avec cette dernière. Elle préférait recevoir la paix de Napoléon III, comme récemment elle a préféré remettre entre ses mains la Vénétie. Elle retournait sa colère contre la Prusse. Un manifeste impérial, daté du château de Laxembourg (25 juillet 1859), accusa dans les termes les plus violents la cour de Berlin, d'avoir seule amené la défaite en abandonnant lâchement son ancien allié. Un journal du parti autrichien ajouta l'aveu naïf, que l'Autriche aurait préféré perdre trois Lombardies plutôt que de fournir à la Prusse l'occasion de prendre une plus grande position en Allemagne.*)

---

*) Die neue Aera. Sondershausen, 1862.

Cette explosion violente de l'ancienne rivalité ne trouvait plus au siége de la diète M. de Bismarck. Dès le début de la guerre, la Prusse, cédant à cet esprit de tergiversation que nous venons de rappeler, avait éloigné de ce terrain brûlant un personnage aussi redoutable, en le nommant ambassadeur à la cour de Saint-Pétersbourg, toute disposée à s'entendre avec lui dans ses sympathies pour l'Italie. Il entra dans ses nouvelles fonctions en avril 1859. A peine installé, le 12 mai, quinze jours après le passage du Tessin par l'armée autrichienne, il adressa à M. de Schleinitz, ministre des affaires étrangères à Berlin, une lettre, document remarquable, entre tous ceux qui sont venus nous initier rétrospectivement aux projets qui ont si violemment surpris le monde, après avoir été si patiemment mûris. Dans cette lettre, qui est plutôt un mémoire, M. de Bismarck commence par exposer qu'une expérience de huit ans passés auprés de la diète de Francfort se résume pour lui en ceci: dans toutes les questions grandes ou petites, extérieures ou intérieures, la volonté ou les besoins de la Prusse sont engloutis dans la majorité, dont l'Autriche dispose, grâce à sa solidarité avec les autres princes.

„Dans la question d'Orient, dit-il, les princes ont déclaré qu'ils iraient de l'avant avec l'Autriche, bien que, sans aucun doute, ce fût sortir tout à fait du droit fédéral et lui faire violence. En feraient-ils jamais autant pour la Prusse? Certes non! car c'est leur intérêt de s'opposer à tout développement de la Prusse, et jamais nous ne saurions triompher de cette résistance sans nous affranchir de la situation qui nous est faite par le *statu quo* des traités.“ Et après avoir développé cette pensée, il ajoute: „L'occasion de rompre ces entraves ne reviendra pas de sitôt, si nous négligeons de profiter de la situation actuelle; et dans l'avenir nous serons, comme nous le fûmes dans le passé, réduits à nous resigner dans la conviction qu'en des temps ordinaires il n'y a pas moyen d'introduire des changements. Si les hommes d'État du Midi désirent nous entraîner vers la guerre (contre la France), ils ne le font peut-être pas sans cette arrière-pensée consolante pour eux, que pour un pétit État il est facile de faire volte-face selon la tournure que doivent prendre les événements.“ La phrase suivante trace déjà littéralement le programme de 1866. „Je pense, dit-il, que nous devrions nous empresser de relever le gant, *ne pas voir un malheur, mais une crise salutaire et un progrès, dans le cas d'une majorité prenant à Francfort une décision, dans laquelle nous puissions trouver une atteinte au principe fédéral, un excès de pouvoir, une rupture des traités.*“

C'était là, mot à mot, l'argument sous l'invocation duquel, à sept ans de là, s'ébranla l'armée de Bohême, après que la diète eut voté la proposition de mobiliser trois corps.

„Plus la violation sera saisissable, continue l'écrivain, mieux cela vaudra pour nous; en Autriche, en France, en Russie, nous ne retrouverons pas facilement des conditions aussi favorables à une amélioration de notre position en Allemagne, et nos alliés sont en excellente voie de nous offrir les plus justes motifs, sans que nous ayons besoin d'encourager leur outrecuidance. Même la *Gazette de la Croix* commence à se fâcher contre ces procédés. ...“

Et continuant à parler de ce journal, il le range absolument dans le nombre de ses adversaires, des partisans de l'Autriche. Il dénonce l'attitude des feuilles subventionnées, dit il, par l'Autriche, et la timidité des autres, qui n'osent soutenir la Prusse, qu'en déguisant leur pensée sous des tendances allemandes. Il faudrait avoir le courage d'arborer franchement le drapeau d'une politique prussienne; des mesures militaires devraient seconder cette propagande. La lettre se termine par ce passage extrêmement curieux:

„Quant au mot *allemand* au lieu de *prussien*, je ne voudrais le voir écrit sur notre drapeau que lorsque nous serons unis avec nos autres compatriotes d'une façon plus étroite et plus efficace; il perd de son charme si on l'use dès à présent en l'appliquant à l'état de choses représenté par la diète. Je crains que Votre Excellence, à propos de cette excursion dans le domaine de mon ancienne activité, ne m'arrête en me criant: *ne sutor ultra crepidam!* Aussi bien n'avais-je pas l'idée de faire un rapport d'office, mais seulement de donner un avis d'expert contre la diète. Je vois dans notre position au sein de la confédération, quelque chose de vicieux, que tôt ou tard nous serons obligés *de guérir ferro et igne,* à moins que nous ne le soumettions à temps et dans la saison favorable à un traitement sérieux. Je crois, que si aujourd'hui la confédération se trouvait supprimée sans même être remplacée par autre chose, rien que ce résultat négatif suffirait pour développer sous peu des rapports meilleurs et plus naturels entre la Prusse et ses voisins allemands."

Voilà mot à mot, au printemps de 1859, le programme de 1866. Rien n'y manque, pas même la phrase qui, répétée plus tard devant un comité de la chambre prussienne, devait déchaîner contre son auteur toute l'indignation des honnêtes gens, la thèse *du feu et du fer.* Mais le passage le plus intéressant est celui où l'écrivain touche à cette question dominante: l'absorption de la Prusse par l'Allemagne, ou l'absorption de l'Allemagne par la Prusse? Quel était alors le fond de la pensée de M. de Bismarck? En demandant à substituer plus tard le mot *Allemagne* au mot *Prusse,* n'avait-il recours qu'à ce stratagème éternel des gouvernements, qui imposent des sacrifices à leurs pays, en les consolant par la perspective des avantages qu'ils en recueilleront dans un avenir indéterminé? Pensait-il, en posant ce jalon, flatter les sentiments libéraux du supérieur auquel était adressée cette lettre, le comte Schleinitz, ministre de cette période de modeste illusion, qu'on avait nommée „l'ère nouvelle"? ou bien était-il sincère? Contentons-nous pour le moment d'avoir posé la question. Le développement de notre étude se chargera d'y répondre.

On vient de voir que la Prusse avait laissé clore l'incident de la guerre d'Italie sans profiter des conseils donnés par M. de Bismarck. Du côté libéral, ils n'avaient pas manqué non plus. Toutes les colères et toutes les rancunes dont le cabinet de Vienne avait accablé celui de Berlin avaient plutôt intimidé qu'excité celui-ci. L'esprit de la cour et les influences déjà signalées travaillaient à amener un rapprochement, en empruntant au patriotisme allemand quelques raisons spécieuses qui avaient fait, pendant la guerre, une impression profonde sur l'opinion publique. Les passages méridionaux des Alpes, disait-on, étaient nécessaires à la défence de l'Allemagne, et en laissant affaiblir Autriche, ajoutait-on, la nation se laissait couper un bras, sauf à perdre l'autre dans le conflit inégal que la France ne tarderait pas à soulever dans un avenir prochain. Ainsi posé, l'argument avait d'autant plus de chances de prévaloir, qu'alors comme depuis, la France n'avait pas manqué de conseillers malencontreux empressés à remettre en avant à tout propos la question des frontières du Rhin. Vers la fin de juillet 1860, l'entrevue à Teplitz des souverains d'Autriche et de Prusse avait donné lieu à de nombreux commentaires sur des conventions secrètes destinées à garantir désormais les possessions vénitiennes à la maison d'Habsbourg. Le 22 août, M. de Bismarck écrivait de Saint-Pétersbourg, une lettre dans laquelle il donnait cours aux appréhensions que ces bruits avaient fait naître dans son esprit. Il se plaint de n'être qu'incomplétement renseigné sur la politique intérieure de sa cour, et démontre que, quand même on n'aurait conclu qu'un traité purement défensif avec l'Autriche, celle-ci saurait bien arranger les choses de façon à provoquer l'attaque de la France en Italie. Il se demande ce que les chambres prussiennes diront de cette entrevue de Teplitz et de la réorganisation de l'armée. Il s'attend à ce que tous le gens raisonnables se rangeront, dans cette dernière question, du côté du gouvernement.

„Un correspondant bien informé, mais passablement bonapartiste, dit-il, m'écrit de Berlin ceci: A Teplitz, la bonhomie viennoise nous a joliment mis dedans, nous avons été vendus, et pas même pour un plat de lentilles. Plaise à Dieu qu'il se trompe!"

Et à propos de ce correspondant „un peu bonapartiste," il se plaint dans les termes les plus vifs de ce que des journaux libéraux l'aient accusé de négocier avec la France et la Russie pour obtenir leur adhésion à de certains remaniements, sous la condition de leur faire des cessions territoriales sur les frontières, notamment sur les bords du Rhin.

„Jamais, s'écrie-t-il, je n'ai conseillé autre chose que de compter sur nos propres forces et sur l'appel aux forces nationales allemandes. Cette gent emplumée de la presse allemande ne se doute donc pas, dans sa niaiserie, qu'en m'attaquant, elle va droit contre ce qu'il y a de meilleur dans ses propres tendances? — Puis, se tournant vers le parti féodal: — ah, dit-il, si j'étais un réactionnaire autrichien, la *Gazette de la Croix* aurait bien pris mon parti, mais puisque j'ai le malheur d'avoir des opinions à moi, on m'abandonne avec délices au dénigrement."

Ainsi donc, M. de Bismarck, momentanément relégué au second plan de la question allemande, avait non-seulement continué de s'en préoccuper vivement, mais avait même fini par attirer l'attention publique sur la part active qu'il y prenait. Le principe de fermentation que la paix de Villafranca avait laissé derrière elle se chargeait d'empêcher la cour de Berlin de retomber dans sa nullité. La question de la Vénétie était une blessure ouverte, et toute tentative nouvelle pour la guérir devait remettre sur le tapis cette embarrassante alternative:

assister l'Autriche contre la France ou l'Italie, ou profiter des complications pour faire un pas en avant vers cette suprématie allemande si ardemment demandée par une partie de la nation. Une année après la date de la lettre que nous venons de citer, M. de Bismarck s'était entretenu avec le roi à Baden (les eaux thermales ont le privilége de stimuler l'esprit politique); il avait exposé ses vues et avait fait impression. Tous ceux qui ont eu l'occasion de causer intimement avec M. de Bismarck lui reconnaissent cette qualité, propre aux hommes supérieurs et surtout aux hommes d'État, de pouvoir fasciner, dominer, envelopper son interlocuteur. Qu'on se figure ce politique, débordant depuis si longtemps des idées qui l'obsédaient, mis en présence de celui dont avant tout il s'agissait de s'assurer le concours! Le roi ne se montra ni insensible ni prêt à se laisser entraîner. Au début de la régence, il avait eu son moment de popularité facile; comme tout autre, il y avait trouvé du charme. La reine, pendant qu'elle n'était encore que princesse de Prusse, avait toujours fait des efforts visibles pour gagner les sympathies de la classe bourgeoise par les petits procédés de condescendance si faciles aux grands. Peut-être faudrait-il même compter parmi les circonstances particulières de la situation l'incident de l'attentat dont le roi avait failli être victime à Baden même. Le jeune Oscar Becker avait cru devoir faire disparaître de la scène le souverain inaccessible aux vœux de la nation. Qui sait si cette tentative criminelle n'avait pas suscité quelques réflexions sur la pensée qui avait poussé le jeune exalté à cet acte de désespoir? L'histoire n'est pas sans exemple de pareils enchaînements. L'air même du pays où la scène se passait était favorable aux idées du novateur. Les habitants du grand-duché sont les aînés des populations allemandes dans la jouissance de libertés politiques. Le grand-duc, gendre du roi, arrivé au gouvernement en pleine réaction, et d'abord inspiré par elle, soudain avait eu comme une révélation libérale; du jour au lendemain il était devenu l'homme le plus aimé, le plus avancé même de son pays, et s'abandonnait avec bonheur aux douceurs d'une popularité bien méritée.

Tout se réunisssit donc pour ouvrir l'esprit du roi aux projets de grandeur future que son ministre développait à ses yeux. Cependant il se *hâta lentement* d'y entrer. Esprit peu souple, élevé dans le militarisme le plus rigoureux, toujours hanté par le spectre de la Révolution, qui s'était dressé devant lui en 1848, il était peu disposé à s'embarquer vers des horizons inconnus, derrière lesquels il pressentait trop de choses nouvelles. Finalement il engagea son interlocuteur à lui résumer, dans une note écrite, la substance de leur conversation. C'est en en communiquant l'abrégé à un ami, que M. de Bismarck écrivit, le 18 septembre 1861, de Stolpemunde, en Poméranie, une lettre non moins intéressante que les précédentes.

Il insiste avant tout sur l'inopportunité des programmes purement conservateurs, qui, selon lui, menacent de sacrifier l'avenir de la Prusse et de l'Allemagne au *statu quo* des prétendues souverainetés des petits princes, boursouflés d'orgueil. Au lieu de voir lancer des invectives à la république allemande, suivant le mode des journaux réactionnaires, il aurait préféré trouver les indications positives sur une nouvelle et meilleure organisation de la nation:

„Nous avons besoin, autant que du pain quotidien, d'une consolidation plus serrée de la force armée de l'Allemagne; nous avons besoin d'un système de douanes plus perfectible, et d'un nombre d'institutions communes ayant pour but de protéger les intérêts matériels de l'Allemagne contre les dangers provenant de la configuration irrationnelle de ses délimitations à l'intérieur. Nous devrions écarter toute espèce de doute sur la sincérité de notre désir d'améliorer cet ordre de choses. — *D'ailleurs, je ne vois pas pourquoi nous nous effarouchons avec tant de bégueulerie, à la simple idée d'une représentation du peuple, soit auprès de la diète, soit dans un parlement douanier et unioniste. Certes nous ne pouvons combattre comme une chose révolutionnaire une institution légalement établie dans tous les pays allemands, et dont nous autres conservateurs mêmes, ne voudrions pas nous passer en Prusse. On pourrait créer une représentation nationale d'un esprit bien conservateur, sans renoncer à obliger par là le parti libéral.* Le bruit des préparatifs de départ m'empêche de continuer. Pour le cas où vous auriez encore l'occasion d'expliquer à nos amis ma manière de me prononcer sur ces choses, je joins à cette lettre le brouillon dont je vous ai fait lecture, mais en vous priant de ne pas en divulguer le texte, parce que je ne sais pas s'il convient au roi que ce compte rendu d'une conversation que j'ai eue avec lui et que sur son ordre j'ai jetée sur le papier soit ébruité, surtout après avoir déjà, suivant ce qui m'est revenu, fourni le sujet de certaines discussions.“

A quinze jours de là, il annonce à la même personne, en date de Berlin, 2 octobre 1861, qu'il a été à Coblentz (où se trouvait le roi), et que son séjour n'a pas été tout à fait inutile à la politique allemande; qu'il a été chargé par le roi d'élaborer et de compléter la petite ébauche remise à Baden.

Le 15 du mois, il devait se rendre à la fête du couronnement, et c'est là probablement qu'il déposa entre les mains du roi son mémoire sur la nécessité d'un remaniement général dans les affaires d'Allemagne. Il n'a pu manquer de se conformer dans cet exposé aux idées d'un souverain qui, le jour même, étonna le monde moderne par la formule dont il se servit en posant la couronne sur sa tête: „Je la prends, dit-il, de la table du Seigneur,“ indiquant par là qu'il était au-dessus de toute convention humaine, ce qui implique également au-dessus de toute responsabilité. Tel était le monarque à qui il s'agissait de faire prendre la direction d'un mouvement national, unitaire, progressif, basé sur l'application la plus large du droit représentatif. et sur une juste appréciation du développement économique. Cette contradiction implicite ne suffit pas pour justifier tous les procédés de M. de Bismarck; mais elle explique peut-être pourquoi un homme de sa façon seul avait quelque chance de faire entrer dans la pensée royale la nécessité de combattre le droit divin, en compagnie de Garibaldi et de Kossuth.

IV.

Le régime constitutionel n'a été jusqu'ici qu'un vain mot en Allemagne. Dans la pratique, jamais les gouvernements ne se sont subordonnés à la volonté reconnue des majorités. Le cas d'un ministére se retirant devant une défaite parlementaire s'est peut-être présenté une ou deux fois dans l'ensemble des États, grands ou petits, de la confédération, depuis quarante ans qu'ils possèdent des chambres réprésentatives. L'opinion des familles régnantes est absolument établie à cet égard. C'est, d'après elles, une monstruosité révoltante que de vouloir mettre à la place de la volonté souveraine du prince les décisions de gouvernés. A Berlin, notament, la royauté a toujours déclaré que c'était une amère plaisanterie de prétendre qu'un souverain prussien se laisserait imposer des ministres par les élus du peuple. Quelle était la pensée du roi Guillaume quand, malgré cette conviction absolue, il affirmait dans les discours solennels, — toujours très-vagues, il faut le dire, qu'il observerait fidèlement la constitution? Quelle était, selon lui, cette constitution qui permettait de lever des impôts pendant quatre ans sans la sanction des chambres?

Depuis que le régime constitutionnel existait sur le papier, les partis libéraux s'étaient toujours soutenus par l'espoir de le faire peu à peu entrer dans les habitudes gouvernementales. Mais le ton tranchant qu le roi avait pris à l'occasion de son couronnement, ne pouvait laisser subsister aucune illusion. C'était bel et bien la proclamation du gouvernement personnel et absolu. Dès lors vouloir introduire une nouvelle mesure législative, en l'annonçant comme l'œuvre personnelle du souverain, c'était la dénoncer d'avance à toutes les méfiances et à toutes les résistances du pays; tandis que le roi croyait naïvement faire taire toute opposition, en recommandant une innovation due à son initiative et à ses méditations.

Tel fut le sort de ce fameux projet de réorganisation militaire, autour duquel s'est concentré le conflit soutenu avec tant d'acharnement entre le peuple prussien et son gouvernement, conflit envenimé et prolongé à tel point, que dans l'opinion du monde, la guerre de 1866 même ne passa longtemps que comme un expédient inventé pour faire diversion à cette question de principe, afin d'enlever par la force des complications extérieures l'adhésion du pays à un changement intérieur. Erreur grave, mais qu'il faut attribuer exclusivement à l'attitude prise par le roi et les ministres, depuis le couronnement jusqu'aux événements de l'année passée. Quant à la question de savoir si ce projet de réorganisation dont le roi Guillaume revendiquait la propriété intellectuelle, répondait au but d'améliorer le système défensif du pays, l'opinion publique ne consentait guère à la prendre au sérieux. Elle ne voyait dans l'augmentation des régiments de ligne et des annnées de service, qu'une mesure destinée à supprimer l'institution de la landwehr, institution née du mouvement populaire de 1813; il ne s'agissait, d'après elle, que de sacrifier l'élément civil à l'élément militaire, et de multiplier les charges d'officiers, refuge traditionnel des fils de la noblesse. Personne n'y découvrait une arrière-pensée guerrière. La chambre refusa le vote du budget, dans lequel on avait fait entrer les éléments de cette innovation. Il s'ensuivit, le 6 mars 1862, une de ces dissolutions, si souvent répétées depuis, et toujours avec le même effet. En même temps, les ministres qui représentaient encore les derniers vestiges des velléités libérales de la régence furent remplacés par un cabinet fermement décidé à faire triompher ce qui, dans le langage de la cour, s'appelait la prérogative royale.

Le roi, se souvenant des qualités de supériorité et d'énergie qu'il avait eu l'occasion de deviner en M. de Bismarck, le fit venir de Saint Pétersbourg, en l'invitant à entrer au ministère. Mais celui-ci pour le moment déclina cet honneur. Les uns en donnent pour motif qu'il n'aurait pas voulu se subordonner à M. Van der Heydt, personnalité considérable qui avait survécu à la dernière crise; les autres, probablement avec plus de raison, supposent qu'avant d'entreprendre la réalisation de ses grands projets, le calculateur prévoyant aurait éprouvé le besoin d'étudier de près les dispositions de la cour des Tuileries, et de s'en assurer éventuellement le concours. Déjà du temps de son ambassade en Russie, il avait fait un séjour passager à Paris, et avait trahi une grande envie de nouer des relations de nature intime avec la diplomatie française. Mais le cabinet Schleinitz, peu accessible aux tentations de la politique remuante, se méfiant du caractère aventureux de l'homme, avait nettement enjoint à son représentant de modérer son zèle et de se rendre à son poste officiel en Russie.

Cette fois, M. de Bismarck n'eut pas de peine à faire agréer ses conditions. Il fut nommé ambassadeur à Paris, ou plutôt il s'était nommé lui-même, car dès cette époque, il se trouvait virtuellement à la tête du gouvernement, et il ne dépendait que de lui de choisir son moment pour prendre possession de la présidence du cabinet.

Une fois installé à Paris, il ne perdit pas son temps. Un seul été lui suffit pour amener la diplomatie française à l'entente qui depuis devait créer à celle-ci de si graves embarras. On a suffisamment devisé sur les conciliabules qui auraient marqué le séjour de M. de Bismarck à Paris, et surtout à Biarritz. Ne prétendant raconter que ce qui peut raisonnablement se savoir, nous n'essayerons pas de pénétrer dans le sanctuaire de ces confidences. Que l'intimité ait été grande, que les arrangements aient été sérieux, il est permis de le supposer en présence de ce détail bien significatif, que dans l'automne de cette même année, appelé à Berlin pour prendre définitivement la direction du ministère, M. de Bismarck ne crut pas devoir renoncer à l'honneur de retourner un moment à son poste d'ambassadeur, afin de prendre congé en bonne forme, et sans doute aussi en vue d'une dernière explication avec qui de droit.

Nous risquerions de fatiguer le lecteur en lui demandant de nous suivre à travers toutes les péripéties de cette longue et douloureuse lutte, qui pendant trois ans et demi souleva contre M. de Bismarck l'opinion publique du monde civilisé. Maintenant que nous avons assisté au cinquième acte de ce drame, que nous connaissons les mobiles de l'action principale, nous sommes peut-être tentés de juger un peu moins sévèrement les énormités auxquelles s'est laissé entraîner le ministre. Il faut lui accorder, qu'obligé de cacher son jeu non-seulement à son principal ennemi, mais encore à son allié principal, il se trouvait dans une situation terriblement embarrassante. Peut-être même, faudra-t-il lui tenir compte de ce que, tout plein de son idée dominante, convaincu qu'elle était finalement justifiable, il s'impatientait à tort, mais de bonne foi, contre une résistance qui lui semblait le résultat de l'aveuglement.

Mais quoi qu'il en soit, l'histoire ne pourra jamais lui voter le bill d'indemnité qu'il a obtenu de la représentation nationale. Celle-ci devait obéir à la nécessité de se mettre sur le terrain du fait accompli et de l'avenir. Son vote n'était qu'une transaction entre les fautes de la veille et l'intérêt du lendemain. L'histoire a le devoir contraire. C'est d'elle aussi qu'on devrait dire: elle rend des arrêts et non pas des services. Et quand même on ferait la part la plus large aux circonstances; quand on admettrait à un certain point la nécessité dans laquelle M. de Bismarck se trouvait, de couvrir sous des dehors impopulaires des projets de grande utilité, il resterait toujours à examiner: si le sentiment aristocratique et le dédain de la légalité qui ont engendré tous ses procédés n'appartiennent pas trop à l'essence de sa personnalité, pour qu'il en puisse rejeter la responsabilité sur l'enchaînement des circonstances extérieures. Dans un rôle odieux, il a déployé trop de verve naturelle; il a montré trop de talent dans l'art de se jouer de la morale publique, pour nous persuader que sa manière de penser n'ait pas été au-devant des procédés excessifs qui purent lui être imposés par la situation.

Depuis qu'on s'est occupé en quelque sorte de la révision de son procès, il a été dit par lui et par ses apologistes, qu'en entrant au ministère le 24 septembre 1862, il s'était sérieusement flatté de pouvoir se concilier l'opinion libérale du pays, et de marcher d'accord avec elle. Ceux qui soutiennent cette version ajoutent même, qu'en refusant une première fois un portefeuille, il aurait uniquement agi sous l'impression que le conflit né de la loi militaire ne serait pas de trop longue durée, et que dans l'intérêt de ses grands projets, il ferait mieux de n'entrer au ministère qu'après l'aplanissement de cette difficulté, et avec la perspective de s'assurer la bonne volonté de la chambre. D'aucune façon l'attitude des progressistes n'aurait pu l'autoriser à cet espoir. Vouloir leur faire partager l'idée d'une propagande à main armée, c'était se tromper singulièrement sur le fond de leur pensée. On ne pourrait même pas dire qu'ils reculaient d'horreur devant cette idée: non, ils n'en étaient pas encore là, parce qu'ils ne soupçonnaient personne de l'avoir conçue, tellement elle leur paraissait monstrueuse, impossible. Ils en étaient toujours à la tradition des conquêtes morales adoptée par le régent; ils avaient la ferme conviction que la Prusse, s'identifiant avec la cause libérale, serait irrésistible, et que l'Autriche aussi bien que les petits princes capituleraient sans brûler une cartouche. Ils ne désespéraient pas de voir le chef des Hohenzollern embrasser sciemment et ouvertement la cause du peuple allemand. En tout ceci, M. de Bismarck était d'un avis absolument contraire; et il n'est pas inadmissible que malgré toute sa perspicacité, il se soit laissé aller à l'illusion de faire entrer sa conviction dans l'esprit du parti opposé. Car il n'est pas exempt de cette loi commune qui permet aux contradictions les plus frappantes de se trouver réunies dans le même individu. Il a étonné le monde autant par sa franchise que par son astuce; on l'a vu tantôt préparer de loin les événements avec un raffinement de circonspection, tantôt les affronter avec une parfaite légèreté. D'ailleurs, il est dans la nature des caractères entreprenants de fixer leur but à grande distance, et de s'en rapporter pour tous les incidents du chemin à la puissance de leur génie d'improvisation. Pour M. de Bismarck, les difficultés qu'il pouvait rencontrer dans le parlement, dans la constitution, dans l'opinion publique, n'étaient qu'un incident, un simple détail, une de ces questions d'intérieur dont il ne se préoccupait point, par un manque de vocation naturelle, sur le fond desquelles il était donc exposé à se tromper dangereusement.

Il ne réfléchissait pas non plus à ceci, qu'il arrivait au pouvoir dans des circonstances et avec une réputation faites pour épouvanter l'opinion publique, et qu'au lieu de compter sur ses dispositions favorables, il aurait dû faire l'impossible pour la rassurer. Les rapports d'intimité, qui en dernier lieu avaient existé entre lui et de hauts personnages, avaient mis le comble à son impopularité déjà si grande. On l'accusait ouvertement d'avoir cimenté à Paris l'accord du Royalisme féodal avec le Césarisme moderne. Certaines allusions tombées de sa bouche, et aussitôt répandues, le faisaient apparaître non-seulement comme l'instigateur d'un complot ténébreux, tramé contre toutes les idées de progrès, mais encore comme un élève docile dans la science de sophistiquer le principe démocratique. Il n'y avait pas jusqu'au suffrage universel dont on ne le soupçonnât de vouloir se faire une arme contre la liberté. Au lieu de comprendre tout ce qu'il y avait de légitime dans ces suspicions, M. de Bismarck perdit patience aux premières résistances qu'il rencontra. Il comprenait toutes les lenteurs et tous les ménagements dont il fallait user envers la royauté, mais il ne tenait aucun compte des précautions à employer en abordant l'opinion publique. Dès ce moment, il se jeta tête baissée entre les bras du parti féodal, dont il avait, dans des moments lucides, parfaitement reconnu le néant. Ce parti naturellement ne demandait pas mieux que de ressaisir son ancien favori.

C'était presque toujours la loi militaire qui faisait les frais du conflit parlementaire. Deux fois la chambre fut dissoute, une autre fois elle fut simplement renvoyée avec la déclaration qu'on se passerait d'elle pour la fixation du budget. Tous les défis et toutes les insultes furent jetés à la face du pays. M. de Bismarck et son principal collégue, M. de Roon, le ministre de la guerre, eurent des moments de cynique audace. Un jour un orateur ayant formulé des soupçons fort graves contre les ministres, et M. Virchow ayant demandé qu'ils fussent invités à assister aux débats afin de pouvoir répondre, M. de Bismarck sortit nonchalamment d'un cabinet attenant à la salle des délibérations et jeta à l'assemblée quelques mots dédaigneux, déclarant qu'il était inutile de recommencer, attendu que dans la pièce où il était, on entendait suffisamment ce qui se passait entre ces messieurs. Une autre fois il dit en pleine séance, en face des députés: „Quand nous serons d'avis de faire la guerre, nous la ferons avec ou sans votre approbation.“ Le président ayant voulu arrêter un jour le ministre de la guerre dans une sortie antiparlementaire, celui-ci s'écria que le président n'avait pas le droit de l'interrompre, qu'un ministre était au-dessus de la police de la salle et du contrôle présidentiel. Il en naquit un long conflit qui aboutit à une violation ouverte du principe constitutionnel; le roi envoya aux chambres un message dépourvu de toute signature ministérielle. En même temps les chambres étaient congédiées (27 mai 1863). Qelques jours après, parurent les ordonnances sur la presse. Le système des avertissements et des confiscations, visiblement importé du dehors, fut appliqué aux journaux; une pression violente fut ouvertement exercée sur tous les fonctionnaires. Quiconque avait le courage de ne pas plier était poursuivi à outrance, discipliné, envoyé au fond de la province. Le cri de l'indignation générale s'éleva si haut, que le prince héritier lui-même ne put se soustraire à l'émotion commune. Dans une réunion publique, à Dantzig, il déclara que les ordonnances avaient été rendues à son insu, et qu'il les désapprouvait. Il alla jusqu'à écrire au roi, son père, pour protester contre un régime, qui, disait-il, mettait en danger ses droits à la couronne. Sa lettre eut pour résultat de le faire éloigner de la cour pendant un certain temps. Enfin la mesure fut comblée par les fameux arrêts de la cour de cassation de Berlin, composée exprès pour les besoins de la cause à l'instar de ces tribunaux que, sous Jacques II, on avait nommés un „packed jury.“ Les acquittements prononcés en première et en seconde instance à l'égard des députés, poursuivis pour avoir attaqué les ministres dans leurs discours, furent cassés; la liberté de la tribune, consacrée expressément par un article de la constitution, fut supprimée par la voie pénale. Cette magistrature dont l'incorruptibilité était devenue proverbiale — peut-être à trop bon compte; — ces fonctionnaires qui, bien que pédants et tracassiers, avaient conservé dans le servilisme même une sorte de rigidité, enfin tout ce qui touchait de près ou de loin à la sphère officielle, semblait être soumis à un traitement de démoralisation systématique. Le trafic des consciences entrait en pleine activité, un mot nouveau caractèrisait les jeunes employés qui faisaient une fortune rapide sans autre mérite que celui d'être prêts à tout pour un peu d'avancement. On les nommait „die Streber,“ comme qui dirait: „les aspirailleurs.“ Il semblait que le moment fût venu où les pessimistes triompheraient dans leurs prédictions. On allait voir tous les abus de l'ancien régime s'accoupler avec toutes les roueries du despotisme moderne; les préjugés de l'orthodoxie se combiner avec les relâchements d'un réalisme frivole. *„Une seule des nombreuses mesures illégales de ce temps,“* c'est ainsi que s'exprime un savant fort modéré, *„aurait suffi* *chez un peuple moins froid que le nôtre, pour faire éclater une révolution.*[1])"

Si toutes ces mesures n'étaient pas l'œuvre personnelle de M. de Bismarck; si les plus odieuses d'entre elles précisément étaient peut-être préparées en dehors de lui par son collègue du département de la justice, un féodal pur, celui-là, personnellement cher au roi, le premier ministre n'en portait pas moins devant le monde la responsabilité de tout ce qui se passait, et en vertu de sa supériorité reconnue, ce n'était que justice. Là où il n'agissait pas lui-même, au moins il laissait faire. Son attention était tout entière à l'observation des complications extérieures; il cherchait le prétexte appelé de tous ses vœux pour constater une violation du régime fédéral et en faire le point de départ d'une rupture avec l'Autriche. Pour y arriver, il commença par recourir à celui de ses procédés qui s'inspire d'une extrême franchise. En décembre 1862, deux mois après son entrée au ministère, il provoqua avec l'ambassadeur autrichien à Berlin, le comte Karoly, une explication dont nous possédons les comptes rendus suivant la version de chacun de ces deux diplomates. Ces versions sont du reste assez concordantes entre elles et instructives au plus haut degré.

Dans une circulaire, adressée aux cours allemandes, le 24 janvier 1863, M. de Bismarck dit avoir signifié à M. de Karoly, qu'à son avis les rapports entre les deux puissances ne sauraient rester dans le *statu quo*; qu'ils devraient ou s'améliorer ou empirer, et qu'à défaut de la première alternative, la Prusse allait se préparer à l'autre. Il dit ensuite avoir rappelé que, dans le temps antérieur à 1848, grâce à une certaine convention tacite entre les

---

[1]) Schmidt, *l. c.*

deux puissances, l'Autriche avait toujours pu compter sur l'appui de la Prusse dans les questions extérieures, tandis que celle-ci avait ses allures libres pour les questions intérieures, ainsi que cela s'était vu à l'occasion de la fondation du Zollverein; — que depuis le rétablissement de la diète, la Prusse rencontrait, précisément dans les États les plus voisins (la Hesse électorale et le Hanovre), une résistance due aux incitations de la cour de Vienne; que si cette cour, au risque de s'aliéner les sympathies de la Prusse, laissait les choses aller de ce train, elle se berçait probablement de l'idée que, dans une guerre dangereuse pour l'Autriche, les deux puissances devraient néanmoins se retrouver au sein de la même alliance: *mais que cette supposition reposait sur une grosse erreur,* qui n'apparaîtrait peut-être qu'au dernier moment, mais alors avec une clarté fatale; que si l'on ne revenait à l'ancienne intimité, *l'alliance de la Prusse avec un adversaire de l'Autriche ne serait pas du tout chose impossible dans un cas semblable à celui de la guerre d'Italie de* 1859; que l'Autriche avait le choix ou de continuer sa politique antiprussienne, basée sur une coalition avec les États moyens, ou de s'unir honnêtement à la Prusse. Après avoir touché encore à quelques questions du jour, M. de Bismarck pria l'ambassadeur d'Autriche de mettre le plus d'exactitude possible dans ce qu'il allait écrire de cette conversation à M. de Rechberg, ajoutant que, d'après sa conviction, les bons rapports entre les deux cours ne sauraient plus être rétablis qu'au moyen de la plus entière sincérité.

Peu de jours après, le 13 décembre, M. de Bismarck eut un second entretien avec le même diplomate. En examinant les paroles échangées à cette occasion, nous ne pouvons nous empêcher de remarquer que déjà, au commencement de 1863, l'Allemagne, bien que ne s'en doutant nullement, était à deux doigts de la catastrophe finale, uniquement ajournée alors par la mort du roi de Danemarck et la guerre du Schleswig. M. de Bismarck alla trouver le comte Karoly et lui déclara que, d'après les dépêches de son ministre à Francfort, les choses prenaient une tournure très-sérieuse à la diète; qu'on était sur le point de vouloir imposer à la Prusse par la majorité dans l'affaire dite „des Délégués", une décision *contraire à la constitution fédérale;* que cela amènerait une rupture de la fédération même, que le cas échéant, il rappellerait son représentant à la diète et qu'il cesserait de reconnaître la légalité d'une assemblée, dont la Prusse se serait retirée; qu'alors on ne pourrait plus soumettre les garnisons prussiennes des forteresses fédérales aux injonctions de la diète, qu'il en naîtrait un conflit fort grave, et que la responsabilité des suites retomberait sur les gouvernements qui auraient compromis l'état paisible de la confédération par leurs procédés agressifs.

C'est la formule identique dont la Prusse s'est servie trois ans plus tard pour préparer son *casus belli*, et en présence de cette analogie frappante, le doute n'est plus permis sur l'intention, dès lors nettement arrêtée dans l'esprit du premier ministre, de pousser les choses à l'extrême. L'intervention seule de circonstances imprévues le fit renoncer à son plan de campagne, mais ce ne fut que pour mieux en poursuivre l'exécution à travers de nouvelles combinaisons beaucoup plus artificieuses.

Le rapport du comte Karoly, adressé à M. de Rechberg un mois après que M. de Bismarck eut lancé sa circulaire (18 février 1863), complète ce document en nous donnant le point de vue autrichien dans cette question de rivalité. M. Karoly trouve que les prétentions de la Prusse à une prépondérance dans les affaires intérieures de l'Allemagne ne sont basées sur aucun droit sérieux; qu'en voulant y arriver aux dépens de l'Autriche, elle demande à celle-ci le sacrifice d'une position qui lui appartient en vertu d'une tradition séculaire, en vertu des traités et de la grandeur de la dynastie. „Enfin", ajoute le ministre, et le mot, devenu historique, date de ce jour-là, „enfin il nous a textuellement posé l'alternative ou de nous retirer de l'Allemagne en transportant le centre de notre monarchie à Ofen, ou de trouver la Prusse dans les rangs de nos adversaires, à l'occasion du premier conflit européen qui surviendrait." La dépêche se termine par cette conclusion: „Il nous appartient de dévoiler à temps le prétexte dont la Prusse voudrait se servir pour arriver à ses fins."

Ce prétexte, il faut le dire, l'Autriche s'était chargée de le fournir en prenant en main l'œuvre que les meneurs des petits États avaient élaborée sous le nom de *Projet des délégués*, afin d'organiser une espèce de contre-guérilla diplomatique, destinée à faire diversion aux tendances unionistes de M. de Bismarck. L'intention peu sérieuse de ces prétendues réformes était si transparente que personne ne fut pris au stratagème, excepté ceux qui l'avaient inventé. Le tout se résumait dans la proposition de convoquer, à titre d'essai, une assemblée composée de délégués des chambres des différents États pour délibérer sur quelques objets de législation civile, avec voix consultative seulement. C'était donner beau jeu à M. de Bismarck, et il ne se fit pas faute d'aplatir ses adversaires en opposant à leur triste simulacre de constitution un programme autrement hardi. Dans un vote motivé du 28 Janvier 1863, son envoyé à la diète insista sur des réformes sérieuses, notamment sur la convocation d'un vrai parlement allemand. Dans ces conditions, il assurait le concours de la Prusse. Mais si la majorité faisait mine de lui imposer des demi-mesures, il ceserait de reconnaître l'autorité fédérale.

Ces menaces ébranlèrent la majorité. Les gouvernements allemands, toujours heureux de se laisser retomber dans la béatitude de l'inaction traditionelle, sacrifièrent sans regret leurs velléités de réforme sur l'autel de la concorde. Comme d'habitude, le Hanovre et la Hesse furent les premiers à donner le signal de la débandade.

Mais l'Autriche ne se tint pas pour battue. Depuis qu'elle avait perdu la Lombardie et se voyait menacée en Vénétie, elle s'était plus que jamais mis en tête que son salut dépendait de sa domination en Allemagne. Après avoir compris que le projet des délégués avait succombé par son insuffisance, elle se promit d'étonner l'Allemagne par quelque chose de grandiose et d'inouï. Si son esprit avait été à la hauteur de ses intentions, la monarchie autrichienne aurait pu saisir ce moment pour se donner le beau rôle. Car personne n'avait pris au sérieux les déclarations de M. de Bismarck. Les protestations parlementaires et nationales du ministre qui malmenait son pays avec un arbitraire sans précédent, étaient regardées comme une amère dérision. L'Autriche, s'emparant courageusement de la tradition de 1849, convoquant sans détour un parlement sur la base de la constitution donnée par le parlement de Francfort, enjoignant aux princes de s'effacer sous l'autorité de l'unité nationale, aurait au moins eu des chances de succés.

Au lieu d'agir ainsi, elle croyait que la dernière comédie des délégués n'avait manqué son effet que faute d'une mise en scène suffisante. Augmenter les splendeurs du spectacle lui paraissait être tout ce que la situation pouvait lui imposer. Elle crut que c'était un trait de génie de réunir à Francfort un *congrès de princes*, dans lequel tous les souverains allemands paraîtraient en personne pour jouer le rôle de pères de la patrie, et que le public ne résisterait pas devant un si grand effet dramatique. Elle eut pour ce programme non-seulement l'adhésion de tous les petits princes, toujours prêts à parader et à s'amuser, mais aussi le concours d'une classe de politiques qui, grâce aux influences de l'Autriche même et à leur parenté d'esprit avec ses coryphées, étaient arrivés au poste de premiers ministres et à la renommée d'hommes d'État dans quelques gouvernements princiers.

Tout ce monde qui se croyait si habile et si fort s'était donc concerté pour faire des journées d'août 1863 un chef-d'œuvre de solennité et d'éblouissement. Ce n'était à Francfort qu'entrées pompeuses, cortéges, harangues, uniformes, carrosses, majestés, altesses, excellences, le tout arrangé de manière à évoquer le plus possible les souvenirs des couronnements impériaux du temps jadis. A l'honneur du public, il faut dire que la galerie fut d'une impassibilité magnifique. En voyant tous ces seigneurs escortés de leurs laquais dorés, le bourgeois ne voulut pas oublier leurs tristes antécédents, et malgré les antipathies que la Prusse s'était attirées personne ne fut dupe de l'inanité des démonstrations organisées par ses adversaires.

Quant au projet de réorganisation soumis au congrès, ce n'était autre chose que celui dès délégués repeint et redoré à neuf. L'embellisement principal consistait dans l'installation d'une présidence autrichienne, qui serait flanquée de plusieurs directeurs choisis dans les autres souverains. Le roi de Prusse avait été invité le dernier à venir à cette reunion, quatre jours apres les princes. M. de Bismarck répondit que des propositions de cette nature avaient besoin d'être examinées de plus près, et qu'on accepterait une réunion pour le mois d'octobre; que de cette façon, le roi aurait le temps de discuter les articles avec ses ministres. Mais le congrès, passant outre, adopta d'un trait, après une délibération sommaire, tout le projet autrichien, et une note fut expédiée à la Prusse, la mettant en demeure d'y adhérer ou de se voir exclure de la nouvelle organisation. Le 15 septembre, la Prusse répliqua par un refus, dont les motifs étaient tirés de l'insuffisance des changements projetés. Elle réitéra en même temps ses conditions principales: partage de la suprématie entre elle et l'Autriche sur le pied d'une entière égalité, et représentation nationale avec pouvoir législatif. Il lui fut répondu par des notes identiques de la part de l'Autriche et des autres États. Enfin, après une série de démonstrations plus violentes les unes que les autres, les diplomates des puissances confédérées se réunirent à Nuremberg pour délibérer sur des mesures préventives à prendre contre la Prusse, qui avait parlé de *casus belli*.

En remettant sous les yeux du lecteur tous ces faits significatifs, nous devons nous étonner que l'opinion publique ne se soit alors montrée ni plus attentive ni plus alarmée. Cette indifférence en présence de menaces, dont maintenant nous pouvons apprécier le caractère de gravité, s'explique par le scepticisme avec lequel le peuple allemand, depuis un demi-siècle, s'était accoutumé à regarder tous les tiraillements entre ses deux grandes puissances. Chaque fois qu'une des deux avait demandé qu'on prît fait et cause pour elle contre l'autre, le public avait haussé les épaules. „Les loups ne se mangent pas entre eux," avait-on coutume de dire. Malgré tous les gros mots échangés, le pays pensait comme l'Autriche: qu'au moment décisif, la solidarité des tendances réactionnaires se chargerait de la réconciliation.

Mais dès cette époque, les choses auraient pris sans doute une tournure sérieuse, de nature à faire revenir le peuple allemand de son erreur, si la marche de l'action n'avait pas été arrêtée d'une manière imprévue.

Dans la nuit du 14 au 15 novembre, était mort à Copenhague Frédéric VII, roi de Danemarck. Cet événement devait emprunter aux circonstances une gravité extraordinaire.

V.

Vu dans son ensemble, l'épisode de la guerre du Nord (de 1864) se présente si bien dans toutes les conditions d'une intrigue dramatique, la plus habile qu'on ait jamais montée sur la scène politique, qu'amis et ennemis sont depuis longtemps convenus d'y voir le coup de maître de M. de Bismarck. S'il était vrai que la série des incidents qui se sont succédé depuis la mort subite du roi de Danemark jusqu'à la campagne de Bohême, eût été le résultat d'un plan dressé d'avance, il faudrait avouer qu'à aucune époque le machiavélisme, dans ses conceptions les plus hardies, n'a produit un chef-d'œuvre de cette force. Avoir trouvé l'Autriche en bonne voie de popularité, entourée du dévouement des princes allemands, campée dans la diète qu'elle présidait, représentant le système de la légitimité, vivant en profonde entente avec les puissances; et l'avoir, au bout de deux ans, isolée de tout le monde, discréditée devant les masses, brouillée à mort avec les princes et avec la diète; lui avoir fait méconnaître le principe légitimiste et l'autorité fédérale, et l'avoir mise en contradiction, non-seulement avec la France et l'Angleterre, mais avec sa propre politique; l'avoir ainsi traînée à la remorque, malgré elle, d'étourderie en étourderie, pour finalement se retourner contre elle et lui courir sus, quand elle n'avait plus ni amis, ni alliés, ni système, ni direction, ni consistance; ce serait là évidemment avoir fait preuve de la plus haute perfection dans cet art de duper, qui jadis passait pour le dernier mot de la diplomatie.

Mais il faut savoir résister à la tentation qui nous pousse à dramatiser trop volontiers les événements. Certes la réalité produit bien souvent des combinaisons plus ingénieuses qu'il n'en est jamais sorti du cerveau d'un poëte, et cette fécondité de la vie même devrait nous rendre méfiants envers la tendance de notre imagination qui aime à chercher, derrière toute coïncidence des événements, la main humaine qui les a artificiellement préparés. Au seizième siècle, tout le monde eût été d'accord pour soutenir que M. de Bismarck avait fait empoisonner le roi de Danemark, parce qu'il sut tirer de cette mort subite un si grand profit pour la réalisation finale de ses projets. En examinant de près toutes les péripéties de cet épisode, on arrive plutôt à la conviction que le ministre prussien n'y a montré ni cette unité de vues ni cette diabolique préméditation, que les amateurs du roman dans l'histoire ont voulu reconnaître dans l'enchevêtrement des incidents. Le courant de l'action diplomatique l'entraîna parfois dans des contradictions si fortes avec lui-même, qu'on pourrait l'accuser d'avoir un peu légèrement compté sur les ressources de son talent d'improvisateur. Sa manière de profiter des incidents rappelle en certain moment le mot de ce romancier qui, pour caractériser son procédé inventif, disait: „Quand je laisse frapper un coup à la porte du cabinet de mon héros, je ne sais pas encore moi-même qui va entrer.“

En voyant s'ouvrir cette succession des duchés, M. de Bismarck dut naturellement saisir avec empressement l'occasion de faire d'une pierre deux coups: provoquer un conflit avec la diète et en même temps acquérir un territoire précieux. L'Autriche pouvait raisonnablement balancer entre deux partis à prendre: ou se ranger strictement du côté du traité de Londres, conclu en 1852 sous ses auspices, en reconnaissant le droit dynastique du roi de Danemark; ou bien se mettre à la tête du mouvement allemand en faveur de l'indépendance des duchés. M. de Bismarck qui avait juste l'intérêt contraire, qui ne voulait ni laisser les duchés au Danemark ni les soumettre à la juridiction fédérale, moyen sûr de les voir refuser à la Prusse, manœuvra si bien que l'Autriche le suivit docilement dans tous les chemins tortueux qu'il choisissait successivement pour s'approcher de son but. L'affaire des duchés avait toujours été pour les petits princes de la confédération un moyen de faire du patriotisme à bon marché. C'était un dérivatif sans danger pour l'effervescence populaire, un prétexte toujours bien venu pour jouer au soldat. Dans le cas présent, une circonstance toute particulière venait donner un nouvel attrait à la combinaison. La version la plus populaire revendiquait les duchés en faveur du prince d'Augustenbourg. C'était reconnaître en même temps le principe de la légitimité et celui des petites souverainetés, dont le nombre se serait trouvé augmenté par l'adjonction de ce nouveau confrère. La diète avait fait occuper le duché du Holstein par un corps d'armée fédéral, composé de Saxons et de Hanovriens. M. de Bismarck, pénétré avant tout de l'importance du fait accompli, n'hésita pas à décréter que les Prussiens iraient s'installer à côté, dans le Schleswig, sous un prétexte quelconque. L'Autriche, à son tour, voyant marcher la Prusse, se dit qu'elle ne pourrait rester spectatrice inactive d'une pareille occupation et se décida également à entrer dans le Schleswig. Alors M. de Bismarck lui offrit de se réconcilier et de s'entendre pour agir de commun accord. Il tendait une amorce à laquelle la cour de Vienne n'aurait su résister. Sous prétexte que les princes de la confédération qui faisaient cause commune avec la clameur publique entraînaient la diète sur la pente révolutionnaire des revendications nationales, il fit entrevoir à M. de Rechberg à quelles funestes conséquences la monarchie allait s'exposer par la reconnaissance de ce principe subversif. Il lui fit sentir combien il était plus prudent et plus digne de rester sur le terrain de la grande diplomatie, de repousser l'intervention turbulente de la diète qui obéissait à la pression de l'opinion publique, par conséquent de se mettre en rapport avec les grandes puissances européennes, non en qualité de mandataires de la confédération, mais à titre de grandes puissances allemandes. Une réconciliation avec la Prusse sur cette base réactionnaire paraissait à M. de Rechberg présenter un double avantage: il se hàta de donner dans le piège. S'emparant avec bonheur du rôle que M. de Bismarck lui avait assigné, il chargea son représentant auprès de la diète de soumettre à celle-ci une proposition ayant pour objet d'enjoindre au prince prétendant l'ordre de sortir des duchés, et d'interdire simultanément toutes démonstrations publiques en sa faveur dans les États de la confédération. La diète refusa. Alors l'Autriche et la Prusse réunies demandèrent qu'on les autorisât au moins à occuper le Schleswig, en leur qualité de grandes puissances. Nouveau refus de la diète. Après ce double échec subi en janvier 1864, les deux gouvernements résolurent de se mettre en contradiction ouverte avec la diète, et d'entrer dans le Schleswig, malgré celle-ci. Ainsi donc l'Autriche, qui pendant un demi-siècle avait basé tout son système sur sa solidarité avec les souverains de second et de troisième rang dans la confédération et sur l'institution de la diète, s'était laissé entrainer à rompre ce lien, à faire cause commune avec la Prusse, guidée par un intérêt tout à fait contraire. Lorsque les deux armées se mirent en marche, le conflit en était venu à ce point, que le royaume de Saxe, appelé à deux ans de là à se faire écraser aux côtés de l'Autriche à Sadowa, refusa le passage à l'armée impériale qui dut faire un détour à travers la Prusse. Pour que rien ne manquât à la maladresse, un secrétaire d'État*) déclara formellement dans la chambre des députés à Vienne, au nom de son gouvernement, que l'Autriche n'entendait mener cette guerre que contre le mouvement soulevé en Allemagne, puisque jamais elle ne pourrait reconnaître le principe des nationalités!

Après avoir supprimé ainsi de fait la diète et amené l'Autriche à en méconnaître l'autorité, M. de Bismarck était bien forcé de se débarrasser du traité de Londres, qui, aussi bien que la jurisprudence fédérale, lui interdisait l'annexion des duchés. En capitaine bien avisé, il s'était d'abord occupé uniquement de l'un de ses adversaires, et celui-là à sa merci, il se retourna contre l'autre. A plusieurs reprises il avait reconnu la validité du susdit traité; ce qui ne l'empêcha pas, le moment venu, de s'en affranchir. Le 15 mai 1864, il déclara qu'il ne se regardait plus comme lié envers le Danemark par le traité de 1852, puisque cette puissance l'ayant enfreint elle-même ne pouvait plus en revendiquer les avantages.

Le lendemain du jour où il avait fait cette manifestation officielle il révélait, dans une lettre adressée à un ami (elle est datée du 16 mai 1864), que la question de droit n'était qu'un prétexte pour arriver, de manière ou d'autre, à l'annexion des duchés. L'ami, appartenant au camp des conservateurs, s'était effrayé en lisant le

*) M. de Biegeleben.

projet d'adresse de la chambre prussienne, qui se prononçait vivement contre le Danemark. M. de Bismarck lui répond:

„Je comprends vos objections contre l'adresse qui, néanmoins, à mon avis, nous rend service en exerçant une certaine pression sur la marche des négociations diplomatiques. Il est possible que je me trompe; car plus je travaille dans la politique, plus je perds confiance dans les calculs humains ... La situation est ainsi faite, qu'il me convient de lâcher, contre les Danophiles de la conférence, tous les chiens qui ont envie d'aboyer (excusez ce style chasseur); le tapage de toute la meute réunie produit cet effet sur les pays étrangers, qu'ils se font à l'idée de regarder comme impossible le rétablissement du régime danois dans les duchés .... Je ne crains pas que l'adresse puisse nous créer des embarras. Je ne regarderais pas du tout comme un malheur que notre notre nation fût tellement saisie d'ambition prussienne, que le gouvernement, au lieu de stimuler, se trouvât plutôt obligé de tempérer l'ardeur générale ..... Enfin, pour caractériser la situation, je vous avouerai que l'annexion prussienne n'est pas le but suprême et nécessaire de mes efforts, quoiqu'elle m'en représente le résultat le plus agréable."

Et, en même temps qu'il formulait ainsi sa véritable pensée, il ne se contentait pas de la déguiser en discutant avec le Danemark un point de droit fort douteux, mais il s'amusait à jouer encore un trosième jeu avec l'Angleterre. A lord Woodhouse, envoyé de Londres pour faire un dernier essai de conciliation, il répondit que jamais la Prusse ne pourrait s'entendre avec le Danemark, tant que celui-ci conserverait son régime démocratique; qu'un coup d'État à Copenhague était le seul moyen d'éviter la guerre!

Toutes ces tergiversations ouvrirent enfin les yeux à l'Autriche, qui commença dès ce moment à pencher définitivement vers le prétendant. M. de Bismarck, de son côté, ne sentant pas encore la situation suffisamment préparée pour montrer son jeu, ne crut pouvoir mieux faire que de l'embrouiller encore davantage: suivant l'Autriche sur son terrain, il se donna l'air de prendre en considération les droits du prince d'Augustenbourg, ne cherchant en somme qu'à gagner du temps pour profiter de nouveaux incidents. Finalement, après avoir mis en avant à Copenhague le traité de Londres, à Londres la démocratie de Copenhague et à Vienne le duc d'Augustenbourg, il vit arriver le moment qui devait lui permettre de renoncer à ce triple subterfuge. La guerre contre le Danemark, une première fois interrompue par les conférences de Londres, avait éclaté de nouveau après que le terme assigné à l'œuvre des diplomates fut expiré sans résultat. La seconde campagne, avec ses succès définitifs et l'invasion du Jutland, amena la paix de Vienne qui, le 30 octobre 1864, mit les duchés à la disposition absolue des deux puissances alliées. Aussitôt la Prusse se précipita sur ce nouveau point de droit, tiré uniquement du fait, pour mettre de côté toutes les questions de parchemin et ne revendiquer le pays qu'à titre de conquête. Encore une fois, cette intérpretation qui opposait la force brutale à toute invocation de principe, était trop du goût de l'Autriche pour qu'elle n'y eût pas donné son adhésion. On s'installa donc à titre de copossesseurs, en signifiant à la diète que l'affaire ne la regardait pas autrement. A partir de là, commencèrent nécessairement les hostilités entre les deux rivaux, l'Autriche cherchant à opérer de nouveau sa jonction avec la diète, qui soutenait plus que jamais le prétendant, et M. de Bismarck opposant toutes sortes de difficultés à l'admission de ce dernier. Les choses en arrivèrent bientôt à ce point que, pendant trois mois entiers, les négociations restèrent interrompues entre les deux cours de Vienne et de Berlin. Reprises enfin au mois de juin 1865, elles aboutirent, le

22 juillet, à un ultimatum prussien. Dès le 15, M. de Bismarck avait dit à Karlsbad, au duc de Gramont, que la guerre était devenue inévitable entre l'Autriche et la Prusse; qu'il désirait en venir aux mains le plus tôt possible; que la mission de la Prusse était de prendre en main les destinées de l'Allemagne. Cependant il ne lui fut pas encore cette fois permis de dégaîner. Les deux familles régnantes, malgré toute leur irritation, éprouvaient une répugnance extrême à tirer l'épée. Elles aiment beaucoup le régime militaire, mais au fond, elles ne sont pas de nature belliqueuse; l'horreur de rompre le lien de la sainte alliance, et un peu aussi l'horreur de verser le sang allemand, les remplissaient d'épouvante. Ces hésitations du dernier moment amenèrent une dernière transaction. Le 14 août, la conférence de Gastein créa un intérim destiné à faire cesser l'état d'indivis. Provisoirement l'Autriche obtint la possession exclusive du Holstein, la Prusse celle du Schleswig, moins favorable parce que le Holstein sépare le Schleswig de toutes communications directes avec l'Allemagne. Mais celui qui avait accumulé toutes ces complications pour aboutir à une rupture, ne pouvait plus laisser échapper de ses mains une situation amenée avec tant de peine à ce point de maturité. On avait laissé passer la guerre d'Italie et le congrès des princes sans faire un pas vers une solution définitive. Ne pas saisir cette troisième occasion, c'eût été décourager la fortune. L'acquisition de deux nouvelles provinces était sans doute faite pour plaire à la royauté beaucoup plus que toute espèce de point de vue national; et cette perspective, jointe aux succès remportés par les troupes, dut permettre à M. de Bismarck d'enlever finalement la décision de celui qui, jusque-là, avait toujours reculé devant une mesure extrême.

Dès ce moment, le reste ne fut qu'une question de

manœuvre. Non-seulement le cabinet prussien renouvela ses exigences pour certaines conditions à imposer au futur souverain des duchés, mais il fit aussi élaborer par ses légistes un mémoire qui contesta les droits du prétendant d'une manière absolue. Et afin de concentrer tous ces moyens d'attaque, il renouvela la proposition de convoquer un parlement allemand, en l'accompagnant d'une circulaire diplomatique, qui adjurait l'Allemagne dans les termes les plus pathétiques de se serrer autour du drapeau de l'unité, sous peine de subir dans le cas contraire le sort de la Pologne (24 mars 1866). L'effet sur l'opinion publique fut nul. Par ses procédés contre les chambres prussiennes, M. de Bismarck avait perdu toute ombre de crédit auprès des gens sérieux. S'il eût encore pu prétendre à être cru sur parole, il aurait dû renoncer à cette illusion lorsqu'il accusa l'Autriche de nourrir contre la Prusse des intentions belliqueuses, jurant ses grands dieux que, quant à lui, aucune idée d'agression n'était entrée dans son esprit. C'était trop demander à la crédulité même des plus naïfs. Il est vrai que l'Autriche à cette époque s'était adressée à ses plus fidèles partisans dans une circulaire confidentielle pour les inviter à faire des armements (14 mars 1866), mais il est inutile d'ajouter que jamais précaution ne fut moins superflue. L'alliance entre la Prusse et l'Italie, dont les traces remontent jusqu'en 1865, était avancée à tel point que, trois semaines après la susdite circulaire prussienne, le traité formel entre Victor-Emmanuel et le roi Guillaume put être signé à Berlin (8 avril). L'Autriche depuis longtemps gémissait au souvenir de l'immense faute qu'elle avait commise en se laissant séparer de ses anciens fidèles; elle avait fini par faire amende honorable pour être réintégrée au sein de la diète. Dès le commencement de l'année 1865, M. de Schmerling, le ministre d'État, avait formellement avoué que, dans la question du Schleswig-Holstein, la politique autrichienne s'était complétement fourvoyée. Substituant maintenant le principe de l'autonomie du pays au système brutal du droit de conquête, l'Autriche convoqua les états des duchés pour les consulter sur leurs vœux; en même temps elle parut devant la diète en pécheresse repentie, mettant aux pieds de la compétence fédérale, si longtemgs méconnue, le droit de prononcer en dernier lieu sur cette éternelle controverse. C'était le 1er juin 1866. De cette façon la lutte se trouva directement engagée entre la diète et la Prusse. Sur la proposition de l'Autriche, la diète vota la mise sur pied de trois corps d'armée destinés à faire une démonstration contre les menaces de la Prusse; et ce vote fournit à cette dernière le signal, attendu depuis des années, de déclarer le traité fédéral violé par la diète elle-même (14 juin). Enfin était arrivé pour M. de Bismarck le moment décisif de vider par le fer et le feu la question de la suprématie en Allemagne. Une année auparavant, le 25 juillet 1865, il avait dit dans une entrevue à Salzbourg, à M. Von der Pfordten, ministre de Bavière, que le duel inévitable entre la Prusse et l'Autriche ne pouvait plus tarder, mais que ce serait fini vite: „Un seul choc, une bataille décisive, et la Prusse sera à même de dicter les conditions.“ Jamais programme n'avait été plus formellement annoncé et ne fut plus littéralement exécuté.

VI.

Si l'on devait juger l'habileté de M. de Bismarck d'après l'attitude dans laquelle il trouva en face de lui le peuple allemand au moment où éclatait la guerre de 1866, on serait tenté non-seulement de lui contester toute espèce de supériorité, mais il faudrait même avouer qu'après quatre ans passés à préparer le terrain de la lutte, il avait abouti à un effet absolument contraire à son intention. Il avait détruit ses dernières chances de trouver un appui dans le concours du pays. On n'arriverait jamais à comprendre les vrais mobiles de ces labeurs ardus, de ces marches et contremarches sans fin, si l'on se contentait d'en demander l'explication aux efforts dirigés par M. de Bismarck à l'adresse de l'opinion publique. Sa préoccupation à lui était d'autre nature. Sa façon réaliste d'envisager les questions le déterminait à chercher son appui ailleurs que dans l'assentiment théorique des masses; et toutes les fois qu'on croit le surprendre en flagrant délit de contradiction apparente, il faut s'attendre à le voir recourir aux mystères de certaines difficultés, dont le dernier mot pourrait se résumer en ceci: qu'entre deux maux, le moins grand lui avait toujours semblé celui qui l'obligeait à sacrifier le concours moral du pays au concours effectif du pouvoir établi.

Toujours est-il qu'au moment décisif il n'avait aucun appui moral dans la nation. A quoi lui avait-il servi de malmener, de compromettre l'Autriche en la brouillant avec la confédération et avec l'opinion publique? Le jour où il accusait la cour de Vienne de vouloir la guerre, d'avoir fait des armements dans ce but, cette ironie cruelle, cette provocation adressée au bon sens obligeait tout homme impartial de prendre la défense de l'Autriche contre ces insinuations encore plus ridicules qu'odieuses. Le jour où la Prusse attaqua l'Autriche, le peuple allemand, toujours prêt à prendre les choses politiques du côté sentimental, ne vit plus pour un instant dans ce conflit que la lutte d'un agresseur coupable contre une victime marquée d'avance. Le grand nombre avait toujours repoussé l'idée de cette guerre comme une chose moralement impossible. Il en advint qu'en présence du fait s'accomplissant, l'opinion se trouvait prise au dépourvu.

Il se trouva des gens enferrés dans leur conviction pour crier encore que la Prusse n'oservait jamais, quand elle avait déjà livré plusieurs combats. L'opinion publique était donc réduite à faire une des opérations les plus difficiles de la tactique, un changement de front sur le champ de bataille même.

Les premiers à se décider furent ceux qui, une fois la lutte entamée, jugèrent la question simplifiée du tout au tout. Dès ce moment, ils ne demandèrent plus qui était l agresseur ni qui avait le plus provoqué le parti libéral. Ils ne virent que les deux principes incarnés dans la Prusse et dans l'Autriche. Ils se décidèrent aussitôt pour la Prusse. En seconde ligne vinrent ceux pour lesquels la question d'existence qui se débattait entre les deux gouvernements n'était pas une cause déterminante. Il fallait qu'ils vissent toute l'intelligence et toute la vigueur d'un côté, toute l'ineptie de l'autre pour comprendre où était la vie et l'avenir. L'adhésion de ceux-là vint avec la victoire. Les derniers, enfin, furent ceux qui eurent besoin de toucher du doigt, de voir une nouvelle organisation installée, des trônes supprimés, le Nord doté d'une constitution, le Midi appelé à un rendez-vous prochain, pour avouer qu'un grand pas était fait; qu'en tout cas il ne fallait plus penser à arrêter l'Allemagne dans cet élan vers son unité véritable et complète. Le nombre de ces derniers n'est pas encore épuisé. Il augmente tous les jours.

Si M. de Bismarck était loin de représenter cette cause populaire dans toute sa pureté, on ne put au moins lui contester qu'il eût fait un pas énorme depuis son entrée dans la vie politique. L'homme qui, en dictant la paix de Nickolsbourg, et presque sur le champ de bataille, proclama la nécessité de créer des chemins de fer, des débouchés pour le commerce, la liberté de l'industrie, n'était évidemment plus le même qui, en 1849, le 18 octobre, dans la discussion sur la liberté des métiers, avait demandé qu'on limitât le nombre des apprentis dans chaque profession, et que les maîtrises fussent autorisées à prescrire la qualité et à fixer le prix des produits. Il n'appartenait plus, après son alliance avec Victor-Emmanuel, à son ancien parti qui avait envoyé un bouclier en vermeil au roi de Naples. L'homme qui se montrait, en 1849, l'antagoniste par principe de toute amnistie, devait arracher au roi, en 1866, dans la nuit même qui précéda l'entrée des troupes à Berlin, le décret proclamant la remise de tous crimes et délits politiques. Lui accorder un esprit flexible, ouvert aux idées du progrès, c'était lui faire une concession d'une portée d'autant plus grande, qu'on ne pouvait refuser à un homme de sa perspicacité le don de prévoir la conséquence de ses propres actions. Qui voudrait le soupçonner d'avoir ignoré que délivrer Venise, c'était attaquer Rome; que battre l'Autriche, c'était briser le concordat et relever la Hongrie; qu'unir l'Allemagne, c'était rompre avec la légitimité?

Mais s'il était décidé, lui, à ne pas reculer devant les conséquences de son entreprise, il avait affaire en première ligne à des personnages dominés par un esprit bien différent.

Les allusions à cet ordre de choses ne se rencontrent pas dans les confessions de M. de Bismarck qui précèdent son entrée au ministère; mais elles reviennent et s'accentuent de plus en plus, au fur et à mesure que sa politique s'avance vers le dénoûment suprême. Il fallait bien compter alors avec toutes les forces vraies du pays; il fallait penser au concours des patriotes éclairés et à l'élan des masses libérales. Car il fallait bien envisager l'éventualité d'une défaite.

M. de Bismarck n'avait pas eu de relations personnelles avec l'opposition parlementaire pendant la période du conflit soulevé par la réorganisation militaire et l'interprétation de la constitution. Mais au commencement de juin 1866, lorsque la guerre était devenue inévitable, il chercha à entrer en pourparlers avec quelques-uns de ses adversaires les plus influents et les plus intelligents.

Il les fit prier de la manière la plus significative d'accepter des entrevues confidentielles avec lui, dans lesquelles il leur posa surtout la question de savoir s'ils voteraient les fonds nécessaires à la guerre, et s'ils le soutiendraient dans le cas d'un revers? Il les conjura d'abdiquer pour un moment leur antagonisme et de ne penser qu'à la patrie. On lui répliqua que c'était lui qui avait creusé un abîme entre le pays et la royauté, par la manière insensée dont il avait constamment froissé l'opinion publique, et rendu impossible tout retour de la confiance au gouvernement. M. de Bismarck ne contesta pas la valeur de ces griefs, mais il s'abrita derrière les difficultés inextricables de sa position auprès d'un maître réfractaire aux idées modernes, entouré d'influences ultra-aristocratiques et peu enclin, grâce à son âge avancé, à modifier ses opinions. Il demanda que pour le moment on ne pensât qu'à l'État et à la grande patrie, et expliqua comment, sans se livrer à de vaines illusions, on pouvait mieux espérer de l'avenir. Il ne fit aucune difficulté pour reconnaître que quelques-uns de ses collègues dans le ministère méritaient d'être écartés, et qu'on avait eu tort de ne pas mieux se prêter à une entente avec la chambre au sujet des lois militaires. Que quant à lui, il aurait désiré aboutir à ces deux résultats, mais qu'on surfaisait son influence; qu'il avait à lutter avec des obstacles insurmontables. Le roi, dit-il, ne voulait pas entendre parler de mesures conciliantes, qui auraient eu pour effet une réduction quelconque de l'armée, et c'était peine perdue que de lui demander un changement dans la composition du cabinet.

Dans cette situation il avait dû, disait le ministre, tout sacrifier à son grand but, poursuivi depuis huit ans. Ce but c'était l'expulsion de l'Autriche, condition indispensable pour la formation d'un État allemand. Assister l'Autriche dans la guerre d'Italie aurait été un suicide, et c'est dans ces termes mêmes qu'il dit avoir dissuadé dans le temps le roi de cette résolution, qui, pendant un moment, avait eu de grandes chances d'être adoptée. Mon plus grand triomphe, s'écria-t-il plus d'une fois dans ces entretiens, c'est d'avoir obtenu du roi de Prusse cette déclaration de guerre contre l'Autriche, et la convocation d'un parlement allemand. Laissez l'avenir faire le reste, et ne me demandez pas pourquoi je n'ai pu arriver à ce but suprême sans me mettre sur le dos la presse et les chambres. Il y a de grandes choses qu'on ne peut obtenir avec des discours et des votes. Il faut avoir cinq cent mille baïonnettes. — M. de Bismarck n'eut pas de difficulté à prouver à ses interlocuteurs, dans ces épanchements pleins des aveux les plus intéressants, qu'ils ne pouvaient pas désirer le voir se retirer dans ce moment suprême; quant à lui-même, il ne pouvait pas non plus, ajoutait-il, augmenter les difficultés de sa position en adoptant une politique radicalement différente de celle des dernières années. Je peux déposer mon portefeuille, dit-il, mais je ne peux pas du jour au lendemain avoir l'air de tourner casaque, d'autant plus que cela ameuterait contre moi tout ce qui est hostile à ma grande politique. — De telles explications, données dans le ton d'une loyale aménité, finirent par préparer une entente entre le ministre et une partie notable de l'opposition, qui décida de le soutenir, non après la victoire remportée, mais bien avant que le canon de Sadowa fût venu en aide à ses arguments.

Celui qui réunirait les déclarations déposées par M. de Bismarck dans des notes et des discours officiels, depuis qu'il est au pouvoir, y retrouverait toujours la substance de ces entretiens, les mêmes idées fortement serrées les unes contre les autres: volonté de régénérer l'organisation allemande, subordonnée à la nécessité de disposer d'une grande force matérielle, afin de battre l'Autriche, et à côté de cette thèse, le sous-entendu revenant à tout propos, que le plus difficile est de gagner à cette cause l'esprit du roi. Le problème était d'une nature d'autant plus délicate que le roi, honnête à sa façon, se croyait toujours dans son droit, quand il insistait sur les plus grandes hérésies, en fait de légalité constitutionnelle. Il trouvait monstrueux qu'une opposition parlementaire prétendit se mêler du choix de ses ministres et des dépenses affectées à l'armée, ne cessant pas pour si peu de protester de sa fidélité envers la constitution. Jusqu'en 1848, il n'avait vu dans l'État que deux choses: la royauté et l'armée, et ses opinions passaient pour si absolues qu'au moment de la révolution, la cour ellemême l'avait prié de se dérober au ressentiment public. Pendant longtemps on vit inscrit, en grands caractères, sur son palais: „Propriété nationale." Il n'était alors que l'héritier présomptif du trône. Le souvenir poignant de ces jours fit de lui le chef naturel de la contre-révolution. Il commanda la campagne contre le soulèvement badois de 1849, et signa les nombreux arrêts de mort qui attristèrent cet épisode, sans se laisser attendrir ni par l'illustration des patriotes, ni par l'integrité des citoyens, ni par l'âge des jeunes gens dont les tribunaux militaires demandaient le sang. Depuis cette époque, quand les monarques de Prusse entendaient de temps en temps monter jusqu'à leur palais l'écho de quelques murmures de la population berlinoise, ils avaient l'habitude de dire qu'ils n'igoraient pas que les révolutionnaires les menaçaient du sort de Louis XVI.

Croit-on que ce fût chose facile de bâtir sur ce terrain l'alliance avec l'Italie et la Hongrie contre les Habsbourg et les Hanovriens? Et pendant que le roi éprouvait les hésitations inspirées par ses sentiments légitimistes, il n'échappait pas non plus aux influences de l'horreur que la guerre inspirait au parti libéral. La reine, une descendante des Princes Mécènes de Weimar, moins inaccessible aux idées modernes, partageait à cet égard la répugnance qui agitait la nation elle-même. M. de Bismarck se voyait donc dans la nécessité de conquérir l'esprit du roi, non-seulement sur lui-même, mais encore sur tout son entourage le plus intime. La guerre était déjà déclarée que derrière le dos du premier ministre, mais au su du roi, la cour négociait encore avec l'Autriche. Obligé de faire face à tous les embarras de cette situation, le ministre sans doute était toujours plus prompt à sacrifier les prétentions du pays que celles de la royauté; néanmoins son esprit ne fut jamais entièrement fermé aux objections de la partie adverse. „Je passe ma vie," avait-il coutume de dire, „à faire l'office de tampon entre le roi et les libéraux." Ce dualisme gouvernemental n'était pas uniquement représenté par la différence de vues existant entre le roi et son premier ministre, mais encore par la divergence peut-être plus grande entre ce dernier et ses principaux collègues, qui étaient des conservateurs pur sang. Cette divergence d'opinions dans le sein d'un même gouvernement, inadmissible ailleurs, n'a rien qui jure avec les traditions de la cour de Berlin. L'État prussien est avant tout l'œuvre personnelle de Frédéric-Guillaume Ier et de son fils le grand Frédéric. Tout le système porte encore aujourd'hui l'empreinte de ces deux fortes individualités. L'un et l'autre étaient les maîtres uniques et absolus du royaume, connaissaient seuls l'ensemble des affaires, veillaient même avec une certaine jalousie à ce que les ministres n'étendissent pas la connaissance des affaires au delà de leur département[1]). A la mort de Frédéric, la gestion des finances même était si éparpillée dans des bureaux différents, qu'on ne possédait aucun ensemble de la situation, et que dans le public s'était répandu le bruit absurde que le roi avait volontairement détruit les comptes pour créer des embarras à son successeur. Son père n'avait jamais voulu permettre que les ambassadeurs étrangers vissent un ministre, et le fils suivait cet exemple. Jamais les ministres ne se ré-

[1]) Twesten, der preussische Beamtenstaat.

unissaient en conseil, n'échangeaient leurs opinions; souvent, pendant des périodes fort longues, ils ne voyaient pas même le roi, avec lequel ils ne communiquaient que par écrit et seulement sur des matières d'un ordre tout à fait secondaire.

On raconte de Frédéric-Guillaume III, qui est mort en 1840, qu'il était resté dix ans sans recevoir son ministre en activité de service, M. von Altenstein; sous son successeur, l'avant-dernier roi, il n'était pas rare d'entendre un ministre se plaindre de ce qu'il ne pouvait pas arriver jusqu'au prince pour lui faire son rapport sur une affaire. Sous Frédéric-Guillaume II, le contemporain de la révolution française, les favoris, très-nombreux, des aventuriers de toute espèce, traitaient les ministres du haut en bas, et même sous le règne actuel, ces anomalies n'ont commencé à disparaître que depuis peu. Il y a deux ans seulement qu'un certain nombre d'officiers supérieurs composant ce qu'on appelle le „cabinet militaire“ tout à fait en dehors de la constitution, à côté des ministres, primaient souverainement l'influence de ces derniers. C'est dans ce cabinet militaire que les grandes questions furent agitées de la façon la plus intime et la plus décisive; et l'on comprend comment ce dualisme s'accordait avec cette tradition dans la famille des Hohenzollern, que l'État c'est avant tout les soldats et que les soldats leur appartiennent. Encore à l'heure qu'il est, il arrive parfois que le roi interrompt son travail avec les ministres quand on lui annonce un colonel. Avec ces habitudes, avec cette manière de voir, on peut se figurer ce qu'était un régime constitutionnel interprété par un roi de Prusse, et l'on n'aura plus de peine à croire que le souverain regardait ses ministres comme ses serviteurs personnels, et n'admettait pas qu'il eût à consulter autre chose que son goût pour les choisir ou pour les renvoyer.

Quand on lui démontrait que tel des ministres exaspérait le pays sans bénéfice pour la couronne; qu'il était non-seulement tracassier, mais incapable et paresseux; le roi répondait que les manières de l'homme ne lui déplaisaient pas et qu'il était accoutumé à travailler avec lui. Quand on insistait, le roi se lamentait à l'idée qu'on voulût le séparer, lui septuagénaire, d'un serviteur fidèle; et quand on ne cédait pas à cette considération il se fâchait et tournait les talons.

En 1866, le ministère était composé de trois éléments différents: MM. de Bismarck et de Roon représentant l'aristocratie éclairée, active, relativement accessible aux idées du temps, aux conditions du progrès; à côté d'eux M. Von der Heydt, le ministre des finances, spécialité de grand talent, survivant à tous les régimes, faisant du libéralisme ou de la réaction à volonté; enfin, la féodalité pure était représentée par le ministre de l'intérieur, comte Eulenbourg, et celui de la justice, comte Lippe, tous les deux excessivement bien en cour. Les titulaires du culte, du commerce et de l'agriculture ne venaient qu'en sous-ordre.

Ceux qui, après comme avant 1866, s'obstinent à ne voir en M. de Bismarck que le chef de la contrerévolution européenne, se sont toujours ingéniés à nier le conflit latent quil soutenait depuis longtemps contre les plus arriérés de ses collègues. Ils ont notamment toujours prétendu que l'hostilité que le premier ministre montrait contre le comte Lippe, ministre de le justice, n'était que pure comédie; ils en ont fait l'objet de leurs risées[1]). Mais les événements les ont complétement désavoués. Car

---

[1]) A ce propos on a inventé le terme de *Zwei-Seelen-Ministerium* (ministère aux deux âmes) en parodiant un vers bien connu en Allemagne

le garde des sceaux, après avoir été attaqué, blàmé, malmené par le chef du cabinet dans la séance publique du parlement du 10 octobre dernier, a fini par être renvoyé, pour avoir soutenu, avec un acharnement insensé, les poursuites contre la liberté de la tribune. Depuis, un nouvel incident a mûri le conflit entre M. de Bismarck et le comte Eulenbourg. La question du fonds provincial du Hanovre (question trop compliquée pour en essayer l'explication ici) a notoirement ébranlé la position du ministre de l'interieur, et, à cette même occasion, la scission entre M. de Bismarck et tout le parti ultra-conservateur a éclaté d'une façon manifeste A côté de ces faits d'une certaine importance, nous pourrions en citer bien d'autres de moindre dimension mais également significatifs, pour montrer que les difficultés créées à M. de Bismarck par l'entourage réactionnaire de la cour ne sont pas imaginaires, qu'il y a du vrai dans son affirmation, revenant à tout propos dans les conversations intimes: que son pouvoir à l'intérieur n'est dans aucun rapport avec son rôle dans la grande politique.

Est-ce à dire qu'au milieu d'une cour féodale et sous un régime plus ou moins personnel, M. de Bismarck représente la justice ou la liberté? Après tout ce qui précède, nous ne saurions être soupçonné d'un tel paradoxe. D'ailleurs, en matière d'histoire comme en matiére de roman, il vaut mieux montrer les personnages en action que les définir. Il ne s'agit que de les voir de tous les côtés et de près pour qu'ils prennent eux-mêmes la peine de s'analyser. M. de Bismarck se prête d'autant plus facilement à ce procédé qu'il n'a en lui rien de la vocation d'acteur dramatique, qu'on rencontre si souvent dans les hommes politiques éminents. Non pas qu'il y ait lieu d'accorder une confiance entière à ces allures franches par lesquelles il a l'habitude d'étonner son public.

Tous ceux qui l'ont fréquenté savent parfaitement à quoi s'en tenir sur ces confidences surprenantes faites quelquefois pour dérouter, tantôt par un excès de sincérité, tantôt par un excès contraire. Quand il simule, il exagère tellement, qu'il manque son effet, et l'on peut dire qu'il a plus souvent trompé ses adversaire en leur disant la vérité qu'en la niant. A-t-il fait une seule dupe par ces circulaires diplomatiques d'avril et mai 1866, dans lesquelles il se lamentait au sujet des préparatifs de guerre de cette belliqueuse Autriche, qui voulait à tout prix tomber sur la Prusse inoffensive? ou, quand il affirmait devant les chambres, qu'en gouvernant sans budget, il croyait rester dans les limites de la constitution (lui qui, plus tard, demanda l'indemnité?). Il nie peut-être sans scrupule, mais aussi sans art. Quand il prend des allures de pourfendeur, il a parfois l'air de rire sous cape. En face d'un adversaire, il peut être provoquant, malicieux, méchant même, mais il n'est pas faux; il peut blesser la morale et la justice, mais il ne blessera pas le bon goût par des attitudes pathétiques, Il n'est pas de la race des bulletiniers, qui croient qu'on mène le monde avec des phrases bien senties, ou qu'on triomphe des misères publiques, en les enveloppant dans des banalités pompeuses. Bien au contraire, il est de ceux qui, par plaisir d'accentuer les contrastes, dépassent le but pratique. Avait-il besoin, dans le comité de la chambre, de proclamer le principe du fer et du feu? Ceux qui obéissent uniquement à ces sortes de conviction ne sont pas ceux qui les affichent en public, ils ont plutôt la bouche pleine de douceurs humanitaires.

Son humeur nonchalante perce à travers l'état défectueux de ses chapeaux et de ses cravates. Quelque chose en lui rappelle ce type de crânerie et de bonhomie réunies dans l'étudiant allemand, querelleur, présomptueux, ferrailleur, jovial et un peu sentimental dans les recoins de son âme. Après Sadowa, il dit à un ami que l'aspect du champ de carnage l'avait pendant quelques jours rendu insensible à la jouissance de son triomphe. Quelquefois une nuance mélancolique paraît pour un instant dans ses lettres. Se plaignant un jour des dénigrements du parti de la croix: „Il n'y a rien de tel, dit-il, que des inquisiteurs surgissant au milieu d'un camp ami; entre camarades, qui ont longtemps mangé à la même marmite, on est mille fois plus injuste qu'entre ennemis. Tant mieux, j'en prends mon parti, il est bon d'apprendre qu'il ne faut pas compter sur les hommes, et je rends grâce à tout incident qui me fait rentrer en moi-même.“ — Une autre fois, il se laisse aller jusqu'à une sorte d'Ossianisme en écrivant: „J'ai presque la nostalgie de mon appartement du quai anglais (à Saint Pétersbourg) avec *sa vue calmante* sur les glaces de la Newa.“ On a raconté souvent la plaisanterie de la feuille d'olivier qu'il tira un jour de son étui à cigare, en disant à un libéral qu'il l'avait cueillie à Avignon pour l'offrir à l'opposition, mais que le moment n'était pas venu, et qu'il la conservait pour un temps à venir. Il use beaucoup du cigare, et cette habitude ajoute à la nonchalance de son extérieur. Pendant qu'il était ambassadeur à Francfort, son ennemi intime, M. de Rechberg, convoqua un jour les membres de la diète et les reçut chez lui en robe de chambre. M. de Bismarck, pour user de représailles, aussitôt tira de sa poche son étui, prit un cigare, en offrit un second à son voisin, et sans attendre la réponse: „N'est-ce pas, cher comte, vous permettez?“ dit-il en allumant. Cette désinvolture, cassante à l'occasion, est avant tout le résultat d'un esprit actif, remuant, impatient de tout faire et de tout savoir par lui-même. Il a tracassé, exaspéré la presse et la chambre; mais du moment qu'il espérait séduire un député ou un journaliste par des confidences, par des explications, il les recherchait avec empressement, causant, avec un sans-façon parfois indiscret, de tous les grands rouages de l'État. En 1849, il envoya un cartel au rédacteur du *Kladderadatsch* (le Charivari de Berlin), et plus tard, pendant son ambassade à la diète, le public le soupçonnait très-fort de collaborer quelquefois en cachette à cette même feuille, surtout quand elle donnait quelque bonne charge d'un diplomate autrichien. Où il se laisait aller à toute la verve de son humeur, tantôt provoquante, tantôt enjouée, c'était devant les comités des chambres. Le babillage auquel il pouvait s'abandonner à huis clos allait beaucoup mieux à son talent que l'éloquence publique. „Dans ces moments," dit un témoin de ces discussions, „tout passait devant nos yeux dans une confusion de kaléidoscope et avec un mouvement si rapide qu'il était impossible de suivre. Il y avait un contraste frappant entre le sérieux des membres de la commission plongés dans les chiffres et autres données positives et le babillage du ministre brodé de termes étrangers."

Pour compléter ce portrait, nous ne pouvons nous empêcher d'ajouter, au témoignage des faits et à celui des observateurs, le document dans lequel le ministre a entrepris un jour de se caractériser lui-même devant le public et devant la France tout particulièrement. On voit par là que ce n'est pas une confession faite pour être acceptée sans réserve. Mais sans oublier qu'elle a été dictée pour les besoins de la cause, on ne peut après tout, en jugeant le procès de M. de Bismarck, lui refuser la parole pour qu'il s'explique lui-même. Il est entendu qu'il ne prêtera pas serment et que nous serons libres de ne l'écouter qu'à titre de renseignement.

Un journaliste français, M. Vilbort, qui avait suivi

la campagne de l'armée prussienne, demanda une audience au ministre avant de rentrer en France, et il a rendu compte de son entretien dans le *Siècle* du 10 juin 1866. Entièrement convaincu de l'indépendance d'esprit dans laquelle l'honorable journaliste se trouvait en sortant de ce tête-à-tête, nous devons présumer, d'un autre côté, qu'il n'a pu se permettre la publication de ce morceau qu'après en avoir prévenu le ministre. Nous n'allons donc pas trop loin en disant que c'est M. de Bismarck lui-même qui paraît dans les lignes suivantes pour parler au lecteur français. Voici comment s'exprime M. Vilbort:

A mon arrivée à Berlin, on me dépeignait M. de Bismarck comme un homme inabordable. On me disait: „Ne cherchez point à le voir, vous y perdriez votre temps. Il ne reçoit personne; il vit au fond de son cabinet sous triple serrure. Il n'en sort que pour aller chez le roi, et c'est à peine si ses plus intimes conseillers parviennent jusqu'à lui. "Je demandai pourtant une audience au premier ministre du roi de Prusse. M. de Bismarck me fit savoir sur-le-champ qu'il me recevrait le soir.

En entrant dans ce cabinet, où la paix de l'Europe est comme supendue à un fil, mais dont la porte n'était fermée qu'au pêne, je vis un homme de haute stature, au visage tourmenté; sur son front élevé, large et plein, je découvris, non sans quelque surprise, beaucoup de bienveillance unie à l'opiniâtreté. M. de Bismarck est blond; ses cheveux sont rares sur le sommet de la tête: il porte la moustache militaire, et dans sa parole il y a plutôt la rondeur du soldat que la circonspection du diplomate. C'est aussi le grand seigneur et l'homme de cour, armé de toutes les séductions dune politesse raffinée. Il vint à moi, me prit la main, me mena vers un fauteuil et m'offrit un cigare.

"— Monsieur le ministre, lui dis-je après quelques préliminaires, comme beaucoup de mes compatriotes, j'ai à cœur de me renseigner le mieux possible sur les véritables intérêts de la nation germanique. Permettez-moi donc de vous parler avec une entière franchise. Je reconnais volontiers que, dans sa politique extérieure, la Prusse paraît tendre aujourd'hui vers des buts éminemment sympatiques à la nation française, savoir:

l'Italie définitivement affranchie de l'Autriche, l'Allemagne constituée sur la base du suffrage universel. Mais, entre votre politique prussienne et votre politique allemande, la contradiction n'est-elle pas flagrante? Vous proclamez un parlement national comme l'unique source d'où l'Allemagne puisse sortir régénérée, comme le seul pouvoir suprême qui soit capable d'accomplir ses nouvelles destinées; et en même temps vous traitez la seconde chambre de Berlin à la façon de Louis XIV, lorsqu'il entrait au parlement de Paris son fouet à la main. Nous n'admettons pas en France que, entre l'absolutisme et la démocratie, le mariage soit possible. Et pour aller jusqu'au bout de la vérité, à Paris, laissez-moi vous le dire, l'opinion publique n'a pas pris au sérieux votre projet de parlement national: on n'a vu là qu'une machine de guerre fort bien imaginée, et l'on croit généralement que vous êtes l'homme à briser cet instrument après vous en être servi, et le jour où il deviendrait incommode ou inutile.

"—A la bonne heure, me répondit M. de Bismarck, vous allez au fond des choses. En France, je le sais, je jouis de la même impopularité qu'en Allemagne. Partout on me rend seul responsable d'une situation que je n'ai pas faite, mais qui s'est imposée à moi comme à tous. Je suis le bouc émissaire de l'opinion publique, mais je m'en tourmente peu. Je poursuis avec la conscience parfaitement tranquille, un but que je crois utile à mon pays et à l'Allemagne.

"Quant aux moyens, je me suis servi de ceux qui se sont offerts à moi, à défaut d'autres. Sur la situation intérieure de la Prusse, il y aurait bien des choses à dire. Pour la juger avec impartialité, il faudrait étudier et connaître à fond le caractère particulier des hommes de ce pays. Tandis que la France et l'Italie forment chacune aujourd'hui un grand corps social qu'animent un même esprit et un même sentiment, en Allemagne, au contraire, c'est l'individualisme qui domine. Chacun ici vit à part dans son petit coin, avec son opinion à soi, entre sa femme et ses enfants, toujours en défiance envers le gouvernement comme envers son voisin, jugeant tout à son point de vue personnel, mais jamais au point de vue de la masse. Le sentiment de l'individualisme et le besoin de la contradiction sont développés chez l'Allemand à un degré inconcevable. Montrez-lui une porte ouverte, plutôt que d'y passer, il s'entêtera à vouloir s'ouvrir un trou à côté dans la muraille. Aussi, quoi qu'il fasse, aucun gouvernement ne sera jamais populaire en Prusse. Le plus grand nombre se montrera toujours d'un avis opposé. Par cela seul qu'il est le gouvernement et qu'il se place comme une autorité en face de l'individu, il est condamné à être perpétuellement contredit par les modérés, décrié, conspué par les exaltés. Ç'a été le sort commun de tous les régimes qui se sont succédé depuis le commencement de la dynastie. Les ministres libéraux, pas plus que les ministres réactionnaires, n'ont pu trouver grâce devant nos politiques...“

Et, passant en revue les règnes et régimes divers depuis l'origine de la monarchie, M. de Bismarck s'attacha à me prouver dans un langage très-coloré, très-pittoresque et tout semé de saillies, que les Auerswald et les Manteuffel avaient eu la même fortune, et que Frédéric-Guillaume III, qu'on appelait le *Juste*, avait perdu son latin à vouloir contenter les Prussiens, aussi bien que Frédéric-Guillaume IV.

„— Ils acclamaient, ajouta-t-il, les victoires de Frédéric le Grand; mais à sa mort ils se frottèrent les mains d'aise de se voir débarrassés de ce tyran. Cependant, à côté de cet antagonisme existe un attachement profond pour la dynastie. Point de souverain, point de ministre, point de gouvernement qui puisse conquérir la faveur de l'individualisme prussien; mais tous crient du fond du cœur: Vive le roi! Et ils obéissent quand le roi ordonne.

„— Il y en a pourtant qui disent, monsieur le ministre, que le mécontentement pourrait bien en arriver jusqu'à la rébellion.

„— Le gouvernement ne croit pas avoir à la craindre, et il ne la craint pas. Nos révolutionnaires ne sont pas si terribles. Leur hostilité s'exhale surtout en épithètes contre le ministre, mais ils respectent le roi. C'est moi seul qui ai fait tout le mal, et c'est à moi seul qu'ils en veulent. Avec un peu plus d'impartialité, peut-être reconnaîtraient-ils que je n'ai pas agi autrement parce que je ne l'ai pas pu. Dans la situation actuelle de la Prusse en Allemagne, et en face de l'Autriche, il nous fallait avant tout une armée. En Prusse, c'est la seule force disciplinable . . . Je ne sais pas si le mot est français . . .

„— A coup sûr, monsieur le ministre, on peut l'employer en France.

„— Le Prussien qui se ferait casser un bras sur une

barricade, reprit M. de Bismarck, rentrerait au logis tout penaud, et sa femme le traiterait d'insensé; mais, à l'armée, c'est un soldat admirable, et il se bat comme un lion pour l'honneur de son pays. Cette nécessite d'une grande force armée, imposée par les circonstances, une politique frondeuse n'a point voulu la reconnaître, si évidente qu'elle fût. Quant à moi, je ne pouvais pas hésiter: par ma famille, par mon éducation, je suis avant tout l'homme du roi. Or, le roi tenait à cette organisation militaire comme à sa couronne, parce que lui aussi, en son âme et conscience, il la jugeait indispensable. Là-dessus, personne ne pouvait le faire céder ou transiger. A son âge, — il a soixante-dix ans, — et avec ses traditions, on s'obstine dans une idée, alors surtout qu'on la croit bonne. D'ailleurs, au sujet de l'armée, je partage entièrement sa manière de voir.

„Il y a seize ans, je vivais en gentilhomme campagnard, lorsque la volonté souveraine me désigna comme envoyé de la Prusse auprès de la diète de Francfort. J'avais été élevé dans l'admiration, je pourrais dire dans le culte de la politique autrichienne. Il ne me fallut pas beaucoup de temps pour perdre mes illusions de jeunesse à l'endroit de l'Autriche, et je devins son adversaire déclaré.

„L'abaissement de mon pays, l'Allemagne sacrifiée à des intérêts étrangers, une politique cauteleuse et perfide, tout cela n'était pas fait pour me plaire. J'ignorais que l'avenir dût m'appeler à remplir un rôle; mais dès cette époque je conçus l'idée dont je poursuis la réalisation aujourd'hui, celle de soustraire l'Allemagne à la pression autrichienne, du moins cette partie de l'Allemagne unie par son esprit, sa religion, ses mœurs et ses intérêts aux destinées de la Prusse, l'Allemagne du Nord. Dans les projets que j'ai mis en avant, il n'est pas question de renverser des trônes, de prendre à celui-ci son duché, à tel autre son petit domaine. Le roi, d'ailleurs, n'y préterait pas la main. Et puis il y a les relations de famille, le cousinage, une foule d'influences hostiles contre lesquelles j'ai eu à soutenir un combat de toutes les heures.

„Tout cela, pas plus que l'opposion avec laquelle j'ai eu à lutter en Prusse, n'a pu m'empêcher de me dévouer corps et âme à cette idée: l'Allemagne du Nord constituée dans sa forme logique et naturelle sous l'égide de la Prusse. Pour atteindre ce but, je braverais tout: l'exil et même l'échafaud. Et j'ai dit au prince royal, qui, par son éducation et ses tendances, est plutôt l'homme du gouvernement parlementaire: qu'importe si l'on me pend, pourvu que ma corde de pendu attache solidement votre trône à cette nouvelle Allemagne! . . . .

„— Puis-je aussi vous demander, monsieur le ministre, comment vous entendez concilier la libre mission d'un parlement national avec le traitement rigoureux qu'a subi la chambre de Berlin? comment surtout vouz avez pu décider le roi, représentant du droit divin, à accepter le suffrage universel, qui est le principe démocratique par excellence?“

M. de Bismarck me répondit vivement:

„— C'est une victoire remportée après quatre années de luttes! Quand le roi m'a appelé, il y a quatre ans, la situation était des plus difficiles. Sa Majesté m'a placé sous les yeux une longue liste de concessions libérales, mais aucune à attendre d'elle sur la question militaire. J'ai dit au roi: J'accepte, et plus le gouvernement pourra se montrer libéral, mieux cela vaudra. La chambre s'est obstinée d'un côté et la couronne de l'autre. Dans ce conflit, j'ai suivi le roi. Ma vénération pour lui, tout mon passé, toutes mes traditions de famille m'en faisaient un devoir. Mais que je sois, par nature ou par système, l'adversaire de la représentation nationale, l'ennemi-né du régime parlementaire, c'est là une supposition toute gratuite.

„Je n'ai pas voulu me séparer du roi, aux prises avec la chambre de Berlin, alors que la chambre de Berlin se mettait en travers d'une politique qui s'imposait à la Prusse comme une nécessité de premier ordre. Mais que je songe à mystifier l'Allemagne avec mon projet de parlement, personne n'est en droit de m'adresser cette injure. Le jour où, ma tâche remplie, mes devoirs envers mon souverain se concilieraient mal avec mes devoirs d'homme d'État, je pourrais prendre le parti de m'effacer, sans qu'il me fallût pour cela renier mon œuvre.“

Telles sont en substance, dit M. Vilbort en finissant, les vues politiques que M. de Bismarck a exposées devant moi. Sa pensée, en recevant une autre forme, a pu tantôt s'accentuer ou tantôt s'atténuer sous ma plume; je me suis toutefois appliqué à la rendre aussi fidèlement que possible.

Dans cette causerie spirituelle, M. de Bismarck a fourni des renseignements sur la nature du caractère allemand, qui en plus d'un endroit ne sauraient être acceptés sans réserve. Il faut cependant lui accorder que parmi les traits qu'il relève il y en a un essentiellement de sa compétence; et il eut raison de supposer que l'esprit de son interlocuteur français serait particulièrement touché par les considérations appartenant à cet ordre d'idées. Cette question n'est autre que celle de l'importance à assigner dans le développement de l'Allemagne à l'intervention de l'élément révolutionnaire.

En somme, c'est sur ce terrain qu'il faut chercher l'explication pratique de tout ce qui s'est accompli depuis tantôt deux ans. Le premier considérant de la transaction intervenue entre la nation et le ministre prussien doit être censé conçu dans les termes suivants: „Attendu que, soit par tempérament, soit par habitude, pour son bonheur ou pour son malheur, de toute façon le peuple allemand jusqu'à nos jours n'a pas fait preuve de vocation révolutionnaire . . .“ M. de Bismarck, lui, était bien fait pour sentir cette absence de tempérament, car il possédait cet élément qui manquait aux masses avec lesquelles il allait se mesurer. On ne peut douter un instant qu'il ne soit né révolutionnaire. Car on naît révolutionnaire comme on naît légitimiste, par la conformation du cerveau, tandis que le hasard seul décide si les circonstances de la vie feront du même homme un blanc ou un rouge. En entendant cet aristocrate proclamer à tous propos la supériorité du fait accompli, le remède du sang, du fer, du feu, n'est-on pas malgré soi, forcé de penser à ces Jupiter tonnants d'une autre époque, qui disaient que les révolutions ne se faisaient pas avec l'eau de lavande, qu'avec du pain et du fer on va au bout du monde? La conscience révolutionnaire est celle qui se croit en possession d'un moyen héroïque pour arriver au souverain bien. M. de Bismarck un jour formulait cette conviction en disant à M. Virchow: „Vous croyez peut-être entendre mieux que moi la politique nationale, mais je sais que moi j'entends mieux que vous et que toute la chambre ce que j'appellerai la politique politique“ *(die politische Politik)*. Et plus il marchait, plus il s'affermissait dans ce sentiment de sécurité. On pourrait comparer son procédé à celui des ingénieurs qui ont construit un pont de chemin de fer à travers une rivière. Avant de lui confier le sort des voyageurs, ils y accumulent un poids énorme plus considérable que le maximum de toute charge que jamais les locomotives pourront y amener, et puis ils observent de combien de millimètres le tablier s'abaisse. Ainsi M. de Bismarck avait accumulé sur le pays une charge exorbitante de mesures arbitraires, et le pays n'avait bougé que dans les proportions infimes dont la statique ne se préoccupe plus. La preuve était acquise que le convoi royal et militaire pouvait passer là-dessus avec armes et bagages. Dès ce moment, le choix était fait du procédé par lequel il était permis de s'avancer vers le problème de l'unité allemande.

Ce que M. de Bismarck dit au journaliste français dans l'intimité du tête-à-tête, son collègue M. de Roon le jeta un jour brutalement à la face de la chambre. Un député ayant fait allusion à l'éventualité d'une explosion générale: „Je vois ici,“ s'écria le ministre de la guerre, en se tournant vers les bancs de l'opposition garnis par la grande majorité, „beaucoup de figures honnêtes et sérieuses, mais point du tout de nature à me faire venir cette peur;“ et M. de Bismarck manquait rarement l'occasion de démontrer comment, en 1848, la démocratie avait succombé faute d'énergie, de savoir-faire et par sa confiance naïve dans la propagande théorique.

On s'exposerait néanmoins à de grandes erreurs en jugeant trop exclusivement le degré de maturité du peuple allemand d'après les points de vue que nous venons de mettre en évidence. Ce régime personnel et monarchique en haut, cette résignation en bas (autant en Prusse que dans les petits États, seulement moins visibles à l'œil nu), coïncident avec un développement intellectuel et une susceptibilité morale à la hauteur de n'importe quel pays du monde. L'homme d'État qui a si fortement compromis la réputation de la nation est, certainement, un des moins disposés à lui contester sa valeur intrinsèque. Il en exprimait un jour la pensée dans sa manière sarcastique, en disant, dans un comité parlementaire, que l'Allemagne était peut-être trop avancée pour supporter une constitution. Mais ce qui l'intéressait avant tout dans son impatience d'agir et avec sa méthode pratique, c'était le *statu quo* du moment. Cette appréciation énergique, outrée peut-être, de la force inhérente au *statu quo*, formait le plus vif contraste avec la manière de voir d'une opposition essentiellement idéaliste. Plus un peuple se laisse absorber par les travaux de l'esprit, plus il est exposé à trop peu compter avec la puissance des forces établies qui le tiennent enchaîné à son passé. La partie éclairée de la nation, très-considérable par le nombre, avec la soif d'instruction et le cosmopolitisme qui la caractérisent, avait vécu non-seulement de sa vie propre, mais aussi de la vie de tous les pays de civilisation moderne. Ayant participé par la pensée à tous les grands mouvements réformateurs, elle croyait pouvoir continuer les travaux interrompus de l'affranchissement général, au point où d'autres les avaient laissés. Mais ce principe des économistes: que le travail accumulé seul constitue la valeur, est également vrai dans la loi du développement humain. Les résultats féconds des entreprises révolutionnaires dépendent avant tout du travail intérieur qui les a engendrées. Croire qu'on peut bénéficier dés efforts du voisin par l'assimilation des idées seules est une erreur profonde.

Or l'Allemagne n'a jamais fait de révolution à elle. Elle a la gloire d'avoir fondé le protestantisme, developpé la liberté philosophique, mais en fait d'affranchissement politique, elle n'a jamais rien produit ni de spontané, ni d'original, ni de durable. Elle ne peut se comparer en cela ni à l'Angleterre, ni à l'Amérique, ni à la France, ni à la Suisse, ni à la Hollande, ni à la Belgique. Elle est la dernière venue des nations politiques, et l'année 1866 pour la première fois lui a vu faire un grand changement organique sans impulsion du dehors. Il est vrai qu'en définitive cette impulsion est venue d'en haut, non d'en bas, mais toujours, est-il qu'au moins elle est venue du dedans. Au dernier rang du mouvement progressif se trouvent les peuples quand ils n'avancent qu'à force d'être battus. Ainsi, après la prise de Sébastopol, la Russie a eu l'abolition du servage; après les défaites de 1859 et de 1866, l'Autriche est revenue chaque fois au régime constitutionnel. L'Allemagne autrefois vivait dans les mêmes conditions. L'invasion de la première république l'avait réveillée, Bonaparte lui avait rendu d'immenses services en balayant ses trois cents souverains pour n'en laisser subsister qu'une trentaine. Depuis ce temps, l'Allemagne n'avait trouvé quelque force de résistance que lorsque l'écho des insurrections de Paris vint intimider ses princes, en 1830 et en 1848. La lutte constitutionnelle soutenue en Prusse par la chambre et le pays contre le principe de la monarchie absolue, depuis 1859 jusqu'en 1866, offre pour la première fois le spectacle d'un grand effort spontané, persistant, propre à développer l'éducation publique. Ses résultats, malgré le triomphe final de M. de Bismarck, n'ont pas été perdus; le parti libéral peut à bon droit s'attribuer une grande partie des progrès réalisés en Allemagne par celui même qui l'a si cruellement maltraité. Mais autant sont palpables les résultats obtenus par le travail assidu de ces dernières années, autant étaient imaginaires les résultats sur lesquels s'appuyaient les radicaux pour continuer directement le mouvement de l'incident révolutionnaire de 1848. Ce qui dominait de fait, malgré tous les progrès intellectuels, c'était en haut le régime personnel, en bas l'insensibilité. Dans cet état de choses, M. de Bismarck n'avait pas hésité à mettre son enjeu sur le régime personnel.

Faut-il conclure de là que sa victoire est celle de la royauté militaire? C'est l'erreur précisément de ceux qui, ne regardant que l'agencement superficiel des choses, n'ont pas voulu distinguer entre la fin et les moyens. Nous n'agiterons ici ni la fameuse thèse de la justification des moyens par la fin, reprochée aux jésuites et pratiquée par tout le monde, ni la question de savoir si une victoire obtenue par des moyens regrettables ne se ressentira pas longtemps dans ses conséquences des conditions fâcheuses sous lesquelles elle a été remportée. Il ne s'est pas agi pour nous de montrer les avantages ni les dangers des grands changements naguère survenus en Allemagne, — objet depuis de tant de commentaires, — mais seulement de pénétrer au fond des idées personnelles et générales qui en ont été le principe moteur. Si la grandeur du résultat obtenu ne peut manquer d'élargir les vues de ceux qui sont appelés les premiers à en tirer honneur et avantage, on ne saurait cependant assez encourager la nation à ne leur accorder qu'une confiance limitée et à prendre en main, elle-même, le plus tôt possible la direction de ses affaires.

Mais avant tout, ne confondons pas avec les justes appréhensions les fausses alarmes par lesquelles certains radicaux cherchent à ameuter le libéralisme français contre l'œuvre de l'unification allemande. Prenez garde, disent-ils, la Prusse militaire à la tête de la nouvelle Allemagne, c'est l'invasion réactionnaire menaçant la France révolutionnaire. Chose remarquable! les gens qui tiennent ce langage à la France, sont les mêmes qui disent à l'Allemagne que, si elle avait voulu attendre un quart d'heure de plus, elle aurait eu la certitude de s'unifier par un grand soulèvement populaire; et ils reprochent à ceux qui se sont ralliés à la nouvelle œuvre, d'avoir d'désespéré des ressources révolutionnaires de leur pays. Il faut admirer la naïveté, qui sait si bien s'arranger des plus criantes contradictions. Ces politiques de haute imagination se sont levés le matin avec l'espoir de voir l'Allemagne entrer de plainpied dans la voie de la Convention de 1793; ils se couchent le soir fermement persuadés qu'elle va mettre à exécution les décrets du congrès de Pillnitz. Ainsi, toujours d'après les théories de cette science profonde, les mêmes hommes, dans le même jour, suivant ce que décidera le hasard, feront les choses les plus contraires. Si on les avait laissé faire, eux, le peuple allemand aurait entonné *la Marseillaise;* malheureusement on a laissé faire M. de Bismarck, et voilà que ce bon peuple va mettre ses baïonnettes au service du manifeste de Brunswick. Si ceux qui parlent ainsi se disent les amis du peuple, il faut avouer que leur amitié n'est pas fondée sur l'estime. Tant d'inconséquence serait chose vraiment incroyable, si l'on ne connaissait les extravagances dont est capable dans son dépit l'esprit de parti infatué de lui-même et de ses formules. Aux yeux de toutes les orthodoxies, étroites et paresseuses de nature, il n'y a qu'à choisir entre des extrêmes qui restent éternellement les mêmes: entre le concile de Trente et l'anathème, entre Danton et Cobourg.

Quant à ceux qui voient le monde tel qu'il est, s'ils

ne peuvent se faire illusion sur ce qui est encore debout en Allemagne de pouvoirs surannés, ils ne méconnaissent pas non plus ce qui a progressé depuis quatre-vingts ans Quatre-vingts ans, y pense-t-on? Et l'on veut exciter le peuple français en lui persuadant qu'il a devant lui l'Allemagne du congrès de Pillnitz, et que les deux pays représentent toujours comme alors les contrastes excessifs de l'esprit nouveau et de l'esprit ancien? La France est-elle donc, comme il y a quatre-vingts ans, à ses yeux et à ceux du monde entier, la personnification de la liberté, la seule nation qui eût encore roulé dans sa tête les problèmes sociaux et en eût mûri les solutions? La nation allemande n'a-t-elle pas pris sa place au soleil de la civilisation moderne? ne se montre-t-elle pas sérieusement préoccupée de son avancement politique? Est-elle une masse inerte et inintelligente, qu'un chevalier errant de la légitimité puisse lancer un jour contre un France occupée à se régénérer?

La coalition elle-même a été battue comme elle le méritait, et dans ce temps il n'était encore question ni de peuple allemand ni de peuple prussien. Et cette monarchie prussienne n'a vaincu la France que lorsque le génie moderne du grand Frédéric s'est trouvé en présence du régime honteux de Louis XV, et lorsque le soulèvement national s'est trouvé en présence du césarisme insatiable de Napoléon Ier. Si jamais un roi de Prusse pouvait retomber dans l'aberration d'une croisade contre le drapeau de la liberté déployé par la France, il serait abandonné de tout ce qui peut donner la victoire, il serait battu comme il le mériterait, comme la première fois, et plus encore que la première fois. Les progrès de la liberté en France ont toujours profité aux partis libéraux en Allemagne. Croit-on que désormais une Allemagne aspirant à pleins poumons le grand air de sa vie nouvelle voudrait s'engager dans une croisade légitimiste?

La lutte éternelle des peuples contre leurs maîtres ne devrait raisonnablement alterner qu'entre la nécessité de les renverser ou l'espoir de les moraliser. Quant à l'entreprise de les dompter par des institutions coercitives, par des restrictions inscrites dans les chartes monarchiques, l'expérience ne peut y voir qu'une valeur fort relative. Là où l'esprit des gouvernements persiste à l'état d'insurrection plus ou moins latente contre l'autorité de l'opinion publique; là où les chefs d'État se croient injustement renfermés dans les limites d'un pouvoir constitutionnel, la force concentrée d'en haut aura toujours la chance de prévaloir contre la force diffuse d'en bas. Le vrai triomphe de la civilisation dans les États monarchiques, c'est d'élever l'esprit héréditaire des maisons régnantes à cette hauteur, où la guerre contre l'opinion de leur nation leur apparaît comme une impossibilité morale, comme une monstruosité incapable de naître dans le cerveau d'un homme sensé.

Le peuple allemand, après avoir échoué dans une faible tentative révolutionnaire, a jugé lui-même que ses précédents n'avaient pas jusqu'ici suffisamment développé en lui les forces élémentaires indispensables pour engendrer les grands soulèvements victorieux. Il fallait donc se résigner à cette autre nécessité qui consiste à se vouer à l'éducation du gouvernement établi. Appliquer ce problème à trente maisons régnantes était chose inexécutable. C'est déjà assez de bonheur quand il y a quelque probabilité d'y réussir avec une seule. L'histoire et la nature des choses avaient désigné depuis cent ans la monarchie prussienne. Depuis un demi-siècle, celle-ci avait désespéré ses adhérents par sa nullité complète. Enfin, en 1866, elle donna signe d'intelligence, de vitalité et d'ambition salutaire. Pour tous ceux qui entendaient quelque chose à la politique de leur pays, c'était le moment d'encourager cet élan et surtout de soutenir l'auteur principal de cette mémorable entreprise dans sa tâche si difficile si problématique, disons-le, de faire entrer l'esprit moderne dans le cœur d'une ancienne dynastie militaire. Comprend-on maintenant que celui qui devait l'essayer avec quelque chance de succès, ne pouvait tenir exclusivement ni de l'un ni de l'autre des deux éléments qu'il s'agissait de combiner? Ce devait être précisément ce personnage aux précédents, aux sentiments, aux instincts même aristocratiques, autant que cet esprit puissant, élastique, fécond, obligé par la loi même de sa perfectibilité de servir le progrès moderne.

Certes, c'est chose bizarre que cette alliance entre la féodalité et une idée nationale, entre l'aristocratie et le suffrage universel, entre ce grand seigneur et des chefs d'insurrection; mais il n'y a là en somme que l'incarnation des deux contradictions qu'il s'agissait de réunir en forçant la royauté prussienne à entrer dans une vie nouvelle.

Jusqu'à quel point sera-t-il donné au même homme de développer les germes modernes, tant en lui que dans le noyau gouvernemental qu'il domine par sa personnalité? Rien ne nous oblige à penser qu'il ait dit son dernier mot. Maintes fois, depuis deux ans, il a prouvé qu'il sent le besoin de s'appuyer sur le progrès, pour tenir tête à une réaction incorrigible, qui guette le moment de l'écarter. De l'autre côté, il a exigé du parti libéral des sacrifices considérables, afin de désarmer les influences contraires qui assiégent le trône. Pour maintenir cet équilibre, il appuie un peu trop sur le moyen d'effrayer les libéraux par la menace de sa retraite. A la moindre contrariété, — c'est toujours son ancien défaut — il perd patience et leur met le marché à la main en posant la question de cabinet. Et alors l'opposition, connaissant les difficultés secrètes d'une situation fort délicate, recule devant la responsabilité d'ébranler la position de l'homme qui représente le trait d'union entre le passé et l'avenir. Tout est affaire de compromis dans cette politique à face de Janus, tout, et autant que tout l'individualité dominante. M. de Bismarck, nonobstant l'élasticité de son esprit, fera toujours le désespoir de ceux qui se flatteront de voir en lui autre chose qu'un aristocrate, qui se sert du progrès non pas par instinct libéral, mais par instinct politique.

Mars 1868.

Druck von Rosenbaum & Hart
Berlin W., Wilhelmstr. 47.

FSC
www.fsc.org
MIX
Papier | Fördert gute Waldnutzung
FSC® C083411

Kolibri 360 GmbH
Ferdinand-Jühlke-Straße 7
99095 Erfurt, Deutschland
produktsicherheit@kolibri360.de